2015年浙江省农作物新品种动态

阮晓亮　施俊生　主编

ZHEJIANG UNIVERSITY PRESS
浙江大学出版社

图书在版编目(CIP)数据

2015年浙江省农作物新品种动态 / 阮晓亮，施俊生主编. —杭州：浙江大学出版社，2016.9

ISBN 978-7-308-16190-9

Ⅰ.①2… Ⅱ.①阮…②施… Ⅲ.①作物—品种—介绍—浙江—2015 Ⅳ.①S329.255

中国版本图书馆CIP数据核字（2016）第214573号

2015年浙江省农作物新品种动态

阮晓亮　施俊生　主编

责任编辑　吴昌雷
责任校对　潘晶晶　舒莎珊
出版发行　浙江大学出版社
（杭州市天目山路148号　邮政编码310007）
（网址：http://www.zjupress.com）
排　　版　杭州林智广告有限公司
印　　刷　杭州日报报业集团盛元印务有限公司
开　　本　889mm×1194mm　1/16
印　　张　20.25
字　　数　658千
版 印 次　2016年9月第1版　2016年9月第1次印刷
书　　号　ISBN 978-7-308-16190-9
定　　价　118.00元

《2015 年浙江省农作物新品种动态》编写人员

主　　编　阮晓亮　施俊生

副 主 编　石建尧

编写人员　（按姓氏笔画排序）

马二磊　马寅超　王仪春　王成豹　王　伟　王旭华　王春猜
王洪亮　王桂跃　毛水根　尹一萌　孔亚芳　叶根如　包祖达
包崇来　包　斐　过鸿英　吕长其　吕桂华　吕高强　朱正梅
朱家骝　任永源　刘慧琴　刘　鑫　许俊勇　严百元　苏正刚
杨献中　杨署东　吴汉平　吴　明　吴彩凤　邱新棉　何方印
何伟民　何勇刚　汪成法　张月华　张　伟　张伟梅　张珠明
张继群　张琪晓　张　瑞　张献平　陆艳婷　陈人慧　陈孝赏
陈润兴　林飞荣　林太云　金成兵　金进海　金珠群　周华成
周道俊　郑忠明　胡依珺　柏　超　姚　坚　袁亚明　袁德明
徐建良　徐锡虎　黄伟忠　黄善军　葛金水　韩娟英　程本义
程立巧　程渭树　傅旭军　楼再鸣　楼光明　管耀祖　潘彬荣
戴夏萍　戴彩旗

序

农作物品种是农业科技竞争力的核心，更是农产品在国内外市场竞争中的焦点和内在品质决定的根本，也是从科研成果到农产品生产的核心纽带。农作物品种区域试验、展示示范是品种审定推广的依据，对于促进种植业结构调整、保障农业生产安全具有重要意义。根据《中华人民共和国种子法》和《浙江省主要农作物审定管理办法》的有关规定，浙江省有水稻、小麦、玉米、大豆、棉花、马铃薯、油菜、西瓜等8种作物被列入主要农作物，并实行品种审定制度，具体做了以下几部分工作：

第一部分，品种区域试验。目前浙江省对除马铃薯以外的7种作物开展品种区域试验，2015年共安排水稻、玉米、大豆、油菜、棉花、小麦、西瓜7种作物的农作物品种区域试验23组，品种236个，302个试验点次；生产试验21组，包括34个品种，186个试验点次。其中水稻、玉米还开展了品种筛选试验。

第二部分，品种展示示范。2015年开展水稻、油菜、小麦、玉米、大豆和瓜菜等作物新品种展示示范。共安排展示示范点80个，展示示范品种1500个次，其中水稻展示示范点40个，品种350个次；玉米展示示范点1个，品种22个次；油菜展示示范点5个，品种26个次；小麦展示示范点2个，品种20个次；瓜菜展示示范点30余个，品种1200多个次。

第三部分，审定、认定、引种品种。1983年以来我省共审(认)定主要农作物品种925个，退出品种417个，审(认)定非主要农作物品种540个，省外引种71个。

本书汇编了2015年浙江省农作物品种区域试验、生产试验、品种展示示范的工作成果与经验，是各区域试验和展示示范承担单位人员艰辛劳动的结晶，在此，对于他们的付出表示衷心感谢！

浙江省种子管理总站

2016年6月

目　　录

第一部分　品种区域试验

第二部分　展示示范总结

第三部分 审定、认定、引种品种

品种区域试验

2015年浙江省早籼稻新品种区域试验和生产试验总结

浙江省种子管理总站

一、试验概况

2015年浙江省早籼稻区域试验参试品种共12个(不含对照,下同,见表1),其中新参试品种9个,续试品种3个;生产试验参试品种1个。区域试验采用随机区组排列,小区面积0.02亩(1亩≈666.7平方米,后同),重复3次。生产试验采用大区对比法,大区面积0.33亩。试验四周设保护行,同组所有试验品种同期播种和移栽,其他田间管理与当地大田生产一致,试验田及时防治病虫害,观察记载项目和标准按《浙江省水稻区域试验和生产试验技术操作规程(试行)》执行。

本区域试验和生产试验分别由金华市种子管理站、余姚市种子管理站、诸暨国家级区试站、台州市农科院、婺城区第一良种场、衢州市种子管理站、温州市原种场、苍南县种子站、江山市种子管理站、嵊州市良种场等10个单位承担,其中承担区域试验的江山点因鸟害严重、台州点受台风影响倒伏严重,作报废处理;承担生产试验的江山点因鸟害严重、余姚点受台风影响倒伏严重,作报废处理。稻米品质分析和主要病虫害抗性鉴定分别由农业部稻米及制品质量监督检验测试中心(杭州)和浙江省农科院植物与微生物研究所承担。

二、试验结果

1. 产量:据8个试点的产量结果汇总分析,参试品种除天虹早26、SD-J77减产外,均比对照中早39增产,产量以金12-39最高,平均亩产536.8千克,比对照中早39增产6.3%,比组平均增产4.4%,比对照增产3%以上的品种还有中早46、陵两优早14、9两优22和Z13-112,比组平均增产3%以上的品种还有中早46;产量以SD-J77最低,平均亩产476.2千克,比对照中早39减产5.7%,比组平均减产7.4%。

2. 生育期:2015年生育期变幅为113.1～116.0天,有7个品种生育期比对照中早39长,最长的是欣荣优嘉2号,其生育期为116.0天,比对照长1.8天;有5个品种生育期比对照中早39短,最短的是SD-J77,其生育期为113.1天,比对照短1.1天。

3. 品质:所有参试品种品质综合评定均为普通。

4. 抗性:2015年对照中早39稻瘟病抗性综合评价为抗,所有参试品种中有3个品种稻瘟病抗性相似于对照,表现为抗稻瘟病,分别为中组143、陵两优早14和SD-J77,其余稻瘟病抗性均差于对照,其中中抗稻瘟病的有5个,中感稻瘟病的有4个;对照中早39白叶枯病抗性综合评价为感,其中白叶枯病抗性优于对照的品种有4个,均表现为中感白叶枯病,分别为金12-39、Z13-112、陵两优早14和SD-J77,其余品种白叶枯病抗性相似或差于对照,其中感白叶枯病的有4个,高感白叶枯病的有4个。

三、品种简评

(一)区域试验品种

1. 金12-39：系金华市农业科学研究院选育而成的早籼稻新品种，该品种第二年参试。2014年试验平均亩产523.2千克，比对照中早39增产7.6%，差异具有极显著性；2015年试验平均亩产536.8千克，比对照中早39增产6.3%，达显著水平。两年试验平均亩产530.0千克，比对照中早39增产6.9%。两年平均全生育期114.9天，比对照中早39长0.7天。该品种两年平均亩有效穗18.3万，成穗率75.7%，株高94.0厘米，穗长18.4厘米，每穗总粒数137.3粒，实粒数110.8粒，结实率80.7%，千粒重28.5克。经浙江省农业科学院植物与微生物研究所(以下简称省农科院植微所)2014—2015年抗性鉴定，该品种平均叶瘟2.9级，穗瘟2.8级，穗瘟损失率1.3级，综合指数为2.5；白叶枯病3.8级。经农业部稻米及制品质量监督检测中心2014—2015年检测，该品种平均整精米率26.8%，长宽比2.1，垩白粒率76.5%，垩白度16.0%，透明度4级，胶稠度40.0毫米，直链淀粉含量26.4%，两年米质各项指标综合评价分别为食用稻品种品质部颁六等和普通。

该品种产量高，生育期适中，中抗稻瘟病，中感白叶枯病，米质相似于对照中早39(部颁六等和普通)，建议下年度进入生产试验。

2. 陵两优269：系浙江省农业科学院作物与核技术利用研究所选育而成的早籼稻新品种，该品种第二年参试。2014年试验平均亩产517.7千克，比对照中早39增产6.5%，差异达极显著水平；2015年试验平均亩产515.9千克，比对照中早39增产2.2%。两年省区试平均亩产516.8千克，比对照中早39增产4.3%。两年平均全生育期115.8天，比对照中早39长1.6天。该品种亩有效穗21.1万，成穗率71.8%，株高87.4厘米，穗长18.5厘米，每穗总粒数133.8粒，实粒数104.3粒，结实率78.0%，千粒重24.9克。经浙江省农业科学院植微所2014—2015年抗性鉴定，该品种平均叶瘟2.2级，穗瘟4.5级，穗瘟损失率2级，综合指数为3.2；白叶枯病6.4级。经农业部稻米及制品质量监督检测中心2014—2015年检测，该品种平均整精米率36.9%，长宽比2.4，垩白粒率63.0%，垩白度13.1%，透明度3级，胶稠度77毫米，直链淀粉含量20.3%，米质各项指标综合评价分别为食用稻品种品质部颁五等和普通。

该品种产量较高，生育期适中，中抗稻瘟病，感白叶枯病，米质略优于对照中早39(部颁六等和普通)，建议下年度终止试验。

3. 欣荣优H9062：系浙江勿忘农种业股份有限公司选育而成的早籼稻新品种，该品种第二年参试。2014年试验平均亩产523.5千克，比对照中早39增产7.7%，差异达极显著水平；2015年试验平均亩产508.5千克，比对照中早39增产0.7%，差异未达显著水平。两年省区试平均亩产516.0千克，比对照中早39增产4.1%。两年平均全生育期115.5天，比对照中早39长1.3天。该品种亩有效穗19.6万，成穗率74.8%，株高85.9厘米，穗长18.5厘米，每穗总粒数139.1粒，实粒数113.6粒，结实率81.7%，千粒重24.4克。经省农科院植微所2014—2015年抗性鉴定，该品种平均叶瘟2.3级，穗瘟3.5级，穗瘟损失率1.5级，综合指数为2.7；白叶枯病6.6级。经农业部稻米及制品质量监督检测中心2014—2015年检测，该品种平均整精米率33.3%，长宽比2.6，垩白粒率9.0%，垩白度1.2%，透明度2级，胶稠度76.5毫米，直链淀粉含量13.9%，米质各项指标综合评价分别为食用稻品种品质部颁六等和普通。

该品种产量较高，生育期适中，中抗稻瘟病，高感白叶枯病，米质相似于对照中早39(部颁六等和普通)，建议下年度终止试验。

4. 中早46：系中国水稻研究所选育而成的早籼稻新品种，该品种第一年参试。该品种平均亩产

532.1千克，比对照中早39增产5.4%，达显著水平。该品种全生育期115.8天，比对照中早39长1.6天。该品种亩有效穗18.1万，成穗率73.3%，株高92.5厘米，穗长19.0厘米，每穗总粒数149.4粒，实粒数122.0粒，结实率81.7%，千粒重24.9克。经省农科院植微所2015年抗性鉴定，平均叶瘟2.6级，穗瘟9级，穗瘟损失率5级，综合指数为5.8；白叶枯病7.4级。经农业部稻米及制品质量监督检测中心2015年检测，平均整精米率26.7%，长宽比2.2，垩白粒率64%，垩白度9.8%，透明度4级，胶稠度64毫米，直链淀粉含量26.3%，米质各项指标综合评价为食用稻品种品质部颁普通。

该品种产量高，生育期适中，中感稻瘟病，高感白叶枯病，米质相似于对照中早39(部颁普通)，建议下年度继续试验。

5. 陵两优早14：系中国水稻研究所选育而成的早籼稻新品种，该品种第一年参试。该品种平均亩产525.1千克，比对照中早39增产4.0%，未达显著水平。该产品全生育期114.6天，比对照中早39长0.4天。该品种亩有效穗20.2万，成穗率78.3%，株高88.4厘米，穗长18.4厘米，每穗总粒数127.7粒，实粒数104.8粒，结实率82.1%，千粒重24.1克。经省农科院植微所2015年抗性鉴定，平均叶瘟2.3级，穗瘟3级，穗瘟损失率1级，综合指数为2；白叶枯病4.4级。经农业部稻米及制品质量监督检测中心2015年检测，平均整精米率25.5%，长宽比2.5，垩白粒率60%，垩白度10.3%，透明度3级，胶稠度64毫米，直链淀粉含量20.9%，米质各项指标综合评价为食用稻品种品质部颁普通。

该品种产量较高，生育期适中，抗稻瘟病，中感白叶枯病，米质相似于对照中早39(部颁普通)，建议下年度终止试验。

6. 9两优22：系中国水稻研究所、湖南农业大学选育而成的早籼稻新品种，该品种第一年参试。该品种平均亩产524.3千克，比对照中早39增产3.8%，未达显著水平。该产品全生育期113.9天，比对照中早39短0.3天。该品种亩有效穗22.4万，成穗率72.0%，株高84.1厘米，穗长18.1厘米，每穗总粒数116.6粒，实粒数93.1粒，结实率79.8%，千粒重25.7克。经省农科院植微所2015年抗性鉴定，平均叶瘟2.3级，穗瘟7级，穗瘟损失率5级，综合指数为5；白叶枯病5级。经农业部稻米及制品质量监督检测中心2015年检测，平均整精米率24.8%，长宽比2.7，垩白粒率69%，垩白度8.4%，透明度4级，胶稠度50毫米，直链淀粉含量20.3%，米质各项指标综合评价为食用稻品种品质部颁普通。

该品种产量较高，生育期适中，中感稻瘟病，感白叶枯病，米质相似于对照中早39(部颁普通)，建议下年度终止试验。

7. Z13-112：系嘉兴市农业科学研究院选育而成的早籼稻新品种，该品种第一年参试。该品种平均亩产523.9千克，比对照中早39增产3.8%，未达显著水平。该产品全生育期113.5天，比对照中早39短0.7天。该品种亩有效穗19.0万，成穗率72.2%，株高85.8厘米，穗长17.8厘米，每穗总粒数137.1粒，实粒数111粒，结实率81.0%，千粒重25.7克。经省农科院植微所2015年抗性鉴定，平均叶瘟2.7级，穗瘟3级，穗瘟损失率1级，综合指数为2.3；白叶枯病3.8级。经农业部稻米及制品质量监督检测中心2015年检测，平均整精米率35.5%，长宽比2.2，垩白粒率80%，垩白度16.7%，透明度4级，胶稠度66毫米，直链淀粉含量25.2%，米质各项指标综合评价为食用稻品种品质部颁普通。

该品种产量较高，生育期适中，中抗稻瘟病，中感白叶枯病，米质相似于对照中早39(部颁普通)，建议下年度终止试验。

8. 金早710：系金华市农业科学研究院选育而成的早籼稻新品种，该品种第一年参试。该品种平均亩产514.2千克，比对照中早39增产1.8%，未达显著水平。该产品全生育期113.7天，比对照中早39短0.5天。该品种亩有效穗18.3万，成穗率77.2%，株高92.6厘米，穗长17.8厘米，每穗总粒数151.4粒，实粒数123.3粒，结实率81.4%，千粒重24.3克。经省农科院植微所2015年抗性鉴定，平均叶瘟3级，穗瘟7级，穗瘟损失率3级，综合指数为4.5；白叶枯病6.6级。经农业部稻米及制品质量监督检测中心2015年检测，平均整精米率32.2%，长宽比2.2，垩白粒率86%，垩白度15.3%，透明度4级，胶稠度72毫米，直链淀粉含量25.9%，米质各项指标综合评价为食用稻品种品质部颁普通。

该品种产量一般，生育期适中，中感稻瘟病，感白叶枯病，米质相似于对照中早39(部颁普通)，建议下年度终止试验。

9. 中组143：系中国水稻研究所选育而成的早籼稻新品种，该品种第一年参试。该品种平均亩产512.0千克，比对照中早39增产1.4%，未达显著水平。该产品全生育期113.5天，比对照中早39短0.7天。该品种亩有效穗17.3万，成穗率72.1%，株高90.1厘米，穗长17.6厘米，每穗总粒数141.2粒，实粒数121.1粒，结实率85.8%，千粒重24.6克。经省农科院植微所2015年抗性鉴定，平均叶瘟2.3级，穗瘟3级，穗瘟损失率1级，综合指数为2；白叶枯病7.6级。经农业部稻米及制品质量监督检测中心2015年检测，平均整精米率27.9%，长宽比1.9，垩白粒率83%，垩白度11.4%，透明度3级，胶稠度50毫米，直链淀粉含量25.8%，米质各项指标综合评价为食用稻品种品质部颁普通。

该品种产量一般，生育期适中，抗稻瘟病，高感白叶枯病，米质相似于对照中早39(部颁普通)，建议下年度继续试验。

10. 欣荣优嘉2号：系嘉兴市农业科学研究院、浙江勿忘农种业股份有限公司共同选育而成的早籼稻新品种，该品种第一年参试。该品种平均亩产508.5千克，比对照中早39增产0.7%，未达显著水平。该产品全生育期116.0天，比对照中早39长1.8天。该品种亩有效穗19.8万，成穗率71.5%，株高88.2厘米，穗长18.6厘米，每穗总粒数142.8粒，实粒数114.8粒，结实率80.4%，千粒重23.4克。经省农科院植微所2015年抗性鉴定，平均叶瘟2.2级，穗瘟7级，穗瘟损失率5级，综合指数为5.3；白叶枯病6.8级。经农业部稻米及制品质量监督检测中心2015年检测，平均整精米率31.7%，长宽比2.7，垩白粒率13%，垩白度1.0%，透明度2级，胶稠度74毫米，直链淀粉含量20.0%，米质各项指标综合评价为食用稻品种品质部颁普通。

该品种产量一般，生育期适中，中感稻瘟病，高感白叶枯病，米质相似于对照中早39(部颁普通)，建议下年度终止试验。

11. 天虹早26：系杭州市良种引进公司选育而成的早籼稻新品种，该品种第一年参试。该品种平均亩产502.1千克，比对照中早39减产0.5%，未达显著水平。该产品全生育期114.7天，比对照中早39长0.5天。该品种亩有效穗18.9万，成穗率72.7%，株高83.1厘米，穗长16.0厘米，每穗总粒数132.9粒，实粒数114.0粒，结实率85.8%，千粒重24.3克。经省农科院植微所2015年抗性鉴定，平均叶瘟2.7级，穗瘟3级，穗瘟损失率1级，综合指数为2.3；白叶枯病6.6级。经农业部稻米及制品质量监督检测中心2015年检测，平均整精米率36.4%，长宽比1.9，垩白粒率80%，垩白度12.6%，透明度3级，胶稠度48毫米，直链淀粉含量24.9%，米质各项指标综合评价为食用稻品种品质部颁普通。

该品种产量一般，生育期适中，中抗稻瘟病，感白叶枯病，米质相似于对照中早39(部颁普通)，建议下年度终止试验。

12. SD-J77：系绍兴市舜达种业公司选育而成的早籼稻新品种，该品种第一年参试。该品种平均亩产476.2千克，比对照中早39减产5.7%，达显著水平。该产品全生育期113.1天，比对照中早39短1.1天。该品种亩有效穗20.2万，成穗率73.7%，株高82.1厘米，穗长16.2厘米，每穗总粒数124.1粒，实粒数105.7粒，结实率85.2%，千粒重25.5克。经省农科院植微所2015年抗性鉴定，平均叶瘟2.5级，穗瘟3级，穗瘟损失率1级，综合指数为2；白叶枯病5级。经农业部稻米及制品质量监督检测中心2015年检测，平均整精米率31.2%，长宽比2.2，垩白粒率82%，垩白度14.3%，透明度3级，胶稠度62毫米，直链淀粉含量25.9%，米质各项指标综合评价为食用稻品种品质部颁普通。

该品种产量低，生育期适中，抗稻瘟病，中感白叶枯病，米质相似于对照中早39(部颁普通)，建议下年度终止试验。

（二）生产试验品种

株两优831：系金华市农科院、湖南省亚华种业科学研究院选育而成的早籼稻新品种。本年度生产试验平均亩产529.6千克，比对照中早39增产8.9%。该品种已于2015年通过省品审会水稻专业组的考察审查，并推荐省品审会审定。

相关表格见表1至表7。

表1　2015年浙江省早籼稻品种试验参试品种及申请（供种）单位

试验类别	品种名称	亲本	申请（供种）单位	备注
区域试验	欣荣优H9062*	欣荣A×12H9062	浙江勿忘农种业股份有限公司	续试
	金12-39	杭06-08/温624	金华市农业科学研究院	
	陵两优269*	湘陵628S×辐269	浙江省农业科学院作物与核技术利用研究所	
	Z13-112	ZD158/台早102	嘉兴市农业科学研究院	新参试
	金早710	G07-88/台早733	金华市农业科学研究院	
	中组143	中早39/台早733	中国水稻研究所	
	陵两优早14*	湘陵628S×早14	中国水稻研究所	
	SD-J77	中早39突变体	绍兴市舜达种业公司	
	中早46	中组7号/G08-89	中国水稻研究所	
	9两优22*	9771S×中早22	中国水稻研究所、湖南农业大学	
	欣荣优嘉2号*	欣荣A×嘉Z1303R	嘉兴市农业科学研究院、浙江勿忘农种业股份有限公司	
	天虹早26	中早39/G08-89	杭州市良种引进公司	
	中早39(CK)	嘉育253/中组3号	浙江省种子管理总站	
生产试验	株两优831*	株1S×金08-31	金华市农科院、湖南省亚华种业科学研究院	
	中早39(CK)	嘉育253/中组3号	浙江省种子管理总站	

注：标注“*”为杂交品种。

表 2 2014—2015 年浙江省早籼稻新品种区域试验和生产试验参试品种产量汇总

试验类别	品种名称	续试品种 2015 年产量				显著性检验		续试品种 2014 年产量			两年平均	
		小区平均产量(千克)	折亩产（千克）	比 CK（%）	比组平均（%）	0.05	0.01	折亩产（千克）	比 CK（%）	差异显著性	两年平均亩产（千克）	比 CK（%）
区域试验	金 12-39	10.737	536.8	6.3	4.4	a	A	523.2	7.6	* *	530.0	6.9
	中早 46	10.643	532.1	5.4	3.5	ab	AB					
	陵两优早 14	10.503	525.1	4.0	2.1	abc	AB					
	9 两优 22	10.485	524.3	3.8	2.0	abc	AB					
	Z13-112	10.478	523.9	3.8	1.9	abc	AB					
	陵两优 269	10.317	515.9	2.2	0.3	abc	AB	517.7	6.5	* *	516.8	4.3
	金早 710	10.283	514.2	1.8	0.0	abc	AB					
	中组 143	10.239	512.0	1.4	−0.4	abc	AB					
	欣荣优嘉 2 号	10.171	508.5	0.7	−1.1	bc	ABC					
	欣荣优 H9062	10.170	508.5	0.7	−1.1	bc	ABC	523.5	7.7	* *	516.0	4.1
	中早 39(CK)	10.099	504.9	0.0	−1.8	c	ABC	486.3	0.0		495.6	0.0
	天虹早 26	10.042	502.1	−0.5	−2.3	c	BC					
	SD-J77	9.524	476.2	−5.7	−7.4	d	C					
	平均亩产		514.2									
生产试验	株两优 831		529.6	8.9								
	中早 39(CK)		486.1	0.0								

注:“* *”为差异达极显著水平,“*”为差异达显著水平。

表 3 2014—2015 年浙江省早籼稻区域试验和生产试验品种经济性状汇总

品种名称	年份	全生育期(天)	比 CK(天)	落田苗(万/亩)	最高苗(万/亩)	分蘖率(%)	有效穗(万/亩)	成穗率(%)	株高(厘米)	穗长(厘米)	总粒数(粒/穗)	实粒数(粒/穗)	结实率(%)	千粒重(克)
金 12-39	2014	115.1	0.9	9.1	23.5	166.1	18.3	78.5	90.9	18.9	142.8	112.4	78.7	29.1
	2015	114.7	0.5	9.2	25.1	172.8	18.3	72.9	97.0	17.8	131.8	109.2	82.9	27.9
	平均	114.9	0.7	9.2	24.3	164.1	18.3	75.7	94.0	18.4	137.3	110.8	80.7	28.5
陵两优 269	2014	116.2	2.0	7.4	27.1	280.7	20.9	77.4	85.3	18.4	136.4	105.1	77.1	25.5
	2015	115.3	1.1	7.9	31.6	300.0	21.2	67.1	89.4	18.5	131.1	103.4	78.9	24.3
	平均	115.8	1.6	7.7	29.4	281.8	21.1	71.8	87.4	18.5	133.8	104.3	78.0	24.9
欣荣优 H9062	2014	115.4	1.2	7.0	24.2	265.2	19.7	81.7	84.1	19.1	141.2	114.9	81.4	25.1
	2015	115.5	1.3	7.9	28.2	257.0	19.4	68.8	87.7	17.8	136.9	112.2	82.0	23.6
	平均	115.5	1.3	7.5	26.2	249.3	19.6	74.8	85.9	18.5	139.1	113.6	81.7	24.4
中早 39(CK)	2014	114.2	0.0	9.2	21.8	146.3	17.0	78.2	82.5	17.2	137.2	122.0	88.9	26.0
	2015	114.2	0.0	9.1	25.9	184.6	19.2	74.1	86.0	16.5	123.8	108.5	87.6	25.2
	平均	114.2	0.0	9.2	23.9	159.8	18.1	75.7	84.3	16.9	130.5	115.3	88.4	25.6
9 两优 22	2015	113.9	−0.3	7.7	31.1	303.9	22.4	72.0	84.1	18.1	116.6	93.1	79.8	25.7
SD-J77	2015	113.1	−1.1	9.1	27.4	201.1	20.2	73.7	82.1	16.2	124.1	105.7	85.2	25.5
Z13-112	2015	113.5	−0.7	9.0	26.3	192.2	19.0	72.2	85.8	17.8	137.1	111.0	81.0	25.7
金早 710	2015	113.7	−0.5	8.8	23.7	169.3	18.3	77.2	92.6	17.8	151.4	123.3	81.4	24.3
陵两优早 14	2015	114.6	0.4	7.4	25.8	248.6	20.2	78.3	88.4	18.4	127.7	104.8	82.1	24.1
天虹早 26	2015	114.7	0.5	9.1	26.0	185.7	18.9	72.7	83.1	16.0	132.9	114.0	85.8	24.3
欣荣优嘉 2 号	2015	116.0	1.8	7.4	27.7	274.3	19.8	71.5	88.2	18.6	142.8	114.8	80.4	23.4
中早 46	2015	115.8	1.6	8.8	24.7	180.7	18.1	73.3	92.5	19.0	149.4	122.0	81.7	24.9
中组 143	2015	113.5	−0.7	9.4	24.0	155.3	17.3	72.1	90.1	17.6	141.2	121.1	85.8	24.6

表 4　2014—2015 年浙江省早籼稻区域试验品种主要病虫害抗性鉴定结果汇总

品种名称	年份	稻瘟病								白叶枯病		
		叶瘟分级(级)		穗瘟(分级)(级)		穗瘟损失(级)		综合指数	品种评价	平均	最高	品种评价
		平均级	最高级	平均级	最高级	平均级	最高级					
金 12-39	2014	2.8	4.0	2.5	5.0	1.5	3.0	2.4	中抗	4.2	5.0	中感
	2015	3.0	5.0	3.0	3.0	1.0	1.0	2.5	中抗	3.4	5.0	中感
	平均	2.9	4.5	2.8	4.0	1.3	2.0	2.5		3.8	5.0	
陵两优 269	2014	2.0	4.0	4.0	5.0	1.0	1.0	2.5	中抗	7.0	7.0	感
	2015	2.3	4.0	5.0	5.0	3.0	3.0	3.8	中抗	5.8	7.0	感
	平均	2.2	4.0	4.5	5.0	2.0	2.0	3.2		6.4	7.0	
欣荣优 H9062	2014	2.1	4.0	4.0	5.0	2.0	3.0	3.0	中抗	5.8	7.0	感
	2015	2.5	4.0	3.0	3.0	1.0	1.0	2.3	中抗	7.4	9.0	高感
	平均	2.3	4.0	3.5	4.0	1.5	2.0	2.7		6.6	8.0	
中早 39(CK)	2014	2.5	5.0	4.0	5.0	1.0	1.0	2.8	中抗	5.8	7.0	感
	2015	2.0	3.0	3.0	3.0	1.0	1.0	2.0	抗	6.4	7.0	感
	平均	2.3	4.0	3.5	4.0	1.0	1.0	2.4		6.1	7.0	
Z13-112	2015	2.7	4.0	3.0	3.0	1.0	1.0	2.3	中抗	3.8	5.0	中感
金早 710	2015	3.0	5.0	7.0	7.0	3.0	3.0	4.5	中感	6.6	7.0	感
中组 143	2015	2.3	3.0	3.0	3.0	1.0	1.0	2.0	抗	7.6	9.0	高感
陵两优早 14	2015	2.3	3.0	3.0	3.0	1.0	1.0	2.0	抗	4.4	5.0	中感
SD-J77	2015	2.5	3.0	3.0	3.0	1.0	1.0	2.0	抗	5.0	5.0	中感
中早 46	2015	2.6	4.0	9.0	9.0	5.0	5.0	5.8	中感	7.4	9.0	高感
9 两优 22	2015	2.3	3.0	7.0	7.0	5.0	5.0	5.0	中感	5.0	7.0	感
欣荣优嘉 2 号	2015	2.2	4.0	7.0	7.0	5.0	5.0	5.3	中感	6.8	9.0	高感
天虹早 26	2015	2.7	4.0	3.0	3.0	1.0	1.0	2.3	中抗	6.6	7.0	感

表 5　2014—2015 年浙江省早籼稻区域试验品种稻米品质分析汇总

品种名称	检测年份	糙米率(%)	精米率(%)	整精米率(%)	粒长(毫米)	长宽比	垩白粒率(%)	垩白度(%)	透明度(级)	碱消值(级)	胶稠度(毫米)	直链淀粉含量(%)	蛋白质含量(%)	质量指数	等级
金 12-39	2014	79.3	69.9	29.5	5.7	2.1	84.0	21.1	4.0	6.5	42.0	26.6	9.7	42.0	六等
	2015	79.8	64.6	24.0	5.6	2.1	69.0	10.9	4.0	7.0	38.0	26.2	10.9		普通
	平均	79.6	67.3	26.8	5.7	2.1	76.5	16.0	4.0	6.8	40.0	26.4	10.3		
陵两优 269	2014	79.0	70.2	41.6	5.8	2.3	70.0	17.6	4.0	4.3	78.0	19.9	9.6	59.0	五等
	2015	78.7	64.2	32.1	5.7	2.4	56.0	8.6	3.0	5.0	76.0	20.7	10.4		普通
	平均	78.9	67.2	36.9	5.8	2.4	63.0	13.1	3.5	4.7	77.0	20.3	10.0		
欣荣优 H9062	2014	78.8	69.4	33.4	6.3	2.6	8.0	1.2	2.0	4.7	72.0	13.3	9.1	69.0	六等
	2015	79.6	66.2	33.2	6.0	2.6	10.0	1.2	2.0	5.5	81.0	14.5	10.3		普通
	平均	79.2	67.8	33.3	6.2	2.6	9.0	1.2	2.0	5.1	76.5	13.9	9.7		
中早 39(CK)	2014	79.4	70.1	45.1	5.4	1.9	93.0	23.3	5.0	5.0	68.0	25.8	10.1	51.0	六等
	2015	79.6	63.7	33.0	5.2	1.9	83.0	11.0	3.0	5.5	45.0	25.4	10.4		普通
	平均	79.5	66.9	39.1	5.3	1.9	88.0	17.2	4.0	5.3	56.5	25.6	10.3		
Z13-112	2015	80.2	65.6	35.5	5.7	2.2	80.0	16.7	4.0	5.7	66.0	25.2	10.9		普通
金早 710	2015	77.9	62.6	32.2	5.7	2.2	86.0	15.3	4.0	5.5	72.0	25.9	10.5		普通
中组 143	2015	79.5	64.1	27.9	5.2	1.9	83.0	11.4	3.0	5.7	50.0	25.8	11.8		普通
陵两优早 14	2015	79.6	65.7	25.5	5.9	2.5	60.0	10.3	3.0	5.2	64.0	20.9	11.3		普通
SD-J77	2015	80.6	66.6	31.2	5.6	2.2	82.0	14.3	3.0	5.2	62.0	25.9	10.9		普通
中早 46	2015	80.5	68.2	26.7	5.7	2.2	64.0	9.8	4.0	5.6	64.0	26.3	10.4		普通
9 两优 22	2015	82.1	67.7	24.8	6.4	2.7	69.0	8.4	4.0	5.5	50.0	20.3	10.8		普通
欣荣优嘉 2 号	2015	80.5	67.6	31.7	6.1	2.7	13.0	1.0	2.0	5.4	74.0	20.0	10.0		普通
天虹早 26	2015	80.2	67.4	36.4	5.2	1.9	80.0	12.6	3.0	5.8	48.0	24.9	10.8		普通

注：2015 年始品质评价采用新标准(NY/T593—2013)。

表6　2015年浙江省早籼稻参试品种各区试点参试品种综合性状评价汇总

品种名称	平均	综合性状评价分									
		苍南	江山	金华	衢州	嵊州	台州	温州	婺城	余姚	诸暨
9两优22	79.1	未评分	75	75	80	75	85	90	75	72	85
SD-J77	66.6	未评分	75	60	70	77	50	50	70	72	75
Z13-112	78.7	未评分	74	80	80	82	80	80	82	80	70
金12-39	78.1	未评分	76	80	80	75	70	70	82	80	90
金早710	77.9	未评分	75	80	80	85	75	78	78	70	80
陵两优269	76.7	未评分	74	65	85	79	75	85	75	72	80
陵两优早14	77.2	未评分	74	70	90	84	75	65	75	72	90
天虹早26	74.7	未评分	76	70	75	79	75	61	85	76	75
欣荣优H9062	74.6	未评分	72	60	80	82	70	80	75	72	80
欣荣优嘉2号	74.6	未评分	78	60	80	76	80	75	75	72	75
中早39(CK)	77.6	未评分	未评分	70	未评分	88	80	60	未评分	90	未评分
中早46	82.1	未评分	75	80	85	87	80	92	85	80	75
中组143	76.9	未评分	76	75	75	86	75	61	82	72	90

表 7　2015 年浙江省早籼稻参试品种各区试点产量对照

（单位：千克/亩）

试验类别	品种名称	平均亩产	区试点									
			苍南	江山	金华	衢州	嵊州	台州	温州	婺城	余姚	诸暨
区域试验	9 两优 22	524.3	535.0	报废	527.3	528.5	595.8	报废	578.3	425.0	443.3	560.7
	SD-J77	476.2	489.2	报废	470.0	419.3	584.2	报废	443.3	375.0	516.7	511.8
	Z13-112	523.9	476.7	报废	540.0	522.0	638.3	报废	545.0	433.3	516.7	519.2
	金 12-39	536.8	538.3	报废	538.5	526.5	620.0	报废	523.3	441.7	533.3	573.0
	金早 710	514.2	502.5	报废	536.8	518.3	608.3	报废	530.0	425.0	440.0	552.3
	陵两优 269	515.9	490.8	报废	502.7	565.7	592.5	报废	555.0	425.0	471.7	523.5
	陵两优早 14	525.1	500.0	报废	520.0	571.3	615.8	报废	521.7	416.7	485.0	570.7
	天虹早 26	502.1	443.3	报废	512.7	483.2	603.3	报废	501.7	441.7	516.7	514.5
	欣荣优 H9062	508.5	484.2	报废	468.7	538.5	630.8	报废	545.0	408.3	473.3	519.3
	欣荣优嘉 2 号	508.5	481.7	报废	486.3	538.5	614.2	报废	526.7	408.3	483.3	529.3
	中早 46	532.1	484.2	报废	542.7	558.7	636.7	报废	603.3	433.3	486.7	511.5
	中组 143	512.0	473.3	报废	533.0	498.0	615.0	报废	501.7	438.3	470.0	566.3
	中早 39(CK)	504.9	497.5	报废	512.0	495.2	600.8	报废	495.0	425.0	495.0	519.0
生产试验	株两优 831	529.6	544.1	报废	562.9	509.8	572.4	500.8	498.0	485.5	报废	563.3
	中早 39(CK)	486.1	460.6	报废	496.7	483.0	539.5	475.0	473.0	451.1	报废	510.0

注：区域试验江山点因鸟害严重、台州点受台风影响倒伏严重，作报废处理；生产试验江山点因鸟害严重、余姚点受台风影响倒伏严重，作报废处理。

2015 年浙江省单季晚粳稻区域试验和生产试验总结

浙江省种子管理总站

一、试验概况

2015 年浙江省单季晚粳区域试验参试品种 12 个(不包括对照,下同,见表 1),其中新参试品种 9 个,续试品种 3 个;生产试验品种 4 个。区域试验采用随机区组排列,小区面积 0.02 亩,重复 3 次。生产试验采用大区对比法,不设重复。试验四周设保护行,同组所有试验品种同期播种和移栽,其他田间管理与当地大田生产一致,试验田及时防治病虫害,试验观察记载项目和标准按照《浙江省水稻区域试验和生产试验技术操作规程(试行)》执行。

本区域试验分别由临安市种子管理站、湖州市农科院、嘉兴市农科院、浙江省农科院、嘉善县种子管理站、宁波市农科院、诸暨国家级区试站、嵊州市农科所、台州市农科院和舟山市农科院等 10 个单位承担;生产试验分别由临安市种子管理站、湖州市农科院、嘉兴市农科院、浙江省农科院、长兴县种子管理站、嘉善县种子管理站、宁波市农科院、诸暨国家级区试站、嵊州市农科所和舟山市农科院等 10 个单位承担。稻米品质分析和主要病虫害抗性鉴定分别由农业部稻米及制品质量监督检验测试中心(杭州)和浙江省农科院植微所承担。

二、试验结果

1. 产量:据 10 个试点的产量结果汇总分析,参试品种中除嘉禾 1350 外,其余均比对照秀水 134 增产,产量以中嘉 8 号最高,平均亩产 637.7 千克,比对照增产 7.6%,比组平均增产 3.7%;以嘉禾 1350 最低,平均亩产 575.6 千克,比对照减产 2.9%,比组平均减产 6.4%;所有增产品种中除嘉13-19、虹粳 22 外均比对照增产 3%以上,比组平均增产 3%以上的品种还有春江 102。生产试验 4 个品种均比对照秀水 134 增产。

2. 生育期:2015 年生育期变幅为 162.3～169.9 天,参试品种中有 6 个品种生育期比对照秀水 134 长,最长的是甬粳 13-71,其生育期为 169.9 天,比对照长 4.8 天;有 6 个品种生育期比对照秀水 134 短,最短的是丙 13-808,其生育期为 162.3 天,比对照短 2.8 天。

3. 品质:参试品种中有 6 个品种品质综合评定为优质米,其中虹粳 22 为优质二等,R1283、丙 12-14、HZ13-25、丙 13-808 和丙 13-07 为优质三等,其余均为普通。

4. 抗性:2015 年对照秀水 134 稻瘟病抗性综合评价为中感,参试品种中除 ZH13-106、虹粳 22、春江 102 和甬粳 13-71 稻瘟病抗性相似于对照外,其余 8 个品种稻瘟病抗性均优于对照,为中抗稻瘟病;对照秀水 134 白叶枯病抗性综合评价为中抗,所有参试品种白叶枯病抗性相似或差于对照,其中中抗白叶枯病的有 4 个,中感白叶枯病的有 4 个,感白叶枯病的有 4 个;对照秀水 134 褐稻虱抗性综合评价为中感,参试品种中褐稻虱抗性优于对照的有 1 个,表现为中抗褐稻虱,为嘉禾 1350,其余均相似或差于对照,其中中感褐稻虱的有 3 个,感褐稻虱的有 8 个。

三、品种简评

（一）区域试验品种

1. 中嘉8号：系中国水稻研究所选育而成的单季晚粳稻新品种，该品种第二年参试。2014年试验平均亩产632.3千克，比对照秀水134增产4.7%，未达显著水平；2015年试验平均亩产637.7千克，比对照秀水134增产7.6%，达极显著水平。两年省区试平均亩产635.0千克，比对照秀水134增产6.1%。两年平均全生育期162.1天，比对照秀水134长0.9天。该品种亩有效穗23.0万，株高106.7厘米，每穗总粒数143.4粒，实粒数123.7粒，结实率86.3%，千粒重29.7克。经省农科院植微所2014—2015年抗性鉴定，平均叶瘟1.3级，穗瘟5.7级，穗瘟损失率2.2级，综合指数为3.2；白叶枯病6.3级；褐稻虱6级。经农业部稻米及制品质量监督检测中心2014—2015年检测，平均整精米率46.0%，长宽比2.5，垩白粒率29%，垩白度3.3%，透明度1级，胶稠度73毫米，直链淀粉含量16.6%，米质各项指标综合评价分别为食用稻品种品质部颁四等和普通。

该品种产量高，生育期适中，中抗稻瘟病，感白叶枯病，中感褐稻虱，米质差于对照秀水134（部颁三等）。建议下年度进入生产试验。

2. R1283：系浙江省农科院选育而成的单季晚粳稻新品种，该品种第二年参试。2014年试验平均亩产635.1千克，比对照秀水134增产5.1%，未达显著水平；2015年试验平均亩产624.1千克，比对照秀水137增产5.3%，达显著水平。两年省区试平均亩产629.6千克，比对照秀水134增产5.2%。两年平均全生育期164.1天，比对照秀水134长2.9天。该品种亩有效穗19.8万，株高104.3厘米，每穗总粒数132.9粒，实粒数119.3粒，结实率89.8%，千粒重26.7克。经省农科院植微所2014—2015年抗性鉴定，平均叶瘟1.4级，穗瘟4.0级，穗瘟损失率1.4级，综合指数为2.3；白叶枯病4.0级；褐稻虱8.0级。经农业部稻米及制品质量监督检测中心2014—2015年检测，平均整精米率71.2%，长宽比1.7，垩白粒率38%，垩白度5.2%，透明度1级，胶稠度74毫米，直链淀粉含量15.7%，米质各项指标综合评价分别为食用稻品种品质部颁四等和三等。

该品种产量高，生育期适中，中抗稻瘟病，中感白叶枯病，感褐稻虱，米质相似于对照秀水134。建议下年度终止试验。

3. 丙12-14：系嘉兴市农科院选育而成的单季晚粳稻新品种，该品种第二年参试。2014年试验平均亩产633.9千克，比对照秀水134增产4.9%，未达显著水平；2015年试验平均亩产622.4千克，比对照秀水134增产5.0%，达显著水平。两年省区试平均亩产628.1千克，比对照秀水134增产5.0%。两年平均全生育期162.6天，比对照秀水134长1.4天。该品种亩有效穗19.2万，株高98.7厘米，每穗总粒数135.8粒，实粒数125.1粒，结实率92.1%，千粒重25.8克。经省农科院植微所2014—2015年抗性鉴定，平均叶瘟1.9级，穗瘟5.2级，穗瘟损失率2.0级，综合指数为3.2；白叶枯病3.3级；褐稻虱8.0级。经农业部稻米及制品质量监督检测中心2014—2015年检测，平均整精米率70.5%，长宽比1.8，垩白粒率35%，垩白度4.7%，透明度1级，胶稠度72毫米，直链淀粉含量15.6%，米质各项指标综合评价分别为食用稻品种品质部颁四等和三等。

该品种产量高，生育期适中，中抗稻瘟病，中感白叶枯病，感褐稻虱，米质相似于对照秀水134。建议下年度进入生产试验。

4. 春江102：系中国水稻研究所选育而成的单季晚粳稻新品种，该品种第一年参试。本试验平均亩产637.3千克，比对照秀水134增产7.5%，达极显著水平。全生育期164.7天，比对照秀水134短0.4天。该品种亩有效穗20.1万，株高104.2厘米，每穗总粒数129.4粒，实粒数116.0粒，结实率90.0%，千粒重27.5克。经省农科院植微所2015年抗性鉴定，平均叶瘟3.2级，穗瘟7.7级，穗瘟损失率3.7级，综合指数为5.5；白叶枯病6.6级；褐稻虱9级。经农业部稻米及制品质量监督检测中心2015年检测，平均整精米率63.0%，长宽比1.9，垩白粒率48%，垩白度5.7%，透明度2级，胶稠度70毫米，直链淀粉含量16.1%，米质各项指标综合评价为食用稻品种品质部颁普通。

该品种产量高，生育期适中，中感稻瘟病，感白叶枯病，感褐稻虱，米质差于对照秀水134。建议下年度终止试验。

5. HZ13-25：系湖州市农科院选育而成的单季晚粳稻新品种，该品种第一年参试。本试验平均亩产624.4千克，比对照秀水134增产5.3%，达显著水平。全生育期168.2天，比对照秀水134长3.1天。该品种亩有效穗20.1万，株高98.2厘米，每穗总粒数131.6粒，实粒数120.9粒，结实率91.8%，千粒重25.7克。经省农科院植微所2015年抗性鉴定，平均叶瘟1.2级，穗瘟3级，穗瘟损失率2级，综合指数为2.3；白叶枯病3级；褐稻虱9级。经农业部稻米及制品质量监督检测中心2015年检测，平均整精米率71.5%，长宽比1.8，垩白粒率29%，垩白度3.8%，透明度1级，胶稠度60毫米，直链淀粉含量15.2%，米质各项指标综合评价为食用稻品种品质部颁三等。

该品种产量高，生育期适中，中抗稻瘟病，中抗白叶枯病，感褐稻虱，米质相似于对照秀水134。建议下年度继续试验。

6. 丙13-07：系嘉兴市农科院选育而成的单季晚粳稻新品种，该品种第一年参试。本试验平均亩产618.4千克，比对照秀水134增产4.3%，未达显著水平。全生育期164.8天，比对照秀水134短0.3天。该品种亩有效穗20.9万，株高92.7厘米，每穗总粒数121.6粒，实粒数110.8粒，结实率91.3%，千粒重26.2克。经省农科院植微所2015年抗性鉴定，平均叶瘟1.2级，穗瘟5级，穗瘟损失率1级，综合指数为2.8；白叶枯病2.7级；褐稻虱9级。经农业部稻米及制品质量监督检测中心2015年检测，平均整精米率69.4%，长宽比1.7，垩白粒率33%，垩白度4.7%，透明度2级，胶稠度65毫米，直链淀粉含量16.3%，米质各项指标综合评价为食用稻品种品质部颁三等。

该品种产量较高，生育期适中，中抗稻瘟病，中抗白叶枯病，感褐稻虱，米质相似于对照秀水134。建议下年度继续试验。

7. ZH13-106：系浙江省农科院选育而成的单季晚粳稻新品种，该品种第一年参试。本试验平均亩产618.4千克，比对照秀水134增产4.3%，未达显著水平。全生育期166.8天，比对照秀水134长1.7天。该品种亩有效穗18.9万，株高93.8厘米，每穗总粒数142.8粒，实粒数127.1粒，结实率89.1%，千粒重26.0克。经省农科院植微所2015年抗性鉴定，平均叶瘟2.5级，穗瘟5级，穗瘟损失率3级，综合指数为4.3；白叶枯病4.1级；褐稻虱9级。经农业部稻米及制品质量监督检测中心2015年检测，平均整精米率64.5%，长宽比1.6，白度3级，阴糯米率0，胶稠度100毫米，直链淀粉含量1.5%，米质各项指标综合评价为食用稻品种品质部颁普通。

该品种产量较高，生育期适中，中感稻瘟病，中感白叶枯病，感褐稻虱，米质差于对照秀水134。建议下年度继续试验。

8. 甬粳13-71：系宁波市农科院选育而成的单季晚粳稻新品种，该品种第一年参试。本试验平均亩产617.3千克，比对照秀水134增产4.2%，未达显著水平。全生育期169.9天，比对照秀水134长4.8天。该品种亩有效穗18.4万，株高112.5厘米，每穗总粒数146.5粒，实粒数127.7粒，结实率87.3%，千粒重25.7克。经省农科院植微所2015年抗性鉴定，平均叶瘟6级，穗瘟7级，穗瘟损失率4级，综合指数为5.5；白叶枯病3.4级；褐稻虱9级。经农业部稻米及制品质量监督检测中心2015年检测，平均整精米率63.3%，长宽比1.8，垩白粒率68%，垩白度7.7%，透明度2级，胶稠度64毫米，直链淀粉含量14.8%，米质各项指标综合评价为食用稻品种品质部颁普通。

该品种产量较高，生育期偏长，中感稻瘟病，中感白叶枯病，感褐稻虱，米质差于对照秀水134。建议下年度终止试验。

9. 丙 13-808：系嘉兴市农科院选育而成的单季晚粳稻新品种，该品种第一年参试。本试验平均亩产615.2千克，比对照秀水134增产3.8%，未达显著水平。全生育期162.3天，比对照秀水134短2.8天。该品种亩有效穗19.0万，株高89.8厘米，每穗总粒数137.4粒，实粒数128.2粒，结实率93.2%，千粒重25.0克。经省农科院植微所2015年抗性鉴定，平均叶瘟2.5级，穗瘟7级，穗瘟损失率1.7级，综合指数为3.6；白叶枯病4.3级；褐稻虱9级。经农业部稻米及制品质量监督检测中心2015年检测，平均整精米率68.9%，长宽比1.7，垩白粒率40%，垩白度4.7%，透明度2级，胶稠度68毫米，直链淀粉含量14.0%，米质各项指标综合评价为食用稻品种品质部颁三等。

该品种产量较高，生育期适中，中抗稻瘟病，中感白叶枯病，感褐稻虱，米质相似于对照秀水134。建议下年度终止试验。

10. 嘉 13-19：系嘉兴市农科院、绍兴市舜达种业公司选育而成的单季晚粳稻新品种，该品种第一年参试。本试验平均亩产606.2千克，比对照秀水134增产2.3%，未达显著水平。全生育期166.4天，比对照秀水134长1.3天。该品种亩有效穗16.4万，株高103.9厘米，每穗总粒数149.2粒，实粒数128.6粒，结实率86.3%，千粒重28.7克。经省农科院植微所2015年抗性鉴定，平均叶瘟2.0级，穗瘟6.3级，穗瘟损失率2.3级，综合指数为4；白叶枯病6.4级；褐稻虱7级。经农业部稻米及制品质量监督检测中心2015年检测，平均整精米率48.9%，长宽比2.8，垩白粒率6%，垩白度1.0%，透明度2级，胶稠度70毫米，直链淀粉含量15.9%，米质各项指标综合评价为食用稻品种品质部颁普通。

该品种产量一般，生育期适中，中抗稻瘟病，感白叶枯病，中感褐稻虱，米质差于对照秀水134。建议下年度终止试验。

11. 虹粳 22：系杭州市良种引进公司选育而成的单季晚粳稻新品种，该品种第一年参试。本试验平均亩产601.2千克，比对照秀水134增产1.4%，未达显著水平。全生育期163.4天，比对照秀水134短1.7天。该品种亩有效穗20.5万，株高96.0厘米，每穗总粒数119.9粒，实粒数112.2粒，结实率93.7%，千粒重25.4克。经省农科院植微所2015年抗性鉴定，平均叶瘟2.7级，穗瘟7级，穗瘟损失率4级，综合指数为4.8；白叶枯病3级；褐稻虱9级。经农业部稻米及制品质量监督检测中心2015年检测，平均整精米率71.4%，长宽比1.8，垩白粒率19%，垩白度1.5%，透明度1级，胶稠度80毫米，直链淀粉含量17.5%，米质各项指标综合评价为食用稻品种品质部颁二等。

该品种产量一般，生育期适中，中感稻瘟病，中抗白叶枯病，感褐稻虱，米质优于对照秀水134。建议下年度终止试验。

12. 嘉禾 1350：系嘉兴市农科院选育而成的单季晚粳稻新品种，该品种第一年参试。本试验平均亩产575.6千克，比对照秀水134减产2.9%，未达显著水平。全生育期163.4天，比对照秀水134短1.7天。该品种亩有效穗17.3万，株高95.0厘米，每穗总粒数148.0粒，实粒数130.4粒，结实率88.1%，千粒重26.4克。经省农科院植微所2015年抗性鉴定，平均叶瘟0.3级，穗瘟7级，穗瘟损失率3级，综合指数为3.5；白叶枯病6.5级；褐稻虱5级。经农业部稻米及制品质量监督检测中心2015年检测，平均整精米率41.4%，长宽比2.7，垩白粒率15%，垩白度2.3%，透明度2级，胶稠度75毫米，直链淀粉含量16.1%，米质各项指标综合评价为食用稻品种品质部颁普通。

该品种产量一般，生育期适中，中抗稻瘟病，感白叶枯病，中抗褐稻虱，米质差于对照秀水134。建议下年度终止试验。

（二）生产试验品种

1. 嘉 67：系嘉兴市农科院、浙江勿忘农种业股份有限公司共同选育而成的单季晚粳稻新品种。本年度生产试验平均亩产612.5千克，比对照秀水134增产10.4%。该品种已于2015年通过省品审会水稻专业组的考察审查，并推荐省品审会审定。

2. 浙粳11-86：系浙江省农科院、浙江勿忘农种业股份有限公司选育而成的单季晚粳稻新品种。本年度生产试验平均亩产605.2千克，比对照秀水134增产9.1%。该品种已于2015年通过省品审会水稻专业组的考察审查，并推荐省品审会审定。

3. 浙粳111(R111)：系浙江省农科院选育而成的单季晚粳稻新品种。本年度生产试验平均亩产601.5千克，比对照秀水134增产8.4%。该品种已于2015年通过省品审会水稻专业组的考察审查，并推荐省品审会审定。

4. 浙粳11-29：系浙江省农科院、浙江勿忘农种业股份有限公司选育而成的单季晚粳稻新品种。本年度生产试验平均亩产600.8千克，比对照秀水134增产8.3%。该品种已于2015年通过省品审会水稻专业组的考察审查，并推荐省品审会审定。

相关表格见表1至表7。

表1　2015年浙江省单季晚粳稻区域试验参试品种及申请(供种)单位

<table>
<tr><th>试验类别</th><th>品种名称</th><th>亲本</th><th>申请(供种)单位</th><th>备注</th></tr>
<tr><td rowspan="15">区域试验</td><td>R1283</td><td>丙0209/嘉05-36</td><td>浙江省农科院</td><td rowspan="3">续试</td></tr>
<tr><td>丙12-14</td><td>丙95-59//测212/RH///丙03-123</td><td>嘉兴市农科院</td></tr>
<tr><td>中嘉8号</td><td>ZH559/嘉禾218</td><td>中国水稻研究所</td></tr>
<tr><td>春江102</td><td>春江119/丙0817</td><td>中国水稻研究所</td><td rowspan="12">新参试</td></tr>
<tr><td>甬粳13-71</td><td>丙0705/甬粳0838</td><td>宁波市农科院</td></tr>
<tr><td>HZ13-25</td><td>ZH0672/秀水09//浙粳88</td><td>湖州市农科院</td></tr>
<tr><td>嘉13-19</td><td>WP396/嘉58</td><td>嘉兴市农科院、绍兴市舜达种业公司</td></tr>
<tr><td>ZH13-106</td><td>嘉0487/绍糯-446//浙粳88</td><td>浙江省农科院</td></tr>
<tr><td>丙13-808</td><td>秀水134/HK47//312</td><td>嘉兴市农科院</td></tr>
<tr><td>虹粳22</td><td>秀水09//MIGA/秀水09</td><td>杭州市良种引进公司</td></tr>
<tr><td>嘉禾1350</td><td>软香13/L5052</td><td>嘉兴市农科院</td></tr>
<tr><td>丙13-07</td><td>秀水123//两05110/镇631</td><td>嘉兴市农科院</td></tr>
<tr><td>秀水134(CK)</td><td>丙95-59//测212/RH///丙03-123</td><td>浙江省种子管理总站</td></tr>
<tr><td rowspan="5">生产试验</td><td>嘉67</td><td>嘉66/秀水123</td><td>嘉兴市农科院、浙江勿忘农种业公司</td><td rowspan="5"></td></tr>
<tr><td>浙粳11-86</td><td>浙粳88//秀水09/嘉05-116</td><td>浙江省农科院、浙江勿忘农种业公司</td></tr>
<tr><td>浙粳111(R111)</td><td>秀水134/ZH0997</td><td>浙江省农科院</td></tr>
<tr><td>浙粳11-29</td><td>浙粳88/甬粳06-02</td><td>浙江省农科院、浙江勿忘农种业公司</td></tr>
<tr><td>秀水134(CK)</td><td>丙95-59//测212/RH///丙03-123</td><td>浙江省种子管理总站</td></tr>
</table>

表 2　2014—2015 年浙江省单季晚粳稻区域试验和生产试验产量结果分析

类别	品种名称	小区试验产量（千克）	折亩产（千克）	比 CK（%）	比组平均（%）	差异显著性检验		续试品种 2014 年产量			两年产量平均	
						0.05	0.01	折亩产（千克）	比 CK（%）	差异显著性检验	亩产（千克）	比 CK（%）
区域试验	中嘉 8 号	12.754	637.7	7.6	3.7	a	A	632.3	4.7		635.0	6.1
	春江 102	12.745	637.3	7.5	3.7	a	A					
	HZ13-25	12.488	624.4	5.3	1.6	ab	AB					
	R1283	12.482	624.1	5.3	1.5	ab	AB	635.1	5.1		629.6	5.2
	丙 12-14	12.448	622.4	5.0	1.3	ab	AB	633.9	4.9		628.1	5.0
	丙 13-07	12.369	618.4	4.3	0.6	abc	AB					
	ZH13-106	12.367	618.4	4.3	0.6	abc	AB					
	甬粳 13-71	12.347	617.3	4.2	0.4	abc	AB					
	丙 13-808	12.304	615.2	3.8	0.1	abc	AB					
	嘉 13-19	12.124	606.2	2.3	−1.4	bc	ABC					
	虹粳 22	12.024	601.2	1.4	−2.2	bcd	ABC					
	秀水 134(CK)	11.854	592.7	0.0	−3.6	cd	BC	604.0	0.0		598.4	0.0
	嘉禾 1350	11.512	575.6	−2.9	−6.4	d	C					
	平均		614.7									
生产试验	嘉 67		612.5	10.4								
	浙粳 11-86		605.2	9.1								
	浙粳 111(R111)		601.5	8.4								
	浙粳 11-29		600.8	8.3								
	秀水 134(CK)		554.9	0.0								

表 3 2014—2015 年浙江省单季晚粳稻区域试验经济性状汇总

品种名称	年份	全生育期（天）	比 CK（天）	落田苗（万/亩）	有效穗（万/亩）	株高（厘米）	总粒数（粒/穗）	实粒数（粒/穗）	结实率（%）	千粒重（克）
R1283	2014	161.8	4.6	6.2	19.4	104.0	136.5	123.0	90.1	26.4
	2015	166.3	1.2	6.2	20.2	104.5	129.3	115.6	89.7	27.0
	平均	164.1	2.9	6.2	19.8	104.3	132.9	119.3	89.8	26.7
丙 12-14	2014	159.2	2.0	6.6	19.0	100.6	131.1	123.3	94.1	26.3
	2015	165.9	0.8	6.9	19.3	96.8	140.4	126.9	90.4	25.3
	平均	162.6	1.4	6.8	19.2	98.7	135.8	125.1	92.1	25.8
中嘉 8 号	2014	159.3	2.1	6.0	15.9	108.7	144.5	127.7	88.4	30.2
	2015	164.9	−0.2	6.3	30.0	104.6	142.2	119.6	84.9	29.2
	平均	162.1	0.9	6.2	23.0	106.7	143.4	123.7	86.3	29.7
春江 102	2015	164.7	−0.4	6.0	20.1	104.2	129.4	116.0	90.0	27.5
甬粳 13-71	2015	169.9	4.8	6.4	18.4	112.5	146.5	127.7	87.3	25.7
HZ13-25	2015	168.2	3.1	6.9	20.1	98.2	131.6	120.9	91.8	25.7
嘉 13-19	2015	166.4	1.3	6.1	16.4	103.9	149.2	128.6	86.3	28.7
ZH13-106	2015	166.8	1.7	6.7	18.9	93.8	142.8	127.1	89.1	26.0
丙 13-808	2015	162.3	−2.8	6.5	19.0	89.8	137.4	128.2	93.2	25.0
虹粳 22	2015	163.4	−1.7	6.7	20.5	96.0	119.9	112.2	93.7	25.4
嘉禾 1350	2015	163.4	−1.7	6.2	17.3	95.0	148.0	130.4	88.1	26.4
丙 13-07	2015	164.8	−0.3	6.4	20.9	92.7	121.6	110.8	91.3	26.2
秀水 134(CK)	2014	157.2	0.0	6.8	18.4	96.4	134.3	127.7	95.1	25.3
	2015	165.1	0.0	6.5	19.7	95.0	129.0	120.4	93.5	26.0
	平均	161.2	0.0	6.7	19.1	95.7	131.7	124.1	94.2	25.7

表 4 2014—2015 年浙江省单季晚粳稻区域试验主要病虫害抗性鉴定结果汇总

品种名称	年份	稻瘟病								白叶枯病			褐稻虱		条纹病
		叶瘟		穗瘟发病率		穗瘟损失率		综合指数	抗性评价	平均级	最高级	抗性评价	分级	抗性评价	发病率（%）
		平均级	最高级	平均级	最高级	平均级	最高级								
R1283	2014	1.2	3.0	3.0	3.0	1.0	1.0	2.0	抗	3.0	3.0	中抗	7.0	中感	0.0
	2015	1.5	2.0	5.0	7.0	1.7	3.0	2.6	中抗	5.0	5.0	中感	9.0	感	0.0
	平均	1.4	2.5	4.0	5.0	1.4	2.0	2.3	中抗	4.0	4.0	中感	8.0	感	0.0
丙 12-14	2014	1.5	3.0	6.0	7.0	3.0	3.0	3.8	中抗	3.6	5.0	中感	9.0	感	0.0
	2015	2.3	4.0	4.3	5.0	1.0	1.0	2.6	中抗	3.0	3.0	中抗	7.0	中感	2.0
	平均	1.9	3.5	5.2	6.0	2.0	2.0	3.2	中抗	3.3	4.0	中感	8.0	感	1.0
中嘉 8 号	2014	0.2	1.0	5.0	5.0	2.0	3.0	2.5	中抗	6.0	7.0	感	5.0	中抗	0.0
	2015	2.3	4.0	6.3	7.0	2.3	3.0	3.8	中抗	6.5	7.0	感	7.0	中感	0.0
	平均	1.3	2.5	5.7	6.0	2.2	3.0	3.2	中抗	6.3	7.0	感	6.0	中感	0.0
春江 102	2015	3.2	7.0	7.7	9.0	3.7	7.0	5.5	中感	6.6	7.0	感	9.0	感	0.0
甬粳 13-71	2015	6.0	7.0	7.0	9.0	4.0	7.0	5.5	中感	3.4	5.0	中感	9.0	感	0.0
HZ13-25	2015	1.2	2.0	3.0	5.0	2.0	3.0	2.3	中抗	3.0	3.0	中抗	9.0	感	2.0
嘉 13-19	2015	2.0	5.0	6.3	7.0	2.3	3.0	4.0	中抗	6.4	7.0	感	7.0	中感	0.0
ZH13-106	2015	2.5	6.0	5.0	7.0	3.0	5.0	4.3	中感	4.1	5.0	中感	9.0	感	0.0
丙 13-808	2015	2.5	4.0	7.0	7.0	1.7	3.0	3.6	中抗	4.3	5.0	中感	9.0	感	0.0
虹粳 22	2015	2.7	4.0	7.0	7.0	4.0	5.0	4.8	中感	3.0	3.0	中抗	9.0	感	0.0
嘉禾 1350	2015	0.3	1.0	7.0	7.0	3.0	3.0	3.5	中抗	6.5	7.0	感	5.0	中抗	2.0
丙 13-07	2015	1.2	4.0	5.0	5.0	1.0	1.0	2.8	中抗	2.7	3.0	中抗	9.0	感	2.0
秀水 134(CK)	2014	4.2	5.0	7.0	9.0	5.0	5.0	6.0	中感	2.0	3.0	中抗	7.0	中感	2.3
	2015	4.5	8.0	5.0	7.0	1.7	3.0	4.8	中感	2.3	3.0	中抗	7.0	中感	0.0
	平均	4.4	6.5	6.0	8.0	3.4	4.0	5.4	中感	2.2	3.0	中抗	7.0	中感	1.2

注：1）稻瘟病综合指数(级)＝叶瘟(平均)×25%＋穗瘟发病率(平均)×25%＋穗瘟损失率(平均)×50%；2）HZ13-25、虹粳 22、丙 13-07 在鉴定点抽穗明显偏迟，结果仅供参考；3）参试品种的两年抗性综合评价以发病较重的一年为准；4）褐稻虱综合评价以人工接种数据为依据。

表5　2014—2015年浙江省单季晚粳稻区域试验稻米品质分析汇总

品种名称	年份	糙米率（%）	精米率（%）	整精米率（%）	粒长（毫米）	长宽比	垩白粒率（%）	垩白度（%）	透明度（级）	碱消值（级）	胶稠度（毫米）	直链淀粉含量（%）	蛋白质含量（%）	质量指数	等级（部颁）
R1283	2014	85.3	76.0	73.9	5.0	1.7	28.0	5.7	1.0	7.0	70.0	15.4	8.3	84.0	四等
	2015	82.8	73.1	68.4	5.1	1.7	48.0	4.6	2.0	7.0	77.0	15.9	7.6		三等
	平均	84.1	74.6	71.2	5.1	1.7	38.0	5.2	1.0	7.0	74.0	15.7	8.0		
丙12-14	2014	84.5	75.1	73.3	4.9	1.7	35.0	5.3	1.0	7.0	77.0	15.2	8.6	83.0	四等
	2015	82.7	72.9	67.7	5.1	1.8	35.0	4.0	2.0	7.0	66.0	15.9	7.8		三等
	平均	83.6	74.0	70.5	5.0	1.8	35.0	4.7	1.0	7.0	72.0	15.6	8.2		
中嘉8号	2014	86.2	76.2	64.0	6.5	2.4	26.0	3.8	1.0	7.0	72.0	16.0	9.4	80.0	四等
	2015	84.5	74.4	27.9	6.9	2.6	32.0	2.8	2.0	7.0	74.0	17.2	7.7		普通
	平均	85.4	75.3	46.0	6.7	2.5	29.0	3.3	1.0	7.0	73.0	16.6	8.6		
春江102	2015	84.5	74.7	63.0	5.4	1.9	48.0	5.7	2.0	7.0	70.0	16.1	7.5		普通
甬粳13-71	2015	82.0	72.2	63.3	5.1	1.8	68.0	7.7	2.0	6.9	64.0	14.8	8.0		普通
HZ13-25	2015	83.9	74.4	71.5	5.0	1.8	29.0	3.8	1.0	7.0	60.0	15.2	7.3		三等
嘉13-19	2015	82.7	73.3	48.9	7.0	2.8	6.0	1.0	2.0	7.0	70.0	15.9	8.5		普通
ZH13-106	2015	82.1	72.3	64.5	4.8	1.6	白度3	阴糯米率0	—	7.0	100.0	1.5	8.3		普通
丙13-808	2015	82.6	73.0	68.9	5.0	1.7	40.0	4.7	2.0	7.0	68.0	14.0	8.6		三等
虹粳22	2015	84.0	74.3	71.4	5.0	1.8	19.0	1.5	1.0	7.0	80.0	17.5	8.2		二等
嘉禾1350	2015	82.5	72.9	41.4	6.5	2.7	15.0	2.3	2.0	7.0	75.0	16.1	8.5		普通
丙13-07	2015	83.3	73.9	69.4	5.0	1.7	33.0	4.7	2.0	7.0	65.0	16.3	8.3		三等
秀水134(CK)	2014	84.1	75.3	74.4	4.8	1.7	37.0	4.7	1.0	7.0	75.0	15.3	8.5	86.0	三等
	2015	82.5	73.0	70.6	4.9	1.7	28.0	2.9	2.0	7.0	68.0	16.1	8.2		三等
	平均	83.3	74.2	72.5	4.9	1.7	33.0	3.8	1.0	7.0	72.0	15.7	8.4		

表 6　2015 年浙江省单季晚粳稻区域试验品种杂株率记载汇总

品种名称	平均(%)	各试点杂株率(%)									
		湖州	嘉善	嘉兴	临安	宁波	嵊州所	台州	省农科	舟山	诸国家
R1283	0.0	0.0	0.0	0.0	0.0	0.0	0.0	0.0	0.0	0.0	0.0
丙 12-14	0.0	0.0	0.0	0.0	0.0	0.0	0.0	0.0	0.0	0.0	0.0
中嘉 8 号	0.0	0.0	0.0	0.0	0.0	0.0	0.0	0.0	0.0	0.0	0.0
春江 102	0.2	0.4	0.0	0.0	1.5	0.0	0.0	0.0	0.0	0.0	0.0
甬粳 13-71	0.1	0.4	0.0	0.0	0.7	0.0	0.0	0.0	0.0	0.0	0.0
HZ13-25	0.3	0.0	0.0	0.0	0.7	0.0	0.0	0.0	2.6	0.0	0.0
嘉 13-19	0.0	0.2	0.0	0.0	0.0	0.0	0.0	0.0	0.0	0.0	0.0
ZH13-106	0.0	0.2	0.0	0.0	0.0	0.0	0.0	0.0	0.0	0.0	0.0
丙 13-808	0.0	0.0	0.0	0.0	0.0	0.0	0.0	0.0	0.0	0.0	0.0
虹粳 22	0.0	0.2	0.0	0.0	0.0	0.0	0.0	0.0	0.0	0.0	0.0
嘉禾 1350	3.1	0.6	1.5	2.4	9.3	0.0	3.0	0.0	11.2	1.3	1.2
丙 13-07	0.0	0.0	0.0	0.0	0.0	0.0	0.0	0.0	0.0	0.0	0.0
秀水 134(CK)	0.0	0.0	0.0	0.0	0.0	0.0	0.0	0.0	0.0	0.0	0.0

表 7　2015 年浙江省单季晚粳稻区域试验和生产试验各区试点产量结果对照

（单位：千克/亩）

试验类别	品种名称	平均产量	各试点产量										
			湖州	嘉善	嘉兴	临安	宁波	嵊州所	台州	省农科	舟山	诸国家	长兴
区域试验	R1283	624.1	703.7	708.3	674.7	555.0	568.8	565.0	583.8	621.7	588.0	671.8	未承担
	丙 12-14	622.4	662.3	725.0	651.3	566.7	584.0	614.2	522.8	585.0	616.3	696.3	未承担
	中嘉 8 号	637.7	680.7	656.7	676.7	645.0	583.2	588.3	590.8	550.0	645.2	760.7	未承担
	春江 102	637.3	636.7	705.0	670.0	600.0	610.3	602.5	617.3	583.3	592.5	755.0	未承担
	甬粳 13-71	617.3	650.3	628.3	695.0	571.7	593.2	506.7	608.7	630.0	570.8	718.7	未承担
	HZ13-25	624.4	693.0	678.3	668.2	521.7	611.5	553.3	599.8	596.7	621.8	699.5	未承担
	嘉 13-19	606.2	647.8	701.7	621.2	573.3	560.8	553.3	535.0	535.0	610.2	723.5	未承担
	ZH13-106	618.4	663.5	686.7	636.5	545.0	547.0	632.5	606.5	623.3	590.5	652.0	未承担
	丙 13-808	615.2	674.2	698.3	643.7	598.3	613.0	585.8	531.7	578.3	590.0	638.7	未承担
	虹粳 22	601.2	689.3	596.7	610.3	573.3	565.7	612.5	558.2	575.0	602.2	628.8	未承担
	嘉禾 1350	575.6	635.7	673.3	651.0	548.3	541.7	520.0	504.5	556.7	558.0	566.7	未承担
	丙 13-07	618.4	693.2	683.3	660.5	530.0	621.5	578.3	500.5	626.7	611.7	678.7	未承担
	秀水 134(CK)	592.7	656.3	661.7	639.0	535.0	598.7	559.2	516.8	550.0	577.0	633.5	未承担
生产试验	嘉 67	612.5	672.1	584.3	714.1	536.5	674.3	603.0	未承担	576.8	597.9	542.4	623.2
	浙粳 11-86	605.2	685.8	562.0	690.2	581.9	671.3	605.5	未承担	580.8	536.3	517.0	621.0
	浙粳 111(R111)	601.5	656.2	598.6	628.7	599.6	682.0	598.0	未承担	546.7	589.9	500.6	615.0
	浙粳 11-29	600.8	700.3	502.9	663.4	572.1	667.2	619.3	未承担	591.9	566.4	502.8	621.2
	秀水 134(CK)	554.9	616.2	530.0	621.5	508.0	633.5	555.5	未承担	516.2	547.3	454.8	565.8

2015年浙江省单季杂交粳(籼粳)稻区域试验和生产试验总结

浙江省种子管理总站

一、试验概况

2015年浙江省单季杂交粳稻区域试验为2组，A组参试品种共11个(不包括对照，下同)，其中新参试品种4个，续试品种7个；B组参试品种11个，均为新参试品种。生产试验2组，A组参试品种4个，B组参试品种2个。区域试验采用随机区组排列，小区面积0.02亩，重复3次；生产试验采用大区对比法，大区面积0.33亩。试验四周设保护行，同组所有参试品种同期播种和移栽，其他田间管理与当地大田生产一致，试验田及时防治病虫害，试验观察记载项目和标准按照《浙江省水稻区域试验和生产试验技术操作规程(试行)》执行。

本区域试验分别由中国水稻研究所、临安市种子管理站、嘉兴市农科院、长兴县种子管理站、宁波市农科院、诸暨国家级区试站、嵊州市农科所、台州市农科院、金华市种子管理站和温州市原种场10个单位承担；生产试验分别由中国水稻研究所、临安市种子管理站、嘉兴市农科院、长兴县种子管理站、宁波市农科院、诸暨国家级区试站、嵊州市农科所、金华市种子管理站、诸暨市种子管理站和永康市种子管理站10个单位承担。稻米品质分析和主要病虫害抗性鉴定分别由农业部稻米及制品质量监督检验测试中心(杭州)和浙江省农科院植物与微生物研究所承担。

二、试验结果

1. 产量：据10个试点的产量结果汇总分析，A组参试品种均比对照甬优9号增产，产量以春优927最高，平均亩产689.3千克，比对照增产15.8%，比组平均增产6.4%，所有参试品种中除浙粳优5322、嘉优1222外，产量均比对照增产3%以上，比组平均增产3%以上的品种还有长优KF2和中嘉优6号；生产试验4个品种产量均比对照甬优9号增产。B组参试品种中比对照甬优9号增产的品种有7个，产量以江浙优1512最高，平均亩产717.7千克，比对照甬优9号增产20.1%，比组平均增产13.1%，所有增产品种均比对照增产3%以上，比组平均增产3%以上的品种还有秀优7113、甬优7860、春优206、浙粳优1578和春优2915，有4个品种比对照减产，产量以秀优13479最低，平均亩产550.1千克，比对照甬优9号减产7.9%，比组平均减产13.3%；生产试验2个品种产量均比对照甬优9号增产。

2. 生育期：A组生育期变幅为150.5～167.5天，所有参试品种中除中嘉优6号、浙优2315、交源优69外，生育期均比甬优9号短，其中浙优2315最长，其生育期为167.5天，比对照长2.0天，嘉优中科12-6最短，其生育期为150.5天，比对照短15.0天；引种品种交源优69比对照甬优9号长6.2天。B组生育期变幅为156.2～168.8天，所有参试品种中除安浙优2号、中嘉优9号和春优2915外，生育期均比对照甬优9号短，其中安浙优2号最长，其生育期为168.8天，比对照长2.2天，秀优13479最短，其生育期为156.2

天，比对照短10.4天。

3. 品质：A组参试品种中春优927、甬优7861品质综合评定为优质三等，其余均为普通。B组参试品种中秀优7179、浙粳优1578品质综合评定为优质三等，其余均为普通。

4. 抗性：A组对照甬优9号稻瘟病抗性综合评价为中抗，所有参试品种中有3个品种稻瘟病抗性相似于对照，表现为中抗，分别为长优KF2、浙优2315和甬优7872，其余均为中感稻瘟病；对照甬优9号白叶枯病抗性综合评价为中感，所有参试品种中有1个品种白叶枯病抗性优于对照，表现为中抗白叶枯病，为浙优6015，其余品种均相似或差于对照，其中中感白叶枯病的7个，感白叶枯病的3个；对照甬优9号褐稻虱抗性综合评价为感，所有参试品种中有2个品种褐稻虱抗性优于对照，均表现为中感，为甬优7872、春优927，其余均为感褐稻虱；对照甬优9号稻曲病抗性综合评价为高感，所有参试品种中有1个品种稻曲病抗性优于对照，表现为感，为浙优6015，其余均为高感稻曲病。B组对照甬优9号稻瘟病抗性综合评价为中抗，所有参试品种中有2个品种稻瘟病抗性优于对照，均表现为抗，为浙粳优1578和中嘉优9号，其余稻瘟病抗性相似或差于对照，其中中抗稻瘟病的5个，中感稻瘟病的4个；对照甬优9号白叶枯病抗性综合评价为中感，所有参试品种中有1个品种白叶枯病抗性优于对照，表现为中抗白叶枯病，为中嘉优9号，其余品种相似或差于对照，其中中感白叶枯病的6个，感白叶枯病的4个；对照甬优9号褐稻虱抗性综合评价为感，所有参试品种中有3个品种褐稻虱抗性优于对照，均表现为中感，为中嘉优9号、秀优7113和江浙优1512，其余均为感褐稻虱；对照甬优9号稻曲病抗性综合评价为高感，所有参试品种中有4个品种稻曲病抗性优于对照，均表现为感，为浙优1406、秀优7179、浙粳优1578和中嘉优9号，其余均为高感稻曲病。

三、品种简评

(一) A组区域试验品种评价

1. 春优927：系中国水稻研究所选育而成的单季杂交粳稻新品种，该品种第二年参试。2014年试验平均亩产676.3千克，比对照甬优9号增产20.5%，达极显著水平；2015年试验平均亩产689.3千克，比对照甬优9号增产15.8%，达极显著水平。两年省区试平均亩产682.8千克，比对照甬优9号增产18.1%。两年平均全生育期159.5天，比对照甬优9号短2.4天。该品种亩有效穗11.5万，株高119.1厘米，每穗总粒数305.5粒，实粒数259.4粒，结实率84.9%，千粒重24.1克。经省农科院植微所2014—2015年抗性鉴定，平均叶瘟4.4级，穗瘟5.5级，穗瘟损失率3.0级，综合指数为4.6；白叶枯病4.5级；褐稻虱7级。经农业部稻米及制品质量监督检测中心2014—2015年检测，平均整精米率66.1%，长宽比2.1，垩白粒率38%，垩白度5.1%，透明度1级，胶稠度75毫米，直链淀粉含量14.8%，米质各项指标综合评价分别为食用稻品种品质部颁四等和三等。

该品种产量高，生育期适中，中感稻瘟病，中感白叶枯病，中感褐稻虱，米质优于对照甬优9号(部颁五等和普通)。建议下年度进入生产试验。

2. 中嘉优6号：系中国水稻研究所选育而成的单季杂交晚粳稻新品种，该品种第二年参试。2014年试验平均亩产623.2千克，比对照甬优9号增产11.1%，达显著水平；2015年试验平均亩产683.4千克，比对照甬优9号增产14.9%，达极显著水平。两年省区试平均亩产653.3千克，比对照甬优9号增产13.0%。两年平均全生育期162.6天，比对照甬优9号长0.7天。该品种亩有效穗12.0万，株高116.8厘米，每穗总粒数305.3粒，实粒数252.2粒，结实率82.6%，千粒重23.2克。经省农科院植微所2014—2015年抗性鉴定，平均叶瘟1.9级，穗瘟8.0级，穗瘟损失率3.0级，综合指数为4.4；白叶枯病4.9级；褐稻虱8级。经农业部稻米及制品质量监督检测中心2014—2015年检测，平均整精米率65.5%，长宽比

2.0，垩白粒率44%，垩白度5.8%，透明度1级，胶稠度76毫米，直链淀粉含量15.9%，米质各项指标综合评价分别为食用稻品种品质部颁四等和普通。

该品种产量高，生育期适中，中感稻瘟病，感白叶枯病，感褐稻虱，米质略优于对照甬优9号（部颁五等和普通）。建议下年度进入生产试验。

3. 甬优7872：系宁波市种子有限公司选育而成的单季杂交晚粳稻新品种，该品种第二年参试。2014年试验平均亩产632.5千克，比对照甬优9号增产10.9%，达极显著水平；2015年试验平均亩产658.4千克，比对照甬优9号增产10.7%，达极显著水平。两年省区试平均亩产645.5千克，比对照甬优9号增产10.8%。两年平均全生育期154.3天，比对照甬优9号短7.4天。该品种亩有效穗11.8万，株高120.1厘米，每穗总粒数281.9粒，实粒数249.6粒，结实率88.5%，千粒重23.3克。经省农科院植微所2014—2015年抗性鉴定，平均叶瘟2.5级，穗瘟4.7级，穗瘟损失率2.4级，综合指数为3.3；白叶枯病4.6级；褐稻虱8级。经农业部稻米及制品质量监督检测中心2014—2015年检测，平均整精米率67.0%，长宽比2.2，垩白粒率33%，垩白度4.3%，透明度1级，胶稠度81毫米，直链淀粉含量16.2，米质各项指标综合评价分别为食用稻品种品质部颁四等和普通。

该品种产量高，生育期较早，中抗稻瘟病，中感白叶枯病，感褐稻虱，米质略优于对照甬优9号（部颁五等和普通）。建议下年度终止试验。

4. 嘉优中科12-6：系嘉兴市农科院、中科院遗传所选育而成的单季杂交晚粳稻新品种，该品种第二年参试。2014年试验平均亩产606.0千克，比对照甬优9号增产8.0%，达显著水平；2015年试验平均亩产646.8千克，比对照甬优9号增产8.7%，达极显著水平。两年省区试平均亩产626.4千克，比对照甬优9号增产8.4%。两年平均全生育期145.8天，比对照甬优9号短16.1天。该品种亩有效穗11.4万，株高114.8厘米，每穗总粒数274.4粒，实粒数238.4粒，结实率86.9%，千粒重26.8克。经省农科院植微所2014—2015年抗性鉴定，平均叶瘟2.4级，穗瘟7.2级，穗瘟损失率3.2级，综合指数为4.4；白叶枯病4.7级；褐稻虱7级。经农业部稻米及制品质量监督检测中心2014—2015年检测，平均整精米率65.1%，长宽比2.1，垩白粒率54%，垩白度8.2%，透明度1级，胶稠度76毫米，直链淀粉含量13.7%，米质各项指标综合评价分别为食用稻品种品质部颁四等和普通。

该品种产量高，生育期较早，中感稻瘟病，中感白叶枯病，感褐稻虱，米质略优于对照甬优9号（部颁五等和普通）。建议下年度终止试验。

5. 浙优2315：系浙江省农科院选育而成的单季杂交晚粳稻新品种，该品种第二年参试。2014年试验平均亩产647.7千克，比对照甬优9号增产15.4%，达极显著水平；2015年试验平均亩产622.1千克，比对照甬优9号增产4.6%，未达显著水平。两年省区试平均亩产634.9千克，比对照甬优9号增产9.8%。两年平均全生育期162.8天，比对照甬优9号长0.9天。该品种亩有效穗11.1万，株高127.2厘米，每穗总粒数306.1粒，实粒数259.1粒，结实率84.6%，千粒重23.5克。经省农科院植微所2014—2015年抗性鉴定，平均叶瘟2.6级，穗瘟3.7级，穗瘟损失率1.5级，综合指数为3.1；白叶枯病5.1级；褐稻虱7级。经农业部稻米及制品质量监督检测中心2014—2015年检测，平均整精米率66.6%，长宽比2.1，垩白粒率34%，垩白度4.9%，透明度1级，胶稠度72毫米，直链淀粉含量15.3%，米质各项指标综合评价分别为食用稻品种品质部颁三等和普通。

该品种产量高，生育期适中，中抗稻瘟病，感白叶枯病，感褐稻虱，米质优于对照甬优9号（部颁五等和普通）。建议下年度终止试验。

6. 浙粳优5322：系浙江勿忘农种业股份有限公司选育而成的单季杂交晚粳稻新品种，该品种第二年参试。2014年试验平均亩产602.3千克，比对照甬优9号增产5.6%，未达显著水平；2015年试验平均亩产610.8千克，比对照甬优9号增产2.7%，未达显著水平。两年省区试平均亩产606.6千克，比对照甬优9号增产4.1%。两年平均全生育期160.7天，比对照甬优9号短1.0天。该品种亩有效穗11.9万，株高

111.4厘米，每穗总粒数305.5粒，实粒数238.7粒，结实率78.1，千粒重21.4克。经省农科院植微所2014—2015年抗性鉴定，平均叶瘟4.1级，穗瘟4.8级，穗瘟损失率2.3级，综合指数为3.7；白叶枯病4.5级；褐稻虱9级。经农业部稻米及制品质量监督检测中心2014—2015年检测，平均整精米率66.6%，长宽比2.1，垩白粒率27%，垩白度4.8%，透明度1级，胶稠度74毫米，直链淀粉含量15.3%，米质各项指标综合评价分别为食用稻品种品质部颁四等和普通。

该品种产量较高，生育期适中，中感稻瘟病，中感白叶枯病，感褐稻虱，米质略优于对照甬优9号（部颁五等和普通）。建议下年度终止试验。

7. 嘉优1222：系绍兴市舜达种业公司选育而成的单季杂交晚粳稻新品种，该品种第二年参试。2014年试验平均亩产628.5千克，比对照甬优9号增产10.2%，达极显著水平；2015年试验平均亩产610.4千克，比对照甬优9号增产2.6%，未达显著水平。两年省区试平均亩产619.5千克，比对照甬优9号增产6.3%。两年平均全生育期149.9天，比对照甬优9号短11.8天。该品种亩有效穗11.2万，株高111.2厘米，每穗总粒数263.3粒，实粒数228.5粒，结实率86.8%，千粒重26.8克。经省农科院植微所2014—2015年抗性鉴定，平均叶瘟3.8级，穗瘟6.5级，穗瘟损失率2.7级，综合指数为4.4；白叶枯病5.8级；褐稻虱9级。经农业部稻米及制品质量监督检测中心2014—2015年检测，平均整精米率58.8%，长宽比2.5，垩白粒率41%，垩白度6.0%，透明度2级，胶稠度78毫米，直链淀粉含量14.7%，米质各项指标综合评价分别为食用稻品种品质部颁四等和普通。

该品种产量高，生育期较早，中感稻瘟病，感白叶枯病，感褐稻虱，米质略优于对照甬优9号（部颁五等和普通）。建议下年度终止试验。

8. 长优KF2：系金华三才种业公司选育而成的单季杂交晚粳稻新品种，该品种第一年参试。本试验平均亩产686.4千克，比对照甬优9号增产15.4%，达极显著水平。全生育期164.3天，比对照甬优9号短1.2天。该品种亩有效穗12.3万，株高118.9厘米，每穗总粒数289.5粒，实粒数243.5粒，结实率84.7%，千粒重22.5克。经省农科院植微所2015年抗性鉴定，平均叶瘟0.5级，穗瘟5级，穗瘟损失率1级，综合指数为2.3；白叶枯病4.2级；稻曲病8级；褐稻虱9级。经农业部稻米及制品质量监督检测中心2015年检测，平均整精米率59.1%，长宽比2.5，垩白粒率14%，垩白度1.3%，透明度2级，胶稠度70毫米，直链淀粉含量15.8%，米质各项指标综合评价为食用稻品种品质部颁普通。

该品种产量高，生育期适中，中抗稻瘟病，中感白叶枯病，高感稻曲病，感褐稻虱，米质相似于对照甬优9号（部颁普通）。建议下年度继续试验。

9. 浙优6015：系浙江省农科院选育而成的单季杂交晚粳稻新品种，该品种第一年参试。本试验平均亩产662.4千克，比对照甬优9号增产11.3%，达极显著水平。全生育期161.8天，比对照甬优9号短3.7天。该品种亩有效穗12.1万，株高110.1厘米，每穗总粒数308粒，实粒数253.5粒，结实率82.6%，千粒重24.1克。经省农科院植微所2015年抗性鉴定，平均叶瘟6级，穗瘟7级，穗瘟损失率4级，综合指数为5.8；白叶枯病1.8级；稻曲病4.5级；褐稻虱9级。经农业部稻米及制品质量监督检测中心2015年检测，平均整精米率63.3%，长宽比1.9，垩白粒率64%，垩白度9.5%，透明度2级，胶稠度72毫米，直链淀粉含量15.4%，米质各项指标综合评价为食用稻品种品质部颁普通。

该品种产量高，生育期偏早，中感稻瘟病，中抗白叶枯病，感稻曲病，感褐稻虱，米质相似于对照甬优9号（部颁普通）。建议下年度终止试验。

10. 甬优7861：系宁波市种子公司选育而成的单季杂交晚粳稻新品种，该品种第一年参试。本试验平均亩产661.4千克，比对照甬优9号增产11.2%，达极显著水平。全生育期163.1天，比对照甬优9号短2.4天。该品种亩有效穗11.0万，株高115.1厘米，每穗总粒数307粒，实粒数268.4粒，结实率87.9%，千粒重23.6克。经省农科院植微所2015年抗性鉴定，平均叶瘟3.7级，穗瘟8级，穗瘟损失率3级，综合指数为5.3；白叶枯病4.4级；稻曲病6.5级；褐稻虱9级。经农业部稻米及制品质量监督检测中心 2015 年检测，平均整精米率 63.9%，长宽比 2.2，垩白粒率 15%，垩白度 2.2%，透明度 2 级，胶稠度 70 毫米，直链淀粉含量 16.0%，米质各项指标综合评价为食用稻品种品质部颁三等。

该品种产量高，生育期适中，中感稻瘟病，中感白叶枯病，高感稻曲病，感褐稻虱，米质优于对照甬优 9 号(部颁普通)。建议下年度继续试验。

11. 春优 117：系中国水稻研究所选育而成的单季杂交晚粳稻新品种，该品种第一年参试。本试验平均亩产 645.8 千克，比对照甬优 9 号增产 8.5%，达显著水平。全生育期 163.1 天，比对照甬优 9 号短 2.4 天。该品种亩有效穗 11.1 万，株高 117.2 厘米，每穗总粒数 339.1 粒，实粒数 283.4 粒，结实率 84.0%，千粒重 22.3 克。经省农科院植微所 2015 年抗性鉴定，平均叶瘟 4.5 级，穗瘟 8.0 级，穗瘟损失率 4.0 级，综合指数为 5.3；白叶枯病 5.2 级；稻曲病 8 级；褐稻虱 9 级。经农业部稻米及制品质量监督检测中心 2015 年检测，平均整精米率 63.5%，长宽比 2.1，垩白粒率 35%，垩白度 5.8%，透明度 2 级，胶稠度 74 毫米，直链淀粉含量 15.4%，米质各项指标综合评价为食用稻品种品质部颁普通。

该品种产量高，生育期适中，中感稻瘟病，感白叶枯病，高感稻曲病，感褐稻虱，米质相似于对照甬优 9 号(部颁普通)。建议下年度终止试验。

(二) A 组生产试验品种评价

1. 甬优 540：系宁波市种子有限公司选育而成的单季杂交晚粳稻新品种。本年度生产试验平均亩产 683.6 千克，比对照甬优 9 号增产 14.6%。该品种已于 2015 年通过省品审会水稻专业组的考察审查，并推荐省品审会审定。

2. 甬优 150：系宁波市种子有限公司选育而成的单季杂交晚粳稻新品种。本年度生产试验平均亩产 678.7 千克，比对照甬优 9 号增产 13.8%。该品种已于 2015 年通过省品审会水稻专业组的考察审查，并推荐省品审会审定。

3. 嘉优中科 3 号：系嘉兴市农科院、中科院遗传所和台州市台农种业有限公司选育而成的单季杂交晚粳稻新品种。本年度生产试验平均亩产 637.0 千克，比对照甬优 9 号增产 6.8%。该品种已于 2015 年通过省品审会水稻专业组的考察审查，并推荐省品审会审定。

4. 交源优 69(引种)：系浙江勿忘农种业股份有限公司选育而成的单季杂交晚粳稻新品种。本年度生产试验平均亩产 679.4 千克，比对照甬优 9 号增产 13.9%。

(三) B 组区域试验品种评价

1. 江浙优 1512：系浙江之豇种业公司选育而成的单季杂交晚粳稻新品种，该品种第一年参试。本试验平均亩产 717.7 千克，比对照甬优 9 号增产 20.1%，达极显著水平。全生育期 165.6 天，比对照甬优 9 号短 1.0 天。该品种亩有效穗 12.3 万，株高 127.2 厘米，每穗总粒数 300.5 粒，实粒数 252.8 粒，结实率 84.4%，千粒重 24.9 克。经省农科院植微所 2015 年抗性鉴定，平均叶瘟 6.2 级，穗瘟 6.3 级，穗瘟损失率 1.7 级，综合指数为 4.2；白叶枯病 5.8 级；稻曲病 6.5 级；褐稻虱 7 级。经农业部稻米及制品质量监督检测中心 2015 年检测，平均整精米率 58.7%，长宽比 2.1，垩白粒率 32%，垩白度 3.7%，透明度 2 级，胶稠度 83 毫米，直链淀粉含量 16.6%，米质各项指标综合评价为食用稻品种品质部颁普通。

该品种产量高，生育期适中，中感稻瘟病，感白叶枯病，高感稻曲病，中感褐稻虱，米质相似于对照甬优 9 号(部颁普通)。建议下年度终止试验。

2. 秀优 7113：系嘉兴市农科院选育而成的单季杂交晚粳稻新品种，该品种第一年参试。本试验平均亩产 702.1 千克，比对照甬优 9 号增产 17.5%，达极显著水平。全生育期 162.5 天，比对照甬优 9 号短 4.1 天。该品种亩有效穗 11.5 万，株高 114.1 厘米，每穗总粒数 303.6 粒，实粒数 259.3 粒，结实率 85.5%，千粒重 24.7 克。经省农科院植微所 2015 年抗性鉴定，平均叶瘟 1.5 级，穗瘟 3 级，穗瘟损失率 1 级，综合指数为 2.3；白叶枯病 4.8 级；稻曲病 6.5 级；褐稻虱 7 级。经农业部稻米及制品质量监督检测中心 2015 年检测，平均整精米率 65.3%，长宽比 2.0，垩白粒率 40%，垩白度 5.1%，透明度 2 级，胶稠度 82 毫米，直链淀粉含量 15.6%，米质各项指标综合评价为食用稻品种品质部颁普通。

该品种产量高，生育期偏早，中抗稻瘟病，中感白叶枯病，高感稻曲病，中感褐稻虱，米质相似于对照甬优 9 号（部颁普通）。建议下年度继续试验。

3. 甬优 7860：系宁波市种子公司选育而成的单季杂交晚粳稻新品种，该品种第一年参试。本试验平均亩产 696.7 千克，比对照甬优 9 号增产 16.6%，达极显著水平。全生育期 164.3 天，比对照甬优 9 号短 2.3 天。该品种亩有效穗 11.9 万，株高 118.2 厘米，每穗总粒数 270.8 粒，实粒数 232.0 粒，结实率 86.1%，千粒重 26.1 克。经省农科院植微所 2015 年抗性鉴定，平均叶瘟 2.5 级，穗瘟 4 级，穗瘟损失率 2 级，综合指数为 3.3；白叶枯病 4.4 级；稻曲病 8 级；褐稻虱 9 级。经农业部稻米及制品质量监督检测中心 2015 年检测，平均整精米率 57.3%，长宽比 2.3，垩白粒率 33%，垩白度 5.0%，透明度 2 级，胶稠度 71 毫米，直链淀粉含量 16.2%，米质各项指标综合评价为食用稻品种品质部颁普通。

该品种产量高，生育期适中，中抗稻瘟病，中感白叶枯病，高感稻曲病，感褐稻虱，米质相似于对照甬优 9 号（部颁普通）。建议下年度继续试验。

4. 春优 206：系中国水稻研究所选育而成的单季杂交晚粳稻新品种，该品种第一年参试。本试验平均亩产 680.9 千克，比对照甬优 9 号增产 14.0%，达极显著水平。全生育期 165.9 天，比对照甬优 9 号短 0.7 天。该品种亩有效穗 12.0 万，株高 117.4 厘米，每穗总粒数 306.7 粒，实粒数 257.1 粒，结实率 83.8%，千粒重 23.3 克。经省农科院植微所 2015 年抗性鉴定，平均叶瘟 4.5 级，穗瘟 8 级，穗瘟损失率 3 级，综合指数为 5.3；白叶枯病 4.5 级；稻曲病 8 级；褐稻虱 9 级。经农业部稻米及制品质量监督检测中心 2015 年检测，平均整精米率 63.5%，长宽比 2.1，垩白粒率 35%，垩白度 6.0%，透明度 2 级，胶稠度 70 毫米，直链淀粉含量 15.6%，米质各项指标综合评价为食用稻品种品质部颁普通。

该品种产量高，生育期适中，中感稻瘟病，中感白叶枯病，高感稻曲病，感褐稻虱，米质相似于对照甬优 9 号（部颁普通）。建议下年度继续试验。

5. 浙粳优 1578：系浙江省农科院选育而成的单季杂交晚粳稻新品种，该品种第一年参试。本试验平均亩产 677.8 千克，比对照甬优 9 号增产 13.4%，达极显著水平。全生育期 165.9 天，比对照甬优 9 号短 0.7 天。该品种亩有效穗 11.9 万，株高 116.1 厘米，每穗总粒数 293.3 粒，实粒数 243.3 粒，结实率 83.4%，千粒重 23.8 克。经省农科院植微所 2015 年抗性鉴定，平均叶瘟 2.0 级，穗瘟 2.3 级，穗瘟损失率 1 级，综合指数为 1.8；白叶枯病 3.5 级；稻曲病 6 级；褐稻虱 9 级。经农业部稻米及制品质量监督检测中心 2015 年检测，平均整精米率 65.5%，长宽比 2.1，垩白粒率 27%，垩白度 4.0%，透明度 2 级，胶稠度 76 毫米，直链淀粉含量 16.0%，米质各项指标综合评价为食用稻品种品质部颁三等。

该品种产量高，生育期适中，抗稻瘟病，中感白叶枯病，感稻曲病，感褐稻虱，米质优于对照甬优 9 号（部颁普通）。建议下年度继续试验。

6. 春优 2915：系中国水稻研究所选育而成的单季杂交晚粳稻新品种，该品种第一年参试。本试验平均亩产 674.9 千克，比对照甬优 9 号增产 13.0%，达极显著水平。全生育期 167.4 天，比对照甬优 9 号长 0.8 天。该品种亩有效穗 12.3 万，株高 115.8 厘米，每穗总粒数 297.6 粒，实粒数 253.6 粒，结实率 85.6%，千粒重 23.3 克。经省农科院植微所 2015 年抗性鉴定，平均叶瘟 3.2 级，穗瘟 8 级，穗瘟损失率 3 级，综合指数为 5.0；白叶枯病 5.5 级；稻曲病 8.5 级；褐稻虱 9 级。经农业部稻米及制品质量监督检测中心 2015 年检测，平均整精米率 63.9%，长宽比 2.1，垩白粒率 34%，垩白度 5.7%，透明度 2 级，胶稠度 74 毫米，直链淀粉含量 14.9%，米质各项指标综合评价为食用稻品种品质部颁普通。

该品种产量高，生育期适中，中感稻瘟病，感白叶枯病，高感稻曲病，感褐稻虱，米质相似于对照甬优 9 号（部颁普通）。建议下年度继续试验。

7. 中嘉优9号：系中国水稻研究所选育而成的单季杂交晚粳稻新品种，该品种第一年参试。本试验平均亩产638.9千克，比对照甬优9号增产6.9%，未达显著水平。全生育期167.6天，比对照甬优9号长1.0天。该品种亩有效穗11.5万，株高116.3厘米，每穗总粒数282.2粒，实粒数228.5粒，结实率73.4%，千粒重23.8克。经省农科院植微所2015年抗性鉴定，平均叶瘟2级，穗瘟2.3级，穗瘟损失率1级，综合指数为1.8；白叶枯病2.7级；稻曲病7级；褐稻虱7级。经农业部稻米及制品质量监督检测中心2015年检测，平均整精米率62.7%，长宽比2.0，垩白粒率35%，垩白度7.1%，透明度2级，胶稠度72毫米，直链淀粉含量15.4%，米质各项指标综合评价为食用稻品种品质部颁普通。

该品种产量高，生育期适中，抗稻瘟病，中抗白叶枯病，感稻曲病，中感褐稻虱，米质相似于对照甬优9号(部颁普通)。建议下年度继续试验。

8. 秀优7179：系浙江勿忘农种业公司选育而成的单季杂交晚粳稻新品种，该品种第一年参试。本试验平均亩产586.6千克，比对照甬优9号减产1.8%，未达显著水平。全生育期159.9天，比对照甬优9号短6.7天。该品种亩有效穗11.8万，株高108.7厘米，每穗总粒数255.8粒，实粒数222.8粒，结实率87.1%，千粒重24.4克。经省农科院植微所2015年抗性鉴定，平均叶瘟3.2级，穗瘟4.3级，穗瘟损失率1.7级，综合指数为3.4；白叶枯病4.1级；稻曲病5.5级；褐稻虱9级。经农业部稻米及制品质量监督检测中心2015年检测，平均整精米率68.6%，长宽比1.9，垩白粒率35%，垩白度5%，透明度2级，胶稠度74毫米，直链淀粉含量15.6%，米质各项指标综合评价为食用稻品种品质部颁三等。

该品种产量一般，生育期较早，中抗稻瘟病，中感白叶枯病，感稻曲病，感褐稻虱，米质优于对照甬优9号(部颁普通)。建议下年度终止试验。

9. 安浙优2号：系浙江可得丰种业公司选育而成的单季杂交晚粳稻新品种，该品种第一年参试。本试验平均亩产566.4千克，比对照甬优9号减产5.2%，未达显著水平。全生育期168.8天，比对照甬优9号长2.2天。该品种亩有效穗13.2万，株高119.6厘米，每穗总粒数255.4粒，实粒数209.9粒，结实率82.5%，千粒重22.8克。经省农科院植微所2015年抗性鉴定，平均叶瘟5.7级，穗瘟6级，穗瘟损失率2级，综合指数为4.5；白叶枯病4.1级；稻曲病8.5级；褐稻虱9级。经农业部稻米及制品质量监督检测中心2015年检测，平均整精米率63.8%，长宽比2.2，垩白粒率35%，垩白度7.9%，透明度2级，胶稠度78毫米，直链淀粉含量15.9%，米质各项指标综合评价为食用稻品种品质部颁普通。

该品种产量低，生育期适中，中感稻瘟病，中感白叶枯病，高感稻曲病，感褐稻虱，米质相似于对照甬优9号(部颁普通)。建议下年度终止试验。

10. 浙优1406：系浙江省农科院选育而成的单季杂交晚粳稻新品种，该品种第一年参试。本试验平均亩产561.7千克，比对照甬优9号减产6.0%，未达显著水平。全生育期163.4天，比对照甬优9号短3.2天。该品种亩有效穗12.6万，株高115.6厘米，每穗总粒数232.5粒，实粒数193.6粒，结实率83.4%，千粒重24.1克。经省农科院植微所2015年抗性鉴定，平均叶瘟1.5级，穗瘟5.7级，穗瘟损失率1级，综合指数为2.4；白叶枯病6.1级；稻曲病4.5级；褐稻虱9级。经农业部稻米及制品质量监督检测中心2015年检测，平均整精米率60.2%，长宽比1.8，垩白粒率60%，垩白度7.3%，透明度2级，胶稠度69毫米，直链淀粉含量16.8%，米质各项指标综合评价为食用稻品种品质部颁普通。

该品种产量低，生育期偏早，中抗稻瘟病，感白叶枯病，感稻曲病，感褐稻虱，米质相似于对照甬优9号(部颁普通)。建议下年度终止试验。

11. 秀优13479：系浙江勿忘农种业公司选育而成的单季杂交晚粳稻新品种，该品种第一年参试。本试验平均亩产550.1千克，比对照甬优9号减产7.9%，未达显著水平。全生育期156.2天，比对照甬优9号短10.4天。该品种亩有效穗12.0万，株高104.3厘米，每穗总粒数258.8粒，实粒数212.2粒，结实率82.2%，千粒重24.6克。经省农科院植微所2015年抗性鉴定，平均叶瘟2.5级，穗瘟5.7级，穗瘟损失率1.7级，综合指数为3.0；白叶枯病4.8级；稻曲病5.5级；褐稻虱9级。经农业部稻米及制品质量监督检测中心2015年检测，平均整精米率63.4%，长宽比1.8，垩白粒率66%，垩白度8.4%，透明度2级，胶稠度80毫米，直链淀粉含量16.2%，米质各项指标综合评价为食用稻品种品质部颁普通。

该品种产量低，生育期较早，中抗稻瘟病，感白叶枯病，高感稻曲病，感褐稻虱，米质相似于对照甬优9号(部颁普通)。建议下年度终止试验。

(四) B组生产试验品种评价

1. 浙优1015：系浙江省农科院选育而成的单季杂交晚粳稻新品种。本年度生产试验平均亩产685.5千克，比对照甬优9号增产13.0%。该品种已于2015年通过省品审会水稻专业组的考察审查，并推荐省品审会审定。

2. 浙优1121：系浙江省农科院选育而成的单季杂交晚粳稻新品种。本年度生产试验平均亩产669.6千克，比对照甬优9号增产10.3%。该品种已于2015年通过省品审会水稻专业组的考察审查，并推荐省品审会审定。

相关表格见表1至表7。

表 1　2015 年浙江省单季杂交粳(籼粳)稻区试参试品种及申请(供种)单位

组别	品种名称	亲本	申请(供种)单位	备注
A 组	嘉优 1222	嘉 81A×绍恢 1222	绍兴市舜达种业公司	续试
	甬优 7872	A78×13F6872	宁波市种子有限公司	
	浙粳优 5322	浙粳 5A×浙粳恢 5322	浙江勿忘农种业股份有限公司	
	春优 927	春江 16A×C927	中国水稻研究所	
	浙优 2315	浙 P73A×浙恢 F1015	浙江省农科院	
	中嘉优 6 号	嘉 1212A×中恢 7206	中国水稻研究所	
	嘉优中科 12-6	嘉 57A×中科嘉恢 126	嘉兴市农科院、中科院遗传所	
	春优 117	春江 16A×CH117	中国水稻研究所	新参试
	浙优 6015	浙 P101A×浙恢 F1015	浙江省农科院	
	长优 KF2	长粳 1A×KF2	金华三才种业公司	
	甬优 7861	A78×F6861	宁波市种子公司	
	甬优 9 号(CK)	甬粳 2 号 A×K306093	浙江省种子管理总站	
	甬优 540	甬粳 3 号 A×F7540	宁波市种子有限公司	生产试验
	甬优 150	A78×F8585	宁波市种子有限公司	
	嘉优中科 3 号	嘉 66A×中科嘉恢 1293	嘉兴市农科院、中科院遗传所、台州市台农种业有限公司	
	交源优 69(引种)	交源 5A×JP69	浙江勿忘农种业公司	
	甬优 9 号(CK)	甬粳 2 号 A×K306093	浙江省种子管理总站	
B 组	甬优 7860	A78×F6860	宁波市种子公司	新参试
	春优 206	春江 16A×中恢 7266	中国水稻研究所	
	秀优 7113	K71A×XR13	嘉兴市农科院	
	浙优 1406	浙 04A×F1406	浙江省农科院	
	春优 2915	春江 29A×CH15	中国水稻研究所	
	秀优 7179	K71A×XR79	浙江勿忘农种业公司	
	浙粳优 1578	浙粳 7A×浙粳恢 6022	浙江省农科院	
	安浙优 2 号	安粳 1A×H2	浙江可得丰种业公司	
	秀优 13479	秀水 134A×XR79	浙江勿忘农种业公司	
	江浙优 1512	JXY501S×T23	浙江之豇种业公司	
	中嘉优 9 号	秀水 134A×中恢 7206	中国水稻研究所	
	嘉优 5 号(CK1)	嘉 335A×嘉恢 125	浙江省种子管理总站	
	甬优 9 号(CK2)	甬粳 2 号 A×K306093	浙江省种子管理总站	
	浙优 1121	浙 04A×F1121	浙江省农科院	生产试验
	浙优 1015	浙 04A×F1003	浙江省农科院	
	甬优 9 号(CK)	甬粳 2 号 A×K306093	浙江省种子管理总站	

表 2-1　2014—2015 年浙江省单季杂交粳(籼粳)稻区域试验和生产试验产量结果汇总分析(A 组)

组别	品种名称	小区产量	折亩产	比 CK1 (%)	比 CK2 (%)	比组平均 (%)	差异显著性检验		续试品种 2014 年产量			两年平均亩产	
		(千克)	(千克)				0.05	0.01	折亩产 (千克)	比 CK2 (%)	差异显著性检验	亩产 (千克)	比 CK2 (%)
A 组区试	春优 927	13.786	689.3		15.8	6.4	a	A	676.3(B)	20.5	* *	682.8	18.1
	长优 KF2	13.728	686.4		15.4	6.0	a	A					
	中嘉优 6 号	13.668	683.4		14.9	5.5	ab	A	623.2(B)	11.1	*	653.3	13.0
	浙优 6015	13.249	662.4		11.3	2.3	ab	AB					
	甬优 7861	13.229	661.4		11.2	2.1	ab	ABC					
	甬优 7872	13.168	658.4		10.7	1.7	abc	ABC	632.5(A)	10.9	* *	645.5	10.8
	嘉优中科 12-6	12.937	646.8		8.7	−0.1	bcd	ABC	606.0(B)	8.0	*	626.4	8.4
	春优 117	12.916	645.8		8.5	−0.3	bcd	ABCD					
	浙优 2315	12.442	622.1		4.6	−4.0	cde	BCD	647.7(B)	15.4	* *	634.9	9.8
	浙粳优 5322	12.216	610.8		2.7	−5.7	de	CD	602.3(A)	5.6		606.6	4.1
	嘉优 1222	12.208	610.4		2.6	−5.8	de	CD	628.5(A)	10.2	* *	619.5	6.3
	甬优 9 号(CK)	11.900	595.0		0.0	−8.1	e	D	570.4(A)	0.0		582.7	0.0
									561.1(B)	0.0		578.1	0.0
	组平均		647.7										
A 组生试	甬优 540		683.6	14.6									
	甬优 150		678.7	13.8									
	嘉优中科 3 号		637.0	6.8									
	交源优 69(引种)		679.4	13.9									
	甬优 9 号(CK)		596.3	0.0									

表 2-2　2014—2015 年浙江省单季杂交粳(籼粳)稻区域试验和生产试验产量结果汇总分析(B 组)

组别	品种名称	小区产量	折亩产	比 CK1 (%)	比 CK2 (%)	比组平均 (%)	差异显著性检验		续试品种 2014 年产量			两年平均亩产	
		(千克)	(千克)				0.05	0.01	折亩产 (千克)	比 CK2 (%)	差异显著性检验	亩产 (千克)	比 CK2 (%)
B 组区试	江浙优 1512	14.353	717.7	19.4	20.1	13.1	a	A					
	秀优 7113	14.041	702.1	16.8	17.5	10.6	a	AB					
	甬优 7860	13.935	696.7	15.9	16.6	9.8	a	AB					
	春优 206	13.619	680.9	13.2	14.0	7.3	ab	AB					
	浙粳优 1578	13.557	677.8	12.7	13.4	6.8	ab	AB					
	春优 2915	13.498	674.9	12.2	13.0	6.3	ab	AB					
	中嘉优 9 号	12.778	638.9	6.3	6.9	0.6	bc	BC					
	嘉优 5 号(CK1)	12.027	601.3	0.0	0.6	−5.3	cd	CD					
	甬优 9 号(CK2)	11.950	597.5	−0.6	0.0	−5.9	cde	CD					
	秀优 7179	11.731	586.6	−2.5	−1.8	−7.6	de	CD					
	安浙优 2 号	11.328	566.4	−5.8	−5.2	−10.8	de	D					
	浙优 1406	11.233	561.7	−6.6	−6.0	−11.5	de	D					
	秀优 13479	11.001	550.1	−8.5	−7.9	−13.3	e	D					
	组平均		634.8										
B 组生试	浙优 1121		669.6	10.3									
	浙优 1015		685.5	13.0									
	甬优 9 号(CK)		606.8	0.0									

注:“* *”为差异达极显著,“*”为差异达显著。

表3 2014—2015年浙江省单季杂交粳(籼粳)稻区域试验经济性状汇总

组别	品种名称	年份	全生育期(天)	比CK1(天)	比CK2(天)	落田苗(万/亩)	有效穗(万/亩)	株高(厘米)	总粒数(粒/穗)	实粒数(粒/穗)	结实率(%)	千粒重(克)
A组	嘉优1222	2014(A)	145.5		−12.3	3.8	10.6	113.7	283.6	239.8	84.6	26.4
		2015	154.3		−11.2	4.1	11.7	108.7	243.0	217.1	89.6	27.2
		平均	149.9		−11.8	4.0	11.2	111.2	263.3	228.5	86.8	26.8
	甬优7872	2014(A)	149.9		−7.9	3.8	11.6	122.2	268.9	240.5	89.4	23.2
		2015	158.6		−6.9	4.0	12.0	117.9	294.8	258.7	87.6	23.3
		平均	154.3		−7.4	3.9	11.8	120.1	281.9	249.6	88.5	23.3
	浙粳优5322	2014(A)	156.0		−1.8	4.1	11.8	110.9	308.9	232.7	75.3	21.0
		2015	165.3		−0.2	3.9	12.0	111.8	302.0	244.7	82.2	21.7
		平均	160.7		−1.0	4.0	11.9	111.4	305.5	238.7	78.1	21.4
	春优927	2014(B)	155.3		−2.9	3.8	11.3	120.6	303.3	259.6	85.6	24.2
		2015	163.7		−1.8	4.2	11.6	117.5	307.6	259.2	84.4	23.9
		平均	159.5		−2.4	4.0	11.5	119.1	305.5	259.4	84.9	24.1
	浙优2315	2014(B)	158.1		−0.1	3.9	11.5	124.6	309.5	264.8	85.6	22.9
		2015	167.5		2.0	4.1	10.7	129.7	302.7	253.4	83.8	24.0
		平均	162.8		0.9	4.0	11.1	127.2	306.1	259.1	84.6	23.5
	中嘉优6号	2014(B)	158.3		0.1	4.1	12.1	120.1	286.6	243.5	85.0	23.0
		2015	166.8		1.3	3.9	11.8	113.4	324.0	260.9	81.5	23.4
		平均	162.6		0.7	4.0	12.0	116.8	305.3	252.2	82.6	23.2
	嘉优中科12-6	2014(B)	141.1		−17.1	4.2	11.3	119.3	293.0	250.3	85.4	25.4
		2015	150.5		−15.0	4.2	11.5	110.3	255.7	226.4	88.5	28.1
		平均	145.8		−16.1	4.2	11.4	114.8	274.4	238.4	86.9	26.8
	春优117	2015	163.1		−2.4	4.0	11.1	117.2	339.1	283.4	84.0	22.3
	浙优6015	2015	161.8		−3.7	4.0	12.1	110.1	308.0	253.5	82.6	24.1

续 表

组别	品种名称	年份	全生育期(天)	比 CK1(天)	比 CK2(天)	落田苗(万/亩)	有效穗(万/亩)	株高(厘米)	总粒数(粒/穗)	实粒数(粒/穗)	结实率(%)	千粒重(克)
A组	长优 KF2	2015	164.3		−1.2	4.4	12.3	118.9	289.5	243.5	84.7	22.5
	甬优 7861	2015	163.1		−2.4	3.7	11.0	115.1	307.0	268.4	87.9	23.6
	甬优 9 号(CK)	2014(A)	157.8		0.0	4.0	14.7	125.5	185.2	151.6	81.9	25.5
		2014(B)	158.2		0.0	3.8	13.8	126.1	203.8	164.5	80.7	25.9
		2015	165.5		0.0	4.1	15.0	121.2	207.8	166.3	80.6	26.1
		平均(A)	161.7		0.0	4.1	14.8	123.3	196.5	158.9	80.9	25.8
		平均(B)	161.9		0.0	4.0	14.4	123.6	205.8	165.4	80.4	26.0
	交源优 69(引种)	2015	171.7		6.2	3.8	13.0	124.0	285.9	246.2	86.3	24.2
B组	甬优 7860	2015	164.3	4.7	−2.3	4.0	11.9	118.2	270.8	232.0	86.1	26.1
	春优 206	2015	165.9	6.3	−0.7	4.0	12.0	117.4	306.7	257.1	83.8	23.3
	秀优 7113	2015	162.5	2.9	−4.1	4.1	11.5	114.1	303.6	259.3	85.5	24.7
	浙优 1406	2015	163.4	3.8	−3.2	3.9	12.6	115.6	232.5	193.6	83.4	24.1
	春优 2915	2015	167.4	7.8	0.8	4.1	12.3	115.8	297.6	253.6	85.6	23.3
	秀优 7179	2015	159.9	0.3	−6.7	3.8	11.8	108.7	255.8	222.8	87.1	24.4
	浙粳优 1578	2015	165.9	6.3	−0.7	3.7	11.9	116.1	293.3	243.3	83.4	23.8
	安浙优 2 号	2015	168.8	9.2	2.2	4.0	13.2	119.6	255.4	209.9	82.5	22.8
	秀优 13479	2015	156.2	−3.4	−10.4	4.0	12.0	104.3	258.8	212.2	82.2	24.6
	江浙优 1512	2015	165.6	6.0	−1.0	4.1	12.3	127.2	300.5	252.8	84.4	24.9
	中嘉优 9 号	2015	167.6	8.0	1.0	4.0	11.5	116.3	282.2	228.5	73.4	23.8
	嘉优 5 号(CK1)	2015	159.6	0.0	−7.0	3.9	14.2	107.7	179.5	167.1	93.4	26.9
	甬优 9 号(CK2)	2015	166.6	7.0	0.0	4.1	15.4	119.5	209.1	173.2	83.4	26.1

表 4　2014—2015 年浙江省单季杂交粳(籼粳)稻区域试验抗主要病虫害鉴定结果汇总

组别	品种名称	年份	稻瘟病								白叶枯病			褐稻虱		稻曲病					条纹叶枯病
			苗叶瘟		穗瘟发病率		穗瘟损失率		综合指数	抗性评价	平均级	最高级	抗性评价	分级	抗性评价	穗发病粒数		穗发病率		抗性评价	发病率(%)
			平均级	最高级	平均级	最高级	平均级	最高级								平均级	最高级	平均级	最高级		
A组	嘉优 1222	2014(A)	3.5	6.0	6.0	7.0	3.0	3.0	4.5	中感	5.6	7.0	感	9.0	感						0.0
		2015	4.0	5.0	7.0	7.0	2.3	3.0	4.2	中感	5.9	7.0	感	9.0	感	2.8	7.0	3.8	9.0	高感	0.0
		平均	3.8	5.5	6.5	7.0	2.7	3.0	4.4	中感	5.8	7.0	感	9.0	感						0.0
	甬优 7872	2014(A)	3.0	4.0	5.0	5.0	3.0	3.0	3.8	中抗	5.0	5.0	中感	9.0	感						1.0
		2015	2.0	3.0	4.3	7.0	1.7	3.0	2.7	中抗	4.1	5.0	中感	7.0	中感	3.8	9.0	4.3	9.0	高感	2.0
		平均	2.5	3.5	4.7	6.0	2.4	3.0	3.3	中抗	4.6	5.0	中感	8.0	感						1.5
	浙粳优 5322	2014(A)	4.0	5.0	3.5	7.0	1.5	3.0	2.9	中抗	4.6	5.0	中感	9.0	感						0.0
		2015	4.2	6.0	6.0	7.0	3.0	3.0	4.5	中感	4.3	5.0	中感	9.0	感	4.0	9.0	5.0	9.0	高感	0.0
		平均	4.1	5.5	4.8	7.0	2.3	3.0	3.7	中感	4.5	5.0	中感	9.0	感						0.0
	春优 927	2014(B)	4.0	6.0	5.0	5.0	3.0	3.0	4.3	中感	4.8	5.0	中感	7.0	中感						0.0
		2015	4.7	7.0	6.0	7.0	3.0	5.0	4.8	中感	4.1	5.0	中感	7.0	中感	3.5	7.0	5.0	9.0	高感	0.0
		平均	4.4	6.5	5.5	6.0	3.0	4.0	4.6	中感	4.5	5.0	中感	7.0	中感						0.0
	浙优 2315	2014(B)	1.7	5.0	5.0	7.0	2.0	3.0	3.5	中抗	4.4	5.0	中感	5.0	中抗						0.0
		2015	3.5	6.0	2.3	5.0	1.0	1.0	2.6	中抗	5.8	7.0	感	9.0	感	6.0	9.0	7.0	9.0	高感	0.0
		平均	2.6	5.5	3.7	6.0	1.5	2.0	3.1	中抗	5.1	6.0	感	7.0	感						0.0
	中嘉优 6 号	2014(B)	2.0	4.0	8.0	9.0	3.0	3.0	4.5	中感	5.4	7.0	感	7.0	中感						0.0
		2015	1.8	3.0	8.0	9.0	3.0	5.0	4.3	中感	4.3	5.0	中感	9.0	感	5.5	9.0	8.0	9.0	高感	0.0
		平均	1.9	3.5	8.0	9.0	3.0	4.0	4.4	中感	4.9	6.0	感	8.0	感						0.0
	嘉优中科 12-6	2014(B)	1.7	3.0	6.0	9.0	2.0	3.0	3.3	中抗	4.4	5.0	中感	5.0	中抗						0.0
		2015	3.0	5.0	8.3	9.0	4.3	7.0	5.5	中感	5.0	5.0	中感	9.0	感	2.5	7.0	4.0	9.0	高感	0.0
		平均	2.4	4.0	7.2	9.0	3.2	5.0	4.4	中感	4.7	5.0	中感	7.0	感						0.0
	春优 117	2015	4.5	5.0	8.0	9.0	4.0	7.0	5.3	中感	5.2	7.0	感	9.0	感	7.5	9.0	8.0	9.0	高感	0.0
	浙优 6015	2015	6.0	8.0	7.0	9.0	4.0	7.0	5.8	中感	1.8	3.0	中抗	9.0	感	2.5	5.0	4.5	7.0	感	0.0

续　表

组别	品种名称	年份	稻瘟病								白叶枯病			褐稻虱		稻曲病					条纹叶枯病
			苗叶瘟		穗瘟发病率		穗瘟损失率		综合指数	抗性评价	平均级	最高级	抗性评价	分级	抗性评价	穗发病粒数		穗发病率		抗性评价	发病率(%)
			平均级	最高级	平均级	最高级	平均级	最高级								平均级	最高级	平均级	最高级		
A组	长优 KF2	2015	0.5	2.0	5.0	5.0	1.0	1.0	2.3	中抗	4.2	5.0	中感	9.0	感	6.0	9.0	8.0	9.0	高感	0.0
	甬优 7861	2015	3.7	7.0	8.0	9.0	3.0	5.0	5.3	中感	4.4	5.0	中感	9.0	感	5.0	9.0	6.5	9.0	高感	0.0
	甬优 9 号(CK)	2014(A)	1.0	4.0	5.0	7.0	2.0	3.0	3.3	中抗	4.2	5.0	中感	9.0	感						0.0
		2014(B)	2.2	5.0	5.0	7.0	2.0	3.0	3.5	中抗	3.8	5.0	中感	9.0	感						1.0
		2015	1.2	2.0	5.0	7.0	2.3	3.0	2.9	中抗	4.3	5.0	中感	9.0	感	2.5	5.0	5.0	9.0	高感	0.0
		平均(A)	1.1	3.0	5.0	7.0	2.2	3.0	3.1	中抗	4.3	5.0	中感	9.0	感						0.0
		平均(B)	1.7	3.5	5.0	7.0	2.2	3.0	3.2	中抗	4.1	5.0	中感	9.0	感						0.5
	交源优 69(引种)	2015	5.2	8.0	8.0	9.0	3.0	5.0	5.5	中感	3.6	5.0	中感	9.0	感	5.5	9.0	7.5	9.0	高感	0.0
B组	甬优 7860	2015	2.5	5.0	4.0	7.0	2.0	3.0	3.3	中抗	4.4	5.0	中感	9.0	感	5.5	9.0	8.0	9.0	高感	0.0
	春优 206	2015	4.5	7.0	8.0	9.0	3.0	3.0	5.3	中感	4.5	5.0	中感	9.0	感	7.0	9.0	8.0	9.0	高感	0.0
	秀优 7113	2015	1.5	4.0	3.0	5.0	1.0	1.0	2.3	中抗	4.8	5.0	中感	7.0	中感	4.0	9.0	6.5	9.0	高感	0.0
	浙优 1406	2015	1.5	2.0	5.7	7.0	1.0	1.0	2.4	中抗	6.1	7.0	感	9.0	感	2.5	5.0	4.5	7.0	感	0.0
	春优 2915	2015	3.2	6.0	8.0	9.0	3.0	3.0	5.0	中感	5.5	7.0	感	9.0	感	7.0	9.0	8.5	9.0	高感	0.0
	秀优 7179	2015	3.2	6.0	4.3	7.0	1.7	3.0	3.4	中抗	4.1	5.0	中感	9.0	感	3.5	5.0	5.5	7.0	感	2.0
	浙粳优 1578	2015	2.0	3.0	2.3	5.0	1.0	1.0	1.8	抗	3.5	5.0	中感	9.0	感	4.5	7.0	6.0	7.0	感	0.0
	安浙优 2 号	2015	5.7	8.0	6.0	7.0	2.0	3.0	4.5	中感	4.1	5.0	中感	9.0	感	6.5	9.0	8.5	9.0	高感	0.0
	秀优 13479	2015	2.5	3.0	5.7	7.0	1.7	3.0	3.0	中抗	4.8	7.0	感	9.0	感	3.5	7.0	5.5	9.0	高感	0.0
	江浙优 1512	2015	6.2	7.0	6.3	9.0	1.7	3.0	4.2	中感	5.8	7.0	感	7.0	中感	4.5	7.0	6.5	9.0	高感	0.0
	中嘉优 9 号	2015	2.0	3.0	2.3	5.0	1.0	1.0	1.8	抗	2.7	3.0	中抗	7.0	中感	3.7	5.0	7.0	7.0	感	0.0
	嘉优 5 号(CK1)	2015	4.2	5.0	8.0	9.0	4.0	7.0	5.3	中感	4.3	5.0	中感	9.0	感	1.3	3.0	1.8	5.0	中感	0.0
	甬优 9 号(CK2)	2015	2.8	4.0	5.0	7.0	1.0	1.0	2.8	中抗	4.6	5.0	中感	9.0	感	3.0	5.0	5.5	9.0	高感	0.0

注：1）稻瘟病综合指数(级)＝叶瘟(平均)×25%＋穗瘟发病率(平均)×25%＋穗瘟损失率(平均)×50%；2）参试品种的两年抗性综合评价以发病较重的一年为准；3）褐稻虱综合评价以人工接种数据为依据，田间鉴定仅作参考。

表5　2014—2015年浙江省单季杂交粳（籼粳）稻区域试验稻米品质分析结果汇总

组别	品种名称	检测年份	糙米率（%）	精米率（%）	整精米率（%）	粒长（毫米）	长宽比	垩白粒率（%）	垩白度（%）	透明度（级）	碱消值（级）	胶稠度（毫米）	直链淀粉含量（%）	蛋白质含量（%）	质量指数	等级（部颁）
A组	嘉优1222	2014(A)	83.8	75.0	69.0	5.9	2.3	61.0	9.3	2.0	5.3	81.0	13.4	9.9	74.0	四等
		2015	82.2	72.6	48.5	6.4	2.6	21.0	2.6	2.0	7.0	74.0	15.9	8.5		普通
		平均	83.0	73.8	58.8	6.2	2.5	41.0	6.0	2.0	6.2	78.0	14.7	9.2		
	甬优7872	2014(A)	83.6	75.4	73.2	5.3	2.1	39.0	5.1	1.0	7.0	74.0	15.1	10.0	83.0	四等
		2015	83.0	73.1	60.7	5.6	2.2	26.0	3.5	2.0	7.0	88.0	17.3	7.7		普通
		平均	83.3	74.3	67.0	5.5	2.2	33.0	4.3	1.0	7.0	81.0	16.2	8.9		
	浙粳优5322	2014(A)	83.2	73.8	70.6	5.1	2.0	32.0	5.2	1.0	7.0	70.0	13.9	10.3	76.0	四等
		2015	81.7	72.2	62.5	5.3	2.1	22.0	4.4	2.0	6.5	77.0	16.7	8.5		普通
		平均	82.5	73.0	66.6	5.2	2.1	27.0	4.8	1.0	6.8	74.0	15.3	9.4		
	春优927	2014(B)	82.6	73.6	68.5	5.3	2.0	43.0	5.8	1.0	6.2	76.0	14.2	8.9	70.0	四等
		2015	81.9	72.5	63.6	5.4	2.1	32.0	4.4	2.0	6.4	73.0	15.4	8.7		三等
		平均	82.3	73.1	66.1	5.4	2.1	38.0	5.1	1.0	6.3	75.0	14.8	8.8		
	浙优2315	2014(B)	82.2	73.1	67.3	5.3	2.0	31.0	4.5	1.0	5.8	76.0	15.4	8.6	75.0	三等
		2015	81.9	73.3	65.8	5.6	2.1	36.0	5.2	2.0	7.0	67.0	15.1	7.9		普通
		平均	82.1	73.2	66.6	5.5	2.1	34.0	4.9	1.0	6.4	72.0	15.3	8.3		
	中嘉优6号	2014(B)	82.8	73.5	69.4	5.2	2.0	55.0	6.7	1.0	6.6	80.0	15.6	8.7	78.0	四等
		2015	81.6	72.4	61.6	5.3	2.0	33.0	4.9	2.0	6.5	72.0	16.2	7.6		普通
		平均	82.2	73.0	65.5	5.3	2.0	44.0	5.8	1.0	6.6	76.0	15.9	8.2		
	嘉优中科12-6	2014(B)	84.4	75.3	70.3	5.6	2.2	60.0	8.7	1.0	4.7	76.0	13.0	10.4	76.0	四等
		2015	82.4	73.3	59.8	5.7	2.0	48.0	7.7	2.0	5.6	76.0	14.3	8.9		普通
		平均	83.4	74.3	65.1	5.7	2.1	54.0	8.2	1.0	5.2	76.0	13.7	9.7		
	春优117	2015	81.5	72.4	63.5	5.4	2.1	35.0	5.8	2.0	6.5	74.0	15.4	8.1		普通
	浙优6015	2015	81.1	71.9	63.3	5.3	1.9	64.0	9.5	2.0	5.9	72.0	15.4	8.3		普通

续 表

组别	品种名称	检测年份	糙米率（%）	精米率（%）	整精米率（%）	粒长（毫米）	长宽比	垩白粒率（%）	垩白度（%）	透明度（级）	碱消值（级）	胶稠度（毫米）	直链淀粉含量（%）	蛋白质含量（%）	质量指数	等级（部颁）
A组	长优 KF2	2015	81.5	72.1	59.1	5.9	2.5	14.0	1.3	2.0	6.1	70.0	15.8	8.0		普通
	甬优 7861	2015	82.7	73.4	63.9	5.6	2.2	15.0	2.2	2.0	7.0	70.0	16.0	8.0		三等
	甬优 9 号(CK)	2014(A)	83.3	73.6	62.1	6.1	2.4	43.0	6.8	2.0	6.4	76.0	15.8	9.2	67.0	五等
		2014(B)	83.4	73.7	61.9	6.0	2.4	38.0	5.4	2.0	6.4	86.0	16.1	8.9	67.0	五等
		2015	82.2	72.5	52.7	6.3	2.5	29.0	4.7	2.0	6.7	76.0	16.8	7.8		普通
		平均(A)	82.8	73.1	57.4	6.2	2.5	36.0	5.8	2.0	6.6	76.0	16.3	8.5		
		平均(B)	82.8	73.1	57.3	6.2	2.5	34.0	5.1	2.0	6.6	81.0	16.5	8.4		
B组	甬优 7860	2015	83.3	73.5	57.3	6.0	2.3	33.0	5.0	2.0	7.0	71.0	16.2	7.8		普通
	春优 206	2015	81.7	72.3	63.5	5.4	2.1	35.0	6.0	2.0	6.6	70.0	15.6	7.8		普通
	秀优 7113	2015	82.0	72.5	65.3	5.4	2.0	40.0	5.1	2.0	6.8	82.0	15.6	7.6		普通
	浙优 1406	2015	82.3	72.4	60.2	5.2	1.8	60.0	7.3	2.0	7.0	69.0	16.8	8.6		普通
	春优 2915	2015	81.6	72.4	63.9	5.4	2.1	34.0	5.7	2.0	6.7	74.0	14.9	8.3		普通
	秀优 7179	2015	83.3	73.9	68.6	5.2	1.9	35.0	5.0	2.0	6.9	74.0	15.6	8.3		三等
	浙粳优 1578	2015	81.8	72.5	65.5	5.5	2.1	27.0	4.0	2.0	6.3	76.0	16.0	7.9		三等
	安浙优 2 号	2015	81.7	72.1	63.8	5.5	2.2	35.0	7.9	2.0	6.7	78.0	15.9	7.6		普通
	秀优 13479	2015	83.4	74.0	63.4	5.3	1.8	66.0	8.4	2.0	7.0	80.0	16.2	8.1		普通
	江浙优 1512	2015	82.9	73.4	58.7	5.7	2.1	32.0	3.7	2.0	6.2	83.0	16.6	7.9		普通
	中嘉优 9 号	2015	81.2	71.9	62.7	5.3	2.0	35.0	7.1	2.0	6.2	72.0	15.4	8.2		普通
	嘉优 5 号(CK1)	2015	83.4	73.6	62.6	5.4	1.8	62.0	7.3	2.0	7.0	72.0	17.1	8.5		普通
	甬优 9 号(CK2)	2015	82.5	72.9	51.2	6.3	2.4	27.0	3.1	2.0	6.7	74.0	17.0	7.5		普通

表 6　2015 年浙江省单季杂交粳(籼粳)稻区域试验品种杂株率记载汇总

组别	品种名称	平均(%)	各试点杂株率(%)									
			嘉兴	金华	临安	宁波	嵊州所	台州	温农科	长兴	富阳	诸国家
A组	嘉优 1222	1.9	1.6	4.3	0.0	3.7	2.3	0.0	2.0	3.3	0.0	1.8
	甬优 7872	0.1	0.0	0.0	0.0	0.0	0.0	0.0	0.0	0.5	0.0	0.0
	浙粳优 5322	4.7	1.7	6.8	0.0	4.2	7.8	15.1	0.0	5.7	3.5	2.4
	春优 927	0.2	0.0	0.9	0.0	1.0	0.0	0.0	0.0	0.0	0.0	0.0
	浙优 2315	2.0	0.0	2.6	0.0	1.6	6.9	6.6	0.0	2.4	0.0	0.0
	中嘉优 6 号	0.1	0.2	0.0	1.2	0.0	0.0	0.0	0.0	0.0	0.0	0.0
	嘉优中科 12-6	0.3	0.0	0.0	0.0	3.1	0.0	0.0	0.0	0.0	0.0	0.0
	春优 117	0.3	0.0	0.0	3.0	0.0	0.0	0.0	0.0	0.0	0.0	0.0
	浙优 6015	0.7	1.6	3.4	0.0	1.6	0.0	0.0	0.0	0.5	0.0	0.0
	长优 KF2	0.8	0.0	0.0	6.5	1.0	0.0	0.0	0.0	0.2	0.0	0.0
	甬优 7861	0.1	0.0	0.0	0.4	0.0	0.0	0.0	0.0	0.7	0.0	0.0
	甬优 9 号(CK)	0.0	0.0	0.0	0.0	0.0	0.0	0.0	0.0	0.0	0.0	0.0
B组	甬优 7860	1.1	0.0	4.3	0.0	0.5	0.5	1.1	0.0	4.3	0.0	0.0
	春优 206	0.3	0.4	0.0	0.0	0.0	0.0	0.0	3.0	0.0	0.0	0.0
	秀优 7113	0.7	0.0	0.0	6.9	0.0	0.0	0.0	0.0	0.2	0.0	0.0
	浙优 1406	0.3	0.4	0.9	0.0	0.0	0.0	0.0	0.0	2.1	0.0	0.0
	春优 2915	0.3	0.0	0.0	0.0	0.0	0.9	0.0	0.0	0.7	1.7	0.0
	秀优 7179	0.8	0.0	0.0	6.2	1.0	0.0	0.0	0.0	0.2	0.0	0.0
	浙粳优 1578	1.8	0.1	0.9	0.8	0.0	0.9	6.5	0.0	4.8	2.1	2.0
	安浙优 2 号	0.3	0.0	0.0	0.0	1.0	0.9	0.0	0.0	0.2	0.7	0.0
	秀优 13479	0.4	0.2	1.3	0.0	1.6	0.0	0.0	0.0	0.5	0.0	0.0
	江浙优 1512	0.1	0.0	0.0	0.4	0.0	0.0	0.0	0.0	0.5	0.0	0.0
	中嘉优 9 号	1.3	0.2	0.0	11.1	0.0	0.0	0.0	0.0	0.2	0.0	0.0
	嘉优 5 号(CK1)	0.1	0.0	0.0	0.0	0.0	0.0	0.0	0.0	0.5	0.0	0.0
	甬优 9 号(CK2)	0.0	0.0	0.0	0.0	0.0	0.0	0.0	0.0	0.2	0.0	0.0

表 7　2015 年浙江省单季杂交粳(籼粳)稻区域试验和生产试验各试点产量结果对照

（单位：千克/亩）

组别	品种名称	平均产量	各试点产量											
			嘉兴	金华	临安	宁波	嵊州所	台州	温农科	长兴	富阳	诸国家	永康	诸种站
A 组区试	嘉优 1222	610.4	722.8	488.8	618.3	598.5	615.8	558.3	542.5	661.7	577.7	719.5	未承担	未承担
	甬优 7872	658.4	771.8	547.5	553.3	747.2	505.8	637.0	646.8	746.7	677.7	750.2	未承担	未承担
	浙粳优 5322	610.8	646.0	635.8	616.7	569.3	571.7	537.3	589.3	641.0	587.0	714.2	未承担	未承担
	春优 927	689.3	789.3	660.0	575.0	698.8	623.3	638.0	621.7	781.7	714.8	790.3	未承担	未承担
	浙优 2315	622.1	703.7	654.9	625.0	609.5	535.8	572.3	548.3	673.7	606.8	690.8	未承担	未承担
	中嘉优 6 号	683.4	723.3	684.4	625.0	710.3	672.5	554.3	603.5	822.8	696.3	741.3	未承担	未承担
	嘉优中科 12-6	646.9	710.5	589.5	611.7	629.0	560.0	571.0	608.8	792.3	645.7	750.0	未承担	未承担
	春优 117	645.8	700.7	634.7	558.3	641.0	594.2	589.7	616.7	735.3	651.8	735.5	未承担	未承担
	浙优 6015	662.4	757.5	594.4	658.3	650.2	572.5	611.3	629.8	723.3	709.0	717.8	未承担	未承担
	长优 KF2	686.4	762.8	662.1	705.0	649.5	643.3	549.7	590.3	776.3	693.3	831.7	未承担	未承担
	甬优 7861	661.4	706.5	574.6	675.0	648.5	606.7	593.7	586.0	722.7	695.0	805.7	未承担	未承担
	甬优 9 号(CK)	595.0	530.2	669.7	518.3	603.7	623.3	548.7	600.3	623.3	601.7	631.2	未承担	未承担
A 组生试	甬优 540	683.6	733.7	664.3	633.9	725.8	748.7	未承担	未承担	772.6	627.7	550.0	686.0	692.9
	甬优 150	678.7	683.0	656.4	645.6	742.3	848.7	未承担	未承担	700.0	568.0	571.7	642.9	728.2
	嘉优中科 3 号	637.0	713.8	610.0	609.2	676.3	517.3	未承担	未承担	770.8	520.8	517.0	783.7	651.0
	交源优 69(引种)	679.4	687.7	658.0	647.6	739.1	635.1	未承担	未承担	763.0	630.1	617.4	694.8	721.6
	甬优 9 号(CK)	596.3	576.3	622.1	505.8	633.2	635.8	未承担	未承担	594.8	550.5	510.9	633.7	699.5

续 表

组别	品种名称	平均产量	各试点产量											
			嘉兴	金华	临安	宁波	嵊州所	台州	温农科	长兴	富阳	诸国家	永康	诸种站
B组区试	甬优 7860	696.7	714.8	659.7	665.0	655.0	701.7	660.3	657.3	768.7	701.8	783.0	未承担	未承担
	春优 206	681.0	729.8	671.2	681.7	641.8	670.8	667.7	639.2	762.3	632.7	712.3	未承担	未承担
	秀优 7113	702.1	781.3	655.1	603.3	681.0	660.0	726.3	667.7	804.0	657.7	784.3	未承担	未承担
	浙优 1406	561.7	605.7	496.0	676.7	510.3	575.8	550.0	472.2	541.7	557.0	631.2	未承担	未承担
	春优 2915	674.9	727.2	635.1	636.7	629.0	680.0	639.3	648.5	755.7	654.2	743.7	未承担	未承担
	秀优 7179	586.6	676.2	444.2	586.7	569.2	580.0	611.7	538.2	649.8	565.5	644.3	未承担	未承担
	浙粳优 1578	677.8	687.8	688.4	580.0	616.8	767.5	636.0	630.0	772.3	668.2	731.3	未承担	未承担
	安浙优 2 号	566.4	414.5	652.1	620.0	551.8	503.3	603.3	531.2	586.8	595.3	605.7	未承担	未承担
	秀优 13479	550.1	612.5	420.5	685.0	512.5	512.5	547.0	493.7	613.0	506.2	597.7	未承担	未承担
	江浙优 1512	717.7	719.3	693.5	671.7	658.8	779.2	682.7	648.3	767.2	741.2	814.8	未承担	未承担
	中嘉优 9 号	638.9	668.5	683.9	348.3	621.7	655.8	657.7	653.3	726.7	656.7	716.7	未承担	未承担
	嘉优 5 号(CK1)	601.3	648.5	514.7	655.0	571.7	633.3	602.0	496.8	637.3	621.5	632.5	未承担	未承担
	甬优 9 号(CK2)	597.5	515.0	669.0	533.3	557.5	640.0	629.0	610.5	589.3	600.3	631.0	未承担	未承担
B组生试	浙优 1121	669.6	664.9	647.2	634.9	711.4	698.4	未承担	未承担	767.0	542.7	682.6	730.9	713.4
	浙优 1015	685.5	692.0	673.2	646.2	716.3	675.2	未承担	未承担	705.6	630.6	673.9	760.6	701.8
	甬优 9 号(CK)	606.8	583.1	610.0	505.8	611.7	680.4	未承担	未承担	626.6	552.1	545.7	673.4	699.5

2015年浙江省连作常规晚粳稻区域试验总结

浙江省种子管理总站

一、试验概况

2015年浙江省连作常规晚粳稻区域试验参试品种共10个(不包括对照,下同),其中9个新参试品种,1个续试品种。区域试验采用随机区组排列,小区面积0.02亩,重复三次。试验四周设保护行,同组所有参试品种同期播种、移栽,其他田间管理与当地大田生产一致,试验田及时防治病虫害,试验观察记载项目和标准按照《浙江省水稻区域试验和生产试验技术操作规程(试行)》执行。

本区域试验分别由湖州市农科院、嘉兴市农科院、浙江省农科院作核所、嘉善县种子管理站、宁波市农科院、嵊州市农科所、台州市农科院、金华市种子管理站和上虞舜达种子研究所9个单位承担,其中,上虞舜达种子研究所受连续阴雨影响,试验结果作报废处理。稻米品质分析和主要病虫害抗性鉴定分别由农业部稻米及制品质量监督检验测试中心(杭州)和浙江省农科院植物与微生物研究所承担。

二、试验结果

1. 产量:据8个试点的产量结果汇总分析,参试品种中有3个品种比对照宁81增产,产量以宁13-136最高,平均亩产618.9千克,比对照增产5.5%;其余品种均比对照宁81减产,产量以长庚香最低,平均亩产530.0千克,比对照减产9.6%。

2. 生育期:生育期变幅为143.3～150.9天,参试品种中有4个品种生育期比对照宁81长,最长的是宁13-136,其生育期为150.9天,比对照长3.8天;有6个品种生育期比对照宁81短,最短的是长庚香,期生育期为143.3天,比对照短3.8天。

3. 品质:参试品种中有3个品种品质综合评定为优质米,其中春江135、丙13-202为优质二等,浙粳11-29为优质三等,其余均为普通。

4. 抗性:对照宁81稻瘟病抗性综合评价为感,参试品种中有7个品种稻瘟病抗性优于对照,其中中抗稻瘟病的品种1个,为ZH13-96;中感稻瘟病的品种6个,分别为丙13-202、长庚香、春江135、HZ13-23、丙14-204和浙粳11-29;其余稻瘟病抗性相似或差于对照,其中感稻瘟病的2个,高感稻瘟病的1个。对照宁81白叶枯病抗性综合评价为中感,参试品种中白叶枯病抗性优于对照的品种1个,表现为中抗白叶枯病,为浙粳11-29;其余均为中感白叶枯病。对照宁81褐稻虱抗性综合评价为中感,参试品种中褐稻虱抗性优于对照的有2个,均表现为中抗褐稻虱,为长庚香和嘉禾1350,其余品种相似或差于对照,其中中感褐稻虱的7个,感褐稻虱的1个。

三、区域试验品种评价

1. 春江 135：系中国水稻研究所选育而成的连作常规晚粳稻新品种，该品种第二年参试。2014 年试验平均亩产 578.4 千克，比对照宁 81 增产 0.2%，未达显著水平；2015 年试验平均亩产 576.1 千克，比对照宁 81 减产 1.8%，未达显著水平。两年省区试平均亩产 577.3 千克，比对照宁 81 减产 0.8%。两年平均全生育期 145.3 天，比对照宁 81 长 1.5 天。该品种亩有效穗 19.1 万，株高 86.5 厘米，每穗总粒数 142.0 粒，实粒数 122.5 粒，结实率 86.3%，千粒重 25.4 克。经省农科院植微所 2014—2015 年抗性鉴定，平均叶瘟 2.3 级，穗瘟 6.5 级，穗瘟损失率 3.5 级，综合指数为 4.3；白叶枯病 3.9 级；褐稻虱 6 级。经农业部稻米及制品质量监督检测中心 2014—2015 年检测，平均整精米率 70.7%，长宽比 1.8，白度 1 级，阴糯米率 1.5%，胶稠度 100 毫米，直链淀粉含量 1.6%，米质各项指标综合评价分别为食用稻品种品质部颁一等和二等。

该品种产量一般，生育期适中，中感稻瘟病，中感白叶枯病，中感褐稻虱，米质优于对照宁 81（部颁二等和普通）。建议下年度终止试验。

2. 宁 13-136：系宁波市农科院选育而成的连作常规晚粳稻新品种，该品种第一年参试。本试验平均亩产 618.9 千克，比对照宁 81 增产 5.5%，未达显著水平。全生育期 150.9 天，比对照宁 81 长 3.8 天。该品种亩有效穗 19.4 万，株高 92.3 厘米，每穗总粒数 131.2 粒，实粒数 112.5 粒，结实率 85.9%，千粒重 28.2 克。经省农科院植微所 2015 年抗性鉴定，平均叶瘟 4.5 级，穗瘟 8 级，穗瘟损失率 5 级，综合指数为 6.3；白叶枯病 4.6 级；褐稻虱 7 级。经农业部稻米及制品质量监督检测中心 2015 年检测，平均整精米率 71.3%，长宽比 1.8，垩白粒率 41%，垩白度 4.6%，透明度 3 级，胶稠度 62 毫米，直链淀粉含量 16%，米质各项指标综合评价为食用稻品种品质部颁普通。

该品种产量高，生育期适中，感稻瘟病，中感白叶枯病，中感褐稻虱，米质相似于对照宁 81（部颁普通）。建议下年度终止试验。

3. ZH13-96：系浙江省农科院选育而成的连作常规晚粳稻新品种，该品种第一年参试。本试验平均亩产 591.0 千克，比对照宁 81 增产 0.7%，未达显著水平。全生育期 144.9 天，比对照宁 81 短 2.2 天。该品种亩有效穗 19.4 万，株高 85.0 厘米，每穗总粒数 125.3 粒，实粒数 115.2 粒，结实率 92.2%，千粒重 26.7 克。经省农科院植微所 2015 年抗性鉴定，平均叶瘟 1.7 级，穗瘟 6.3 级，穗瘟损失率 1.7 级，综合指数为 3.2；白叶枯病 4.5 级；褐稻虱 7 级。经农业部稻米及制品质量监督检测中心 2015 年检测，平均整精米率 75.0%，长宽比 1.8，垩白粒率 62%，垩白度 6.5%，透明度 3 级，胶稠度 59 毫米，直链淀粉含量 16.3%，米质各项指标综合评价为食用稻品种品质部颁普通。

该品种产量一般，生育期适中，中抗稻瘟病，中感白叶枯病，中感褐稻虱，米质相似于对照宁 81（部颁普通）。建议下年度继续试验。

4. HZ13-23：系湖州市农科院选育而成的连作常规晚粳稻新品种，该品种第一年参试。本试验平均亩产 588.9 千克，比对照宁 81 增产 0.4%，未达显著水平。全生育期 146.8 天，比对照宁 81 短 0.3 天。该品种亩有效穗 21.1 万，株高 77.5 厘米，每穗总粒数 120.4 粒，实粒数 108.6 粒，结实率 90.1%，千粒重 25.5 克。经省农科院植微所 2015 年抗性鉴定，平均叶瘟 4.7 级，穗瘟 7 级，穗瘟损失率 4 级，综合指数为 5.3；白叶枯病 4.8 级；褐稻虱 7 级。经农业部稻米及制品质量监督检测中心 2015 年检测，平均整精米率 69.7%，长宽比 1.8，垩白粒率 55%，垩白度 5.8%，透明度 1 级，胶稠度 60 毫米，直链淀粉含量 16.8%，米质各项指标综合评价为食用稻品种品质部颁普通。

该品种产量一般，生育期适中，中感稻瘟病，中感白叶枯病，中感褐稻虱，米质相似于对照宁 81（部颁普通）。建议下年度终止试验。

5. 丙 13-202：系嘉兴市农科院选育而成的连作常规晚粳稻新品种，该品种第一年参试。本试验平均亩产 584.6 千克，比对照宁 81 减产 0.3%，未达显著水平。全生育期 143.7 天，比对照宁 81 短 3.4 天。该品种亩有效穗 19.2 万，株高 83.6 厘米，每穗总粒数 129.1 粒，实粒数 115.9 粒，结实率 89.6%，千粒重 26.4 克。经省农科院植微所 2015 年抗性鉴定，平均叶瘟 3.3 级，穗瘟 6 级，穗瘟损失率 3 级，综合指数为 4.3；白叶枯病 4.6 级；褐稻虱 7 级。经农业部稻米及制品质量监督检测中心 2015 年检测，平均整精米率 71.5%，长宽比 1.7，垩白粒率 36%，垩白度 3.0%，透明度 2 级，胶稠度 72 毫米，直链淀粉含量 16.0%，米质各项指标综合评价为食用稻品种品质部颁二等。

该品种产量一般，生育期偏早，中感稻瘟病，中感白叶枯病，中感褐稻虱，米质优于对照宁 81（部颁普通）。建议下年度继续试验。

6. 浙粳 11-29：系浙江省农科院、浙江勿忘农种业股份有限公司选育而成的连作常规晚粳稻新品种，该品种第一年参试。本试验平均亩产 584.4 千克，比对照宁 81 减产 0.4%，未达显著水平。全生育期 149.6 天，比对照宁 81 长 2.5 天。该品种亩有效穗 21.7 万，株高 80.4 厘米，每穗总粒数 143.5 粒，实粒数 119.3 粒，结实率 82.6%，千粒重 25.3 克。经省农科院植微所 2015 年抗性鉴定，平均叶瘟 4.7 级，穗瘟 7 级，穗瘟损失率 5 级，综合指数为 6.0；白叶枯病 2.3 级；褐稻虱 9 级。经农业部稻米及制品质量监督检测中心 2015 年检测，平均整精米率 71.1%，长宽比 1.8，垩白粒率 35%，垩白度 4.2%，透明度 2 级，胶稠度 62 毫米，直链淀粉含量 16.9%，米质各项指标综合评价为食用稻品种品质部颁三等。

该品种产量一般，生育期适中，中感稻瘟病，中抗白叶枯病，感褐稻虱，米质优于对照宁 81（部颁普通）。建议下年度终止试验。

7. 绍粳 18：系绍兴市农科院选育而成的连作常规晚粳稻新品种，该品种第一年参试。本试验平均亩产 578.6 千克，比对照宁 81 减产 1.4%，未达显著水平。全生育期 148.5 天，比对照宁 81 长 1.4 天。该品种亩有效穗 20.2 万，株高 85.7 厘米，每穗总粒数 125.7 粒，实粒数 110.7 粒，结实率 88.0%，千粒重 26.6 克。经省农科院植微所 2015 年抗性鉴定，平均叶瘟 3.3 级，穗瘟 7.7 级，穗瘟损失率 5.7 级，综合指数为 6.5；白叶枯病 4.6 级；褐稻虱 7 级。经农业部稻米及制品质量监督检测中心 2015 年检测，平均整精米率 74.5%，长宽比 1.7，垩白粒率 65%，垩白度 6.1%，透明度 2 级，胶稠度 68 毫米，直链淀粉含量 16.5%，米质各项指标综合评价为食用稻品种品质部颁普通。

该品种产量一般，生育期适中，感稻瘟病，中感白叶枯病，中感褐稻虱，米质相似于对照宁 81（部颁普通）。建议下年度终止试验。

8. 丙 14-204：系浙江勿忘农种业股份有限公司选育而成的连作常规晚粳稻新品种，该品种第一年参试。本试验平均亩产 563.7 千克，比对照宁 81 减产 3.9%，未达显著水平。全生育期 144.8 天，比对照宁 81 短 2.3 天。该品种亩有效穗 20.8 万，株高 85.9 厘米，每穗总粒数 132.8 粒，实粒数 112.7 粒，结实率 85.1%，千粒重 25.3 克。经省农科院植微所 2015 年抗性鉴定，平均叶瘟 1.5 级，穗瘟 8 级，穗瘟损失率 6 级，综合指数为 5.8；白叶枯病 3.6 级；褐稻虱 7 级。经农业部稻米及制品质量监督检测中心 2015 年检测，平均整精米率 71.2%，长宽比 1.7，垩白粒率 68%，垩白度 6.4%，透明度 2 级，胶稠度 59 毫米，直链淀粉含量 15.4%，米质各项指标综合评价为食用稻品种品质部颁普通。

该品种产量偏低，生育期适中，中感稻瘟病，中感白叶枯病，中感褐稻虱，米质相似于对照宁 81（部颁普通）。建议下年度终止试验。

9. 嘉禾 1350：系嘉兴市农科院选育而成的连作常规晚粳稻新品种，该品种第一年参试。本试验平均亩产 562.3 千克，比对照宁 81 减产 4.2%，未达显著水平。全生育期 146.8 天，比对照宁 81 短 0.3 天。该品种亩有效穗 20.8 万，株高 84.4 厘米，每穗总粒数 117.7 粒，实粒数 87.5 粒，结实率 74.4%，千粒重 30.4 克。经省农科院植微所 2015 年抗性鉴定，平均叶瘟 5.8 级，穗瘟 9 级，穗瘟损失率 8.3 级，综合指数为 8.4；白叶枯病 4.3 级；褐稻虱 5 级。经农业部稻米及制品质量监督检测中心 2015 年检测，平均整精米率

62.7%，长宽比2.1，垩白粒率58%，垩白度5.6%，透明度3级，胶稠度66毫米，直链淀粉含量10.9%，米质各项指标综合评价为食用稻品种品质部颁普通。

该品种产量偏低，生育期适中，高感稻瘟病，中感白叶枯病，中抗褐稻虱，米质相似于对照宁81（部颁普通）。建议下年度终止试验。

10. 长庚香：系中国水稻研究所选育而成的连作常规晚粳稻新品种，该品种第一年参试。本试验平均亩产530.0千克，比对照宁81减产9.6%，达显著水平。全生育期143.3天，比对照宁81短3.8天。该品种亩有效穗16.1万，株高99.0厘米，每穗总粒数140.9粒，实粒数116.6粒，结实率82.8%，千粒重28.3克。经省农科院植微所2015年抗性鉴定，平均叶瘟2.3级，穗瘟7级，穗瘟损失率3级，综合指数为4.5；白叶枯病3.7级；褐稻虱5级。经农业部稻米及制品质量监督检测中心2015年检测，平均整精米率62.3%，长宽比3.2，垩白粒率42%，垩白度6.3%，透明度2级，胶稠度54毫米，直链淀粉含量16.6%，米质各项指标综合评价为食用稻品种品质部颁普通。

该品种产量低，生育期偏早，中感稻瘟病，中感白叶枯病，中抗褐稻虱，米质相似于对照宁81（部颁普通）。建议下年度终止试验。

相关表格见表1至表7。

表1　2015年浙江省连作常规晚粳稻组区试参试品种及申请（供种）单位

试验类别	品种名称	亲本	申请（供种）单位	备注
区域试验	春江135	（秀水123/绍糯97-14）/春江糯6号	中国水稻研究所	续试
	丙14-204	嘉58/秀水312	浙江勿忘农种业公司	新参试
	长庚香	长粳1B/J5465//香旗25	中国水稻研究所	
	丙13-202	秀水123//丙05110/镇631	嘉兴市农科院	
	宁13-136	宁84///嘉花1号//宁175/秀水110	宁波市农科院	
	ZH13-96	Y73/宁67//嘉花1号	浙江省农科院	
	HZ13-23	秀水09/ZH07-6	湖州市农科院	
	绍粳18	R0308/ZH236	绍兴市农科院	
	嘉禾1350	软香13/L5052	嘉兴市农科院	
	浙粳11-29	浙粳88/甬粳06-02	浙江省农科院、浙江勿忘农种业公司	
	宁81(CK)	甬单6号/秀水110	宁波市农科院	

表 2 2014—2015 年浙江省连作常规晚粳稻区域试验产量结果分析

品种名称	小区产量（千克）	折亩产（千克）	比 CK（%）	差异显著性检验		续试品种 2014 年产量			两年平均产量	
				0.05	0.01	折亩产（千克）	比 CK（%）	差异显著性检验	亩产（千克）	比 CK（%）
宁 13-136	12.377	618.9	5.5	a	A					
ZH13-96	11.820	591.0	0.7	ab	AB					
HZ13-23	11.778	588.9	0.4	ab	AB					
宁 81(CK)	11.731	586.6	0.0	ab	AB	577.3	0.0		581.9	0.0
丙 13-202	11.692	584.6	−0.3	ab	AB					
浙粳 11-29	11.687	584.4	−0.4	ab	AB					
绍粳 18	11.572	578.6	−1.4	ab	AB					
春江 135	11.523	576.1	−1.8	abc	AB	578.4	0.2		577.3	−0.8
丙 14-204	11.274	563.7	−3.9	bc	AB					
嘉禾 1350	11.245	562.3	−4.2	bc	AB					
长庚香	10.600	530.0	−9.6	c	B					

表 3 2014—2015 年浙江省连作常规晚粳稻区域试验经济性状结果汇总

品种名称	年份	全生育期（天）	比 CK（天）	落田苗（万/亩）	有效穗（万/亩）	株高（厘米）	总粒数（粒/穗）	实粒数（粒/穗）	结实率（%）	千粒重（克）
春江 135	2014	142.5	2.0	7.0	18.0	88.4	150.3	130.7	87.0	25.2
	2015	148.1	1.0	8.0	20.1	84.6	133.7	114.2	85.2	25.6
	平均	145.3	1.5	7.5	19.1	86.5	142.0	122.5	86.3	25.4
丙 14-204	2015	144.8	−2.3	7.5	20.8	85.9	132.8	112.7	85.1	25.3
长庚香	2015	143.3	−3.8	7.2	16.1	99.0	140.9	116.6	82.8	28.3
丙 13-202	2015	143.7	−3.4	7.6	19.2	83.6	129.1	115.9	89.6	26.4
宁 13-136	2015	150.9	3.8	7.5	19.4	92.3	131.2	112.5	85.9	28.2
ZH13-96	2015	144.9	−2.2	7.7	19.4	85.0	125.3	115.2	92.2	26.7
HZ13-23	2015	146.8	−0.3	8.0	21.1	77.5	120.4	108.6	90.1	25.5
绍粳 18	2015	148.5	1.4	7.8	20.2	85.7	125.7	110.7	88.0	26.6
嘉禾 1350	2015	146.8	−0.3	8.4	20.8	84.4	117.7	87.5	74.4	30.4
浙粳 11-29	2015	149.6	2.5	7.6	21.7	80.4	143.5	119.3	82.6	25.3
宁 81(CK)	2014	140.5	0.0	7.0	18.6	92.9	128.8	120.8	93.8	26.5
	2015	147.1	0.0	7.7	19.2	89.5	134.2	118.0	88.0	26.9
	平均	143.8	0.0	7.4	18.9	91.2	131.5	119.4	90.8	26.7

表 4　2014—2015 年浙江省连作常规晚粳稻区域试验主要病虫害抗性鉴定结果汇总

品种名称	年份	稻瘟病								白叶枯病			褐稻虱		条纹病
		苗叶瘟		穗瘟发病率		穗瘟损失率		综合指数	抗性评价	平均级	最高级	抗性评价	分级	抗性评价	发病率（%）
		平均级	最高级	平均级	最高级	平均级	最高级								
春江 135	2014	1.2	2.0	7.0	9.0	3.0	5.0	3.8	中抗	4.0	5.0	中感	5.0	中抗	3.8
	2015	3.3	5.0	6.0	9.0	4.0	7.0	4.8	中感	3.7	5.0	中感	7.0	中感	0.0
	平均	2.3	3.5	6.5	9.0	3.5	6.0	4.3	中感	3.9	5.0	中感	6.0	中感	1.9
丙 14-204	2015	1.5	3.0	8.0	9.0	6.0	7.0	5.8	中感	3.6	5.0	中感	7.0	中感	0.0
长庚香	2015	2.3	5.0	7.0	9.0	3.0	5.0	4.5	中感	3.7	5.0	中感	5.0	中抗	0.0
丙 13-202	2015	3.3	5.0	6.0	7.0	3.0	3.0	4.3	中感	4.6	5.0	中感	7.0	中感	0.0
宁 13-136	2015	4.5	7.0	8.0	9.0	5.0	7.0	6.3	感	4.6	5.0	中感	7.0	中感	0.0
ZH13-96	2015	1.7	3.0	6.3	7.0	1.7	3.0	3.2	中抗	4.5	5.0	中感	7.0	中感	0.0
HZ13-23	2015	4.7	6.0	7.0	9.0	4.0	7.0	5.3	中感	4.8	5.0	中感	7.0	中感	4.0
绍粳 18	2015	3.3	7.0	7.7	9.0	5.7	7.0	6.5	感	4.6	5.0	中感	7.0	中感	2.0
嘉禾 1350	2015	5.8	8.0	9.0	9.0	8.3	9.0	8.4	高感	4.3	5.0	中感	5.0	中抗	0.0
浙粳 11-29	2015	4.7	7.0	7.0	9.0	5.0	7.0	6.0	中感	2.3	3.0	中抗	9.0	感	0.0
宁 81(CK)	2014	5.2	7.0	9.0	9.0	6.0	7.0	7.0	感	4.6	5.0	中感	9.0	感	5.0
	2015	3.7	8.0	7.7	9.0	4.3	7.0	6.1	感	4.5	5.0	中感	7.0	中感	0.0
	平均	4.5	7.5	8.4	9.0	5.2	7.0	6.6	感	4.6	5.0	中感	8.0	感	2.5

注：1）稻瘟病综合指数(级)＝叶瘟(平均)×25%＋穗瘟发病率(平均)×25%＋穗瘟损失率(平均)×50%；2）参试品种的两年抗性综合评价以发病较重的一年为准；3）褐稻虱综合评价以人工接种数据为依据。

表 5　2014—2015 年浙江省连作常规晚粳稻区域试验稻米品质分析结果汇总

品种名称	年份	糙米率（%）	精米率（%）	整精米率（%）	粒长（毫米）	长宽比	垩白粒率（%）	垩白度（%）	透明度（级）	碱消值（级）	胶稠度（毫米）	直链淀粉含量（%）	蛋白质含量（%）	质量指数	等级（部颁）
春江 135	2014	83.1	73.8	72.5	4.8	1.8	白度 1	阴糯米率 1	—	7.0	100.0	1.6	8.8	96.0	一等
	2015	83.6	74.4	68.9	4.8	1.7	白度 1	阴糯米率 2	—	7.0	100.0	1.5	8.3		二等
	平均	83.4	74.1	70.7	4.8	1.8	白度 1	阴糯米率 1.5		7.0	100.0	1.6	8.6	96.0	
丙 14-204	2015	85.1	75.1	71.2	4.8	1.7	68.0	6.4	2.0	7.0	59.0	15.4	9.5		普通
长庚香	2015	83.9	75.0	62.3	7.0	3.2	42.0	6.3	2.0	7.0	54.0	16.6	9.0		普通
丙 13-202	2015	84.1	74.8	71.5	4.9	1.7	36.0	3.0	2.0	7.0	72.0	16.0	8.3		二等
宁 13-136	2015	84.8	76.9	71.3	5.1	1.8	41.0	4.6	3.0	7.0	62.0	16.0	7.3		普通
ZH13-96	2015	85.2	77.5	75.0	5.1	1.8	62.0	6.5	3.0	7.0	59.0	16.3	8.1		普通
HZ13-23	2015	84.5	74.7	69.7	5.0	1.8	55.0	5.8	1.0	7.0	60.0	16.8	8.4		普通
绍粳 18	2015	85.4	77.8	74.5	4.9	1.7	65.0	6.1	2.0	7.0	68.0	16.5	7.8		普通
嘉禾 1350	2015	86.5	76.5	62.7	6.0	2.1	58.0	5.6	3.0	7.0	66.0	10.9	8.3		普通
浙粳 11-29	2015	83.8	73.9	71.1	4.9	1.8	35.0	4.2	2.0	7.0	62.0	16.9	8.8		三等
宁 81(CK)	2014	85.0	77.2	76.2	5.0	1.8	26.0	2.6	1.0	7.0	74.0	16.3	8.3	91.0	二等
	2015	85.5	77.9	74.4	4.9	1.7	74.0	8.7	1.0	7.0	72.0	16.6	7.8		普通
	平均	85.3	77.6	75.3	5.0	1.8	50.0	5.7	1.0	7.0	73.0	16.5	8.1	91.0	

表6　2015年浙江省连作常规晚粳稻区域试验品种杂株率记载汇总

品种名称	平均(%)	各试点杂株率(%)									
		湖州	嘉善	嘉兴	金华	宁波	上虞	嵊州所	台州	省农科	富阳
春江135续	0.0	0.0	0.0	0.0	0.3	0.0	报废	0.0	0.0	0.0	未承担
丙14-204	0.0	0.0	0.0	0.0	0.0	0.0	报废	0.3	0.0	0.0	未承担
长庚香	0.0	0.0	0.0	0.0	0.0	0.0	报废	0.0	0.0	0.0	未承担
丙13-202	0.1	0.0	0.0	0.0	0.3	0.0	报废	0.5	0.0	0.0	未承担
宁13-136	0.0	0.0	0.0	0.0	0.0	0.0	报废	0.0	0.0	0.0	未承担
ZH13-96	0.0	0.0	0.0	0.1	0.0	0.0	报废	0.0	0.0	0.0	未承担
HZ13-23	0.0	0.0	0.0	0.0	0.0	0.0	报废	0.0	0.0	0.0	未承担
绍粳18	0.2	0.0	0.0	0.0	0.6	0.0	报废	1.0	0.0	0.0	未承担
嘉禾1350	0.0	0.0	0.0	0.0	0.0	0.0	报废	0.0	0.0	0.0	未承担
浙粳11-29	0.0	0.0	0.0	0.0	0.0	0.0	报废	0.0	0.0	0.0	未承担
宁81(CK)	0.0	0.0	0.0	0.0	0.0	0.0	报废	0.0	0.0	0.0	未承担

表7　2015年浙江省连作常规晚粳稻区域试验各区试点产量结果对照

(单位：千克/亩)

品种名称	平均产量	各试点产量									
		湖州	嘉善	嘉兴	金华	宁波	上虞	嵊州所	台州	省农科	富阳
春江135	560.7	541.8	660.0	617.4	594.0	605.7	报废	538.7	505.0	546.7	未承担
丙14-204	550.0	599.8	748.9	675.8	560.8	583.3	报废	337.0	462.3	541.7	未承担
长庚香	516.3	508.0	668.9	536.1	538.9	517.7	报废	451.5	465.3	553.3	未承担
丙13-202	570.1	612.0	664.4	650.5	548.7	596.3	报废	606.7	460.2	538.3	未承担
宁13-136	603.4	598.0	753.3	682.6	638.4	617.2	报废	520.8	497.2	643.3	未承担
ZH13-96	577.7	641.5	633.3	679.7	578.7	605.0	报废	489.3	462.0	638.3	未承担
HZ13-23	588.9	626.3	677.8	663.2	582.4	564.7	报废	543.3	450.3	603.3	未承担
绍粳18	578.6	652.2	624.4	695.4	608.1	513.5	报废	462.5	479.5	593.3	未承担
嘉禾1350	562.3	628.2	744.8	670.5	635.9	499.2	报废	247.2	494.0	578.3	未承担
浙粳11-29	584.3	570.8	684.4	643.7	567.0	621.8	报废	493.0	485.5	608.3	未承担
宁81(CK)	575.3	601.7	686.7	696.0	584.0	568.8	报废	500.8	481.0	573.3	未承担

注：上虞舜达种子研究所受连续阴雨影响，试验结果作报废处理。

2015年浙江省单季籼型杂交稻区域试验和生产试验总结

浙江省种子管理总站

一、试验概况

2015年浙江省单季籼型杂交稻区域试验为3组(详见表1),A组参试品种共11个(不包括对照,下同),均为续试品种;B组参试品种11个,均为新参试品种;C组参试品种11个,均为新参试品种。生产试验1组,参试品种4个。区域试验采用随机区组排列,小区面积0.02亩,重复3次;生产试验采用大区对比,大区面积0.33亩。试验四周设保护行,同组所有参试品种同期播种、移栽,其他田间管理与当地大田生产一致,试验田及时防治病虫害,观察记载项目和标准按《浙江省水稻区域试验和生产试验技术操作规程(试行)》执行。

本区域试验分别由建德市种子管理站、临安市种子管理站、诸暨国家级区试站、台州市农科院、浦江县良种场、温州市农科院、衢州市种子管理站、开化县种子技术推广站、丽水市农科院和黄岩区种子管理站10个单位承担;生产试验分别由建德市种子管理站、临安市种子管理站、诸暨国家级区试站、浦江县良种场、温州市农科院、衢州市种子管理站、开化县种子技术推广站、丽水市农科院、黄岩区种子管理站和新昌县种子公司10个单位承担。稻米品质分析和主要病虫害抗性鉴定分别由农业部稻米及制品质量监督检验测试中心(杭州)和浙江省农科院植物与微生物研究所承担。

二、试验结果

1. 产量:据10个试点的产量结果汇总分析,A组参试品种均比对照两优培九增产,产量以中浙优157最高,平均亩产643.1千克,比对照增产10.0%,比组平均增产4.1%,所有参试品种中除嘉晚优36100、龙两优111外,产量均比对照增产3%以上,比组平均增产3%以上的品种还有亚两优6218和91优16。B组参试品种中除中新优007、两优8178外,均比对照两优培九增产,产量以嘉优中科13-1最高,平均亩产663.9千克,比对照增产11.3%,比组平均增产6.4%,产量以两优8178最低,平均亩产577.7千克,比对照减产3.2%,比组平均减产7.4%,所有增产品种均比对照增产3.0%以上,比组平均增产3%以上的品种还有嘉禾优1号和江浙优301;生产试验4个品种中除嘉浙优99外均比对照两优培九增产。C组参试品种中除五优408外,其余均比对照两优培九增产,产量以嘉禾优2125最高,平均亩产659.4千克,比对照增产14.7%,比组平均增产9.7%,产量以五优408最低,平均亩产549.3千克,比对照减产4.5%,比组平均减产8.6%,所有增产品种中除龙两优307、深两优7248外,其余均比对照增产3.0%以上,比组平均增产3.0%以上的品种还有隆两优3206、钱优3514和华浙优1671。

2. 生育期:2015年A组生育期变幅为136.9～145.6天,所有参试品种中有6个品种生育期比对照两优培九长,其中亚两优6218最长,其生育期为145.6天,比对照长4.9天;有5个品种生育期比对照两优培九短，其中 91 优 16 最短，其生育期为 136.9 天，比对照短 3.8 天。B 组生育期变幅为 137.2～146.1 天，所有参试品种有 5 个品种生育期比对照两优培九长，其中甬优 5550 最长，其生育期为 146.1 天，比对照长 5.7 天；有 6 个品种生育期比对照两优培九短，其中嘉优中科 13-1 最短，其生育期为 137.2 天，比对照短 3.2 天。C 组生育期变幅为 136.3～147.0 天，所有参试品种有 7 个品种生育期比对照两优培九长，其中嘉禾优 2125 最长，其生育期为 147.0 天，比对照长 6.0 天；有 4 个品种生育期比对照两优培九短，其中五优 408 最短，其生育期为 136.3 天，比对照短 4.7 天。

3. 品质：A 组参试品种中有 6 个品种品质综合评定为优质米，其中 91 优 16、深两优 332 和泰两优 220 为优质二等，豇两优 6218、中浙优 157 和对照两优培九为优质三等，其余均为普通。B 组参试品种中有 6 个品种品质综合评定为优质米，其中甬优 5550 为优质二等，V 两优 1219、嘉优中科 13-1、两优 4370、嘉禾优 1 号和钱 3 优 9207 为优质三等，其余均为普通；C 组参试品种中有 5 个品种品质综合评定为优质米，其中深两优 7248、嘉禾优 2125 为优质二等，钱优 3514、华浙优 1671 和华浙优 5 号为优质三等，其余均为普通。

4. 抗性：A 组对照两优培九稻瘟病抗性综合评价为中抗，所有参试品种中有 2 个品种稻瘟病抗性优于对照，均表现为抗，为深两优 332 和臻优 H30，其余稻瘟病抗性相似或差于对照，其中中抗稻瘟病的 6 个，中感稻瘟病的 3 个；对照两优培九白叶枯病抗性综合评价为中感，所有参试品种中有 1 个品种白叶枯病抗性优于对照，表现为中抗，为嘉晚优 36100，其余白叶枯病抗性相似或差于对照，其中中感白叶枯病的 3 个，感白叶枯病的 5 个，高感白叶枯病的 2 个；对照两优培九褐稻虱抗性综合评价为感，所有参试品种中有 3 个品种褐稻虱抗性优于对照，均表现为中感，为豇两优 6218、91 优 16 和中新优 30，其余均为感褐稻虱。B 组对照两优培九稻瘟病抗性综合评价为中抗，所有参试品种中有 1 个品种稻瘟病抗性优于对照，表现为抗，为嘉禾优 1 号，其余稻瘟病抗性相似或差于对照，其中中抗稻瘟病的 5 个，中感稻瘟病的 4 个，感稻瘟病的 1 个；对照两优培九白叶枯病抗性综合评价为中感，所有参试品种白叶枯病抗性相似或差于对照，其中中感白叶枯病的 3 个，其余均感白叶枯病；对照两优培九褐稻虱抗性综合评价为感，所有参试品种中有 1 个品种褐稻虱抗性优于对照，表现为中感，为甬优 5550，其余均为感褐稻虱。C 组对照两优培九稻瘟病抗性综合评价为中抗，所有参试品种中有 3 个品种稻瘟病抗性优于对照，均表现为抗，为嘉禾优 2125、隆两优 3206 和泰两优 217，其余稻瘟病抗性相似或差于对照，其中中抗稻瘟病的 4 个，中感稻瘟病的 3 个，感稻瘟病的 1 个；对照两优培九白叶枯病抗性综合评价为中感，所有参试品种白叶枯病抗性相似或差于对照，其中中感白叶枯病的 2 个，感白叶枯病的 5 个，高感白叶枯病的 4 个；对照两优培九褐稻虱抗性综合评价为感，所有参试品种中有 1 个品种褐稻虱抗性优于对照，表现为中感，为华浙优 5 号，其余均为感褐稻虱。

三、品种简评

（一）A 组区域试验品种评价

1. 中浙优 157：系中国水稻研究所、浙江勿忘农种业公司选育而成的单季籼型杂交稻新品种，该品种第二年参试。2014 年试验平均亩产 579.6 千克，比对照两优培九增产 4.7%，未达显著水平；2015 年试验平均亩产 643.1 千克，比对照两优培九增产 10.0%，达极显著水平。两年省区试平均亩产 611.3 千克，比对照两优培九增产 7.4%。两年平均全生育期 139.1 天，比对照两优培九短 0.2 天。该品种亩有效穗 14.1 万，株高 121.4 厘米，每穗总粒数 187.8 粒，实粒数 171.1 粒，结实率 91.1%，千粒重 27.0 克。经省农科院植微所 2014—2015 年抗性鉴定，平均叶瘟 2.7 级，穗瘟 5.0 级，穗瘟损失率 3.0 级，综合指数为 4.2；白叶枯病 7.4 级；褐稻虱 7 级。经农业部稻米及制品质量监督检测中心 2014—2015 年检测，平均整精米率60.0%，长宽比2.9，垩白粒率37%，垩白度7.9%，透明度2级，胶稠度81毫米，直链淀粉含量14.7%，米质各项指标综合评价分别为食用稻品种品质部颁四等和三等。

该品种产量高，生育期适中，中感稻瘟病，高感白叶枯病，感褐稻虱，米质相似于对照两优培九（部颁四等和三等）。建议下年度进入生产试验。

2. 亘两优6218：系浙江之豇种业有限责任公司、浙江大学原子核农业科学研究院选育而成的单季籼型杂交稻新品种，该品种第二年参试。2014年试验平均亩产613.4千克，比对照两优培九增产10.8%，达极显著水平；2015年试验平均亩产640.3千克，比对照两优培九增产9.6%，达极显著水平。两年省区试平均亩产626.9千克，比对照两优培九增产10.2%。两年平均全生育期142.6天，比对照两优培九长3.3天。该品种亩有效穗12.7万，株高131.8厘米，每穗总粒数268.2粒，实粒数214.2粒，结实率79.9%，千粒重26.2克。经省农科院植微所2014—2015年抗性鉴定，平均叶瘟3.3级，穗瘟5.0级，穗瘟损失率1.9级，综合指数为3.4；白叶枯病4.7级；褐稻虱8级。经农业部稻米及制品质量监督检测中心2014—2015年检测，平均整精米率60.6%，长宽比2.6，垩白粒率27%，垩白度6.7%，透明度1级，胶稠度75毫米，直链淀粉含量16.8%，米质各项指标综合评价分别为食用稻品种品质部颁六等和三等。

该品种产量高，生育期适中，中抗稻瘟病，中感白叶枯病，感褐稻虱，米质相似于对照两优培九（部颁四等和三等）。建议下年度终止试验。

3. 91优16：系浙江勿忘农种业股份有限公司选育而成的单季籼型杂交稻新品种，该品种第二年参试。2014年试验平均亩产609.6千克，比对照两优培九增产10.1%，达极显著水平；2015年试验平均亩产638.3千克，比对照两优培九增产9.2%，达极显著水平。两年省区试平均亩产624.0千克，比对照两优培九增产9.7%。两年平均全生育期136.5天，比对照两优培九短2.8天。该品种亩有效穗11.6万，株高120.4厘米，每穗总粒数254.3粒，实粒数220.5粒，结实率86.7%，千粒重27.8克。经省农科院植微所2014—2015年抗性鉴定，平均叶瘟1.6级，穗瘟4.0级，穗瘟损失率1.4级，综合指数为2.4；白叶枯病6.0级；褐稻虱8级。经农业部稻米及制品质量监督检测中心2014—2015年检测，平均整精米率54.7%，长宽比2.6，垩白粒率20%，垩白度4.3%，透明度2级，胶稠度78毫米，直链淀粉含量13.8%，米质各项指标综合评价分别为食用稻品种品质部颁六等和二等。

该品种产量高，生育期适中，中抗稻瘟病，感白叶枯病，感褐稻虱，米质优于对照两优培九（部颁四等和三等）。建议下年度进入生产试验。

4. 深两优332：系深圳市兆农农业科技有限公司选育而成的单季籼型杂交稻新品种，该品种第二年参试。2014年试验平均亩产575.0千克，比对照两优培九增产4.2%，未达显著水平；2015年试验平均亩产628.2千克，比对照两优培九增产7.5%，达显著水平。两年省区试平均亩产601.6千克，比对照两优培九增产5.9%。两年平均全生育期140.0天，比对照两优培九长1.0天。该品种亩有效穗15.0万，株高122.2厘米，每穗总粒数194.9粒，实粒数169.3粒，结实率86.9%，千粒重25.5克。经省农科院植微所2014—2015年抗性鉴定，平均叶瘟0.5级，穗瘟0.5级，穗瘟损失率0.5级，综合指数为0.8；白叶枯病5.0级；褐稻虱9级。经农业部稻米及制品质量监督检测中心2014—2015年检测，平均整精米率55.5%，长宽比3.1，垩白粒率21%，垩白度1.8%，透明度2级，胶稠度73毫米，直链淀粉含量15.1%，米质各项指标综合评价分别为食用稻品种品质部颁四等和二等。

该品种产量高，生育期适中，抗稻瘟病，感白叶枯病，感褐稻虱，米质优于对照两优培九（部颁四等和三等）。建议下年度进入生产试验。

5. 中新优30：系浙江国稻高科技种业公司选育而成的单季籼型杂交稻新品种，该品种第二年参试。2014年试验平均亩产617.8千克，比对照两优培九增产11.6%，达极显著水平；2015年试验平均亩产626.2千克，比对照两优培九增产7.2%，达显著水平。两年省区试平均亩产622.0千克，比对照两优培九增产9.3%。两年平均全生育期140.2天，比对照两优培九长0.9天。该品种亩有效穗15.3万，株高119.8厘米，每穗总粒数168.1粒，实粒数148.6粒，结实率88.4%，千粒重29.2克。经省农科院植微所2014—2015年抗性鉴定，平均叶瘟1.8级，穗瘟2.7级，穗瘟损失率1.4级，综合指数为2.0；白叶枯病6.9级；褐稻虱6级。经农业部稻米及制品质量监督检测中心2014—2015年检测，平均整精米率42.7%，长宽比3.3，垩白粒率56%，垩白度8.8%，透明度2级，胶稠度77毫米，直链淀粉含量21.8%，米质各项指标综合评价分别为食用稻品种品质部颁四等和普通。

该品种产量高，生育期适中，中抗稻瘟病，高感白叶枯病，中感褐稻虱，米质差于对照两优培九(部颁四等和三等)。建议下年度终止试验。

6. 浙两优20：系浙江农科种业有限公司选育而成的单季籼型杂交稻新品种，该品种第二年参试。2014年试验平均亩产604.9千克，比对照两优培九增产9.6%，达极显著水平；2015年试验平均亩产624.2千克，比对照两优培九增产6.8%，达显著水平。两年省区试平均亩产614.6千克，比对照两优培九增产8.2%。两年平均全生育期137.1天，比对照两优培九短1.9天。该品种亩有效穗14.3万，株高125.9厘米，每穗总粒数205.0粒，实粒数172.3粒，结实率84.0%，千粒重26.4克。经省农科院植微所2014—2015年抗性鉴定，平均叶瘟2.7级，穗瘟7.0级，穗瘟损失率4.0级，综合指数为4.8；白叶枯病4.7级；褐稻虱9级。经农业部稻米及制品质量监督检测中心2014—2015年检测，平均整精米率43.7%，长宽比3.2，垩白粒率32%，垩白度6.6%，透明度2级，胶稠度89毫米，直链淀粉含量22.4%，米质各项指标综合评价分别为食用稻品种品质部颁四等和普通。

该品种产量高，生育期适中，中感稻瘟病，感白叶枯病，感褐稻虱，米质差于对照两优培九(部颁四等和三等)。建议下年度终止试验。

7. 泰两优220：系温州市农科院选育而成的单季籼型杂交稻新品种，该品种第二年参试。2014年试验平均亩产582.0千克，比对照两优培九增产5.4%，未达显著水平；2015年试验平均亩产618.2千克，比对照两优培九增产5.8%，未达显著水平。两年省区试平均亩产600.1千克，比对照两优培九增产5.6%。两年平均全生育期139.1天，比对照两优培九短0.2天。该品种亩有效穗15.0万，株高121.7厘米，每穗总粒数190.6粒，实粒数169.6粒，结实率89.0%，千粒重25.9克。经省农科院植微所2014—2015年抗性鉴定，平均叶瘟2.9级，穗瘟3.4级，穗瘟损失率1.0级，综合指数为2.9；白叶枯病4.5级；褐稻虱9级。经农业部稻米及制品质量监督检测中心2014—2015年检测，平均整精米率63.5%，长宽比2.7，垩白粒率42%，垩白度5.3%，透明度1级，胶稠度74毫米，直链淀粉含量14.9%，米质各项指标综合评价分别为食用稻品种品质部颁四等和二等。

该品种产量高，生育期适中，中抗稻瘟病，中感白叶枯病，感褐稻虱，米质优于对照两优培九(部颁四等和三等)。建议下年度终止试验。

8. 臻优H30：系中国水稻研究所选育而成的单季籼型杂交稻新品种，该品种第二年参试。2014年试验平均亩产569.3千克，比对照两优培九增产2.8%，未达显著水平；2015年试验平均亩产616.5千克，比对照两优培九增产5.5%，未达显著水平。两年省区试平均亩产592.9千克，比对照两优培九增产4.2%。两年平均全生育期140.6天，比对照两优培九长1.3天。该品种亩有效穗15.3万，株高120.7厘米，每穗总粒数182.4粒，实粒数163.3粒，结实率89.5%，千粒重26.5克。经省农科院植微所2014—2015年抗性鉴定，平均叶瘟1.4级，穗瘟3.1级，穗瘟损失率0.8级，综合指数为1.7；白叶枯病5.6级；褐稻虱8级。经农业部稻米及制品质量监督检测中心2014—2015年检测，平均整精米率50.7%，长宽比3.1，垩白粒率29%，垩白度4.4%，透明度2级，胶稠度80毫米，直链淀粉含量14.5%，米质各项指标综合评价分别为食用稻品种品质部颁四等和普通。

该品种产量一般，生育期适中，抗稻瘟病，感白叶枯病，感褐稻虱，米质差于对照两优培九(部颁四等和三等)。建议下年度进入生产试验。

9. 嘉优中科 33：系嘉兴市农科院、台州市台农种业有限公司选育而成的单季籼型杂交稻新品种，该品种第二年参试。2014 年试验平均亩产 604.0 千克，比对照两优培九增产 9.4%，达极显著水平；2015 年试验平均亩产 611.2 千克，比对照两优培九增产 4.6%，未达显著水平。两年省区试平均亩产 607.6 千克，比对照两优培九增产 6.9%。两年平均全生育期 137.8 天，比对照两优培九短 1.2 天。该品种亩有效穗 11.2 万，株高 114.4 厘米，每穗总粒数 256.3 粒，实粒数 216.6 粒，结实率 84.5%，千粒重 28.6 克。经省农科院植微所 2014—2015 年抗性鉴定，平均叶瘟 2.3 级，穗瘟 5.5 级，穗瘟损失率 2.5 级，综合指数为 3.9；白叶枯病 5.9 级；褐稻虱 9.0 级。经农业部稻米及制品质量监督检测中心 2014—2015 年检测，平均整精米率 60.6%，长宽比 2.4，垩白粒率 41%，垩白度 6.5%，透明度 2 级，胶稠度 79 毫米，直链淀粉含量 13.6%，米质各项指标综合评价分别为食用稻品种品质部颁六等和普通。

该品种产量高，生育期适中，中感稻瘟病，感白叶枯病，感褐稻虱，米质差于对照两优培九（部颁四等和三等）。建议下年度终止试验。

10. 嘉晚优 36100：系嘉兴市农科院选育而成的单季籼型杂交稻新品种，该品种第二年参试。2014 年试验平均亩产 575.5 千克，比对照两优培九增产 4.0%，未达显著水平；2015 年试验平均亩产 598.7 千克，比对照两优培九增产 2.4%，未达显著水平。两年省区试平均亩产 587.1 千克，比对照两优培九增产 3.2%。两年平均全生育期 139.4 天，比对照两优培九长 0.1 天。该品种亩有效穗 14.9 万，株高 123.0 厘米，每穗总粒数 173.4 粒，实粒数 151.8 粒，结实率 87.5%，千粒重 31.4 克。经省农科院植微所 2014—2015 年抗性鉴定，平均叶瘟 1.6 级，穗瘟 3.9 级，穗瘟损失率 1.4 级，综合指数为 2.3；白叶枯病 2.2 级；褐稻虱 9.0 级。经农业部稻米及制品质量监督检测中心 2014—2015 年检测，平均整精米率 34.1%，长宽比 3.0，垩白粒率 33%，垩白度 5.8%，透明度 2 级，胶稠度 61 毫米，直链淀粉含量 21.6%，米质各项指标综合评价分别为食用稻品种品质部颁五等和普通。

该品种产量一般，生育期适中，中抗稻瘟病，中抗白叶枯病，感褐稻虱，米质差于对照两优培九（部颁四等和三等）。建议下年度终止试验。

11. 龙两优 111：系中国水稻研究所选育而成的单季籼型杂交稻新品种，该品种第二年参试。2014 年试验平均亩产 577.3 千克，比对照两优培九增产 4.6%，未达显著水平；2015 年试验平均亩产 586.9 千克，比对照两优培九增产 0.4%，未达显著水平。两年省区试平均亩产 582.1 千克，比对照两优培九增产 2.4%。两年平均全生育期 137.6 天，比对照两优培九短 1.4 天。该品种亩有效穗 15.6 万，株高 121.1 厘米，每穗总粒数 173.3 粒，实粒数 155.1 粒，结实率 89.5%，千粒重 27.1 克。经省农科院植微所 2014—2015 年抗性鉴定，平均叶瘟 1.7 级，穗瘟 5.0 级，穗瘟损失率 2.0 级，综合指数为 2.9；白叶枯病 2.0 级；褐稻虱 7.0 级。经农业部稻米及制品质量监督检测中心 2014—2015 年检测，平均整精米率 38.0%，长宽比 3.2，垩白粒率 33%，垩白度 5.9%，透明度 2 级，胶稠度 49 毫米，直链淀粉含量 26.2%，米质各项指标综合评价为食用稻品种品质部颁四等和普通。

该品种产量一般，生育期适中，中抗稻瘟病，中感白叶枯病，感褐稻虱，米质差于对照两优培九（部颁四等和三等）。建议下年度终止试验。

（二）B 组区域试验品种评价

1. 嘉优中科 13-1：系嘉兴市农科院、中科院遗传所和诸暨市越丰种业公司选育而成的单季籼型杂交稻新品种，该品种第一年参试。本试验平均亩产 663.9 千克，比对照两优培九增产 11.3%，达极显著水平。全生育期 137.2 天，比对照两优培九短 3.2 天。该品种亩有效穗 12.1 万，株高 120.1 厘米，每穗总粒数 273.2 粒，实粒数 221.9 粒，结实率 81.2%，千粒重 27.8 克。经省农科院植微所 2015 年抗性鉴定，平均叶瘟 1.7 级，穗瘟 4.3 级，穗瘟损失率 1.7 级，综合指数为 2.7；白叶枯病 5.8 级；褐稻虱 9 级。经农业部稻米及制品质量监督检测中心 2015 年检测，平均整精米率 60.8%，长宽比 2.6，垩白粒率19%，垩白度3.1%，透明度2级，胶稠度76毫米，直链淀粉含量14.7%，米质各项指标综合评价为食用稻品种品质部颁三等。

该品种产量高，生育期偏早，中抗稻瘟病，感白叶枯病，感褐稻虱，米质优于对照两优培九（部颁普通）。建议下年度继续试验。

2. 嘉禾优1号：系嘉兴市农科院选育而成的单季籼型杂交稻新品种，该品种第一年参试。本试验平均亩产655.4千克，比对照两优培九增产9.9%，达极显著水平。全生育期138.6天，比对照两优培九短1.8天。该品种亩有效穗12.9万，株高122.8厘米，每穗总粒数250.0粒，实粒数212.0粒，结实率84.9%，千粒重26.1克。经省农科院植微所2015年抗性鉴定，平均叶瘟1.5级，穗瘟3.0级，穗瘟损失率1.0级，综合指数为2.0；白叶枯病6.3级；褐稻虱9级。经农业部稻米及制品质量监督检测中心2015年检测，平均整精米率66.2%，长宽比2.7，垩白粒率19%，垩白度3.7%，透明度2级，胶稠度76毫米，直链淀粉含量13.9%，米质各项指标综合评价为食用稻品种品质部颁三等。

该品种产量高，生育期适中，抗稻瘟病，感白叶枯病，感褐稻虱，米质优于对照两优培九（部颁普通）。建议下年度继续试验。

3. 江浙优301：系浙江之豇种业公司选育而成的单季籼型杂交稻新品种，该品种第一年参试。本试验平均亩产646.4千克，比对照两优培九增产8.4%，达显著水平。全生育期145.3天，比对照两优培九长4.9天。该品种亩有效穗12.8万，株高116.7厘米，每穗总粒数284.2粒，实粒数208.4粒，结实率73.1%，千粒重25.3克。经省农科院植微所2015年抗性鉴定，平均叶瘟2.2级，穗瘟7级，穗瘟损失率3级，综合指数为4.3；白叶枯病6.3级；褐稻虱9级。经农业部稻米及制品质量监督检测中心2015年检测，平均整精米率68.3%，长宽比2.2，垩白粒率39%，垩白度7.0%，透明度2级，胶稠度74毫米，直链淀粉含量15.3%，米质各项指标综合评价为食用稻品种品质部颁普通。

该品种产量高，生育期偏长，中感稻瘟病，感白叶枯病，感褐稻虱，米质相似于对照两优培九（部颁普通）。建议下年度终止试验。

4. 甬优5550：系宁波市种子公司选育而成的单季籼型杂交稻新品种，该品种第一年参试。本试验平均亩产638.3千克，比对照两优培九增产7.0%，达显著水平。全生育期146.1天，比对照两优培九长5.7天。该品种亩有效穗12.0万，株高130.0厘米，每穗总粒数265.6粒，实粒数216.2粒，结实率81.7%，千粒重26.7克。经省农科院植微所2015年抗性鉴定，平均叶瘟1.5级，穗瘟4级，穗瘟损失率1级，综合指数为2.3；白叶枯病5.0级；褐稻虱7级。经农业部稻米及制品质量监督检测中心2015年检测，平均整精米率68.0%，长宽比2.2，垩白粒率12%，垩白度1.3%，透明度1级，胶稠度72毫米，直链淀粉含量15.5%，米质各项指标综合评价为食用稻品种品质部颁二等。

该品种产量高，生育期偏长，中抗稻瘟病，中感白叶枯病，中感褐稻虱，米质优于对照两优培九（部颁普通）。建议下年度进入生产试验。

5. V两优1219：系温州市农科院选育而成的单季籼型杂交稻新品种，该品种第一年参试。本试验平均亩产637.7千克，比对照两优培九增产6.9%，达显著水平。全生育期141.6天，比对照两优培九长1.2天。该品种亩有效穗13.9万，株高121.6厘米，每穗总粒数234.1粒，实粒数198.3粒，结实率84.7%，千粒重25.3克。经省农科院植微所2015年抗性鉴定，平均叶瘟1级，穗瘟3级，穗瘟损失率1.7级，综合指数为2.1；白叶枯病5级；褐稻虱9级。经农业部稻米及制品质量监督检测中心2015年检测，平均整精米率60.9%，长宽比3.0，垩白粒率16%，垩白度3.2%，透明度2级，胶稠度80毫米，直链淀粉含量16.0%，米质各项指标综合评价为食用稻品种品质部颁三等。

该品种产量高，生育期适中，中抗稻瘟病，中感白叶枯病，感褐稻虱，米质优于对照两优培九（部颁普通）。建议下年度继续试验。

6. T两优164：系福建三明种业有限公司选育而成的单季籼型杂交稻新品种，该品种第一年参试。

本试验平均亩产 632.4 千克，比对照两优培九增产 6.0%，未达显著水平。全生育期 141.7 天，比对照两优培九长 1.3 天。该品种亩有效穗 16.1 万，株高 114.8 厘米，每穗总粒数 192.7 粒，实粒数 156.9 粒，结实率 81.5%，千粒重 27.0 克。经省农科院植微所 2015 年抗性鉴定，平均叶瘟 1.8 级，穗瘟 3.7 级，穗瘟损失率 1.7 级，综合指数为 2.5；白叶枯病 6.7 级；褐稻虱 9 级。经农业部稻米及制品质量监督检测中心 2015 年检测，平均整精米率 53.4%，长宽比 2.9，垩白粒率 18%，垩白度 1.6%，透明度 2 级，胶稠度 82 毫米，直链淀粉含量 15.2%，米质各项指标综合评价为食用稻品种品质部颁普通。

该品种产量高，生育期适中，中抗稻瘟病，感白叶枯病，感褐稻虱，米质相似于对照两优培九(部颁普通)。建议下年度终止试验。

7. 两优 4370：系浙江农科种业公司选育而成的单季籼型杂交稻新品种，该品种第一年参试。本试验平均亩产 625.4 千克，比对照两优培九增产 4.9%，未达显著水平。全生育期 139.7 天，比对照两优培九短 0.7 天。该品种亩有效穗 14.0 万，株高 127.0 厘米，每穗总粒数 182.0 粒，实粒数 155.8 粒，结实率 85.6%，千粒重 30.1 克。经省农科院植微所 2015 年抗性鉴定，平均叶瘟 3.7 级，穗瘟 7.7 级，穗瘟损失率 3.7 级，综合指数为 5.3；白叶枯病 5.5 级；褐稻虱 9 级。经农业部稻米及制品质量监督检测中心 2015 年检测，平均整精米率 52.2%，长宽比 3.0，垩白粒率 21%，垩白度 3.0%，透明度 2 级，胶稠度 75 毫米，直链淀粉含量 16.6%，米质各项指标综合评价为食用稻品种品质部颁三等。

该品种产量较高，生育期适中，中感稻瘟病，感白叶枯病，感褐稻虱，米质优于对照两优培九(部颁普通)。建议下年度终止试验。

8. 两优 6612：系浙江勿忘农种业公司选育而成的单季籼型杂交稻新品种，该品种第一年参试。本试验平均亩产 617.8 千克，比对照两优培九增产 3.6%，未达显著水平。全生育期 141.2 天，比对照两优培九长 0.8 天。该品种亩有效穗 13.7 万，株高 119.6 厘米，每穗总粒数 221.0 粒，实粒数 178.8 粒，结实率 81.2%，千粒重 25.9 克。经省农科院植微所 2015 年抗性鉴定，平均叶瘟 0.7 级，穗瘟 8.3 级，穗瘟损失率 3.7 级，综合指数为 4.2；白叶枯病 5.8 级；褐稻虱 9 级。经农业部稻米及制品质量监督检测中心 2015 年检测，平均整精米率 54.7%，长宽比 3.1，垩白粒率 18%，垩白度 2.4%，透明度 2 级，胶稠度 88 毫米，直链淀粉含量 22.6%，米质各项指标综合评价为食用稻品种品质部颁普通。

该品种产量较高，生育期适中，中感稻瘟病，感白叶枯病，感褐稻虱，米质相似于对照两优培九(部颁普通)。建议下年度终止试验。

9. 钱 3 优 9207：系浙江省农科院选育而成的单季籼型杂交稻新品种，该品种第一年参试。本试验平均亩产 614.7 千克，比对照两优培九增产 3.1%，未达显著水平。全生育期 137.4 天，比对照两优培九短 3.0 天。该品种亩有效穗 14.9 万，株高 118.9 厘米，每穗总粒数 198.0 粒，实粒数 160.2 粒，结实率 81.1%，千粒重 26.4 克。经省农科院植微所 2015 年抗性鉴定，平均叶瘟 3.7 级，穗瘟 8 级，穗瘟损失率 6 级，综合指数为 6.3；白叶枯病 5.7 级；褐稻虱 9 级。经农业部稻米及制品质量监督检测中心 2015 年检测，平均整精米率 55.8%，长宽比 2.9，垩白粒率 12%，垩白度 1.1%，透明度 2 级，胶稠度 66 毫米，直链淀粉含量 21.9%，米质各项指标综合评价为食用稻品种品质部颁三等。

该品种产量较高，生育期偏早，感稻瘟病，感白叶枯病，感褐稻虱，米质优于对照两优培九(部颁普通)。建议下年度终止试验。

10. 中新优 007：系浙江国稻高科种业公司选育而成的单季籼型杂交稻新品种，该品种第一年参试。本试验平均亩产 579.5 千克，比对照两优培九减产 2.9%，未达显著水平。全生育期 139.0 天，比对照两优培九短 1.4 天。该品种亩有效穗 16.0 万，株高 110.7 厘米，每穗总粒数 181.1 粒，实粒数 144.5 粒，结实率 80.1%，千粒重 25.7 克。经省农科院植微所 2015 年抗性鉴定，平均叶瘟 2.5 级，穗瘟 9 级，穗瘟损失率 6 级，综合指数为 6.0；白叶枯病 6.5 级；褐稻虱 9 级。经农业部稻米及制品质量监督检测中心 2015 年检测，平均整精米率 37.3%，长宽比 3.1，垩白粒率 30%，垩白度 4.2%，透明度 2 级，胶稠度 72 毫米，直链淀粉含量22.4%，米质各项指标综合评价为食用稻品种品质部颁普通。

该品种产量一般，生育期适中，中感稻瘟病，感白叶枯病，感褐稻虱，米质相似于对照两优培九（部颁普通）。建议下年度终止试验。

11. 两优8178：系浙江农科种业公司选育而成的单季籼型杂交稻新品种，该品种第一年参试。本试验平均亩产577.7千克，比对照两优培九减产3.2%，未达显著水平。全生育期138.0天，比对照两优培九短2.4天。该品种亩有效穗15.1万，株高119.2厘米，每穗总粒数213.9粒，实粒数179.4粒，结实率83.8%，千粒重23.4克。经省农科院植微所2015年抗性鉴定，平均叶瘟1.8级，穗瘟7.7级，穗瘟损失率2.3级，综合指数为3.8；白叶枯病4.6级；褐稻虱9级。经农业部稻米及制品质量监督检测中心2015年检测，平均整精米率58.6%，长宽比3.3，垩白粒率14%，垩白度1.4%，透明度2级，胶稠度86毫米，直链淀粉含量23.0%，米质各项指标综合评价为食用稻品种品质部颁普通。

该品种产量偏低，生育期适中，中抗稻瘟病，中感白叶枯病，感褐稻虱，米质相似于对照两优培九（部颁普通）。建议下年度终止试验。

（三）C组区域试验品种评价

1. 嘉禾优2125：系浙江可得丰种业公司选育而成的单季籼型杂交稻新品种，该品种第一年参试。本试验平均亩产659.4千克，比对照两优培九增产14.7%，达极显著水平。全生育期147.0天，比对照两优培九长6.0天。该品种亩有效穗11.0万，株高126.8厘米，每穗总粒数270.9粒，实粒数218.5粒，结实率81.3%，千粒重25.9克。经省农科院植微所2015年抗性鉴定，平均叶瘟3级，穗瘟1级，穗瘟损失率1级，综合指数为1.8；白叶枯病6.2级；褐稻虱9级。经农业部稻米及制品质量监督检测中心2015年检测，平均整精米率65.2%，长宽比2.6，垩白粒率11%，垩白度1.0%，透明度2级，胶稠度76毫米，直链淀粉含量15.8%，米质各项指标综合评价为食用稻品种品质部颁二等。

该品种产量高，生育期偏长，抗稻瘟病，感白叶枯病，感褐稻虱，米质优于对照两优培九（部颁普通）。建议下年度进入生产试验。

2. 隆两优3206：系湖南隆平种业公司选育而成的单季籼型杂交稻新品种，该品种第一年参试。本试验平均亩产630.3千克，比对照两优培九增产9.6%，达极显著水平。全生育期143.7天，比对照两优培九长2.7天。该品种亩有效穗13.6万，株高126.6厘米，每穗总粒数222.3粒，实粒数187.4粒，结实率84.5%，千粒重25.7克。经省农科院植微所2015年抗性鉴定，平均叶瘟1.7级，穗瘟3.7级，穗瘟损失率1级，综合指数为1.9；白叶枯病6.1级；褐稻虱9级。经农业部稻米及制品质量监督检测中心2015年检测，平均整精米率58.2%，长宽比2.9，垩白粒率21%，垩白度3.8%，透明度2级，胶稠度84毫米，直链淀粉含量15.3%，米质各项指标综合评价为食用稻品种品质部颁普通。

该品种产量高，生育期适中，抗稻瘟病，感白叶枯病，感褐稻虱，米质相似于对照两优培九（部颁普通）。建议下年度继续试验。

3. 钱优3514：系台州市农科院、浙江勿忘农种业公司选育而成的单季籼型杂交稻新品种，该品种第一年参试。本试验平均亩产623.1千克，比对照两优培九增产8.4%，达极显著水平。全生育期145.5天，比对照两优培九长4.5天。该品种亩有效穗13.7万，株高130.6厘米，每穗总粒数214.2粒，实粒数181.1粒，结实率84.9%，千粒重25.9克。经省农科院植微所2015年抗性鉴定，平均叶瘟2.8级，穗瘟6.3级，穗瘟损失率2.3级，综合指数为4.3；白叶枯病6.6级；褐稻虱9级。经农业部稻米及制品质量监督检测中心2015年检测，平均整精米率60.5%，长宽比2.7，垩白粒率32%，垩白度4.0%，透明度2级，胶稠度86毫米，直链淀粉含量16.9%，米质各项指标综合评价为食用稻品种品质部颁三等。

该品种产量高，生育期偏长，中感稻瘟病，感白叶枯病，感褐稻虱，米质优于对照两优培九（部颁普通）。建议下年度继续试验。

4. 华浙优1671：系浙江勿忘农种业公司选育而成的单季籼型杂交稻新品种，该品种第一年参试。本试验平均亩产619.5千克，比对照两优培九增产7.7%，达显著水平。全生育期141.3天，比对照两优培九长0.3天。该品种亩有效穗12.0万，株高113.6厘米，每穗总粒数243.9粒，实粒数205.2粒，结实率84.4%，千粒重26.9克。经省农科院植微所2015年抗性鉴定，平均叶瘟3.7级，穗瘟7级，穗瘟损失率3级，综合指数为4.5；白叶枯病8.5级；褐稻虱9级。经农业部稻米及制品质量监督检测中心2015年检测，平均整精米率62.8%，长宽比2.8，垩白粒率27%，垩白度4.9%，透明度2级，胶稠度88毫米，直链淀粉含量15.6%，米质各项指标综合评价为食用稻品种品质部颁三等。

该品种产量高，生育期适中，中感稻瘟病，高感白叶枯病，感褐稻虱，米质优于对照两优培九（部颁普通）。建议下年度继续试验。

5. 泰两优217：系温州市农科院选育而成的单季籼型杂交稻新品种，该品种第一年参试。本试验平均亩产605.6千克，比对照两优培九增产5.3%，未达显著水平。全生育期140.7天，比对照两优培九短0.3天。该品种亩有效穗13.4万，株高115.8厘米，每穗总粒数210.4粒，实粒数183.9粒，结实率87.1%，千粒重24.9克。经省农科院植微所2015年抗性鉴定，平均叶瘟2.5级，穗瘟1级，穗瘟损失率1级，综合指数为2.0；白叶枯病4.5级；褐稻虱9级。经农业部稻米及制品质量监督检测中心2015年检测，平均整精米率60.4%，长宽比3.1，垩白粒率17%，垩白度3.3%，透明度2级，胶稠度87毫米，直链淀粉含量14.6%，米质各项指标综合评价为食用稻品种品质部颁普通。

该品种产量高，生育期适中，抗稻瘟病，中感白叶枯病，感褐稻虱，米质相似于对照两优培九（部颁普通）。建议下年度继续试验。

6. 广两优44：系中国水稻研究所选育而成的单季籼型杂交稻新品种，该品种第一年参试。本试验平均亩产596.1千克，比对照两优培九增产3.7%，未达显著水平。全生育期139.3天，比对照两优培九短1.7天。该品种亩有效穗12.9万，株高133.6厘米，每穗总粒数186.9粒，实粒数161.1粒，结实率86.1%，千粒重31.1克。经省农科院植微所2015年抗性鉴定，平均叶瘟0.3级，穗瘟7级，穗瘟损失率4级，综合指数为4.0；白叶枯病5.0级；褐稻虱9级。经农业部稻米及制品质量监督检测中心2015年检测，平均整精米率42.9%，长宽比2.8，垩白粒率47%，垩白度9.8%，透明度2级，胶稠度78毫米，直链淀粉含量22.5%，米质各项指标综合评价为食用稻品种品质部颁普通。

该品种产量较高，生育期适中，中抗稻瘟病，中感白叶枯病，感褐稻虱，米质相似于对照两优培九（部颁普通）。建议下年度终止试验。

7. 中新优83：系中国水稻研究所选育而成的单季籼型杂交稻新品种，该品种第一年参试。本试验平均亩产595.7千克，比对照两优培九增产3.6%，未达显著水平。全生育期138.7天，比对照两优培九短2.3天。该品种亩有效穗14.3万，株高125.9厘米，每穗总粒数171.5粒，实粒数155.9粒，结实率90.9%，千粒重26.3克。经省农科院植微所2015年抗性鉴定，平均叶瘟1.7级，穗瘟7级，穗瘟损失率5级，综合指数为5.3；白叶枯病8.1级；褐稻虱9级。经农业部稻米及制品质量监督检测中心2015年检测，平均整精米率53.7%，长宽比3.1，垩白粒率49%，垩白度5.3%，透明度2级，胶稠度76毫米，直链淀粉含量22.7%，米质各项指标综合评价为食用稻品种品质部颁普通。

该品种产量较高，生育期适中，中感稻瘟病，高感白叶枯病，感褐稻虱，米质相似于对照两优培九（部颁普通）。建议下年度终止试验。

8. 华浙优5号：系浙江勿忘农种业公司选育而成的单季籼型杂交稻新品种，该品种第一年参试。本试验平均亩产592.1千克，比对照两优培九增产3.0%，未达显著水平。全生育期142.7天，比对照两优培九长1.7天。该品种亩有效穗12.3万，株高122.9厘米，每穗总粒数226.1粒，实粒数190.3粒，结实率84.4%，千粒重26.1克。经省农科院植微所2015年抗性鉴定，平均叶瘟2.5级，穗瘟3.7级，穗瘟损失率1级，综合指数为2.7；白叶枯病8.4级；褐稻虱7级。经农业部稻米及制品质量监督检测中心2015年检测，平均整精米率 57.1%，长宽比 2.7，垩白粒率 19%，垩白度 3.2%，透明度 2 级，胶稠度 82 毫米，直链淀粉含量 15.9%，米质各项指标综合评价为食用稻品种品质部颁三等。

该品种产量较高，生育期适中，中抗稻瘟病，高感白叶枯病，中感褐稻虱，米质优于对照两优培九（部颁普通）。建议下年度终止试验。

9. 龙两优 307：系温州市农科院选育而成的单季籼型杂交稻新品种，该品种第一年参试。本试验平均亩产 590.7 千克，比对照两优培九增产 2.7%，未达显著水平。全生育期 142.5 天，比对照两优培九长 1.5 天。该品种亩有效穗 13.4 万，株高 127.4 厘米，每穗总粒数 227.1 粒，实粒数 194.0 粒，结实率 84.8%，千粒重 25.3 克。经省农科院植微所 2015 年抗性鉴定，平均叶瘟 0.3 级，穗瘟 5 级，穗瘟损失率 1.7 级，综合指数为 2.3；白叶枯病 5.7 级；褐稻虱 9 级。经农业部稻米及制品质量监督检测中心 2015 年检测，平均整精米率 49.3%，长宽比 3.0，垩白粒率 21%，垩白度 2.2%，透明度 2 级，胶稠度 75 毫米，直链淀粉含量 25.7%，米质各项指标综合评价为食用稻品种品质部颁普通。

该品种产量一般，生育期适中，中抗稻瘟病，感白叶枯病，感褐稻虱，米质相似于对照两优培九（部颁普通）。建议下年度终止试验。

10. 深两优 7248：系中国水稻研究所选育而成的单季籼型杂交稻新品种，该品种第一年参试。本试验平均亩产 576.0 千克，比对照两优培九增产 0.2%，未达显著水平。全生育期 141.6 天，比对照两优培九长 0.6 天。该品种亩有效穗 13.7 万，株高 125.0 厘米，每穗总粒数 188.1 粒，实粒数 166.0 粒，结实率 88.2%，千粒重 28.1 克。经省农科院植微所 2015 年抗性鉴定，平均叶瘟 1.7 级，穗瘟 3 级，穗瘟损失率 1 级，综合指数为 2.3；白叶枯病 6.3 级；褐稻虱 9 级。经农业部稻米及制品质量监督检测中心 2015 年检测，平均整精米率 55.0%，长宽比 3.0，垩白粒率 23%，垩白度 2.2%，透明度 2 级，胶稠度 80 毫米，直链淀粉含量 16.1%，米质各项指标综合评价为食用稻品种品质部颁二等。

该品种产量一般，生育期适中，中抗稻瘟病，感白叶枯病，感褐稻虱，米质优于对照两优培九（部颁普通）。建议下年度继续试验。

11. 五优 408：系浙江省农科院选育而成的单季籼型杂交稻新品种，该品种第一年参试。本试验平均亩产 549.3 千克，比对照两优培九减产 4.5%，未达显著水平。全生育期 136.3 天，比对照两优培九短 4.7 天。该品种亩有效穗 13.8 万，株高 123.9 厘米，每穗总粒数 210.8 粒，实粒数 185.4 粒，结实率 88.3%，千粒重 25.5 克。经省农科院植微所 2015 年抗性鉴定，平均叶瘟 1.3 级，穗瘟 9 级，穗瘟损失率 7 级，综合指数为 6.5；白叶枯病 7.7 级；褐稻虱 9 级。经农业部稻米及制品质量监督检测中心 2015 年检测，平均整精米率 61.1%，长宽比 2.7，垩白粒率 24%，垩白度 4.6%，透明度 2 级，胶稠度 79 毫米，直链淀粉含量 22.4%，米质各项指标综合评价为食用稻品种品质部颁普通。

该品种产量偏低，生育期偏早，感稻瘟病，高感白叶枯病，感褐稻虱，米质相似于对照两优培九（部颁普通）。建议下年度终止试验。

（四）生产试验品种评价

1. 甬优 8050：系宁波市种子公司选育而成的单季籼型杂交稻新品种。本年度生产试验平均亩产 599.2 千克，比对照两优培九增产 11.0%。该品种已于 2015 年通过省品审会水稻专业组的考察审查，并推荐省品审会审定。

2. Y 两优 8199：系浙江科苑种业公司选育而成的单季籼型杂交稻新品种。本年度生产试验平均亩产 593.9 千克，比对照两优培九增产 10.0%。该品种已于 2015 年通过省品审会水稻专业组的考察审查，并推荐省品审会审定。

3.1870 优 3108：系中国水稻研究所选育而成的单季籼型杂交稻新品种。本年度生产试验平均亩产 560.0 千克，比对照两优培九增产 3.8%。该品种已于 2015 年通过省品审会水稻专业组的考察审查，并推荐省品审会审定。

4．嘉浙优 99(引种)：系浙江可得丰种业公司选育而成的单季籼型杂交稻新品种。本年度生产试验平均亩产 506.4 千克，比对照两优培九减产 6.2%。

相关表格见表 1 至表 7。

表 1　2015 年浙江省单季籼型杂交稻参试品种及选育(供种)单位情况

组别	品种名称	亲本	申请(供种)单位	备注
A 组	中新优 30	中新 A×R30	浙江国稻高科技种业公司	续试
	亘两优 6218	辐 ZB06-3s×R6218	浙江之亘种业有限责任公司、浙江大学原子核农业科学研究院	
	91 优 16	91A×恢 16	浙江勿忘农种业股份有限公司	
	中浙优 157	中浙 A×中恢 157	中国水稻研究所、浙江勿忘农种业公司	
	臻优 H30	臻达 A×中恢 H30	中国水稻研究所	
	龙两优 111	龙 S×R111	中国水稻研究所	
	浙两优 20	浙科 17S×浙恢 20	浙江农科种业有限公司	
	深两优 332	深 08S×R332	深圳市兆农农业科技有限公司	
	嘉优中科 33	嘉 81A×中科嘉恢 33	嘉兴市农科院、台州市台农种业有限公司	
	嘉晚优 36100	嘉晚 36A×JR100	嘉兴市农科院	
	泰两优 220	泰 1S×R220	温州市农科院	
	两优培九(CK)	培矮 64S×9311	浙江省种子管理总站	
B 组	V 两优 1219	V18S×R1219	温州市农科院	新参试
	嘉优中科 13-1	嘉 81A×中科嘉恢 131	嘉兴市农科院、中科院遗传所、诸暨市越丰种业公司	
	江浙优 301	G12S×T23	浙江之亘种业公司	
	两优 6612	1256S×R6612	浙江勿忘农种业公司	
	两优 4370	广占 63-4S×R370	浙江农科种业公司	
	T 两优 164	T108S×明恢 164	福建三明种业有限公司	
	嘉禾优 1 号	嘉禾 212A×NP001	嘉兴市农科院	
	钱 3 优 9207	钱江 3 号 A×浙恢 9207	浙江省农科院	
	两优 8178	浙科 52S×R8178	浙江农科种业公司	
	甬优 5550	A55×13F9550	宁波市种子公司	
	中新优 007	中新 A×R007	浙江国稻高科种业公司	
	两优培九(CK)	培矮 64S×9311	浙江省种子管理总站	
	甬优 8050	A80×F8585	宁波市种子公司	生产试验
	1870 优 3108	1870A×ZR3108	中国水稻研究所	
	Y 两优 8199	Y58S×R8199	浙江科苑种业公司	
	嘉浙优 99(引种)	嘉浙 A×嘉恢 99	浙江可得丰种业公司	
	两优培九(CK)	培矮 64S×9311	浙江省种子管理总站	

续 表

组别	品种名称	亲本	申请(供种)单位	备注
C组	中新优 83	中新 A×中恢 9383	中国水稻研究所	新参试
	龙两优 307	龙 S×温恢 307	温州市农科院	
	深两优 7248	深 08S×中恢 7248	中国水稻研究所	
	钱优 3514	钱江 1A×台恢 3514	台州市农科院、浙江勿忘农种业公司	
	华浙优 1671	华浙 A×C71	浙江勿忘农种业公司	
	广两优 44	广占 63-4S×中恢 44	中国水稻研究所	
	五优 408	五丰 A×浙恢 408	浙江省农科院	
	嘉禾优 2125	嘉禾 212A×p025	浙江可得丰种业公司	
	隆两优 3206	隆科 638S×AC3206	湖南隆平种业公司	
	泰两优 217	泰 1S×R217	温州市农科院	
	华浙优 5 号	华浙 A×恢 5	浙江勿忘农种业公司	
	两优培九(CK)	培矮 64S×9311	浙江省种子管理总站	

表 2　2014—2015 年浙江省单季籼型杂交稻区域试验和生产试验产量结果汇总分析

组别	品种名称	小区产量（千克）	折亩产（千克）	比 CK（%）	比组平均（%）	差异显著性检验		续试品种 2014 年产量			两年平均产量	
						0.05	0.01	折亩产（千克）	比 CK（%）	差异显著性	亩产（千克）	比 CK（%）
A 组区试	中浙优 157	12.862	643.1	10.0	4.1	a	A	579.6(A)	4.7		611.3(A)	7.4
	荳两优 6218	12.806	640.3	9.6	3.6	a	A	613.4(A)	10.8	* *	626.9(A)	10.2
	91 优 16	12.765	638.3	9.2	3.3	a	A	609.6(A)	10.1	* *	624.0(A)	9.7
	深两优 332	12.564	628.2	7.5	1.7	ab	AB	575.0(B)	4.2		601.6(B)	5.9
	中新优 30	12.524	626.2	7.2	1.3	ab	AB	617.8(A)	11.6	* *	622.0(A)	9.3
	浙两优 20	12.485	624.2	6.8	1.0	ab	AB	604.9(B)	9.6	* *	614.6(B)	8.2
	泰两优 220	12.364	618.2	5.8	0.0	abc	AB	582.0(B)	5.4		600.1(B)	5.6
	臻优 H30	12.331	616.5	5.5	−0.2	abc	AB	569.3(A)	2.8		592.9(A)	4.2
	嘉优中科 33	12.224	611.2	4.6	−1.1	abc	AB	604.0(B)	9.4	* *	607.6(B)	6.9
	嘉晚优 36100	11.973	598.7	2.4	−3.1	bc	AB	575.5(A)	4.0		587.1(A)	3.2
	龙两优 111	11.738	586.9	0.4	−5.0	c	B	577.3(B)	4.6		582.1(B)	2.4
	两优培九(CK)	11.688	584.4	0.0	−5.4	c	B	553.6(A)	0.0		569.0(A)	0.0
								552.0(B)	0.0		568.2(B)	0.0
	平均		618.0									
B 组区试	嘉优中科 13-1	13.279	663.9	11.3	6.4	a	A					
	嘉禾优 1 号	13.108	655.4	9.9	5.1	ab	A					
	江浙优 301	12.929	646.4	8.4	3.6	abc	AB					
	甬优 5550	12.765	638.3	7.0	2.3	abc	AB					
	V 两优 1219	12.753	637.7	6.9	2.2	abc	AB					
	T 两优 164	12.648	632.4	6.0	1.4	abcd	AB					
	两优 4370	12.509	625.4	4.9	0.3	abcd	ABC					
	两优 6612	12.357	617.8	3.6	−1.0	bcde	ABC					

续 表

组别	品种名称	小区产量（千克）	折亩产（千克）	比CK（%）	比组平均（%）	差异显著性检验		续试品种2014年产量			两年平均产量	
						0.05	0.01	折亩产（千克）	比CK（%）	差异显著性	亩产（千克）	比CK（%）
B组区试	钱3优9207	12.294	614.7	3.1	−1.5	cdef	ABC					
	两优培九(CK)	11.930	596.5	0.0	−4.4	def	BC					
	中新优007	11.590	579.5	−2.9	−7.1	ef	C					
	两优8178	11.554	577.7	−3.2	−7.4	f	C					
	平均		623.8									
B组生试	甬优8050		599.2	11.0								
	1870优3108		560.0	3.8								
	Y两优8199		593.9	10.0								
	嘉浙优99(引种)		506.4	−6.2								
	两优培九(CK)		539.7	0.0								
C组区试	嘉禾优2125	13.187	659.4	14.7	9.7	a	A					
	隆两优3206	12.606	630.3	9.6	4.9	ab	AB					
	钱优3514	12.462	623.1	8.4	3.7	bc	ABC					
	华浙优1671	12.391	619.5	7.7	3.1	bc	ABCD					
	泰两优217	12.112	605.6	5.3	0.7	bcd	BCD					
	广两优44	11.922	596.1	3.7	−0.8	bcd	BCDE					
	中新优83	11.913	595.7	3.6	−0.9	bcd	BCDE					
	华浙优5号	11.841	592.1	3.0	−1.5	cd	BCDE					
	龙两优307	11.814	590.7	2.7	−1.7	cd	BCDE					
	深两优7248	11.520	576.0	0.2	−4.2	de	CDE					
	两优培九(CK)	11.499	575.0	0.0	−4.4	de	DE					
	五优408	10.986	549.3	−4.5	−8.6	e	E					
	平均		601.1									

表 3　2014—2015 年浙江省单季籼型杂交稻区域试验和生产试验经济性状结果汇总

组别	品种名称	年份	全生育期（天）	比 CK（天）	落田苗（万/亩）	有效穗（万/亩）	株高（厘米）	总粒数（粒/穗）	实粒数（粒/穗）	结实率（%）	千粒重（克）
A 组	中新优 30	2014(A)	139.0	1.1	3.5	15.0	121.6	156.8	139.1	88.7	29.0
		2015	141.3	0.6	3.4	15.5	117.9	179.3	158.1	88.2	29.3
		平均	140.2	0.9	3.5	15.3	119.8	168.1	148.6	88.4	29.2
	亘两优 6218	2014(A)	139.5	1.6	3.2	12.6	133.5	259.1	217.1	83.8	25.8
		2015	145.6	4.9	3.2	12.7	130.1	277.3	211.3	76.1	26.5
		平均	142.6	3.3	3.2	12.7	131.8	268.2	214.2	79.9	26.2
	91 优 16	2014(A)	136.1	−1.8	3.1	11.6	123.6	264.1	225.8	85.5	27.0
		2015	136.9	−3.8	3.1	11.5	117.2	244.4	215.1	87.7	28.6
		平均	136.5	−2.8	3.1	11.6	120.4	254.3	220.5	86.7	27.8
	中浙优 157	2014(A)	137.3	−0.6	3.2	13.9	123.9	182.9	167.9	91.8	26.7
		2015	140.8	0.1	3.1	14.3	118.9	192.7	174.2	90.3	27.3
		平均	139.1	−0.2	3.2	14.1	121.4	187.8	171.1	91.1	27.0
	臻优 H30	2014(A)	139.1	1.2	3.4	15.4	121.5	178.0	160.3	90.1	25.9
		2015	142.1	1.4	3.7	15.1	119.8	186.8	166.2	88.7	27.1
		平均	140.6	1.3	3.6	15.3	120.7	182.4	163.3	89.5	26.5
	龙两优 111	2014(B)	136.3	−0.9	3.7	15.4	121.0	171.9	155.6	90.5	27.2
		2015	138.9	−1.8	3.6	15.8	121.2	174.7	154.6	88.2	27.0
		平均	137.6	−1.4	3.7	15.6	121.1	173.3	155.1	89.5	27.1
	浙两优 20	2014(B)	136.3	−0.9	2.9	13.7	128.2	203.6	172.9	84.9	28.0
		2015	137.8	−2.9	3.5	14.8	123.5	206.4	171.6	84.3	24.7
		平均	137.1	−1.9	3.2	14.3	125.9	205.0	172.3	84.0	26.4

续 表

组别	品种名称	年份	全生育期（天）	比 CK（天）	落田苗（万/亩）	有效穗（万/亩）	株高（厘米）	总粒数（粒/穗）	实粒数（粒/穗）	结实率（%）	千粒重（克）
A组	深两优 332	2014(B)	138.3	1.1	3.7	15.2	122.5	177.0	156.5	88.4	25.2
		2015	141.6	0.9	3.4	14.8	121.9	212.8	182.1	85.6	25.8
		平均	140.0	1.0	3.6	15.0	122.2	194.9	169.3	86.9	25.5
	嘉优中科 33	2014(B)	136.6	−0.6	3.2	11.2	117.6	259.3	213.8	82.5	27.4
		2015	138.9	−1.8	2.8	11.1	111.2	253.3	219.4	86.8	29.8
		平均	137.8	−1.2	3.0	11.2	114.4	256.3	216.6	84.5	28.6
	嘉晚优 36100	2014(A)	137.3	−0.6	3.3	15.1	123.7	160.4	142.3	88.7	31.6
		2015	141.5	0.8	3.1	14.7	122.2	186.3	161.3	86.9	31.1
		平均	139.4	0.1	3.2	14.9	123.0	173.4	151.8	87.5	31.4
	泰两优 220	2014(B)	137.8	0.6	3.5	15.8	123.2	180.9	161.9	89.5	25.1
		2015	140.4	−0.3	3.6	14.2	120.1	200.3	177.3	88.6	26.6
		平均	139.1	−0.2	3.6	15.0	121.7	190.6	169.6	89.0	25.9
	两优培九(CK)	2014(A)	137.9	0.0	3.2	15.3	127.0	181.2	154.8	85.4	26.1
		2014(B)	137.2	0.0	3.5	15.1	127.1	182.9	154.7	84.6	26.2
		2015	140.7	0.0	3.7	14.7	125.1	196.1	165.1	84.1	26.6
		平均(A)	139.3	0.0	3.5	15.0	126.1	188.7	160.0	84.8	26.4
		平均(B)	139.0	0.0	3.6	14.9	126.1	189.5	159.9	84.4	26.4
B组	V 两优 1219	2015	141.6	1.2	3.4	13.9	121.6	234.1	198.3	84.7	25.3
	嘉优中科 13-1	2015	137.2	−3.2	3.5	12.1	120.1	273.2	221.9	81.2	27.8
	江浙优 301	2015	145.3	4.9	3.2	12.8	116.7	284.2	208.4	73.1	25.3
	两优 6612	2015	141.2	0.8	3.5	13.7	119.6	221.0	178.8	81.2	25.9
	两优 4370	2015	139.7	−0.7	3.3	14.0	127.0	182.0	155.8	85.6	30.1
	T 两优 164	2015	141.7	1.3	3.7	16.1	114.8	192.7	156.9	81.5	27.0

续　表

组别	品种名称	年份	全生育期（天）	比 CK（天）	落田苗（万/亩）	有效穗（万/亩）	株高（厘米）	总粒数（粒/穗）	实粒数（粒/穗）	结实率（%）	千粒重（克）
B组	嘉禾优 1 号	2015	138.6	−1.8	3.3	12.9	122.8	250.0	212.0	84.9	26.1
	钱 3 优 9207	2015	137.4	−3.0	3.5	14.9	118.9	198.0	160.2	81.1	26.4
	两优 8178	2015	138.0	−2.4	4.1	15.1	119.2	213.9	179.4	83.8	23.4
	甬优 5550	2015	146.1	5.7	3.1	12.0	130.0	265.6	216.2	81.7	26.7
	中新优 007	2015	139.0	−1.4	3.8	16.0	110.7	181.1	144.5	80.1	25.7
	两优培九(CK)	2015	140.4	0.0	3.6	14.8	123.4	202.1	169.2	83.8	26.0
C组	中新优 83	2015	138.7	−2.3	3.3	14.3	125.9	171.5	155.9	90.9	26.3
	龙两优 307	2015	142.5	1.5	3.2	13.4	127.4	227.1	194.0	84.8	25.3
	深两优 7248	2015	141.6	0.6	3.6	13.7	125.0	188.1	166.0	88.2	28.1
	钱优 3514	2015	145.5	4.5	3.3	13.7	130.6	214.2	181.1	84.9	25.9
	华浙优 1671	2015	141.3	0.3	3.0	12.0	113.6	243.9	205.2	84.4	26.9
	广两优 44	2015	139.3	−1.7	3.2	12.9	133.6	186.9	161.1	86.1	31.1
	五优 408	2015	136.3	−4.7	3.3	13.8	123.9	210.8	185.4	88.3	25.5
	嘉禾优 2125	2015	147.0	6.0	3.4	11.0	126.8	270.9	218.5	81.3	25.9
	隆两优 3206	2015	143.7	2.7	3.6	13.6	126.6	222.3	187.4	84.5	25.7
	泰两优 217	2015	140.7	−0.3	3.5	13.4	115.8	210.4	183.9	87.1	24.9
	华浙优 5 号	2015	142.7	1.7	3.1	12.3	122.9	226.1	190.3	84.4	26.1
	两优培九(CK)	2015	141.0	0.0	3.6	13.4	124.0	204.7	168.1	82.0	26.4

表 4 2014—2015 年浙江省单季籼型杂交稻区域试验主要病虫害抗性鉴定结果汇总

组别	品种名称	年份	稻瘟病								白叶枯病			褐稻虱	
			苗叶瘟		穗瘟发病率		穗瘟损失率		综合指数	抗性评价	平均级	最高级	抗性评价	分级	抗性评价
			平均级	最高级	平均级	最高级	平均级	最高级							
A组	中新优 30	2014(A)	1.8	3.0	1.0	1.0	1.0	1.0	1.5	抗	7.6	9.0	高感	5.0	中抗
		2015	1.7	2.0	4.3	5.0	1.7	3.0	2.4	中抗	6.1	7.0	感	7.0	中感
		平均	1.8	2.5	2.7	3.0	1.4	2.0	2.0	中抗	6.9	8.0	高感	6.0	中感
	亘两优 6218	2014(A)	3.9	5.0	5.0	7.0	2.0	3.0	3.5	中抗	4.8	5.0	中感	9.0	感
		2015	2.7	5.0	5.0	7.0	1.7	3.0	3.3	中抗	4.5	5.0	中感	7.0	中感
		平均	3.3	5.0	5.0	7.0	1.9	3.0	3.4	中抗	4.7	5.0	中感	8.0	感
	91 优 16	2014(A)	1.9	3.0	3.0	3.0	1.0	1.0	2.0	抗	6.6	7.0	感	9.0	感
		2015	1.3	3.0	5.0	7.0	1.7	3.0	2.8	中抗	5.4	7.0	感	7.0	中感
		平均	1.6	3.0	4.0	5.0	1.4	2.0	2.4	中抗	6.0	7.0	感	8.0	感
	中浙优 157	2014(A)	2.6	6.0	3.0	5.0	2.0	3.0	3.3	中抗	6.4	7.0	感	5.0	中抗
		2015	2.7	5.0	7.0	7.0	4.0	5.0	5.0	中感	8.3	9.0	高感	9.0	感
		平均	2.7	5.5	5.0	6.0	3.0	4.0	4.2	中感	7.4	8.0	高感	7.0	感
	臻优 H30	2014(A)	0.9	2.0	2.5	5.0	0.5	1.0	1.4	抗	5.0	5.0	中感	7.0	中感
		2015	1.8	2.0	3.7	5.0	1.0	1.0	1.9	抗	6.2	7.0	感	9.0	感
		平均	1.4	2.0	3.1	5.0	0.8	1.0	1.7	抗	5.6	6.0	感	8.0	感
	龙两优 111	2014(B)	1.1	2.0	3.0	3.0	1.0	1.0	1.8	抗	2.4	5.0	中感	5.0	中抗
		2015	2.3	3.0	7.0	9.0	3.0	3.0	4.0	中抗	1.5	3.0	中抗	9.0	感
		平均	1.7	2.5	5.0	6.0	2.0	2.0	2.9	中抗	2.0	4.0	中感	7.0	感
	浙两优 20	2014(B)	2.6	5.0	7.0	9.0	4.0	5.0	5.0	中感	5.4	7.0	感	9.0	感
		2015	2.7	3.0	7.0	7.0	4.0	5.0	4.5	中感	3.9	5.0	中感	9.0	感
		平均	2.7	4.0	7.0	8.0	4.0	5.0	4.8	中感	4.7	6.0	感	9.0	感

续 表

组别	品种名称	年份	稻瘟病								白叶枯病			褐稻虱	
			苗叶瘟		穗瘟发病率		穗瘟损失率		综合指数	抗性评价					
			平均级	最高级	平均级	最高级	平均级	最高级			平均级	最高级	抗性评价	分级	抗性评价
A组	深两优 332	2014(B)	0.0	0.0	0.0	0.0	0.0	0.0	0.0	高抗	3.6	5.0	中感	9.0	感
		2015	1.0	3.0	1.0	1.0	1.0	1.0	1.5	抗	6.3	7.0	感	9.0	感
		平均	0.5	1.5	0.5	0.5	0.5	0.5	0.8	抗	5.0	6.0	感	9.0	感
	嘉优中科 33	2014(B)	1.7	4.0	3.0	3.0	1.0	1.0	2.3	中抗	5.6	7.0	感	9.0	感
		2015	2.8	6.0	8.0	9.0	4.0	7.0	5.5	中感	6.2	7.0	感	9.0	感
		平均	2.3	5.0	5.5	6.0	2.5	4.0	3.9	中感	5.9	7.0	感	9.0	感
	嘉晚优 36100	2014(A)	1.3	3.0	4.0	5.0	1.0	1.0	2.3	中抗	1.6	3.0	中抗	9.0	感
		2015	1.8	2.0	3.7	5.0	1.7	3.0	2.3	中抗	2.8	3.0	中抗	9.0	感
		平均	1.6	2.5	3.9	5.0	1.4	2.0	2.3	中抗	2.2	3.0	中抗	9.0	感
	泰两优 220	2014(B)	2.7	6.0	5.0	5.0	1.0	1.0	3.3	中抗	4.0	5.0	中感	9.0	感
		2015	3.0	6.0	1.7	3.0	1.0	1.0	2.4	中抗	5.0	5.0	中感	9.0	感
		平均	2.9	6.0	3.4	4.0	1.0	1.0	2.9	中抗	4.5	5.0	中感	9.0	感
	两优培九(CK)	2014(A)	3.8	7.0	7.0	9.0	4.0	7.0	5.5	中感	4.4	5.0	中感	7.0	中感
		2014(B)	1.1	3.0	3.0	3.0	1.0	1.0	2.0	抗	3.4	5.0	中感	9.0	感
		2015	1.0	2.0	6.0	7.0	1.0	1.0	2.5	中抗	5.0	5.0	中感	9.0	感
		平均(A)	2.4	4.5	6.5	8.0	2.5	4.0	4.0	中感	4.7	5.0	中感	8.0	感
		平均(B)	1.8	3.8	4.8	5.5	1.8	2.5	3.0	中抗	4.1	5.0	中感	8.5	感
B组	V 两优 1219	2015	1.0	2.0	3.0	5.0	1.7	3.0	2.1	中抗	5.0	5.0	中感	9.0	感
	嘉优中科 13-1	2015	1.7	3.0	4.3	5.0	1.7	3.0	2.7	中抗	5.8	7.0	感	9.0	感
	江浙优 301	2015	2.2	4.0	7.0	9.0	3.0	5.0	4.3	中感	6.3	7.0	感	9.0	感
	两优 6612	2015	0.7	1.0	8.3	9.0	3.7	5.0	4.2	中感	5.8	7.0	感	9.0	感
	两优 4370	2015	3.7	6.0	7.7	9.0	3.7	5.0	5.3	中感	5.5	7.0	感	9.0	感

续 表

组别	品种名称	年份	稻瘟病								白叶枯病			褐稻虱	
			苗叶瘟		穗瘟发病率		穗瘟损失率		综合指数	抗性评价	平均级	最高级	抗性评价	分级	抗性评价
			平均级	最高级	平均级	最高级	平均级	最高级							
B组	T两优164	2015	1.8	3.0	3.7	9.0	1.7	3.0	2.5	中抗	6.7	7.0	感	9.0	感
	嘉禾优1号	2015	1.5	3.0	3.0	5.0	1.0	1.0	2.0	抗	6.3	7.0	感	9.0	感
	钱3优9207	2015	3.7	5.0	8.0	9.0	6.0	7.0	6.3	感	5.7	7.0	感	9.0	感
	两优8178	2015	1.8	3.0	7.7	9.0	2.3	3.0	3.8	中抗	4.6	5.0	中感	9.0	感
	甬优5550	2015	1.5	3.0	4.0	5.0	1.0	1.0	2.3	中抗	5.0	5.0	中感	7.0	中感
	中新优007	2015	2.5	3.0	9.0	9.0	6.0	7.0	6.0	中感	6.5	7.0	感	9.0	感
	两优培九(CK)	2015	0.8	2.0	5.0	5.0	1.0	1.0	2.3	中抗	4.8	5.0	中感	9.0	感
C组	中新优83	2015	1.7	4.0	7.0	9.0	5.0	7.0	5.3	中感	8.1	9.0	高感	9.0	感
	龙两优307	2015	0.3	1.0	5.0	7.0	1.7	3.0	2.3	中抗	5.7	7.0	感	9.0	感
	深两优7248	2015	1.7	4.0	3.0	5.0	1.0	1.0	2.3	中抗	6.3	7.0	感	9.0	感
	钱优3514	2015	2.8	6.0	6.3	7.0	2.3	3.0	4.3	中感	6.6	7.0	感	9.0	感
	华浙优1671	2015	3.7	5.0	7.0	9.0	3.0	3.0	4.5	中感	8.5	9.0	高感	9.0	感
	广两优44	2015	0.3	1.0	7.0	9.0	4.0	5.0	4.0	中抗	5.0	5.0	中感	9.0	感
	五优408	2015	1.3	3.0	9.0	9.0	7.0	9.0	6.5	感	7.7	9.0	高感	9.0	感
	嘉禾优2125	2015	3.0	4.0	1.0	1.0	1.0	1.0	1.8	抗	6.2	7.0	感	9.0	感
	隆两优3206	2015	1.7	2.0	3.7	5.0	1.0	1.0	1.9	抗	6.1	7.0	感	9.0	感
	泰两优217	2015	2.5	5.0	1.0	1.0	1.0	1.0	2.0	抗	4.5	5.0	中感	9.0	感
	华浙优5号	2015	2.5	5.0	3.7	5.0	1.0	1.0	2.7	中抗	8.4	9.0	高感	7.0	中感
	两优培九(CK)	2015	0.8	2.0	5.0	5.0	1.0	1.0	2.3	中抗	4.2	5.0	中感	9.0	感

注：1) 稻瘟病综合指数(级)＝叶瘟(平均)×25%＋穗瘟发病率(平均)×25%＋穗瘟损失率(平均)×50%；2) 甬优5550在鉴定点抽穗明显偏迟，结果仅供参考；3) 参试品种的两年抗性综合评价以发病较重的一年为准；4) 褐稻虱综合评价以人工接种数据为依据，田间鉴定仅作参考。

表 5 2014—2015 年浙江省单季籼型杂交稻区域试验稻米分析结果汇总

组别	品种名称	检测年份	糙米率（%）	精米率（%）	整精米率（%）	粒长（毫米）	长宽比	垩白粒率（%）	垩白度（%）	透明度（级）	碱消值（级）	胶稠度（毫米）	直链淀粉含量（%）	蛋白质含量（%）	质量指数	等级（部颁）
A组	中新优 30	2014(A)	81.5	72.3	37.6	7.3	3.3	73.0	12.4	2.0	6.0	72.0	20.9	10.0	75.0	四等
		2015	82.6	73.7	47.7	7.3	3.2	39.0	5.2	2.0	6.8	82.0	22.6	7.8		普通
		平均	82.1	73.0	42.7	7.3	3.3	56.0	8.8	2.0	6.4	77.0	21.8	8.9		
	亘两优 6218	2014(A)	81.2	72.3	58.6	5.5	2.2	44.0	12.3	2.0	4.8	80.0	11.6	9.3	66.0	六等
		2015	81.9	72.6	62.5	7.0	3.0	9.0	1.0	1.0	6.7	70.0	21.9	7.3		三等
		平均	81.6	72.5	60.6	6.3	2.6	27.0	6.7	1.0	5.8	75.0	16.8	8.3		
	91 优 16	2014(A)	82.1	73.3	51.0	6.2	2.6	25.0	6.0	2.0	4.4	78.0	12.0	10.3	75.0	六等
		2015	81.4	73.5	58.3	6.3	2.6	15.0	2.6	2.0	6.1	77.0	15.6	7.6		二等
		平均	81.8	73.4	54.7	6.3	2.6	20.0	4.3	2.0	5.3	78.0	13.8	9.0		
	中浙优 157	2014(A)	82.5	73.0	58.0	6.5	2.8	47.0	11.1	2.0	4.1	78.0	13.8	9.4	75.0	四等
		2015	82.4	74.4	62.0	6.6	2.9	26.0	4.6	2.0	5.1	84.0	15.6	6.7		三等
		平均	82.5	73.7	60.0	6.6	2.9	37.0	7.9	2.0	4.6	81.0	14.7	8.1		
	臻优 H30	2014(A)	81.4	72.3	47.4	6.9	3.1	35.0	5.4	2.0	3.1	82.0	13.2	10.7	76.0	四等
		2015	82.2	74.0	54.0	6.8	3.1	23.0	3.3	2.0	4.2	77.0	15.8	6.6		普通
		平均	81.8	73.2	50.7	6.9	3.1	29.0	4.4	2.0	3.7	80.0	14.5	8.7		
	龙两优 111	2014(B)	81.6	72.5	36.4	7.0	3.2	45.0	7.5	2.0	6.8	40.0	26.0	9.5	65.0	四等
		2015	81.4	72.2	39.5	6.9	3.1	21.0	4.2	2.0	7.0	58.0	26.4	7.0		普通
		平均	81.5	72.4	38.0	7.0	3.2	33.0	5.9	2.0	6.9	49.0	26.2	8.3		
	浙两优 20	2014(B)	81.4	72.3	37.9	6.8	3.1	44.0	10.1	2.0	5.8	90.0	21.8	11.4	75.0	四等
		2015	81.3	71.6	49.4	6.8	3.2	19.0	3.0	2.0	6.1	88.0	23.0	7.9		普通
		平均	81.4	72.0	43.7	6.8	3.2	32.0	6.6	2.0	6.0	89.0	22.4	9.7		

续　表

组别	品种名称	检测年份	糙米率(%)	精米率(%)	整精米率(%)	粒长(毫米)	长宽比	垩白粒率(%)	垩白度(%)	透明度(级)	碱消值(级)	胶稠度(毫米)	直链淀粉含量(%)	蛋白质含量(%)	质量指数	等级(部颁)
A组	深两优332	2014(B)	80.0	71.0	51.3	6.7	3.2	26.0	2.5	2.0	6.9	71.0	13.9	10.2	84.0	四等
		2015	80.9	71.8	59.6	6.7	3.0	15.0	1.1	2.0	6.9	74.0	16.3	7.4		二等
		平均	80.5	71.4	55.5	6.7	3.1	21.0	1.8	2.0	6.9	73.0	15.1	8.8		
	嘉优中科33	2014(B)	82.2	74.1	55.3	6.2	2.6	24.0	5.1	2.0	5.1	77.0	12.2	9.7	78.0	六等
		2015	82.4	74.6	65.9	5.7	2.1	57.0	7.8	2.0	6.1	80.0	15.0	7.3		普通
		平均	82.3	74.4	60.6	6.0	2.4	41.0	6.5	2.0	5.6	79.0	13.6	8.5		
	嘉晚优36100	2014(A)	81.6	72.5	34.6	7.0	2.9	37.0	5.7	2.0	7.0	46.0	21.0	12.4	70.0	五等
		2015	81.9	72.7	33.5	7.1	3.0	29.0	5.8	2.0	7.0	75.0	22.2	7.4		普通
		平均	81.8	72.6	34.1	7.1	3.0	33.0	5.8	2.0	7.0	61.0	21.6	9.9		
	泰两优220	2014(B)	81.3	72.3	62.7	6.1	2.7	56.0	7.5	2.0	6.9	74.0	13.9	10.2	80.0	四等
		2015	80.9	73.1	64.2	6.2	2.7	27.0	3.0	1.0	7.0	74.0	15.9	7.4		二等
		平均	81.1	72.7	63.5	6.2	2.7	42.0	5.3	1.0	7.0	74.0	14.9	8.8		
	两优培九(CK)	2014(A)	81.7	72.6	51.4	6.6	3.0	51.0	9.6	2.0	5.7	75.0	20.6	10.9	84.0	四等
		2014(B)	81.4	71.9	46.7	6.5	3.0	57.0	10.4	2.0	6.1	71.0	20.8	10.5	76.0	四等
		2015	82.1	73.1	61.8	6.7	2.9	29.0	3.6	2.0	6.5	88.0	22.0	8.0		三等
		平均(A)	81.9	72.9	56.6	6.7	3.0	40.0	6.6	2.0	6.1	82.0	21.3	9.5		
		平均(B)	81.8	72.5	54.3	6.6	3.0	43.0	7.0	2.0	6.3	80.0	21.4	9.3		
B组	V两优1219	2015	81.4	72.2	60.9	6.6	3.0	16.0	3.2	2.0	5.6	80.0	16.0	7.6		三等
	嘉优中科13-1	2015	81.8	73.9	60.8	6.3	2.6	19.0	3.1	2.0	5.2	76.0	14.7	6.9		三等
	江浙优301	2015	82.6	74.9	68.3	5.6	2.2	39.0	7.0	2.0	6.9	74.0	15.3	6.7		普通
	两优6612	2015	82.5	73.0	54.7	6.8	3.1	18.0	2.4	2.0	5.1	88.0	22.6	7.1		普通
	两优4370	2015	82.1	73.4	52.2	7.0	3.0	21.0	3.0	2.0	7.0	75.0	16.6	7.4		三等
	T两优164	2015	81.2	72.6	53.4	6.7	2.9	18.0	1.6	2.0	4.0	82.0	15.2	6.9		普通

续　表

组别	品种名称	检测年份	糙米率(%)	精米率(%)	整精米率(%)	粒长(毫米)	长宽比	垩白粒率(%)	垩白度(%)	透明度(级)	碱消值(级)	胶稠度(毫米)	直链淀粉含量(%)	蛋白质含量(%)	质量指数	等级(部颁)
B组	嘉禾优1号	2015	81.2	73.7	66.2	6.2	2.7	19.0	3.7	2.0	5.7	76.0	13.9	7.1		三等
	钱3优9207	2015	82.1	72.2	55.8	6.6	2.9	12.0	1.1	2.0	5.6	66.0	21.9	7.5		三等
	两优8178	2015	81.7	72.4	58.6	6.6	3.3	14.0	1.4	2.0	6.4	86.0	23.0	7.4		普通
	甬优5550	2015	81.8	74.1	68.0	5.7	2.2	12.0	1.3	1.0	7.0	72.0	15.5	8.7		二等
	中新优007	2015	82.1	72.6	37.3	6.8	3.1	30.0	4.2	2.0	5.8	72.0	22.4	8.1		普通
	两优培九(CK)	2015	82.1	72.8	55.5	6.6	3.0	17.0	1.9	2.0	6.3	85.0	22.3	8.8		普通
C组	中新优83	2015	82.0	72.8	53.7	6.8	3.1	49.0	5.3	2.0	6.9	76.0	22.7	8.1		普通
	龙两优307	2015	81.4	72.2	49.3	6.5	3.0	21.0	2.2	2.0	6.9	75.0	25.7	8.1		普通
	深两优7248	2015	81.0	72.8	55.0	6.9	3.0	23.0	2.2	2.0	6.8	80.0	16.1	8.4		二等
	钱优3514	2015	81.9	72.9	60.5	6.4	2.7	32.0	4.0	2.0	5.9	86.0	16.9	7.5		三等
	华浙优1671	2015	82.6	74.4	62.8	6.5	2.8	27.0	4.9	2.0	5.6	88.0	15.6	7.7		三等
	广两优44	2015	82.8	73.3	42.9	7.1	2.8	47.0	9.8	2.0	7.0	78.0	22.5	8.5		普通
	五优408	2015	81.2	72.1	61.1	6.2	2.7	24.0	4.6	2.0	5.1	79.0	22.4	7.7		普通
	嘉禾优2125	2015	79.8	71.9	65.2	6.2	2.6	11.0	1.0	2.0	6.5	76.0	15.8	7.7		二等
	隆两优3206	2015	80.3	72.5	58.2	6.6	2.9	21.0	3.8	2.0	4.0	84.0	15.3	7.7		普通
	泰两优217	2015	81.3	71.8	60.4	6.5	3.1	17.0	3.3	2.0	4.4	87.0	14.6	7.8		普通
	华浙优5号	2015	82.6	74.7	57.1	6.4	2.7	19.0	3.2	2.0	5.2	82.0	15.9	7.4		三等
	两优培九(CK)	2015	81.9	72.5	55.7	6.8	3.0	31.0	5.9	2.0	6.5	83.0	21.6	8.6		普通

表 6　2015 年浙江省单季籼型杂交稻区域试验品种杂株率记载汇总

组别	品种名称	平均(%)	各试点杂株率(%)									
			黄岩	建德	开化	丽水	临安	浦江	衢州	台州	温农科	诸国家
A组	中新优 30	0.3	0.6	0.0	0.0	0.0	0.8	0.4	0.4	0.0	0.0	0.6
	豇两优 6218	1.2	0.5	0.0	0.0	0.6	0.0	0.0	0.6	10.0	0.0	0.0
	91 优 16	0.1	0.5	0.0	0.0	0.0	0.0	0.0	0.0	0.0	0.0	0.0
	中浙优 157	0.5	0.3	0.0	0.0	0.0	0.0	0.0	0.8	1.2	0.0	2.9
	臻优 H30	1.6	0.8	0.0	0.0	2.5	1.6	5.3	0.8	0.7	1.2	3.4
	龙两优 111	0.5	0.6	3.2	0.0	0.0	0.0	0.0	0.8	0.0	0.0	0.3
	浙两优 20	0.1	0.2	0.0	0.0	0.0	0.0	0.0	0.0	0.0	0.4	0.0
	深两优 332	0.2	0.0	0.0	0.0	0.0	0.0	0.0	1.2	0.0	0.0	0.6
	嘉优中科 33	1.0	0.5	0.0	1.1	0.0	3.8	2.5	1.2	0.0	0.4	0.0
	嘉晚优 36100	0.6	0.3	3.9	0.0	0.0	0.0	0.0	0.8	0.0	0.0	0.9
	泰两优 220	0.4	0.3	1.8	0.0	0.0	0.0	0.0	1.2	0.0	0.0	0.9
	两优培九(CK)	0.0	0.3	0.0	0.0	0.0	0.0	0.0	0.0	0.0	0.0	0.0
B组	V 两优 1219	0.1	0.2	0.0	0.0	0.0	0.0	0.0	0.4	0.0	0.0	0.0
	嘉优中科 13-1	0.7	0.5	0.0	0.0	0.0	0.0	0.0	0.0	6.2	0.0	0.0
	江浙优 301	3.9	4.3	21.4	2.5	0.0	0.0	2.5	4.2	0.0	0.0	0.6
	两优 6612	0.0	0.0	0.0	0.0	0.0	0.0	0.0	0.0	0.0	0.0	0.0
	两优 4370	0.2	0.3	0.0	0.0	0.6	0.0	0.0	0.4	0.0	0.0	0.6
	T 两优 164	0.1	0.5	0.0	0.0	0.0	0.0	0.0	0.0	0.0	0.0	0.0
	嘉禾优 1 号	0.2	0.8	0.0	0.0	0.0	0.0	0.7	0.0	0.0	0.0	0.0
	钱 3 优 9207	0.4	2.0	1.8	0.0	0.0	0.0	0.0	0.0	0.0	0.0	0.0
	两优 8178	0.1	0.5	0.0	0.0	0.0	0.0	0.0	0.0	0.0	0.0	0.0

续 表

组别	品种名称	平均(%)	各试点杂株率(%)									
			黄岩	建德	开化	丽水	临安	浦江	衢州	台州	温农科	诸国家
B组	甬优 5550	0.0	0.3	0.0	0.0	0.0	0.0	0.0	0.0	0.0	0.0	0.0
	中新优 007	0.1	0.5	0.0	0.0	0.0	0.0	0.0	0.0	0.0	0.0	0.0
	两优培九(CK)	0.1	0.5	0.0	0.0	0.0	0.0	0.0	0.0	0.0	0.0	0.0
	嘉浙优 99(引种)	0.9	1.9	0.0	0.0	3.3	0.0	0.0	0.0	0.0	0.0	0.0
C组	中新优 83	0.0	0.3	0.0	0.0	0.0	0.0	0.0	0.0	0.0	0.0	0.0
	龙两优 307	0.0	0.3	0.0	0.0	0.0	0.0	0.0	0.0	0.0	0.0	0.0
	深两优 7248	0.3	0.5	0.0	0.0	0.2	0.0	0.0	0.0	1.1	0.8	0.0
	钱优 3514	0.5	1.0	0.0	0.0	0.0	1.6	0.0	0.9	1.5	0.0	0.0
	华浙优 1671	0.1	1.0	0.0	0.0	0.0	0.0	0.0	0.0	0.0	0.0	0.0
	广两优 44	1.0	0.3	1.1	0.0	1.9	0.0	0.0	3.0	2.7	0.0	1.0
	五优 408	0.1	1.1	0.0	0.0	0.0	0.0	0.0	0.0	0.0	0.0	0.0
	嘉禾优 2125	0.2	0.2	0.0	0.0	0.0	1.2	0.0	0.4	0.0	0.0	0.0
	隆两优 3206	0.0	0.2	0.0	0.0	0.0	0.0	0.0	0.0	0.0	0.0	0.0
	泰两优 217	0.1	0.5	0.0	0.0	0.6	0.0	0.0	0.0	0.0	0.4	0.0
	华浙优 5 号	0.2	0.5	1.8	0.0	0.0	0.0	0.0	0.0	0.0	0.0	0.0
	两优培九(CK)	0.4	0.8	0.0	0.0	0.0	0.8	0.0	1.6	0.0	0.4	0.0

表7　2015年浙江省单季籼型杂交稻区域试验和生产试验各区试点产量结果对照

（单位：千克/亩）

组别	品种名称	平均产量	各试点产量										
			黄岩	建德	开化	丽水	临安	浦江	衢州	台州	新昌	温农科	诸国家
A组区试	中新优30	626.2	528.0	697.5	618.3	640.0	611.7	643.8	667.7	607.3	未承担	574.2	673.5
	豇两优6218	640.3	569.6	843.0	637.8	676.7	575.0	617.0	640.5	554.7	未承担	596.0	692.8
	91优16	638.3	540.9	796.7	659.5	625.0	600.0	660.8	535.7	585.7	未承担	688.7	689.7
	中浙优157	643.1	543.5	690.0	602.8	795.0	596.7	655.0	650.3	586.7	未承担	620.3	690.5
	臻优H30	616.5	571.7	698.3	566.3	656.7	636.7	613.8	607.5	558.0	未承担	575.5	680.8
	龙两优111	586.9	543.5	663.3	572.0	550.0	625.0	588.2	536.2	521.3	未承担	576.2	693.5
	浙两优20	624.2	540.9	722.5	636.0	700.0	621.7	615.7	603.5	538.3	未承担	618.5	645.2
	深两优332	628.2	525.7	685.8	616.8	703.3	610.0	680.0	672.0	567.0	未承担	526.7	694.7
	嘉优中科33	611.2	517.2	670.0	618.2	710.0	663.3	564.8	554.8	547.7	未承担	621.0	645.0
	嘉晚优36100	598.7	530.7	683.3	551.5	543.3	618.3	652.0	581.5	546.3	未承担	602.8	676.8
	泰两优220	618.2	547.4	625.8	578.3	662.7	613.3	603.3	682.8	555.3	未承担	627.8	685.2
	两优培九(CK)	584.4	508.3	709.2	566.7	586.7	545.0	602.3	593.8	522.3	未承担	555.3	654.2
B组区试	V两优1219	637.7	591.5	685.8	620.5	680.2	608.3	611.3	647.8	587.0	未承担	635.2	708.8
	嘉优中科13-1	663.9	516.7	799.2	681.2	734.7	673.3	719.0	584.2	547.3	未承担	615.2	768.7
	江浙优301	647.5	618.9	764.7	623.2	641.0	586.7	654.2	643.7	581.3	未承担	637.2	713.7
	两优6612	617.8	590.4	665.8	622.2	617.5	645.0	622.0	595.2	537.0	未承担	578.3	705.0
	两优4370	625.4	541.3	640.0	577.7	714.5	650.0	649.8	614.0	592.7	未承担	557.7	716.7
	T两优164	632.4	555.2	756.7	645.5	571.0	696.7	614.2	597.0	591.7	未承担	571.8	724.5
	嘉禾优1号	655.4	575.6	758.3	660.0	714.5	686.7	698.0	542.8	535.3	未承担	648.8	733.8
	钱3优9207	614.2	574.1	707.5	580.5	681.7	651.7	647.5	446.3	551.0	未承担	591.7	710.2
	两优8178	577.7	548.2	626.7	589.0	590.8	596.7	576.8	458.5	512.3	未承担	591.2	686.7

续 表

组别	品种名称	平均产量	各试点产量										
			黄岩	建德	开化	丽水	临安	浦江	衢州	台州	新昌	温农科	诸国家
B组区试	甬优 5550	638.3	600.6	656.8	529.7	761.3	580.0	604.5	746.7	575.0	未承担	648.8	679.2
	中新优 007	579.5	524.8	678.3	602.0	631.0	608.3	594.2	402.2	548.3	未承担	556.8	648.8
	两优培九(CK)	596.5	524.3	718.3	567.5	634.5	550.0	602.0	588.5	552.3	未承担	541.2	686.3
B组生试	甬优 8050	599.2	531.3	424.4	615.4	756.6	562.4	577.4	703.2	未承担	623.4	607.5	590.7
	1870 优 3108	560.0	556.7	512.6	589.7	703.9	560.2	559.0	436.1	未承担	580.5	519.1	582.3
	Y 两优 8199	593.9	578.2	548.8	636.7	707.5	626.5	541.6	589.0	未承担	587.7	565.7	556.9
	嘉浙优 99(引种)	506.4	507.0	492.5	519.5	595.6	349.6	573.8	401.0	未承担	543.3	535.1	546.8
	两优培九(CK)	539.7	478.7	472.9	602.6	620.2	522.3	540.2	535.7	未承担	539.0	524.0	561.6
C组区试	中新优 83	595.7	504.3	637.5	571.2	671.3	573.3	599.5	613.0	561.7	未承担	529.7	695.2
	龙两优 307	590.7	500.7	654.2	546.0	690.0	573.3	608.7	625.7	472.7	未承担	540.3	695.5
	深两优 7248	576.0	499.1	640.8	538.2	540.0	578.3	561.0	653.7	547.7	未承担	518.2	683.2
	钱优 3514	623.1	563.2	681.7	523.8	676.7	608.3	609.7	695.2	585.0	未承担	580.5	707.2
	华浙优 1671	619.5	607.4	717.5	603.3	643.3	611.7	602.0	591.2	550.0	未承担	564.2	704.8
	广两优 44	596.1	499.4	670.0	547.5	633.3	661.7	567.5	486.5	616.3	未承担	539.8	739.0
	五优 408	549.3	503.2	606.7	553.8	520.0	561.7	537.7	438.8	484.3	未承担	571.5	715.3
	嘉禾优 2125	659.4	605.2	697.8	594.0	696.7	586.7	649.8	845.0	580.7	未承担	626.8	711.0
	隆两优 3206	630.3	598.7	652.5	571.7	700.0	671.7	628.2	650.2	555.0	未承担	539.3	735.7
	泰两优 217	605.6	519.1	622.5	572.5	683.3	573.3	598.2	632.2	530.7	未承担	615.7	708.5
	华浙优 5 号	592.1	494.6	640.0	525.7	613.3	615.0	578.5	642.8	540.7	未承担	566.8	703.2
	两优培九(CK)	575.0	484.8	645.8	510.7	620.0	546.7	589.2	592.2	528.3	未承担	533.8	698.2

2015年浙江省杂交晚籼稻区域试验和生产试验总结

浙江省种子管理总站

一、试验概况

2015年浙江省杂交晚籼稻区域试验分为2组(详见表1),A组参试品种共12个(不包括对照,下同),其中新参试品种5个,续试品种7个,B组参试品种13个,均为新参试品种;生产试验1组,参试品种4个。区域试验采用随机区组排列,小区面积0.02亩,重复3次。生产试验采用大区对比,大区面积0.33亩。试验四周设保护行,同组所有参试品种同期播种、移栽,其他田间管理与当地大田生产一致,试验田及时防治病虫害,观察记载项目和标准按《浙江省水稻区域试验和生产试验技术操作规程(试行)》执行。

本区域试验分别由建德市种子管理站、诸暨国家区试站、嵊州市农科所、台州市农科院、金华市种子管理站、婺城区第一良种场、衢州市种子管理站、温州市原种场、苍南县种子站和江山市种子管理站10个单位承担。生产试验分别由建德市种子管理站、诸暨国家区试站、嵊州市农科所、金华市种子管理站、婺城区第一良种场、衢州市种子管理站、温州市原种场、苍南县种子站、江山市种子管理站和新昌县种子公司10个单位承担。稻米品质分析和主要病虫害抗性鉴定分别由农业部稻米及制品质量监督检验测试中心(杭州)和浙江省农科院植物与微生物研究所承担。

二、试验结果

1. 产量:据10个试点的产量结果汇总分析,A组参试品种均比对照岳优9113增产,产量以两优274最高,平均亩产596.1千克,比对照增产14.6%,比组平均增产8.7%,比对照增产3%以上的品种还有甬优8050、五优2022、嘉优中科2号、五优68、Y两优28、钱6优930、泰两优丝苗和五优136,比组平均增产3%以上的品种还有甬优8050和五优2022;B组参试品种中比对照岳优9113增产的品种有8个,产量以钱6优9199最高,平均亩产561.1千克,比对照增产9.6%,比对照增产3%以上的品种还有嘉浙优1502、钱优930和泰两优华占,5个品种产量比对照减产,产量以嘉晚优1813最低,平均亩产484.4千克,比对照减产5.4%;生产试验4个品种中除天优6217外均比对照岳优9113增产。

2. 生育期:A组生育期变幅为129.5~135.9天,所有参试品种中有6个品种生育期比对照岳优9113长,其中五优2022最长,其生育期为135.9天,比对照长3.4天,6个品种生育期比对照短,其中五优1271最短,其生育期为129.5天,比对照短3.0天;B组生育期变幅为124.9~138.4天,所有参试品种中除嘉晚优1813、甬两优408比对照岳优9113生育期短外,生育期均比对照长,其中甬优9号最长,其生育期为138.4天,比对照长9.6天,嘉晚优1813最短,其生育期为124.9天,比对照短3.9天;引种品种天优6217生育期比对照长6.2天。

3. 品质:A组参试品种中有6个品质综合评定为优质米,其中优质二等有2个,为钱优1312、甬优8050,优质三等有4个,为嘉优中科2号、五优68、五优1271和两优1362,其余均为普通。B组参试品种中有3个品质综合评定为优质三等，为嘉晚优1813、华浙优240和嘉浙优1502，其余均为普通。

4. 抗性：A组对照岳优9113稻瘟病抗性综合评价为中感，所有参试品种中稻瘟病抗性优于对照的4个，均表现为中抗，分别为甬优8050、泰两优丝苗、五优136和嘉优中科2号，其余稻瘟病抗性相似或差于对照，其中中感稻瘟病的6个，感稻瘟病的2个；对照岳优9113白叶枯病抗性综合评价为感，所有参试品种中白叶枯病抗性优于对照的有3个，其中Y两优28中抗白叶枯病，泰两优丝苗、两优1362中感白叶枯病，其余白叶枯病抗性相似或差于对照，其中感白叶枯病的8个，高感白叶枯病的1个；对照岳优9113褐稻虱抗性综合评价为感，所有参试品种中除两优1362褐稻虱抗性相似于对照外均优于对照，其中抗褐稻虱的3个，分别为五优136、嘉优中科2号和钱优1312，中抗褐稻虱的1个，为五优1271，其余均为中感褐稻虱。B组对照岳优9113稻瘟病抗性综合评价为中感，所有参试品种中稻瘟病抗性优于对照的4个，均表现为中抗，分别为泰两优华占、甬优9号、钱6优9199和两优H52，其余品种均中感稻瘟病；对照岳优9113白叶枯病抗性综合评价为感，所有参试品种中白叶枯病抗性优于对照的有3个，其中两优H52中抗白叶枯病，华浙优240、甬优9号中感白叶枯病，其余白叶枯病抗性相似或差于对照，其中感白叶枯病的8个，高感白叶枯病的2个；对照岳优9113褐稻虱抗性综合评价为感，参试品种中褐稻虱抗性优于对照的有2个，均表现为中感，为甬优9号、钱优930，其余均为感褐稻虱。

三、品种简评

（一）A组区域试验品种评价

1. 两优274：系浙江农科种业公司选育而成的杂交晚籼稻新品种，该品种第二年参试。2014年试验平均亩产619.5千克，比对照岳优9113增产10.9%，达极显著水平；2015年试验平均亩产596.1千克，比对照岳优9113增产14.6%，达极显著水平。两年省区试平均亩产607.8千克，比对照岳优9113增产12.7%。两年平均全生育期131.4天，比对照岳优9113长2.9天。该品种亩有效穗15.9万，株高109.4厘米，每穗总粒数188.0粒，实粒数157.2粒，结实率83.6%，千粒重27.0克。经省农科院植微所2014—2015年抗性鉴定，平均叶瘟0.7级，穗瘟7.5级，穗瘟损失率4级，综合指数为4.4；白叶枯病6.5级；褐稻虱8级。经农业部稻米及制品质量监督检测中心2014—2015年检测，平均整精米率61.8%，长宽比2.8，垩白粒率47%，垩白度8.0%，透明度2级，胶稠度74毫米，直链淀粉含量14.3%，米质各项指标综合评价分别为食用稻品种品质部颁四等和普通。

该品种产量高，生育期适中，中感稻瘟病，感白叶枯病，感褐稻虱，米质相似于对照岳优9113（部颁四等和普通）。建议下年度进入生产试验。

2. 甬优8050：系宁波市种子有限公司选育而成的杂交晚籼稻新品种，该品种第二年参试。2014年试验平均亩产586.2千克，比对照岳优9113增产5.7%，未达显著水平；2015年试验平均亩产573.7千克，比对照岳优9113增产10.3%，达极显著水平。两年省区试平均亩产580.0千克，比对照岳优9113增产7.9%。两年平均全生育期129.1天，比对照岳优9113长0.9天。该品种亩有效穗12.6万，株高109.9厘米，每穗总粒数217.7粒，实粒数195.9粒，结实率90.0%，千粒重25.8克。经省农科院植微所2014—2015年抗性鉴定，平均叶瘟3.1级，穗瘟4.9级，穗瘟损失率2级，综合指数为3.9；白叶枯病6.5级；褐稻虱7级。经农业部稻米及制品质量监督检测中心2014—2015年检测，平均整精米率63.2%，长宽比2.3，垩白粒率24%，垩白度4.0%，透明度1级，胶稠度73毫米，直链淀粉含量15.4%，米质各项指标综合评价分别为食用稻品种品质部颁四等和二等。

该品种产量高，生育期适中，中感稻瘟病，高感白叶枯病，中感褐稻虱，米质优于对照岳优9113（部颁四等和普通）。建议下年度进入生产试验。

3. 嘉优中科2号：系嘉兴市农科院、中科院遗传所和福建金山都发展有限公司选育而成的杂交晚籼稻新品种，该品种第二年参试。2014年试验平均亩产632.9千克，比对照岳优9113增产14.1%，达极显著水平；2015年试验平均亩产558.2千克，比对照岳优9113增产7.3%，达显著水平。两年省区试平均亩产595.6千克，比对照岳优9113增产10.8%。两年平均全生育期128.4天，比对照岳优9113长0.2天。该品种亩有效穗12.3万，株高112.8厘米，每穗总粒数235.3粒，实粒数196.5粒，结实率83.5%，千粒重28.0克。经省农科院植微所2014—2015年抗性鉴定，平均叶瘟1.1级，穗瘟5.2级，穗瘟损失率2.5级，综合指数为3.1；白叶枯病6.0级；褐稻虱5级。经农业部稻米及制品质量监督检测中心2014—2015年检测，平均整精米率61.0%，长宽比2.4，垩白粒率44%，垩白度5.1%，透明度2级，胶稠度71毫米，直链淀粉含量14.5%，米质各项指标综合评价分别为食用稻品种品质部颁四等和三等。

该品种产量高，生育期适中，中抗稻瘟病，感白叶枯病，中感褐稻虱，米质优于对照岳优9113(部颁四等和普通)。建议下年度终止试验。

4. Y两优28：系中国水稻研究所选育而成的杂交晚籼稻新品种，该品种第二年参试。2014年试验平均亩产584.5千克，比对照岳优9113增产4.6%，未达显著水平；2015年试验平均亩产549.4千克，比对照岳优9113增产5.6%，未达显著水平。两年省区试平均亩产567.0千克，比对照岳优9113增产5.1%。两年平均全生育期129.0天，比对照岳优9113长0.5天。该品种亩有效穗16.6万，株高109.9厘米，每穗总粒数154.1粒，实粒数131.1粒，结实率85.1%，千粒重27.3克。经省农科院植微所2014—2015年抗性鉴定，平均叶瘟1.7级，穗瘟7级，穗瘟损失率4级，综合指数为4.7；白叶枯病2.0级；褐稻虱8级。经农业部稻米及制品质量监督检测中心2014—2015年检测，平均整精米率57.9%，长宽比2.8，垩白粒率65%，垩白度12.8%，透明度2级，胶稠度61毫米，直链淀粉含量14.4%，米质各项指标综合评价为食用稻品种品质部颁四等和普通。

该品种产量高，生育期适中，中感稻瘟病，中抗白叶枯病，感褐稻虱，米质相似于对照岳优9113(部颁四等和普通)。建议下年度终止试验。

5. 泰两优丝苗：系温州市农科院选育而成的杂交晚籼稻新品种，该品种第二年参试。2014年试验平均亩产596.5千克，比对照岳优9113增产6.7%，未达显著水平；2015年试验平均亩产539.7千克，比对照岳优9113增产3.7%，未达显著水平。两年省区试平均亩产568.1千克，比对照岳优9113增产5.3%。两年平均全生育期130.2天，比对照岳优9113长1.7天。该品种亩有效穗18.5万，株高98.4厘米，每穗总粒数161.1粒，实粒数142.7粒，结实率88.6%，千粒重23.0克。经省农科院植微所2014—2015年抗性鉴定，平均叶瘟1.1级，穗瘟4.5级，穗瘟损失率2.2级，综合指数为2.7；白叶枯病5.3级；褐稻虱8级。经农业部稻米及制品质量监督检测中心2014—2015年检测，平均整精米率63.3%，长宽比3.1，垩白粒率21%，垩白度4.1%，透明度1级，胶稠度69毫米，直链淀粉含量16.0%，米质各项指标综合评价分别为食用稻品种品质部颁三等和普通。

该品种产量高，生育期适中，中抗稻瘟病，感白叶枯病，感褐稻虱，米质优于对照岳优9113(部颁四等和普通)。建议下年度终止试验。

6. 五优136：系中国水稻研究所选育而成的杂交晚籼稻新品种，该品种第二年参试。2014年试验平均亩产595.2千克，比对照岳优9113增产6.5%，未达显著水平；2015年试验平均亩产539.5千克，比对照岳优9113增产3.7%，未达显著水平。两年省区试平均亩产567.4千克，比对照岳优9113增产5.2%。两年平均全生育期130.2天，比对照岳优9113长1.7天。该品种亩有效穗15.6万，株高105.9厘米，每穗总粒数171.7粒，实粒数144.1粒，结实率83.9%，千粒重28.2克。经省农科院植微所2014—2015年抗性鉴定，平均叶瘟1.0级，穗瘟4.4级，穗瘟损失率1.7级，综合指数为2.5；白叶枯病6.9级；褐稻虱5级。经农业部稻米及制品质量监督检测中心2014—2015年检测，平均整精米率59.3%，长宽比3.1，垩白粒率22%，垩白度3.8%，透明度1级，胶稠度72毫米，直链淀粉含量18.6%，米质各项指标综合评价分别为食用稻品种品质部颁三等和普通。

该品种产量高，生育期适中，中抗稻瘟病，高感白叶枯病，中感褐稻虱，米质优于对照岳优 9113（部颁四等和普通）。建议下年度终止试验。

7. 钱优 1312：系金华市农科院选育而成的杂交晚籼稻新品种，该品种第二年参试。2014 年试验平均亩产 577.7 千克，比对照岳优 9113 增产 4.2%，未达显著水平；2015 年试验平均亩产 525.5 千克，比对照岳优 9113 增产 1.0%，未达显著水平。两年省区试平均亩产 551.6 千克，比对照岳优 9113 增产 2.6%。两年平均全生育期 129.0 天，比对照岳优 9113 长 0.8 天。该品种亩有效穗 14.1 万，株高 110.7 厘米，每穗总粒数 215.3 粒，实粒数 181.6 粒，结实率 84.3%，千粒重 23.1 克。经省农科院植微所 2014—2015 年抗性鉴定，平均叶瘟 2.2 级，穗瘟 8 级，穗瘟损失率 5 级，综合指数为 5.4；白叶枯病 6.7 级；褐稻虱 5 级。经农业部稻米及制品质量监督检测中心 2014—2015 年检测，平均整精米率 64.0%，长宽比 2.5，垩白粒率 26%，垩白度 2.9%，透明度 2 级，胶稠度 70 毫米，直链淀粉含量 14.6%，米质各项指标综合评价分别为食用稻品种品质部颁四等和二等。

该品种产量一般，生育期适中，感稻瘟病，感白叶枯病，中感褐稻虱，米质优于对照岳优 9113（部颁四等和普通）。建议下年度终止试验。

8. 五优 2022：系温州市农科院选育而成的杂交晚籼稻新品种，该品种第一年参试。本试验平均亩产 568.7 千克，比对照岳优 9113 增产 9.3%，达极显著水平。全生育期 135.9 天，比对照岳优 9113 长 3.4 天。该品种亩有效穗 13.9 万，株高 111.7 厘米，每穗总粒数 217.7 粒，实粒数 175.9 粒，结实率 80.8%，千粒重 25.4 克。经省农科院植微所 2015 年抗性鉴定，平均叶瘟 4.2 级，穗瘟 9 级，穗瘟损失率 6 级，综合指数为 6.8；白叶枯病 5.7 级；褐稻虱 7 级。经农业部稻米及制品质量监督检测中心 2015 年检测，平均整精米率 57.9%，长宽比 2.6，垩白粒率 45%，垩白度 10.7%，透明度 1 级，胶稠度 77 毫米，直链淀粉含量 16.2%，米质各项指标综合评价为食用稻品种品质部颁普通。

该品种产量高，生育期适中，感稻瘟病，感白叶枯病，中感褐稻虱，米质相似于对照岳优 9113（部颁普通）。建议下年度终止试验。

9. 五优 68：系中国水稻研究所选育而成的杂交晚籼稻新品种，该品种第一年参试。本试验平均亩产 551.9 千克，比对照岳优 9113 增产 6.1%，未达显著水平。全生育期 131.1 天，比对照岳优 9113 短 1.4 天。该品种亩有效穗 14.4 万，株高 104.2 厘米，每穗总粒数 216.6 粒，实粒数 191.0 粒，结实率 88.0%，千粒重 22.7 克。经省农科院植微所 2015 年抗性鉴定，平均叶瘟 1.7 级，穗瘟 8.3 级，穗瘟损失率 4.3 级，综合指数为 5.3；白叶枯病 6.6 级；褐稻虱 7 级。经农业部稻米及制品质量监督检测中心 2015 年检测，平均整精米率 68.4%，长宽比 2.9，垩白粒率 26%，垩白度 4.2%，透明度 1 级，胶稠度 68 毫米，直链淀粉含量 15.1%，米质各项指标综合评价为食用稻品种品质部颁三等。

该品种产量高，生育期适中，中感稻瘟病，感白叶枯病，中感褐稻虱，米质优于对照岳优 9113（部颁普通）。建议下年度继续试验。

10. 钱 6 优 930：系浙江省农科院选育而成的杂交晚籼稻新品种，该品种第一年参试。本试验平均亩产 547.8 千克，比对照岳优 9113 增产 5.3%，未达显著水平。全生育期 132.6 天，比对照岳优 9113 长 0.1 天。该品种亩有效穗 14.5 万，株高 113.2 厘米，每穗总粒数 171.3 粒，实粒数 151.5 粒，结实率 88.9%，千粒重 27.2 克。经省农科院植微所 2015 年抗性鉴定，平均叶瘟 3.3 级，穗瘟 8.3 级，穗瘟损失率 3.7 级，综合指数为 5.2；白叶枯病 8.1 级；褐稻虱 7 级。经农业部稻米及制品质量监督检测中心 2015 年检测，平均整精米率 61.9%，长宽比 2.6，垩白粒率 45%，垩白度 7.1%，透明度 1 级，胶稠度 56 毫米，直链淀粉含量 17.3%，米质各项指标综合评价为食用稻品种品质部颁普通。

该品种产量高，生育期适中，中感稻瘟病，高感白叶枯病，中感褐稻虱，米质相似于对照岳优 9113（部颁普通）。建议下年度终止试验。

11. 五优1271：系中国水稻研究所选育而成的杂交晚籼稻新品种，该品种第一年参试。本试验平均亩产531.0千克，比对照岳优9113增产2.1%，未达显著水平。全生育期129.5天，比对照岳优9113短3.0天。该品种亩有效穗14.4万，株高105.1厘米，每穗总粒数196.2粒，实粒数170.6粒，结实率86.9%，千粒重24.6克。经省农科院植微所2015年抗性鉴定，平均叶瘟3.3级，穗瘟9级，穗瘟损失率5级，综合指数为5.8；白叶枯病6.5级；褐稻虱5级。经农业部稻米及制品质量监督检测中心2015年检测，平均整精米率68.4%，长宽比2.6，垩白粒率39%，垩白度5.0%，透明度2级，胶稠度76毫米，直链淀粉含量15.9%，米质各项指标综合评价为食用稻品种品质部颁三等。

该品种产量一般，生育期偏早，中感稻瘟病，感白叶枯病，中抗褐稻虱，米质优于对照岳优9113(部颁普通)。建议下年度终止试验。

12. 两优1362：系浙江农科种业公司选育而成的杂交晚籼稻新品种，该品种第一年参试。本试验平均亩产530.4千克，比对照岳优9113增产2.0%，未达显著水平。全生育期135.1天，比对照岳优9113长2.6天。该品种亩有效穗18.0万，株高96.5厘米，每穗总粒数156.2粒，实粒数132.5粒，结实率85.1%，千粒重22.5克。经省农科院植微所2015年抗性鉴定，平均叶瘟2.2级，穗瘟8级，穗瘟损失率3级，综合指数为4.3；白叶枯病5级；褐稻虱9级。经农业部稻米及制品质量监督检测中心2015年检测，平均整精米率70.1%，长宽比3.1，垩白粒率22%，垩白度3.8%，透明度1级，胶稠度66毫米，直链淀粉含量15.6%，米质各项指标综合评价为食用稻品种品质部颁三等。

该品种产量一般，生育期适中，中感稻瘟病，中感白叶枯病，感褐稻虱，米质优于对照岳优9113(部颁普通)。建议下年度终止试验。

（二）B组区域试验品种评价

1. 钱6优9199：系浙江省农科院选育而成的杂交晚籼稻新品种，该品种第一年参试。本试验平均亩产561.1千克，比对照岳优9113增产9.6%，达显著水平。全生育期135.4天，比对照岳优9113长6.6天。该品种亩有效穗15.6万，株高103.8厘米，每穗总粒数170.9粒，实粒数141.0粒，结实率82.3%，千粒重29.3克。经省农科院植微所2015年抗性鉴定，平均叶瘟1.8级，穗瘟7级，穗瘟损失率2.3级，综合指数为3.4；白叶枯病8.6级；褐稻虱9级。经农业部稻米及制品质量监督检测中心2015年检测，平均整精米率62.1%，长宽比3.0，垩白粒率41%，垩白度7.1%，透明度2级，胶稠度72毫米，直链淀粉含量18.0%，米质各项指标综合评价为食用稻品种品质部颁普通。

该品种产量高，生育期偏长，中抗稻瘟病，高感白叶枯病，感褐稻虱，米质相似于对照岳优9113(部颁普通)。建议下年度继续试验。

2. 嘉浙优1502：系浙江之江种业公司选育而成的杂交晚籼稻新品种，该品种第一年参试。本试验平均亩产543.3千克，比对照岳优9113增产6.2%，未达显著水平。全生育期132.9天，比对照岳优9113长4.1天。该品种亩有效穗13.6万，株高108.2厘米，每穗总粒数209.3粒，实粒数166.6粒，结实率80.0%，千粒重25.3克。经省农科院植微所2015年抗性鉴定，平均叶瘟2.3级，穗瘟8级，穗瘟损失率4级，综合指数为5.3；白叶枯病6级；褐稻虱9级。经农业部稻米及制品质量监督检测中心2015年检测，平均整精米率67.7%，长宽比2.9，垩白粒率26%，垩白度4.4%，透明度1级，胶稠度68毫米，直链淀粉含量14.7%，米质各项指标综合评价为食用稻品种品质部颁三等。

该品种产量高，生育期偏长，中感稻瘟病，感白叶枯病，感褐稻虱，米质优于对照岳优9113(部颁普通)。建议下年度继续试验。

3. 钱优930：系浙江省农科院选育而成的杂交晚籼稻新品种，该品种第一年参试。本试验平均亩产536.9千克，比对照岳优9113增产4.9%，未达显著水平。全生育期137.7天，比对照岳优9113长8.9天。该品种亩有效穗14.7万，株高106.0厘米，每穗总粒数196.1粒，实粒数162.6粒，结实率82.3%，千粒重 25.3 克。经省农科院植微所 2015 年抗性鉴定，平均叶瘟 4.8 级，穗瘟 7 级，穗瘟损失率 4 级，综合指数为 5.5；白叶枯病 8.3 级；褐稻虱 7 级。经农业部稻米及制品质量监督检测中心 2015 年检测，平均整精米率 64.8%，长宽比 2.4，垩白粒率 51%，垩白度 10.4%，透明度 2 级，胶稠度 50 毫米，直链淀粉含量 20.1%，米质各项指标综合评价为食用稻品种品质部颁普通。

该品种产量较高，生育期较长，中感稻瘟病，高感白叶枯病，中感褐稻虱，米质相似于对照岳优 9113（部颁普通）。建议下年度终止试验。

4. 泰两优华占：系浙江国稻高科种业公司选育而成的杂交晚籼稻新品种，该品种第一年参试。本试验平均亩产 532.1 千克，比对照岳优 9113 增产 4.0%，未达显著水平。全生育期 133.8 天，比对照岳优 9113 长 5.0 天。该品种亩有效穗 18.3 万，株高 95.5 厘米，每穗总粒数 163.6 粒，实粒数 137.0 粒，结实率 83.3%，千粒重 23.6 克。经省农科院植微所 2015 年抗性鉴定，平均叶瘟 1.5 级，穗瘟 5.7 级，穗瘟损失率 1.7 级，综合指数为 2.8；白叶枯病 5.6 级；褐稻虱 9 级。经农业部稻米及制品质量监督检测中心 2015 年检测，平均整精米率 70.3%，长宽比 3.1，垩白粒率 21%，垩白度 5.2%，透明度 2 级，胶稠度 77 毫米，直链淀粉含量 14.9%，米质各项指标综合评价为食用稻品种品质部颁普通。

该品种产量较高，生育期偏长，中抗稻瘟病，感白叶枯病，感褐稻虱，米质相似于对照岳优 9113（部颁普通）。建议下年度继续试验。

5. 两优 H52：系中国水稻研究所选育而成的杂交晚籼稻新品种，该品种第一年参试。本试验平均亩产 523.3 千克，比对照岳优 9113 增产 2.2%，未达显著水平。全生育期 133.2 天，比对照岳优 9113 长 4.4 天。该品种亩有效穗 13.1 万，株高 102.5 厘米，每穗总粒数 170.4 粒，实粒数 141.8 粒，结实率 83.2%，千粒重 30.4 克。经省农科院植微所 2015 年抗性鉴定，平均叶瘟 2.7 级，穗瘟 7 级，穗瘟损失率 2.3 级，综合指数为 3.7；白叶枯病 1.4 级；褐稻虱 9 级。经农业部稻米及制品质量监督检测中心 2015 年检测，平均整精米率 50.2%，长宽比 2.9，垩白粒率 78%，垩白度 16.3%，透明度 1 级，胶稠度 64 毫米，直链淀粉含量 20.7%，米质各项指标综合评价为食用稻品种品质部颁普通。

该品种产量一般，生育期偏长，中抗稻瘟病，中抗白叶枯病，感褐稻虱，米质相似于对照岳优 9113（部颁普通）。建议下年度继续试验。

6. 嘉优中科 5 号：系嘉兴市农科院、中科院遗传与生物所和德清清溪种业公司选育而成的杂交晚籼稻新品种，该品种第一年参试。本试验平均亩产 518.4 千克，比对照岳优 9113 增产 1.3%，未达显著水平。全生育期 132.3 天，比对照岳优 9113 长 3.5 天。该品种亩有效穗 12.1 万，株高 103.9 厘米，每穗总粒数 243.5 粒，实粒数 195.5 粒，结实率 80.1%，千粒重 27.0 克。经省农科院植微所 2015 年抗性鉴定，平均叶瘟 1.5 级，穗瘟 8 级，穗瘟损失率 5 级，综合指数为 5.0；白叶枯病 6.8 级；褐稻虱 9 级。经农业部稻米及制品质量监督检测中心 2015 年检测，平均整精米率 69.9%，长宽比 2.3，垩白粒率 41%，垩白度 7.3%，透明度 2 级，胶稠度 68 毫米，直链淀粉含量 14.7%，米质各项指标综合评价为食用稻品种品质部颁普通。

该品种产量一般，生育期适中，中感稻瘟病，感白叶枯病，感褐稻虱，米质相似于对照岳优 9113（部颁普通）。建议下年度终止试验。

7. 雨两优 408：系中国水稻研究所选育而成的杂交晚籼稻新品种，该品种第一年参试。本试验平均亩产 512.7 千克，比对照岳优 9113 增产 0.2%，未达显著水平。全生育期 128.7 天，比对照岳优 9113 短 0.1 天。该品种亩有效穗 13.6 万，株高 109.2 厘米，每穗总粒数 178.6 粒，实粒数 153.7 粒，结实率 86.2%，千粒重 28.8 克。经省农科院植微所 2015 年抗性鉴定，平均叶瘟 2.2 级，穗瘟 9 级，穗瘟损失率 6 级，综合指数为 6.0；白叶枯病 6.5 级；褐稻虱 9 级。经农业部稻米及制品质量监督检测中心 2015 年检测，平均整精米率 63.0%，长宽比 2.9，垩白粒率 23%，垩白度 4.7%，透明度 2 级，胶稠度 45 毫米，直链淀粉含量 20.9%，米质各项指标综合评价为食用稻品种品质部颁普通。

该品种产量一般，生育期适中，中感稻瘟病，感白叶枯病，感褐稻虱，米质相似于对照岳优 9113（部颁普通）。建议下年度终止试验。

8. 浙两优364：系浙江农科种业公司选育而成的杂交晚籼稻新品种，该品种第一年参试。本试验平均亩产512.6千克，比对照岳优9113增产0.2%，未达显著水平。全生育期136.4天，比对照岳优9113长7.6天。该品种亩有效穗16.0万，株高105.2厘米，每穗总粒数189.7粒，实粒数145.6粒，结实率76.4%，千粒重24.5克。经省农科院植微所2015年抗性鉴定，平均叶瘟2.3级，穗瘟8级，穗瘟损失率4级，综合指数为5.0；白叶枯病7级；褐稻虱9级。经农业部稻米及制品质量监督检测中心2015年检测，平均整精米率60.4%，长宽比2.9，垩白粒率49%，垩白度11.9%，透明度2级，胶稠度88毫米，直链淀粉含量21.7%，米质各项指标综合评价为食用稻品种品质部颁普通。

该品种产量一般，生育期偏长，中感稻瘟病，感白叶枯病，感褐稻虱，米质相似于对照岳优9113（部颁普通）。建议下年度终止试验。

9. 泰两优201：系温州市农科院选育而成的杂交晚籼稻新品种，该品种第一年参试。本试验平均亩产496.3千克，比对照岳优9113减产3.0%，未达显著水平。全生育期138.1天，比对照岳优9113长9.3天。该品种亩有效穗15.0万，株高98.9厘米，每穗总粒数187.2粒，实粒数153.3粒，结实率81.6%，千粒重24.5克。经省农科院植微所2015年抗性鉴定，平均叶瘟4级，穗瘟7级，穗瘟损失率2.3级，综合指数为4.4；白叶枯病5.7级；褐稻虱9级。经农业部稻米及制品质量监督检测中心2015年检测，平均整精米率61.5%，长宽比3.0，垩白粒率26%，垩白度6.3%，透明度2级，胶稠度62毫米，直链淀粉含量15.4%，米质各项指标综合评价为食用稻品种品质部颁普通。

该品种产量偏低，生育期偏长，中感稻瘟病，感白叶枯病，感褐稻虱，米质相似于对照岳优9113（部颁普通）。建议下年度终止试验。

10. 甬优9号：系宁波市种子公司选育而成的杂交晚籼稻新品种，该品种第一年参试。本试验平均亩产492.3千克，比对照岳优9113减产3.8%，未达显著水平。全生育期138.4天，比对照岳优9113长9.6天。该品种亩有效穗15.4万，株高105.5厘米，每穗总粒数169.8粒，实粒数128.3粒，结实率74.7%，千粒重27.7克。经省农科院植微所2015年抗性鉴定，平均叶瘟3.7级，穗瘟2.3级，穗瘟损失率1.7级，综合指数为2.9；白叶枯病4.5级；褐稻虱7级。经农业部稻米及制品质量监督检测中心2015年检测，平均整精米率64.6%，长宽比2.5，垩白粒率39%，垩白度8.7%，透明度2级，胶稠度72毫米，直链淀粉含量16.4%，米质各项指标综合评价为食用稻品种品质部颁普通。

该品种产量偏低，生育期偏长，中抗稻瘟病，中感白叶枯病，中感褐稻虱，米质相似于对照岳优9113（部颁普通）。建议下年度终止试验。

11. 华浙优240：系浙江勿忘农种业公司选育而成的杂交晚籼稻新品种，该品种第一年参试。本试验平均亩产487.5千克，比对照岳优9113减产4.8%，未达显著水平。全生育期132.2天，比对照岳优9113长3.4天。该品种亩有效穗15.2万，株高111.0厘米，每穗总粒数166.8粒，实粒数138.7粒，结实率82.9%，千粒重25.6克。经省农科院植微所2015年抗性鉴定，平均叶瘟2级，穗瘟8级，穗瘟损失率4级，综合指数为4.5；白叶枯病4.4级；褐稻虱9级。经农业部稻米及制品质量监督检测中心2015年检测，平均整精米率66.7%，长宽比3.2，垩白粒率18%，垩白度3.6%，透明度1级，胶稠度76毫米，直链淀粉含量15.4%，米质各项指标综合评价为食用稻品种品质部颁三等。

该品种产量偏低，生育期适中，中感稻瘟病，中感白叶枯病，感褐稻虱，米质优于对照岳优9113（部颁普通）。建议下年度终止试验。

12. 荣优D22：系中国水稻研究所选育而成的杂交晚籼稻新品种，该品种第一年参试。本试验平均亩产485.2千克，比对照岳优9113减产5.2%，未达显著水平。全生育期130.3天，比对照岳优9113长1.5天。该品种亩有效穗16.6万，株高97.7厘米，每穗总粒数148.3粒，实粒数124.1粒，结实率83.1%，千粒重27.5克。经省农科院植微所2015年抗性鉴定，平均叶瘟1.8级，穗瘟8.3级，穗瘟损失率5级，综合指数为 5.3；白叶枯病 5.9 级；褐稻虱 9 级。经农业部稻米及制品质量监督检测中心 2015 年检测，平均整精米率 65.2%，长宽比 2.8，垩白粒率 31%，垩白度 5.7%，透明度 1 级，胶稠度 72 毫米，直链淀粉含量 21.8%，米质各项指标综合评价为食用稻品种品质部颁普通。

该品种产量低，生育期适中，中感稻瘟病，感白叶枯病，感褐稻虱，米质相似于对照岳优 9113（部颁普通）。建议下年度终止试验。

13. 嘉晚优 1813：系嘉兴市农科院选育而成的杂交晚籼稻新品种，该品种第一年参试。本试验平均亩产 484.4 千克，比对照岳优 9113 减产 5.4%，未达显著水平。全生育期 124.9 天，比对照岳优 9113 短 3.9 天。该品种亩有效穗 12.1 万，株高 99.4 厘米，每穗总粒数 207.8 粒，实粒数 176.3 粒，结实率 84.7%，千粒重 26.2 克。经省农科院植微所 2015 年抗性鉴定，平均叶瘟 2.5 级，穗瘟 9 级，穗瘟损失率 6 级，综合指数为 6.0；白叶枯病 5.5 级；褐稻虱 9 级。经农业部稻米及制品质量监督检测中心 2015 年检测，平均整精米率 63.5%，长宽比 2.5，垩白粒率 28%，垩白度 4.2%，透明度 2 级，胶稠度 70 毫米，直链淀粉含量 13.7%，米质各项指标综合评价为食用稻品种品质部颁三等。

该品种产量低，生育期偏早，中感稻瘟病，感白叶枯病，感褐稻虱，米质优于对照岳优 9113（部颁普通）。建议下年度终止试验。

（三）生产试验品种评价

1. 两优 1033：系中国水稻研究所选育而成的杂交晚籼稻新品种。本年度生产试验平均亩产 511.8 千克，比对照岳优 9113 增产 7.2%。该品种已于 2015 年通过省品审会水稻专业组的考察审查，并推荐省品审会审定。

2. C 两优 817：系金华市农科院、杭州市良种引进公司选育而成的杂交晚籼稻新品种。本年度生产试验平均亩产 495.9 千克，比对照岳优 9113 增产 3.9%。该品种已于 2015 年通过省品审会水稻专业组的考察审查，并推荐省品审会审定。

3. 德两优 3421：系北京德农种业有限公司选育而成的杂交晚籼稻新品种。本年度生产试验平均亩产 493.3 千克，比对照岳优 9113 增产 3.4%。该品种已于 2015 年通过省品审会水稻专业组的考察审查，并推荐省品审会审定。

4. 天优 6217（引种）：系浙江勿忘农种业股份有限公司选育而成的杂交晚籼稻新品种。本年度生产试验平均亩产 447.6 千克，比对照岳优 9113 减产 6.2%。

相关表格见表 1 至表 7。

表1　2015年浙江省杂交晚籼稻区域试验和生产试验参试品种及育供种单位情况

<table>
<tr><th>组别</th><th>品种名称</th><th>亲本</th><th>申请(供种)单位</th><th>备注</th></tr>
<tr><td rowspan="14">A组</td><td>Y两优28</td><td>Y58S×中恢28</td><td>中国水稻研究所</td><td rowspan="7">续试</td></tr>
<tr><td>五优136</td><td>五丰A×R136</td><td>中国水稻研究所</td></tr>
<tr><td>两优274</td><td>泰1S×R274</td><td>浙江农科种业公司</td></tr>
<tr><td>嘉优中科2号</td><td>嘉81A×中科嘉恢1293</td><td>嘉兴市农科院、中科院遗传所、福建金山都发展有限公司</td></tr>
<tr><td>钱优1312</td><td>钱江1号A×(R527×明恢63)</td><td>金华市农科院</td></tr>
<tr><td>泰两优丝苗</td><td>泰1S×丝苗</td><td>温州市农科院</td></tr>
<tr><td>甬优8050</td><td>A80×F8585</td><td>宁波市种子有限公司</td></tr>
<tr><td>五优2022</td><td>五丰A×温恢2022</td><td>温州市农科院</td><td rowspan="7">新参试</td></tr>
<tr><td>五优1271</td><td>五丰A×C1271</td><td>中国水稻研究所</td></tr>
<tr><td>五优68</td><td>五丰A×中恢68</td><td>中国水稻研究所</td></tr>
<tr><td>两优1362</td><td>泰1S×R1362</td><td>浙江农科种业公司</td></tr>
<tr><td>钱6优930</td><td>钱江6A×浙恢930</td><td>浙江省农科院</td></tr>
<tr><td>岳优9113(CK)</td><td>岳4A×岳恢9113</td><td>浙江省种子管理总站</td></tr>
<tr><td colspan="4"></td></tr>
<tr><td rowspan="19">B组</td><td>泰两优201</td><td>泰1S×R201</td><td>温州市农科院</td><td rowspan="14">新参试</td></tr>
<tr><td>钱6优9199</td><td>钱江6A×浙恢9199</td><td>浙江省农科院</td></tr>
<tr><td>泰两优华占</td><td>泰1S×华占</td><td>浙江国稻高科种业公司</td></tr>
<tr><td>嘉晚优1813</td><td>JW18A×JR13</td><td>嘉兴市农科院</td></tr>
<tr><td>华浙优240</td><td>华浙2A×C40</td><td>浙江勿忘农种业公司</td></tr>
<tr><td>嘉优中科5号</td><td>嘉66A×中科嘉恢135</td><td>嘉兴市农科院、中科院遗传与生物所、德清清溪种业公司</td></tr>
<tr><td>嘉浙优1502</td><td>JZY502A×JZY501</td><td>浙江之江种业公司</td></tr>
<tr><td>雨两优408</td><td>128S×R408</td><td>中国水稻研究所</td></tr>
<tr><td>浙两优364</td><td>浙科17S×R364</td><td>浙江农科种业公司</td></tr>
<tr><td>荣优D22</td><td>荣丰A×CD22</td><td>中国水稻研究所</td></tr>
<tr><td>两优H52</td><td>1892S×中恢H52</td><td>中国水稻研究所</td></tr>
<tr><td>甬优9号</td><td>甬粳2号A×K306093</td><td>宁波市种子公司</td></tr>
<tr><td>钱优930</td><td>钱江1号A×浙恢930</td><td>浙江省农科院</td></tr>
<tr><td>岳优9113(CK)</td><td>岳4A×岳恢9113</td><td>浙江省种子管理总站</td></tr>
<tr><td>德两优3421</td><td>德1S×德恢3421</td><td>北京德农种业有限公司</td><td rowspan="5">生产试验</td></tr>
<tr><td>C两优817</td><td>C815S×金恢817</td><td>金华市农科院、杭州市良种引进公司</td></tr>
<tr><td>两优1033</td><td>03S×R1033</td><td>中国水稻研究所</td></tr>
<tr><td>天优6217(引种)</td><td>天丰A×R6217</td><td>浙江勿忘农种业公司</td></tr>
<tr><td>岳优9113(CK)</td><td>岳4A×岳恢9113</td><td>浙江省种子管理总站</td></tr>
</table>

表 2　2014—2015 年浙江省杂交晚籼稻区域试验和生产试验产量结果汇总分析

试验类别	品种名称	小区产量（千克）	折亩产（千克）	比 CK（%）	比平均（%）	差异显著性检验		续试品种 2014 年产量			两年平均产量	
						0.05	0.01	折亩产（千克）	比 CK（%）	差异显著性	亩产（千克）	比 CK（%）
A 组区试	两优 274	11.922	596.1	14.6	8.7	a	A	619.5(A)	10.9	* *	607.8	12.7
	甬优 8050	11.475	573.7	10.3	4.6	ab	AB	586.2(B)	5.7		580.0	7.9
	五优 2022	11.374	568.7	9.3	3.7	ab	ABC					
	嘉优中科 2 号	11.164	558.2	7.3	1.8	bc	ABCD	632.9(B)	14.1	* *	595.6	10.8
	五优 68	11.038	551.9	6.1	0.6	bcd	ABCD					
	Y 两优 28	10.988	549.4	5.6	0.1	bcd	ABCD	584.5(A)	4.6		567.0	5.1
	钱 6 优 930	10.956	547.8	5.3	−0.1	bcd	BCD					
	泰两优丝苗	10.794	539.7	3.7	−1.6	bcd	BCD	596.5(A)	6.7		568.1	5.3
	五优 136	10.790	539.5	3.7	−1.7	bcd	BCD	595.2(A)	6.5		567.4	5.2
	五优 1271	10.620	531.0	2.1	−3.2	cd	BCD					
	两优 1362	10.609	530.4	2.0	−3.3	cd	BCD					
	钱优 1312	10.509	525.5	1.0	−4.2	cd	CD	577.7(B)	4.2		551.6	2.6
	岳优 9113(CK)	10.403	520.2	0.0	−5.2	d	D	558.8(A) 554.7(B)	0.0 0.0		539.5 537.5	0.0 0.0
	平均		548.6									
B 组区试	钱 6 优 9199	11.222	561.1	9.6		a	A					
	嘉浙优 1502	10.866	543.3	6.2		ab	AB					
	钱优 930	10.739	536.9	4.9		abc	ABC					
	泰两优华占	10.642	532.1	4.0		abcd	ABC					
	两优 H52	10.466	523.3	2.2		abcde	ABC					
	嘉优中科 5 号	10.369	518.4	1.3		abcde	ABC					
	雨两优 408	10.255	512.7	0.2		bcde	ABC					

续 表

试验类别	品种名称	小区产量（千克）	折亩产（千克）	比CK（%）	比平均（%）	差异显著性检验		续试品种2014年产量			两年平均产量	
						0.05	0.01	折亩产（千克）	比CK（%）	差异显著性	亩产（千克）	比CK（%）
B组区试	浙两优364	10.252	512.6	0.2		bcde	ABC					
	岳优9113(CK)	10.237	511.8	0.0		bcde	ABC					
	泰两优201	9.925	496.3	−3.0		cde	BC					
	甬优9号	9.846	492.3	−3.8		de	BC					
	华浙优240	9.750	487.5	−4.8		e	BC					
	荣优D22	9.704	485.2	−5.2		e	C					
	嘉晚优1813	9.688	484.4	−5.4		e	C					
B组生试	德两优3421		493.3	3.4								
	C两优817		495.9	3.9								
	两优1033		511.8	7.2								
	天优6217(引种)		447.6	−6.2								
	岳优9113(CK)		477.2	0.0								

注:“＊＊”为差异达极显著,“＊”为差异达显著。

表 3 2014—2015 年浙江省杂交晚籼稻区域试验经济性状汇总

组别	品种名称	年份	全生育期（天）	比 CK（天）	落田苗（万/亩）	有效穗（万/亩）	株高（厘米）	总粒数（粒/穗）	实粒数（粒/穗）	结实率（%）	千粒重（克）
A 组	Y 两优 28	2014(A)	124.5	0.0	6.0	16.6	113.3	159.6	134.0	84.0	27.8
		2015	133.4	0.9	5.1	16.6	106.4	148.5	128.1	85.7	26.7
		平均	129.0	0.5	5.6	16.6	109.9	154.1	131.1	85.1	27.3
	五优 136	2014(A)	128.5	4.0	5.5	15.3	109.2	176.2	151.2	85.8	28.4
		2015	131.9	−0.6	5.0	15.9	102.6	167.2	136.9	81.8	27.9
		平均	130.2	1.7	5.3	15.6	105.9	171.7	144.1	83.9	28.2
	两优 274	2014(A)	128.2	3.7	5.3	15.8	110.7	188.8	156.7	83.0	26.7
		2015	134.6	2.1	5.1	16.0	108.0	187.2	157.7	84.1	27.2
		平均	131.4	2.9	5.2	15.9	109.4	188.0	157.2	83.6	27.0
	嘉优中科 2 号	2014(B)	125.6	1.8	5.0	12.4	112.4	244.3	207.1	84.8	28.2
		2015	131.1	−1.4	4.9	12.2	113.2	226.2	185.9	81.8	27.7
		平均	128.4	0.2	5.0	12.3	112.8	235.3	196.5	83.5	28.0
	钱优 1312	2014(B)	126.6	2.8	5.2	14.7	112.8	215.1	181.0	84.1	23.2
		2015	131.3	−1.2	5.2	13.5	108.6	215.4	182.1	84.5	23.0
		平均	129.0	0.8	5.2	14.1	110.7	215.3	181.6	84.3	23.1
	甬优 8050	2014(B)	126.0	2.2	4.8	12.9	114.6	221.7	200.7	90.5	25.9
		2015	132.1	−0.4	5.0	12.3	105.2	213.6	191.1	89.5	25.7
		平均	129.1	0.9	4.9	12.6	109.9	217.7	195.9	90.0	25.8
	泰两优丝苗	2014(A)	126.0	1.5	6.0	18.7	100.4	162.0	143.9	88.8	23.4
		2015	134.3	1.8	5.3	18.3	96.4	160.2	141.5	88.1	22.6
		平均	130.2	1.7	5.7	18.5	98.4	161.1	142.7	88.6	23.0
	五优 2022	2015	135.9	3.4	4.9	13.9	111.7	217.7	175.9	80.8	25.4
	五优 1271	2015	129.5	−3.0	5.0	14.4	105.1	196.2	170.6	86.9	24.6

续 表

组别	品种名称	年份	全生育期（天）	比 CK（天）	落田苗（万/亩）	有效穗（万/亩）	株高（厘米）	总粒数（粒/穗）	实粒数（粒/穗）	结实率（%）	千粒重（克）
A组	五优 68	2015	131.1	−1.4	4.4	14.4	104.2	216.6	191.0	88.0	22.7
	两优 1362	2015	135.1	2.6	5.4	18.0	96.5	156.2	132.5	85.1	22.5
	钱 6 优 930	2015	132.6	0.1	4.9	14.5	113.2	171.3	151.5	88.9	27.2
	岳优 9113(CK)	2014(A)	124.5	0.0	6.0	19.1	101.4	138.6	121.7	87.8	25.8
		2014(B)	123.8	0.0	6.3	20.4	98.3	134.7	110.3	81.9	26.2
		2015	132.5	0.0	6.1	20.4	98.0	134.7	113.1	84.2	26.0
		平均(A)	128.5	0.0	6.0	19.8	99.7	136.6	117.4	85.9	25.9
		平均(B)	128.2	0.0	6.2	20.4	98.2	134.7	111.7	82.9	26.1
B组	泰两优 201	2015	138.1	9.3	5.2	15.0	98.9	187.2	153.3	81.6	24.5
	钱 6 优 9199	2015	135.4	6.6	5.7	15.6	103.8	170.9	141.0	82.3	29.3
	泰两优华占	2015	133.8	5.0	5.6	18.3	95.5	163.6	137.0	83.3	23.6
	嘉晚优 1813	2015	124.9	−3.9	4.9	12.1	99.4	207.8	176.3	84.7	26.2
	华浙优 240	2015	132.2	3.4	5.2	15.2	111.0	166.8	138.7	82.9	25.6
	嘉优中科 5 号	2015	132.3	3.5	4.9	12.1	103.9	243.5	195.5	80.1	27.0
	嘉浙优 1502	2015	132.9	4.1	5.0	13.6	108.2	209.3	166.6	80.0	25.3
	雨两优 408	2015	128.7	−0.1	4.9	13.6	109.2	178.6	153.7	86.2	28.8
	浙两优 364	2015	136.4	7.6	5.3	16.0	105.2	189.7	145.6	76.4	24.5
	荣优 D22	2015	130.3	1.5	5.7	16.6	97.7	148.3	124.1	83.1	27.5
	两优 H52	2015	133.2	4.4	5.3	13.1	102.5	170.4	141.8	83.2	30.4
	甬优 9 号	2015	138.4	9.6	5.6	15.4	105.5	169.8	128.3	74.7	27.7
	钱优 930	2015	137.7	8.9	5.0	14.7	106.0	196.1	162.6	82.3	25.3
	岳优 9113(CK)	2015	128.8	0.0	6.2	20.0	97.7	131.4	111.0	84.1	25.9
	天优 6217(引种)	2015	135.0	6.2	5.8	14.8	103.4	152.3	133.2	87.7	28.9

表 4　2014—2015 年浙江省杂交晚籼稻区域试验主要病虫害抗性鉴定结果汇总

组别	品种名称	年份	稻瘟病								白叶枯病			褐稻虱	
			苗叶瘟		穗瘟发病率		穗瘟损失率		综合指数	抗性评价	平均级	最高级	抗性评价	分级	抗性评价
			平均级	最高级	平均级	最高级	平均级	最高级							
A组	Y 两优 28	2014(A)	1.6	5.0	7.0	9.0	4.0	5.0	5.0	中感	2.4	3.0	中抗	9.0	感
		2015	1.8	2.0	7.0	9.0	4.0	5.0	4.3	中感	1.5	3.0	中抗	7.0	中感
		平均	1.7	3.5	7.0	9.0	4.0	5.0	4.7	中感	2.0	3.0	中抗	8.0	感
	五优 136	2014(A)	0.8	2.0	3.0	3.0	1.0	1.0	1.8	抗	7.8	9.0	高感	7.0	中感
		2015	1.2	2.0	5.7	9.0	2.3	3.0	3.1	中抗	5.9	7.0	感	3.0	抗
		平均	1.0	2.0	4.4	6.0	1.7	2.0	2.5	中抗	6.9	8.0	高感	5.0	中感
	两优 274	2014(A)	1.1	3.0	7.0	7.0	4.0	5.0	4.5	中感	6.4	7.0	感	9.0	感
		2015	0.3	1.0	8.0	9.0	4.0	5.0	4.3	中感	6.6	7.0	感	7.0	中感
		平均	0.7	2.0	7.5	8.0	4.0	5.0	4.4	中感	6.5	7.0	感	8.0	感
	嘉优中科 2 号	2014(B)	1.1	2.0	4.0	5.0	2.0	3.0	2.5	中抗	5.8	7.0	感	7.0	中感
		2015	1.0	2.0	6.3	7.0	3.0	3.0	3.6	中抗	6.1	7.0	感	3.0	抗
		平均	1.1	2.0	5.2	6.0	2.5	3.0	3.1	中抗	6.0	7.0	感	5.0	中感
	钱优 1312	2014(B)	2.1	3.0	7.0	9.0	4.0	5.0	4.5	中感	7.0	7.0	感	7.0	中感
		2015	2.3	4.0	9.0	9.0	6.0	7.0	6.3	感	6.4	7.0	感	3.0	抗
		平均	2.2	3.5	8.0	9.0	5.0	6.0	5.4	感	6.7	7.0	感	5.0	中感
	甬优 8050	2014(B)	4.0	8.0	6.0	7.0	3.0	3.0	5.0	中感	7.2	9.0	高感	7.0	中感
		2015	2.2	5.0	3.7	5.0	1.0	1.0	2.7	中抗	5.8	7.0	感	7.0	中感
		平均	3.1	6.5	4.9	6.0	2.0	2.0	3.9	中感	6.5	8.0	高感	7.0	中感
	泰两优丝苗	2014(A)	1.0	2.0	4.0	5.0	2.0	3.0	2.5	中抗	5.6	7.0	感	9.0	感
		2015	1.2	2.0	5.0	7.0	2.3	3.0	2.9	中抗	5.0	5.0	中感	7.0	中感
		平均	1.1	2.0	4.5	6.0	2.2	3.0	2.7	中抗	5.3	6.0	感	8.0	感
	五优 2022	2015	4.2	6.0	9.0	9.0	6.0	7.0	6.8	感	5.7	7.0	感	7.0	中感
	五优 1271	2015	3.3	4.0	9.0	9.0	5.0	5.0	5.8	中感	6.5	7.0	感	5.0	中抗
	五优 68	2015	1.7	4.0	8.3	9.0	4.3	5.0	5.3	中感	6.6	7.0	感	7.0	中感

续 表

组别	品种名称	年份	稻瘟病								白叶枯病			褐稻虱	
			苗叶瘟		穗瘟发病率		穗瘟损失率		综合指数	抗性评价	平均级	最高级	抗性评价	分级	抗性评价
			平均级	最高级	平均级	最高级	平均级	最高级							
A组	两优 1362	2015	2.2	3.0	8.0	9.0	3.0	5.0	4.3	中感	5.0	5.0	中感	9.0	感
	钱 6 优 930	2015	3.3	5.0	8.3	9.0	3.7	5.0	5.2	中感	8.1	9.0	高感	7.0	中感
	岳优 9113(CK)	2014(A)	1.6	4.0	9.0	9.0	6.0	7.0	6.3	感	4.2	5.0	中感	7.0	中感
		2014(B)	1.6	4.0	8.0	9.0	6.0	7.0	6.0	中感	4.4	5.0	中感	7.0	中感
		2015	2.0	3.0	8.3	9.0	5.0	5.0	5.3	中感	5.7	7.0	感	9.0	感
		平均(A)	1.8	3.5	8.7	9.0	5.5	6.0	5.8	感	5.0	6.0	感	8.0	感
		平均(B)	1.8	3.5	8.2	9.0	5.5	6.0	5.7	中感	5.1	6.0	感	8.0	感
B组	泰两优 201	2015	4.0	6.0	7.0	7.0	2.3	3.0	4.4	中感	5.7	7.0	感	9.0	感
	钱 6 优 9199	2015	1.8	2.0	7.0	9.0	2.3	5.0	3.4	中抗	8.6	9.0	高感	9.0	感
	泰两优华占	2015	1.5	2.0	5.7	7.0	1.7	3.0	2.8	中抗	5.6	7.0	感	9.0	感
	嘉晚优 1813	2015	2.5	3.0	9.0	9.0	6.0	7.0	6.0	中感	5.5	7.0	感	9.0	感
	华浙优 240	2015	2.0	2.0	8.0	9.0	4.0	5.0	4.5	中感	4.4	5.0	中感	9.0	感
	嘉优中科 5 号	2015	1.5	2.0	8.0	9.0	5.0	7.0	5.0	中感	6.8	7.0	感	9.0	感
	嘉浙优 1502	2015	2.3	5.0	8.0	9.0	4.0	5.0	5.3	中感	6.0	7.0	感	9.0	感
	雨两优 408	2015	2.2	3.0	9.0	9.0	6.0	7.0	6.0	中感	6.5	7.0	感	9.0	感
	浙两优 364	2015	2.3	4.0	8.0	9.0	4.0	5.0	5.0	中感	7.0	7.0	感	9.0	感
	荣优 D22	2015	1.8	3.0	8.3	9.0	5.0	5.0	5.3	中感	5.9	7.0	感	9.0	感
	两优 H52	2015	2.7	3.0	7.0	9.0	2.3	3.0	3.7	中抗	1.4	3.0	中抗	9.0	感
	甬优 9 号	2015	3.7	6.0	2.3	5.0	1.7	3.0	2.9	中抗	4.5	5.0	中感	7.0	中感
	钱优 930	2015	4.8	7.0	7.0	9.0	4.0	5.0	5.5	中感	8.3	9.0	高感	7.0	中感
	岳优 9113(CK)	2015	1.8	2.0	9.0	9.0	4.3	5.0	4.9	中感	6.1	7.0	感	9.0	感
	天优 6217(引种)	2015	1.8	2.0	8.3	9.0	6.3	7.0	5.8	中感	6.6	7.0	感	3.0	抗

注：1）稻瘟病综合指数(级)＝叶瘟(平均)×25%＋穗瘟发病率(平均)×25%＋穗瘟损失率(平均)×50%；2）Y 两优 28 在鉴定点抽穗明显偏迟，结果仅供参考；3）参试品种的两年抗性综合评价以发病较重的一年为准；4）褐稻虱综合评价以人工接种数据为依据。

表 5 2014—2015 年浙江省杂交晚籼稻区域试验稻米品质分析结果汇总

组别	品种名称	年份	糙米率（%）	精米率（%）	整精米率（%）	粒长（毫米）	长宽比	垩白粒率（%）	垩白度（%）	透明度（级）	碱消值（级）	胶稠度（毫米）	直链淀粉含量（%）	蛋白质含量（%）	质量指数	等级（部颁）
A组	Y两优 28	2014(A)	79.4	70.6	47.6	6.8	2.8	68.0	11.4	2.0	7.0	58.0	13.4	11.3	68.0	四等
		2015	82.8	74.8	68.2	6.6	2.8	62.0	14.2	2.0	6.9	64.0	15.3	9.2		普通
		平均	81.1	72.7	57.9	6.7	2.8	65.0	12.8	2.0	7.0	61.0	14.4	10.3		
	五优 136	2014(A)	80.5	71.4	49.8	7.0	3.0	13.0	1.6	1.0	7.0	76.0	15.8	10.7	90.0	三等
		2015	83.0	75.1	68.7	7.1	3.1	31.0	5.9	1.0	6.8	68.0	21.4	9.5		普通
		平均	81.8	73.3	59.3	7.1	3.1	22.0	3.8	1.0	6.9	72.0	18.6	10.1		
	两优 274	2014(A)	80.3	71.4	54.4	6.5	2.7	52.0	9.3	2.0	5.3	82.0	13.8	9.9	70.0	四等
		2015	83.1	75.5	69.2	6.6	2.8	42.0	6.6	2.0	6.0	66.0	14.7	8.0		普通
		平均	81.7	73.5	61.8	6.6	2.8	47.0	8.0	2.0	5.7	74.0	14.3	9.0		
	嘉优中科 2 号	2014(B)	82.2	72.8	54.2	6.2	2.4	45.0	5.2	2.0	6.0	78.0	14.0	9.9	77.0	四等
		2015	83.0	75.0	67.8	6.2	2.4	43.0	4.9	2.0	6.6	64.0	15.0	8.3		三等
		平均	82.6	73.9	61.0	6.2	2.4	44.0	5.1	2.0	6.3	71.0	14.5	9.1		
	钱优 1312	2014(B)	79.6	70.4	57.7	5.9	2.6	30.0	3.5	2.0	5.2	75.0	13.6	12.1	80.0	四等
		2015	82.1	74.3	70.3	5.8	2.4	21.0	2.3	2.0	6.6	64.0	15.5	10.1		二等
		平均	80.9	72.4	64.0	5.9	2.5	26.0	2.9	2.0	5.9	70.0	14.6	11.1		
	甬优 8050	2014(B)	82.5	73.8	65.5	5.8	2.3	34.0	5.5	2.0	7.0	77.0	14.7	10.4	82.0	四等
		2015	82.4	73.1	60.8	5.8	2.3	13.0	2.4	1.0	7.0	68.0	16.1	9.1		二等
		平均	82.5	73.5	63.2	5.8	2.3	24.0	4.0	1.0	7.0	73.0	15.4	9.8		
	泰两优丝苗	2014(A)	79.3	70.5	56.4	6.6	3.1	19.0	2.8	1.0	6.5	71.0	15.5	11.0	89.0	三等
		2015	81.6	74.1	70.1	6.6	3.1	23.0	5.3	1.0	6.9	67.0	16.4	9.3		普通
		平均	80.5	72.3	63.3	6.6	3.1	21.0	4.1	1.0	6.7	69.0	16.0	10.2		
	五优 2022	2015	82.4	74.8	57.9	6.2	2.6	45.0	10.7	1.0	5.3	77.0	16.2	7.9		普通
	五优 1271	2015	81.6	73.6	68.4	6.2	2.6	39.0	5.0	2.0	5.2	76.0	15.9	8.2		三等

续 表

组别	品种名称	年份	糙米率(%)	精米率(%)	整精米率(%)	粒长(毫米)	长宽比	垩白粒率(%)	垩白度(%)	透明度(级)	碱消值(级)	胶稠度(毫米)	直链淀粉含量(%)	蛋白质含量(%)	质量指数	等级(部颁)
A组	五优 68	2015	81.7	74.0	68.4	6.3	2.9	26.0	4.2	1.0	6.5	68.0	15.1	8.1		三等
	两优 1362	2015	81.6	74.2	70.1	6.5	3.1	22.0	3.8	1.0	7.0	66.0	15.6	8.9		三等
	钱 6 优 930	2015	81.8	73.8	61.9	6.3	2.6	45.0	7.1	1.0	6.2	56.0	17.3	8.8		普通
	岳优 9113(CK)	2014(A)	81.1	71.7	35.1	7.4	3.5	39.0	5.7	2.0	5.8	42.0	20.8	11.2	72.0	四等
		2014(B)	80.9	71.8	39.0	7.2	3.4	54.0	8.7	2.0	6.1	40.0	20.6	10.3	68.0	四等
		2015	83.1	73.8	51.2	7.1	3.4	22.0	3.5	1.0	6.8	64.0	21.8	8.6		普通
		平均(A)	82.1	72.8	43.2	7.3	3.5	31.0	4.6	1.0	6.3	53.0	21.3	9.9		
		平均(B)	82.0	72.8	45.1	7.2	3.4	38.0	6.1	1.0	6.5	52.0	21.2	9.5		
B组	泰两优 201	2015	81.2	72.7	61.5	6.6	3.0	26.0	6.3	2.0	6.5	62.0	15.4	8.8		普通
	钱 6 优 9199	2015	82.6	75.3	62.1	7.3	3.0	41.0	7.1	2.0	7.0	72.0	18.0	8.3		普通
	泰两优华占	2015	81.3	74.1	70.3	6.6	3.1	21.0	5.2	2.0	6.7	77.0	14.9	8.9		普通
	嘉晚优 1813	2015	81.2	73.1	63.5	6.0	2.5	28.0	4.2	2.0	5.5	70.0	13.7	9.1		三等
	华浙优 240	2015	82.3	75.0	66.7	7.0	3.2	18.0	3.6	1.0	6.0	76.0	15.4	9.0		三等
	嘉优中科 5 号	2015	83.1	75.6	69.9	5.9	2.3	41.0	7.3	2.0	5.7	68.0	14.7	8.9		普通
	嘉浙优 1502	2015	82.2	74.1	67.7	6.6	2.9	26.0	4.4	1.0	7.0	68.0	14.7	9.2		三等
	雨两优 408	2015	82.3	74.8	63.0	7.0	2.9	23.0	4.7	2.0	6.7	45.0	20.9	8.5		普通
	浙两优 364	2015	81.9	72.5	60.4	6.7	2.9	49.0	11.9	2.0	6.9	88.0	21.7	9.5		普通
	荣优 D22	2015	82.9	75.2	65.2	6.7	2.8	31.0	5.7	1.0	6.8	72.0	21.8	9.7		普通
	两优 H52	2015	83.1	75.0	50.2	7.2	2.9	78.0	16.3	1.0	6.7	64.0	20.7	9.6		普通
	甬优 9 号	2015	82.9	73.4	64.6	6.3	2.5	39.0	8.7	2.0	6.4	72.0	16.4	8.8		普通
	钱优 930	2015	81.7	74.4	64.8	5.9	2.4	51.0	10.4	2.0	6.1	50.0	20.1	9.0		普通
	岳优 9113(CK)	2015	83.0	73.3	51.5	7.1	3.4	24.0	4.3	2.0	6.6	60.0	22.0	8.5		普通

表 6　2015 年浙江省杂交晚籼稻区域试验品种杂株率记载汇总

组别	品种名称	平均(%)	各试点杂株率(%)									
			苍南	建德	江山	金华	衢州	嵊州所	台州	温原种	婺城	诸国家
A 组	Y 两优 28	0.1	0.0	0.0	0.4	0.0	0.0	0.0	0.0	0.0	0.4	0.0
	五优 136	0.3	0.0	1.0	0.0	1.2	0.0	0.5	0.0	0.0	0.4	0.0
	两优 274	0.2	0.0	0.0	1.3	0.0	0.0	0.0	0.0	0.0	0.7	0.0
	嘉优中科 2 号	0.0	0.0	0.3	0.0	0.0	0.0	0.0	0.0	0.0	0.0	0.0
	钱优 1312	0.1	0.0	0.7	0.0	0.0	0.0	0.0	0.0	0.0	0.7	0.0
	泰两优丝苗	0.7	0.0	2.4	1.8	1.9	0.0	0.0	0.0	0.0	1.2	0.0
	五优 2022	1.2	0.0	2.8	0.0	6.9	0.0	0.0	0.0	0.0	2.6	0.0
	五优 1271	0.5	0.0	0.7	0.3	1.5	0.4	0.0	0.0	0.0	1.8	0.0
	五优 68	0.2	0.0	0.7	0.0	0.0	1.2	0.5	0.0	0.0	0.0	0.0
	两优 1362	0.7	0.0	2.1	1.1	0.8	0.8	0.0	0.0	0.0	2.2	0.0
	钱 6 优 930	1.4	0.0	2.4	1.3	1.5	0.0	0.0	5.1	0.5	2.2	0.9
	岳优 9113(CK)	0.4	0.0	1.0	0.0	0.8	0.8	0.3	0.0	0.0	0.8	0.0
	甬优 8050	0.1	0.0	0.0	0.5	0.0	0.0	0.0	0.0	0.0	0.7	0.0
B 组	泰两优 201	2.9	0.0	1.0	1.9	5.8	3.0	0.5	7.7	0.0	1.2	8.0
	钱 6 优 9199	0.6	0.0	0.6	1.5	0.4	1.2	0.0	0.0	0.0	1.8	0.0
	泰两优华占	0.3	0.0	0.7	0.5	0.0	0.4	0.0	0.0	0.0	1.1	0.0
	嘉晚优 1813	0.7	0.0	1.4	0.0	3.1	0.0	0.0	0.0	0.0	2.0	0.0
	华浙优 240	0.1	0.0	0.0	0.5	0.0	0.0	0.3	0.0	0.0	0.0	0.0
	嘉优中科 5 号	0.1	0.0	0.0	0.0	0.0	1.2	0.0	0.0	0.0	0.0	0.0
	嘉浙优 1502	0.2	0.0	0.3	0.0	0.8	1.2	0.0	0.0	0.0	0.0	0.0
	甬两优 408	0.3	0.0	0.0	0.0	0.0	0.4	0.0	0.0	0.0	3.0	0.0
	浙两优 364	0.9	0.0	0.0	1.8	0.0	0.0	0.0	7.3	0.0	0.0	0.0
	荣优 D22	1.4	0.0	0.0	0.0	7.3	4.0	0.0	0.0	0.0	3.0	0.0
	两优 H52	0.5	0.0	0.0	0.0	0.8	2.4	0.0	0.0	0.0	0.4	1.5
	甬优 9 号	0.1	0.0	0.0	0.0	0.4	0.4	0.0	0.0	0.0	0.0	0.0
	钱优 930	0.1	0.0	0.0	0.0	0.0	0.0	0.0	0.0	0.0	0.7	0.0
	岳优 9113(CK)	0.1	0.0	1.0	0.0	0.0	0.0	0.3	0.0	0.0	0.1	0.0
	天优 6217(引种)	0.0	0.0	0.0	0.0	0.0	0.0	0.0	0.0	0.0	0.1	0.0

表7　2015年浙江省杂交晚籼稻区域试验和生产试验各试点产量结果对照

（单位：千克/亩）

组别	品种名称	平均产量	各试点产量										
			苍南	建德	江山	金华	衢州	嵊州所	台州	温原种	新昌	婺城	诸国家
A组区试	Y两优28	549.4	522.5	637.5	462.5	562.1	470.5	565.7	585.7	570.0	未承担	528.3	589.3
	五优136	539.5	472.5	584.2	486.0	565.4	381.7	678.5	634.3	553.3	未承担	531.7	507.5
	两优274	596.1	512.5	681.7	625.3	588.1	480.5	701.7	650.7	540.0	未承担	538.3	642.3
	嘉优中科2号	558.2	514.2	672.5	444.0	612.4	444.7	722.0	618.0	456.7	未承担	535.0	562.8
	钱优1312	525.5	445.0	580.0	330.5	590.5	464.7	611.8	596.3	556.7	未承担	518.3	561.0
	甬优8050	573.7	507.5	612.5	603.2	562.4	488.0	636.5	649.0	550.0	未承担	525.0	603.3
	泰两优丝苗	539.7	501.7	585.8	468.0	528.9	510.2	570.3	600.3	560.0	未承担	531.7	539.8
	五优2022	568.7	508.3	599.2	403.0	574.3	466.7	661.0	596.0	623.3	未承担	553.3	701.7
	五优1271	531.0	472.5	586.7	362.8	581.1	458.3	665.5	613.3	540.0	未承担	516.7	513.2
	五优68	551.9	510.8	583.3	476.0	551.0	448.7	645.3	587.3	583.3	未承担	515.0	618.2
	两优1362	530.4	492.5	619.2	509.8	515.9	357.2	580.7	599.7	533.3	未承担	495.0	601.2
	钱6优930	547.8	511.7	562.5	505.8	548.6	506.2	600.7	608.3	550.0	未承担	536.7	547.5
	岳优9113(CK)	520.2	474.2	597.5	451.2	567.6	406.0	615.0	606.7	443.3	未承担	493.3	547.0
B组区试	泰两优201	496.3	352.5	576.7	500.5	554.6	432.3	407.0	475.3	520.0	未承担	515.0	628.7
	钱6优9199	561.1	440.0	650.8	504.3	611.6	491.7	658.3	509.3	596.7	未承担	526.7	621.7
	泰两优华占	532.1	445.0	540.0	561.7	538.1	487.8	552.0	591.7	530.0	未承担	516.7	558.2
	嘉晚优1813	484.4	348.3	527.5	486.0	567.5	454.7	604.0	457.7	400.0	未承担	480.0	518.3
	华浙优240	487.5	396.7	462.5	441.0	536.0	517.0	546.0	459.0	460.0	未承担	466.7	590.0
	嘉优中科5号	518.4	444.2	591.7	370.5	591.4	494.3	695.3	598.7	370.0	未承担	508.3	520.0
	嘉浙优1502	543.3	401.7	621.7	491.8	613.5	498.8	674.8	543.0	496.7	未承担	531.7	559.3
	雨两优408	512.8	405.8	514.2	545.2	572.4	442.2	682.0	500.3	500.0	未承担	460.0	505.5

续　表

组别	品种名称	平均产量	各试点产量										
			苍南	建德	江山	金华	衢州	嵊州所	台州	温原种	新昌	婺城	诸国家
B组区试	浙两优 364	512.6	315.8	592.5	493.7	596.7	513.0	611.7	422.7	523.3	未承担	416.7	639.8
	荣优 D22	485.2	406.7	460.8	468.8	536.2	456.0	544.3	476.7	500.0	未承担	440.0	562.3
	两优 H52	523.3	355.0	554.2	489.5	563.0	539.7	628.8	478.0	556.7	未承担	491.7	576.3
	甬优 9 号	492.3	395.0	545.0	520.0	524.4	486.3	396.3	518.0	510.0	未承担	458.3	569.5
	钱优 930	537.0	399.2	626.7	554.5	596.8	460.7	596.0	498.3	566.7	未承担	501.7	569.0
	岳优 9113(CK)	511.8	406.7	598.3	479.2	573.8	399.0	611.2	585.7	460.0	未承担	458.3	546.2
B组生试	德两优 3421	493.3	476.1	480.8	418.1	540.3	424.1	668.0	未承担	490.0	522.8	465.9	446.9
	C 两优 817	495.9	405.2	537.5	241.4	569.0	512.5	675.6	未承担	508.0	498.6	511.4	500.0
	两优 1033	511.8	418.3	457.3	398.0	572.5	532.1	691.2	未承担	468.0	543.4	546.7	490.1
	天优 6217(引种)	447.6	338.1	470.3	263.5	510.9	397.6	668.8	未承担	506.0	415.8	472.7	432.1
	岳优 9113(CK)	477.2	430.7	414.3	432.3	528.9	490.0	679.8	未承担	440.0	486.7	462.1	407.4

备注：诸暨国家区试站‘甬优 8050’为缺区计算得出，计算方法为‘缺区品种除该试验点外其他试验点的平均产量 * 对照品种所有试验点的平均产量/对照品种除该试验点外其他试验点的平均产量’。

2015年浙江省连作杂交晚粳(籼粳)稻区域试验总结

浙江省种子管理总站

一、试验概况

2015年浙江省连作杂交晚粳(籼粳)稻区域试验参试品种共6个(不包括对照,下同),其中新参试品种5个,续试品种1个。区域试验采用随机区组排列,小区面积0.02亩,重复3次。试验四周设保护行,同组所有参试品种同期播种、移栽,其他田间管理与当地大田生产一致,试验田及时防治病虫害,试验观察记载按照《浙江省水稻区域试验和生产试验技术操作规程(试行)》执行。

本区域试验分别由湖州市农科院、嘉兴市农科院、浙江省农科院作核所、嘉善县种子管理站、宁波市农科院、嵊州市农科所、台州市农科院、金华市种子管理站和上虞舜达种子研究所9个单位承担,其中,上虞舜达种子研究所受连续阴雨影响试验,结果作报废处理。稻米品质分析和主要病虫害抗性鉴定分别由农业部稻米及制品质量监督检验测试中心(杭州)和浙江省农科院植物与微生物研究所承担。

二、试验结果

1. 产量:据8个试点的产量结果汇总分析,参试品种除春优84减产外均比对照宁81增产,产量以甬优1540最高,平均亩产664.1千克,比对照增产15.5%,比组平均增产7.2%,所有增产品种产量均比对照增产3%以上,比组平均增产3%以上的品种还有甬优7840;产量以春优84最低,平均亩产563.6千克,比对照宁81减产2.0%,比组平均减产9.0%。

2. 生育期:生育期变幅为145.9~147.9天,所有参试品种生育期均比对照宁81短,最短的是甬优1540,其生育期为145.9天,比对照短2.0天。

3. 品质:参试品种中甬优1540、甬优7840品质综合评定为优质三等,其余均为普通。

4. 抗性:对照宁81稻瘟病抗性综合评价为感,所有参试品种稻瘟病抗性均优于对照,其中中抗稻瘟病的品种3个,分别为甬优7840、甬优1572和甬优538,其余均为中感稻瘟病;对照宁81白叶枯病抗性综合评价为中感,所有参试品种白叶枯病抗性相似或差于对照,其中春优84感白叶枯病,其余均为中感白叶枯病;对照宁81褐稻虱抗性综合评价为中感,所有参试品种褐稻虱抗性相似或差于对照,其中甬优7872中感褐稻虱,其余均为感褐稻虱;对照宁81稻曲病抗性综合评价为中抗,所有参试品种稻曲病抗性均差于对照,其中中感稻曲病的2个,感稻曲病的2个,高感稻曲病的2个。

三、区域试验品种评价

1. 甬优7840:系宁波市种子有限公司选育而成的连作杂交晚粳稻新品种,该品种第二年参试。2014年试验平均亩产656.8千克,比对照宁81增产13.8%,达极显著水平;2015年试验平均亩产658.5千克,比对照宁 81 增产 14.5%，达极显著水平。两年省区试平均亩产 657.7 千克，比对照宁 81 增产 14.1%。两年平均全生育期 142.7 天，比对照宁 81 短 1.5 天。该品种亩有效穗 14.6 万，株高 97.6 厘米，每穗总粒数 218.2 粒，实粒数 189.2 粒，结实率 86.7%，千粒重 24.9 克。经省农科院植微所 2014—2015 年抗性鉴定，平均叶瘟 2.6 级，穗瘟 2.7 级，穗瘟损失率 1.4 级，综合指数为 2.5；白叶枯病 4.2 级；褐稻虱 9 级。经农业部稻米及制品质量监督检测中心 2014—2015 年检测，平均整精米率 71.6%，长宽比 2.2，垩白粒率 22%，垩白度 3.5%，透明度 1 级，胶稠度 66 毫米，直链淀粉含量 16.1%，米质各项指标综合评价分别为食用稻品种品质部颁二等和三等。

该品种产量高，生育期适中，中抗稻瘟病，中感白叶枯病，感褐稻虱，米质相似于对照宁 81（部颁二等和普通）。建议下年度进入生产试验。

2. 甬优 1540：系宁波市种子有限公司选育而成的连作杂交晚粳稻新品种，该品种第一年参试。本试验平均亩产 664.1 千克，比对照宁 81 增产 15.5%，达极显著水平。全生育期 145.9 天，比对照宁 81 短 2.0 天。该品种亩有效穗 17.4 万，株高 98.1 厘米，每穗总粒数 217.0 粒，实粒数 171.6 粒，结实率 77.1%，千粒重 23.5 克。经省农科院植微所 2015 年抗性鉴定，平均叶瘟 2.7 级，穗瘟 7 级，穗瘟损失率 3 级，综合指数为 4.5；白叶枯病 5 级；稻曲病 4 级；褐稻虱 9 级。经农业部稻米及制品质量监督检测中心 2015 年检测，平均整精米率 67.8%，长宽比 2.2，垩白粒率 25%，垩白度 4%，透明度 2 级，胶稠度 64 毫米，直链淀粉含量 16.9%，米质各项指标综合评价为食用稻品种品质部颁三等。

该品种产量高，生育期适中，中感稻瘟病，中感白叶枯病，感稻曲病，感褐稻虱，米质优于对照宁 81（部颁普通）。建议下年度进入生产试验。

3. 甬优 7872：系宁波市种子公司选育而成的连作杂交晚粳稻新品种，该品种第一年参试。本试验平均亩产 627.3 千克，比对照宁 81 增产 9.0%，达显著水平。全生育期 146.0 天，比对照宁 81 短 1.9 天。该品种亩有效穗 14.8 万，株高 100.4 厘米，每穗总粒数 236.5 粒，实粒数 170.9 粒，结实率 71.7%，千粒重 24.2 克。经省农科院植微所 2015 年抗性鉴定，平均叶瘟 2.2 级，穗瘟 7 级，穗瘟损失率 3 级，综合指数为 4.3；白叶枯病 3.8 级；稻曲病 4.5 级；褐稻虱 7 级。经农业部稻米及制品质量监督检测中心 2015 年检测，平均整精米率 71.3%，长宽比 2.2，垩白粒率 35%，垩白度 7%，透明度 2 级，胶稠度 66 毫米，直链淀粉含量 17.2%，米质各项指标综合评价为食用稻品种品质部颁普通。

该品种产量高，生育期适中，中感稻瘟病，中感白叶枯病，高感稻曲病，中感褐稻虱，米质相似于对照宁 81（部颁普通）。建议下年度终止试验。

4. 甬优 1572：系宁波市种子公司选育而成的连作杂交晚粳稻新品种，该品种第一年参试。本试验平均亩产 626.1 千克，比对照宁 81 增产 8.9%，达显著水平。全生育期 146.5 天，比对照宁 81 短 1.4 天。该品种亩有效穗 16.0 万，株高 101.3 厘米，每穗总粒数 238.9 粒，实粒数 173.7 粒，结实率 71.2%，千粒重 23.4 克。经省农科院植微所 2015 年抗性鉴定，平均叶瘟 0.7 级，穗瘟 7 级，穗瘟损失率 2.3 级，综合指数为 3.4；白叶枯病 4 级；稻曲病 4 级；褐稻虱 9 级。经农业部稻米及制品质量监督检测中心 2015 年检测，平均整精米率 66.3%，长宽比 2.3，垩白粒率 36%，垩白度 6%，透明度 2 级，胶稠度 72 毫米，直链淀粉含量 17.9%，米质各项指标综合评价为食用稻品种品质部颁普通。

该品种产量高，生育期适中，中抗稻瘟病，中感白叶枯病，高感稻曲病，感褐稻虱，米质相似于对照宁 81（部颁普通）。建议下年度终止试验。

5. 甬优 538：系宁波市种子有限公司选育而成的连作杂交晚粳稻新品种，该品种第一年参试。本试验平均亩产 620.1 千克，比对照宁 81 增产 7.8%，达显著水平。全生育期 146.0 天，比对照宁 81 短 1.9 天。该品种亩有效穗 15.7 万，株高 97.1 厘米，每穗总粒数 279.9 粒，实粒数 199.3 粒，结实率 70.1%，千粒重 23.3 克。经省农科院植微所 2015 年抗性鉴定，平均叶瘟 4 级，穗瘟 5.7 级，穗瘟损失率 1.7 级，综合指数为 3.8；白叶枯病 3.5 级；稻曲病 2.3 级；褐稻虱 9 级。经农业部稻米及制品质量监督检测中心 2015

年检测,平均整精米率70.1%,长宽比2.0,垩白粒率28%,垩白度5%,透明度3级,胶稠度56毫米,直链淀粉含量17.2%,米质各项指标综合评价为食用稻品种品质部颁普通。

该品种产量高,生育期适中,中抗稻瘟病,中感白叶枯病,中感稻曲病,感褐稻虱,米质相似于对照宁81(部颁二等和普通)。建议下年度终止试验。

6. 春优84:系中国水稻研究所、浙江农科种业有限公司选育而成的连作杂交晚粳稻新品种,该品种第一年参试。本试验平均亩产563.6千克,比对照宁81减产2.0%,未达显著水平。全生育期146.4天,比对照宁81短1.5天。该品种亩有效穗18.2万,株高96.5厘米,每穗总粒数174.4粒,实粒数123.8粒,结实率70.4%,千粒重26.2克。经省农科院植微所2015年抗性鉴定,平均叶瘟3.2级,穗瘟7级,穗瘟损失率3级,综合指数为4.3;白叶枯病5.8级;稻曲病4.3级;褐稻虱9级。经农业部稻米及制品质量监督检测中心2015年检测,平均整精米率71.3%,长宽比2.0,垩白粒率85%,垩白度15%,透明度3级,胶稠度66毫米,直链淀粉含量16.8%,米质各项指标综合评价为食用稻品种品质部颁普通。

该品种产量一般,生育期适中,中感稻瘟病,感白叶枯病,感稻曲病,感褐稻虱,米质相似于对照宁81(部颁普通)。建议下年度终止试验。

相关表格见表1至表7。

表1　2015年浙江省连作杂交晚粳(籼粳)稻区试参试品种及申请(供种)单位

品种名称	亲本	申请(供种)单位	备注
甬优7840	A78×09F7540	宁波市种子有限公司	续试
春优84	春江16A×C84	中国水稻研究所、浙江农科种业有限公司	新参试
甬优538	甬粳3号A×F7538	宁波市种子有限公司	
甬优1540	甬粳15A×F7540	宁波市种子有限公司	
甬优7872	甬粳78A×F6872	宁波市种子公司	
甬优1572	甬粳15A×F6872	宁波市种子公司	
宁81(CK)	甬单6号/秀水110	宁波市农科院	

表 2　2014—2015 年浙江省连作杂交晚粳(籼粳)稻区域试验产量结果分析

品种名称	小区产量（千克）	折亩产（千克）	比 CK（%）	比组平均（%）	差异显著性检验		续试品种 2014 年产量			两年平均产量	
					0.05	0.01	折亩产（千克）	比 CK（%）	差异显著性检验	亩产（千克）	比 CK（%）
甬优 1540	13.282	664.1	15.5	7.2	a	A					
甬优 7840	13.171	658.5	14.5	6.3	ab	A	656.8	13.8	* *	657.7	14.1
甬优 7872	12.545	627.3	9.0	1.3	ab	AB					
甬优 1572	12.523	626.1	8.9	1.1	ab	AB					
甬优 538	12.401	620.1	7.8	0.1	b	AB					
宁 81(CK)	11.505	575.2	0.0	−7.1	c	BC	577.3	0.0		576.3	0.0
春优 84	11.273	563.6	−2.0	−9.0	c	C					
平均		619.3									

表 3　2014—2015 年浙江省连作杂交晚粳(籼粳)稻区域试验经济性状结果汇总

品种名称	年份	全生育期（天）	比 CK（天）	落田苗（万/亩）	有效穗（万/亩）	株高（厘米）	总粒数（粒/穗）	实粒数（粒/穗）	结实率（%）	千粒重（克）
甬优 7840	2014	138.8	−1.7	6.8	14.4	97.1	211.8	189.1	89.3	24.7
	2015	146.5	−1.4	6.4	14.8	98.1	224.5	189.2	83.7	25.1
	平均	142.7	−1.5	6.6	14.6	97.6	218.2	189.2	86.7	24.9
春优 84	2015	146.4	−1.5	6.5	18.2	96.5	174.4	123.8	70.4	26.2
甬优 538	2015	146.0	−1.9	6.7	15.7	97.1	279.9	199.3	70.1	23.3
甬优 1540	2015	145.9	−2.0	6.6	17.4	98.1	217.0	171.6	77.1	23.5
甬优 7872	2015	146.0	−1.9	6.4	14.8	100.4	236.5	170.9	71.7	24.2
甬优 1572	2015	146.5	−1.4	6.9	16.0	101.3	238.9	173.7	71.2	23.4
宁 81(CK)	2014	140.5	0.0	7.0	18.6	92.9	128.8	120.8	93.8	26.5
	2015	147.9	0.0	6.9	19.3	90.8	128.7	113.2	87.9	26.6
	平均	144.2	0.0	6.9	19.0	91.9	128.8	117.0	90.9	26.6

表 4　2014—2015 年浙江省连作杂交晚粳(籼粳)稻区域试验主要病虫害抗性鉴定结果汇总

品种名称	年份	稻瘟病								白叶枯病			褐稻虱		稻曲病					条纹叶枯病
		苗叶瘟		穗瘟发病率		穗瘟损失率		综合指数	抗性评价	平均级	最高级	抗性评价	分级	抗性评价	穗发病粒数		穗发病率		抗性评价	发病率(%)
		平均级	最高级	平均级	最高级	平均级	最高级								平均级	最高级	平均级	最高级		
甬优 7840	2014	2.8	5.0	3.0	3.0	1.0	1.0	2.5	中抗	3.8	5.0	中感	9.0	感						0.0
	2015	2.3	4.0	2.3	5.0	1.7	3.0	2.4	中抗	4.5	5.0	中感	9.0	感	2.0	3.0	2.7	5.0	中感	0.0
	平均	2.6	4.5	2.7	4.0	1.4	2.0	2.5	中抗	4.2	5.0	中感	9.0	感						0.0
春优 84	2015	3.2	4.0	7.0	9.0	3.0	5.0	4.3	中感	5.8	7.0	感	9.0	感	2.8	5.0	4.3	7.0	感	0.0
甬优 538	2015	4.0	6.0	5.7	7.0	1.7	3.0	3.8	中抗	3.5	5.0	中感	9.0	感	1.8	3.0	2.3	5.0	中感	0.0
甬优 1540	2015	2.7	5.0	7.0	7.0	3.0	3.0	4.5	中感	5.0	5.0	中感	9.0	感	2.5	5.0	4.0	7.0	感	0.0
甬优 7872	2015	2.2	4.0	7.0	7.0	3.0	3.0	4.3	中感	3.8	5.0	中感	7.0	中感	3.5	7.0	4.5	9.0	高感	0.0
甬优 1572	2015	0.7	2.0	7.0	9.0	2.3	3.0	3.4	中抗	4.0	5.0	中感	9.0	感	3.0	7.0	4.0	9.0	高感	0.0
宁 81(CK)	2014	5.2	7.0	9.0	9.0	6.0	7.0	7.0	感	4.6	5.0	中感	9.0	感						5.0
	2015	2.7	6.0	8.0	9.0	6.0	7.0	6.5	感	4.5	5.0	中感	7.0	中感	0.5	1.0	1.0	3.0	中抗	0.0
	平均	4.0	6.5	8.5	9.0	6.0	7.0	6.8	感	4.6	5.0	中感	8.0	感						2.5

注：1）稻瘟病综合指数(级)＝叶瘟(平均)×25%＋穗瘟发病率(平均)×25%＋穗瘟损失率(平均)×50%；2）参试品种的两年抗性综合评价以发病较重的一年为准；3）褐稻虱综合评价以人工接种数据为依据。

表 5　2014—2015 年浙江省连作杂交晚粳(籼粳)稻区域试验稻米品质分析结果汇总

品种名称	年份	糙米率(%)	精米率(%)	整精米率(%)	粒长(毫米)	长宽比	垩白粒率(%)	垩白度(%)	透明度(级)	碱消值(级)	胶稠度(毫米)	直链淀粉含量(%)	蛋白质含量(%)	质量指数	等级(部颁)
甬优 7840	2014	83.7	75.4	72.9	5.5	2.2	16.0	2.0	1.0	7.0	68.0	15.5	9.5	89.0	二等
	2015	84.3	76.6	70.3	5.5	2.2	28.0	5.0	2.0	7.0	64.0	16.6	8.7		三等
	平均	84.0	76.0	71.6	5.5	2.2	22.0	3.5	1.0	7.0	66.0	16.1	9.1		
春优 84	2015	83.2	75.7	71.3	5.5	2.0	85.0	15.0	3.0	6.6	66.0	16.8	9.4		普通
甬优 538	2015	84.8	76.1	70.1	5.2	2.0	28.0	5.0	3.0	7.0	56.0	17.2	8.6		普通
甬优 1540	2015	84.4	75.7	67.8	5.5	2.2	25.0	4.0	2.0	7.0	64.0	16.9	8.4		三等
甬优 7872	2015	84.8	76.7	71.3	5.5	2.2	35.0	7.0	2.0	7.0	66.0	17.2	9.1		普通
甬优 1572	2015	84.4	75.1	66.3	5.5	2.3	36.0	6.0	2.0	7.0	72.0	17.9	8.7		普通
宁 81(CK)	2014	85.0	77.2	76.2	5.0	1.8	26.0	3.0	1.0	7.0	74.0	16.3	8.3	91.0	二等
	2015	85.8	77.5	75.1	4.9	1.7	75.0	10.0	3.0	7.0	60.0	17.0	8.1		普通
	平均	85.4	77.4	75.7	5.0	1.8	51.0	6.5	2.0	7.0	67.0	16.7	8.2		

表6 2015年浙江省连作杂交晚粳(籼粳)稻区域试验品种杂株率记载汇总

品种名称	平均(%)	各试点杂株率(%)									
		湖州	嘉善	嘉兴	金华	宁波	上虞	嵊州所	台州	省农科	富阳
甬优7840	0.0	0.0	0.0	0.0	0.0	0.0	报废	0.0	0.0	0.0	未承担
春优84	0.1	0.0	0.0	0.0	0.3	0.0	报废	0.0	0.0	0.0	未承担
甬优538	0.0	0.0	0.0	0.0	0.0	0.0	报废	0.0	0.3	0.0	未承担
甬优1540	0.1	0.0	0.0	0.0	0.6	0.0	报废	0.0	0.0	0.0	未承担
甬优7872	0.2	0.0	0.0	0.0	1.1	0.0	报废	0.0	0.3	0.0	未承担
甬优1572	0.1	0.0	0.0	0.0	1.1	0.0	报废	0.0	0.0	0.0	未承担
宁81(CK)	0.0	0.0	0.0	0.0	0.0	0.0	报废	0.0	0.0	0.0	未承担

表7 2015年浙江省连作杂交晚粳(籼粳)稻区域试验各区试点产量结果对照

(单位：千克/亩)

品种名称	平均产量	各试点产量									
		湖州	嘉善	嘉兴	金华	宁波	上虞	嵊州所	台州	省农科	富阳
甬优7840	658.6	650.5	768.9	768.1	621.8	546.2	报废	623.2	644.8	645.0	未承担
春优84	563.6	518.8	703.7	623.3	563.7	505.2	报废	445.0	557.7	591.7	未承担
甬优538	620.1	566.7	702.2	685.1	605.1	517.3	报废	594.3	676.3	613.3	未承担
甬优1540	664.1	544.3	815.6	736.7	665.9	573.5	报废	618.7	696.3	661.7	未承担
甬优7872	627.2	561.7	800.0	717.5	599.5	450.5	报废	603.5	706.8	578.3	未承担
甬优1572	626.1	516.0	758.5	709.5	659.2	478.0	报废	643.0	633.2	611.7	未承担
宁81(CK)	575.3	601.8	677.8	660.0	572.4	535.5	报废	486.8	489.3	578.3	未承担

注：上虞舜达种子研究所受连续阴雨影响试验结果作报废处理。

2015年浙江省鲜食春大豆区域试验和生产试验总结

浙江省种子管理总站

一、试验概况

2015年浙江省鲜食春大豆区域试验参试品种（包括对照）共12个，分别为浙江省农科院作核所选育的浙鲜14、浙鲜15、浙39002-5，衢州市农科院选育的衢春豆0803-5、衢春豆0805-1，上海交通大学农学院选育的交大195、沪鲜6号，杭州市农科院选育的杭012、杭013，丽水市农科院选育的丽0705-12，辽宁开原市农科种苗有限公司选育的科力源3号，对照品种为浙鲜豆8号。生产试验参试品种为辽宁开原市农科种苗有限公司选育的科力源12号和浙江大学农学院选育的H19，对照品种为浙鲜豆8号。

区域试验采用随机区组排列，小区面积13平方米，3次重复，穴播；生产试验采用大区对比，不设重复，大区面积0.3～0.5亩。试验田四周设保护行，田间管理按当地习惯进行。区试承试单位8个，分别为浙江省农科院作核所、慈溪市农科所、台州市椒江区种子管理站、嘉善县种子管理站、衢州市农科院、东阳市种子管理站、嵊州市农科所、丽水市农科院。生产试验承试单位共7个，分别为慈溪市农科所、台州市椒江区种子管理站、嘉善县种子管理站、衢州市农科院、东阳市种子管理站、嵊州市农科所、丽水市农科院。其中生产试验嘉善点因草害影响缺苗严重，结果未予汇总。

二、试验结果

（一）区域试验

1. 产量：根据8个试点的产量结果汇总分析，衢春豆0805-1产量最高，平均亩产781.9千克，比对照增产25.1%，差异具有极显著性；浙鲜14次之，平均亩产775.8千克，比对照增产24.2%，差异具有极显著性；衢春豆0803-5居第三位，平均亩产712.9千克，比对照增产14.1%，差异具有极显著性；浙39002-5居第四位，平均亩产656.9千克，比对照增产5.1%，差异不具有显著性；交大195居第五位，平均亩产631.0千克，比对照增产1.0%，差异不具有显著性；其余品种均比对照减产（表1）。

2. 生育期：各参试品种生育期变幅为69.0～95.3天，其中杭012最短，其次是浙39002-5，为76.1天，浙鲜14最长（表2）。

3. 品质：各参试品种淀粉含量为3.2%～4.9%，其中杭012最低，丽0705-12和浙鲜14最高；可溶性总糖含量为1.6%～3.2%，其中衢春豆0803-5最低，科力源3号最高（表3）。

4. 抗病性：经南京农业大学国家大豆改良中心接种鉴定，衢春豆0803-5、浙鲜14、浙鲜15抗病性最强，对SC15株系和SC18株系均表现为抗病，浙鲜豆8号对SC15株系为中抗，对株系SC18为抗病。杭012和衢春豆0805-1抗性较弱，表现为感病，沪鲜6号对SC18株系表现为高感（表3）。

各品种农艺性状见表4。

（二）生产试验

据6个试点生产试验产量结果汇总，参试品种均比对照增产。H19平均亩产607.3千克，比对照增产0.85%。科力源12号平均亩产606.2千克，比对照增产0.67%。

三、品种(系)简评

1. 衢春豆0805-1：系衢州市农科院选育。本年区试平均亩产781.9千克，比对照增产25.1%，差异具有极显著性。生育期90.3天，比对照长6.8天。该品种为有限结荚习性，株型收敛，株高44.2厘米，主茎节数10.5个，有效分枝数3.8个。叶片卵圆形，白花，灰毛，青荚绿色，弯镰形。单株有效荚数28.5个，每荚粒数2.2个，鲜百荚重292.9克，鲜百粒重77.2克。标准荚长5.4厘米，宽1.3厘米。经农业部农产品及转基因产品质量安全监督检验测试中心(杭州)检测，2015年淀粉含量3.9%，可溶性总糖含量2.6%。经南京农业大学接种鉴定，2015年大豆花叶病毒病SC15株系病指63，为感病，SC18株系病指63，为感病。

2. 浙鲜14：系浙江省农科院作核所选育。本年区试平均亩产775.8千克，比对照增产24.2%，差异具有极显著性。生育期95.3天，比对照长11.9天。该品种为亚有限结荚习性，株型收敛，株高77.0厘米，主茎节数14.2个，有效分枝数2.9个。叶片卵圆形，紫花，灰毛，青荚绿色，弯镰形。单株有效荚数33.2个，每荚粒数2.0个，鲜百荚重256.6克，鲜百粒重67.2克。标准荚长4.8厘米，宽1.2厘米。经农业部农产品及转基因产品质量安全监督检验测试中心(杭州)检测，2015年淀粉含量4.9%，可溶性总糖含量1.9%。经南京农业大学接种鉴定，大豆花叶病毒病SC15株系病指14，为抗病，SC18株系病指4，为抗病。

3. 衢春豆0803-5(续)：系衢州市农科院选育。本年区试平均亩产712.9千克，比对照增产14.1%，差异具有极显著性。2014年度区试平均亩产683.5千克，比对照增产3.6%，差异不具有显著性。两年区试平均亩产698.2千克，比对照增产8.7%。生育期平均82.6天，比对照短0.8天。该品种为有限结荚习性，株型收敛，株高41.5厘米，主茎节数8.5个，有效分枝数3.1个。叶片卵圆形，白花，灰毛，青荚绿色，弯镰形。单株有效荚数25.6个，每荚粒数2.0个，鲜百荚重264.7克，鲜百粒重73.5克。标准荚长5.8厘米，宽1.3厘米。经农业部农产品及转基因产品质量安全监督检验测试中心(杭州)检测，2015年淀粉含量4.0%，可溶性总糖含量1.6%。经南京农业大学接种鉴定，大豆花叶病毒病SC15株系病指9，为抗病，SC18株系病指18，为抗病。

4. 浙39002-5(续)：系浙江省农科院作核所选育。本年区试平均亩产656.9千克，比对照增产5.1%，差异不具有显著性。2014年区试平均亩产658.5千克，比对照减产0.2%，差异不具有显著性。两年平均亩产657.7千克，比对照增产2.4%。生育期平均79.5天，比对照短3.9天。该品种为有限结荚习性，株型收敛，株高37.0厘米，主茎节数9.2个，有效分枝数2.9个。叶片卵圆形，白花，灰毛，青荚淡绿，弯镰形。单株有效荚数24.0个，每荚粒数2.1个，鲜百荚重261.8克，鲜百粒重72.3克。标准荚长5.4厘米，宽1.3厘米。经农业部农产品及转基因产品质量安全监督检验测试中心(杭州)检测，2015年淀粉含量3.6%，可溶性总糖含量3.1%。经南京农业大学接种鉴定，2015年大豆花叶病毒病SC15株系病指43，为中感，SC18株系病指34，为中抗。

5. 交大195：系上海交通大学农学院选育。本年区试平均亩产631.0千克，比对照增产1.0%，差异不具有显著性。生育期77.9天，比对照短5.5天。该品种为有限结荚习性，株型收敛，株高35.6厘米，主茎节数8.4个，有效分枝数2.8个。叶片卵圆形，紫花，灰毛，青荚绿色，弯镰形。单株有效荚数22.4个，每荚粒数2.0个，鲜百荚重292.7克，鲜百粒重77.5克。标准荚长5.3厘米，宽1.3厘米。经农业部农产品及转基因产品质量安全监督检验测试中心(杭州)检测,2015年淀粉含量4.6%,可溶性总糖含量2.4%。经南京农业大学接种鉴定,大豆花叶病毒病SC15株系病指63,为感病,SC18株系病指50,为中感。

6. 科力源3号:系辽宁开原市农科种苗有限公司选育。本年区试平均亩产601.0千克,比对照减产3.8%,差异不具有显著性。生育期77.9天,比对照短5.5天。该品种为有限结荚习性,株型收敛,株高33.6厘米,主茎节数8.4个,有效分枝数3.0个。叶片卵圆形,白花,灰毛,青荚绿色,弯镰形。单株有效荚数25.3个,每荚粒数2.1个,鲜百荚重252.2克,鲜百粒重74.7克。标准荚长4.8厘米,宽1.2厘米。经农业部农产品及转基因产品质量安全监督检验测试中心(杭州)检测,2015年淀粉含量3.4%,可溶性总糖含量3.2%。经南京农业大学接种鉴定,大豆花叶病毒病SC15株系病指50,为中感,SC18株系病指50,为中感。

7. 沪鲜6号:系上海交通大学农学院选育。本年区试平均亩产592.6千克,比对照减产5.2%,差异不具有显著性。生育期77天,比对照短6.4天。该品种为有限结荚习性,株型收敛,株高33.6厘米,主茎节数8.4个,有效分枝数2.8个。叶片卵圆形,白花,灰毛,青荚绿色,弯镰形。单株有效荚数22.0个,每荚粒数2.0个,鲜百荚重318.7克,鲜百粒重85.9克。标准荚长6.0厘米,宽1.4厘米。经农业部农产品及转基因产品质量安全监督检验测试中心(杭州)检测,2015年淀粉含量4.8%,可溶性总糖含量2.8%。经南京农业大学接种鉴定,大豆花叶病毒病SC15株系病指50,为中感,SC18株系病指75,为高感。

8. 丽0705-12:系丽水市农科院选育。本年区试平均亩产590.5千克,比对照减产5.5%,差异不具有显著性。生育期89.9天,比对照长6.5天。该品种为有限结荚习性,株型收敛,株高27.3厘米,主茎节数9.0个,有效分枝数3.0个。叶片披针形,白花,灰毛,青荚绿色,弯镰形。单株有效荚数19.0个,每荚粒数2.3个,鲜百荚重347.0克,鲜百粒重85.6克。标准荚长5.9厘米,宽1.4厘米。经农业部农产品及转基因产品质量安全监督检验测试中心(杭州)检测,2015年淀粉含量4.9%,可溶性总糖含量2.1%。经南京农业大学接种鉴定,大豆花叶病毒病SC15株系病指50,为中感,SC18株系病指50,为中感。

9. 浙鲜15:系浙江省农科院作核所选育。本年区试平均亩产553.9千克,比对照减产11.3%,差异具有极显著性。生育期78.1天,比对照短5.3天。该品种为有限结荚习性,株型收敛,株高33.1厘米,主茎节数8.6个,有效分枝数2.7个。叶片卵圆形,白花,灰毛,青荚绿色,弯镰形。单株有效荚数22.4个,每荚粒数2.0个,鲜百荚重285.7克,鲜百粒重82.2克。标准荚长5.5厘米,宽1.4厘米。经农业部农产品及转基因产品质量安全监督检验测试中心(杭州)检测,2015年淀粉含量4.0%,可溶性总糖含量2.4%。经南京农业大学接种鉴定,大豆花叶病毒病SC15株系病指9,为抗病,SC18株系病指7,为抗病。

10. 杭013:系杭州市农科院选育。本年区试平均亩产548.6千克,比对照减产12.2%,差异具有极显著性。生育期84.3天,比对照长0.8天。该品种为有限结荚习性,株型收敛,株高26.9厘米,主茎节数8.7个,有效分枝数3.2个。叶片卵圆形,白花,灰毛,青荚绿色,弯镰形。单株有效荚数25.6个,每荚粒数2.2个,鲜百荚重275.5克,鲜百粒重73.8克。标准荚长4.7厘米,宽1.2厘米。经农业部农产品及转基因产品质量安全监督检验测试中心(杭州)检测,2015年淀粉含量4.8%,可溶性总糖含量1.9%。经南京农业大学接种鉴定,大豆花叶病毒病SC15株系病指21,为中抗,SC18株系病指27,为中抗。

11. 杭012:系杭州市农科院选育。本年区试平均亩产473.7千克,比对照减产24.2%,差异具有极显著性。生育期69.0天,比对照短14.4天。该品种为有限结荚习性,株型收敛,株高26.2厘米,主茎节数7.9个,有效分枝数2.5个。叶片卵圆形,白花,灰毛,青荚淡绿,弯镰形。单株有效荚数18.8个,每荚粒数2个,鲜百荚重218.5克,鲜百粒重63.5克。标准荚长4.9厘米,宽1.3厘米。经农业部农产品及转基因产品质量安全监督检验测试中心(杭州)检测,2015年淀粉含量3.2%,可溶性总糖含量3.1%。经南京农业大学接种鉴定,大豆花叶病毒病SC15株系病指60,为感病,SC18株系病指63,为感病。

表 1　2015 年浙江省春季鲜食大豆区域试验品种产量汇总

（单位：千克/亩）

试验类别	品种名称	产量	比对照（%）	差异显著性		续试品种上年产量		两年平均		各试点产量							
				5%	1%	产量	比对照（%）	产量	比对照（%）	嵊州	衢州	东阳	丽水	省农科院	慈溪	嘉善	椒江
区域试验	衢春豆 0805-1	781.9	25.1	a	A					804.3	498.5	656.4	885.7	762.4	882.1	856.1	909.4
	浙鲜 14	775.8	24.2	a	A					718.3	594.8	682.1	924.9	800.0	634.0	838.7	1013.7
	衢春豆 0803-5(续)	712.9	14.1	b	B	683.5	3.6	698.2	8.7	785.9	575.6	666.7	630.8	692.3	810.1	827.0	714.6
	浙 39002-5(续)	656.9	5.1	c	C	658.5	−0.2	657.7	2.4	736.1	524.3	564.1	601.3	651.3	705.9	790.1	682.1
	交大 195	631.0	1.0	cd	CD					760.0	469.7	543.6	694.5	673.5	635.0	736.3	535.1
	浙鲜豆 8 号(CK)	624.8	0.0	cd	CD					704.8	499.3	569.3	580.1	627.4	618.9	753.9	644.5
	科力源 3 号	601.0	−3.8	d	D					659.9	436.3	589.8	565.7	536.8	741.9	640.0	637.6
	沪鲜 6 号	592.6	−5.2	d	D					724.8	501.5	589.8	616.0	553.9	633.3	446.2	675.2
	丽 0705-12	590.5	−5.5	d	D					535.6	417.8	492.3	622.6	591.5	771.7	718.0	574.4
	浙鲜 15	553.9	−11.3	e	E					591.8	431.1	502.6	471.8	654.7	676.3	620.9	482.1
	杭 013	548.6	−12.2	e	E					524.1	421.5	482.1	500.0	509.4	747.9	594.9	608.6
	杭 012	473.7	−24.2	f	F					452.0	404.3	476.9	526.2	369.2	615.3	448.6	497.5
生产试验	H19	607.3	0.85							687.2	504.2	671.1	624.5		717.4	报废	439.7
	科力源 12 号	606.2	0.67							630.4	548.0	602.7	571.3		723.1	报废	562.0
	浙鲜豆 8 号(CK)	602.2								665.0	526.4	588.9	668.7		692.8	报废	471.6

表 2　2015 年浙江省春季鲜食大豆区域试验和生产试验品种经济性状汇总

试验类别	品种名称	年份	生育期(天)	比对照(天)	株高(厘米)	主茎节数	有效分枝数	单株总荚数	秕荚数	单株有效荚数	每荚粒数(粒)	百荚鲜重(克)	百粒(鲜)重(克)	标准荚(厘米)	
														长	宽
区域试验	杭 012	2015	69.0	−14.4	26.2	7.9	2.5	21.2	2.4	18.8	2.0	218.5	63.5	4.9	1.3
	浙 39002-5(续)	2015	76.1	−7.3	38.1	9.3	2.9	27.5	3.4	24.2	2.1	270.9	75.7	5.4	1.3
		2014	82.9	−0.5	35.9	9.1	2.9	25.4	4.4	23.8	2.0	252.6	68.9	5.4	1.3
		平均	79.5	−3.9	37.0	9.2	2.9	26.5	3.9	24.0	2.1	261.8	72.3	5.4	1.3
	沪鲜 6 号	2015	77.0	−6.4	33.6	8.4	2.8	25.2	3.2	22.0	2.0	318.7	85.9	6.0	1.4
	交大 195	2015	77.9	−5.5	35.6	8.4	2.8	25.5	3.2	22.4	2.0	292.7	77.5	5.3	1.3
	科力源 3 号	2015	77.9	−5.5	33.6	8.4	3.0	27.9	2.8	25.3	2.1	252.2	74.7	4.8	1.2
	浙鲜 15	2015	78.1	−5.3	33.1	8.6	2.7	24.5	2.1	22.4	2.0	285.7	82.2	5.5	1.4
	衢春豆 0803-5(续)	2015	80.0	−3.4	41.2	8.6	3.2	28.9	3.4	25.7	2.0	266.2	72.4	5.8	1.3
		2014	85.1	−1.7	41.9	8.5	3.0	27.3	4.0	25.6	2.0	263.1	74.5	5.7	1.3
		平均	82.6	−0.8	41.5	8.5	3.1	28.1	3.7	25.6	2.0	264.7	73.5	5.8	1.3
	浙鲜豆 8 号(CK)	2015	83.4	0.0	39.6	9.1	2.5	26.8	2.2	24.5	1.9	306.8	88.8	5.8	1.4
	杭 013	2015	84.3	0.8	26.9	8.7	3.2	29.4	3.4	25.6	2.2	275.5	73.8	4.7	1.2
	丽 0705-12	2015	89.9	6.5	27.3	9.0	3.0	21.8	2.9	19.0	2.3	347.0	85.6	5.9	1.4
	衢春豆 0805-1	2015	90.3	6.8	44.2	10.5	3.8	30.9	2.4	28.5	2.2	292.9	77.2	5.4	1.3
	浙鲜 14	2015	95.3	11.9	77.0	14.2	2.9	37.2	4.0	33.2	2.0	256.6	67.2	4.8	1.2
生产试验	H19	2015	83.6	−0.6											
	科力源 12 号	2015	85.7	1.6											
	浙鲜豆 8 号(CK)	2015	84.1												

表3　2015年浙江省春季鲜食大豆区试品种病毒病抗性和品质汇总

品种	年份	SC15(强毒)		SC18(弱毒)		品质	
		病情指数(%)	抗性结论	病情指数(%)	抗性结论	淀粉(%)	可溶性总糖(%)
衢春豆0803-5(续)	2015	9	抗病	18	抗病	4.0	1.6
	2014	13	抗病	11	抗病	7.2	未检出
浙39002-5(续)	2015	43	中感	34	中抗	3.6	3.1
	2014	52	感病	36	中感	4.9	2.32
杭012	2015	60	感病	63	感病	3.2	3.1
杭013	2015	21	中抗	27	中抗	4.8	1.9
沪鲜6号	2015	50	中感	75	高感	4.8	2.8
交大195	2015	63	感病	50	中感	4.6	2.4
丽0705-12	2015	50	中感	50	中感	4.9	2.1
浙鲜14	2015	14	抗病	4	抗病	4.9	1.9
浙鲜15	2015	9	抗病	7	抗病	4.0	2.4
衢春豆0805-1	2015	63	感病	63	感病	3.9	2.6
科力源3号	2015	50	中感	50	中感	3.4	3.2
浙鲜豆8号(CK)	2015	25	中抗	4	抗病	4.8	2.1

表4　2015年浙江省春季鲜食大豆区域试验和生产试验品种农艺性状汇总

试验类别	品种名称	叶形	花色	茸毛色	青荚色	荚型	结荚习性	种皮色	脐色	株型
区域试验	杭012	卵圆	白	灰	淡绿	弯镰	有限	绿	淡褐	收敛
	杭013	卵圆	白	灰	绿	弯镰	有限	绿	浅黄	收敛
	沪鲜6号	卵圆	白	灰	绿	弯镰	有限	绿	浅黄	收敛
	交大195	卵圆	紫	灰	绿	弯镰	有限	绿	淡褐	收敛
	科力源3号	卵圆	白	灰	绿	弯镰	有限	绿	浅黄	收敛
	丽0705-12	披针	白	灰	绿	弯镰	有限	绿	淡褐	收敛
	衢春豆0803-5(续)	卵圆	白	灰	绿	弯镰	有限	绿	淡褐	收敛
	衢春豆0805-1	卵圆	白	灰	绿	弯镰	有限	绿	淡褐	收敛
	浙39002-5(续)	卵圆	白	灰	淡绿	弯镰	有限	绿	淡褐	收敛
	浙鲜14	卵圆	紫	灰	绿	弯镰	亚有限	绿	淡褐	收敛
	浙鲜15	卵圆	白	灰	绿	弯镰	有限	绿	淡褐	收敛
	浙鲜豆8号(CK)	卵圆	白	灰	绿	弯镰	有限	绿	淡褐	收敛
生产试验	H19	卵圆	白	棕	/	/	有限	/	/	/
	科力源12号	卵圆	紫	灰	/	/	有限	/	/	/
	浙鲜豆8号(CK)	卵圆	白	灰	/	/	有限	/	/	/

2015年浙江省鲜食秋大豆区域试验总结

浙江省种子管理总站

一、试验概况

2015年浙江省鲜食秋大豆区域试验参试品种(包括对照)共6个,分别为浙江省农科院作核所选育的浙A0840、浙A0850,衢州市农科院选育的衢0408-1、衢2005-2,国家大豆改良中心、丽水市农科院选育的南农026,对照品种为衢鲜1号。

区域试验采用随机区组排列,小区面积13平方米,3次重复,穴播;生产试验采用大区对比,不设重复,大区面积0.3～0.5亩。试验田四周设保护行,田间管理按当地习惯进行。区试承试单位8个,分别为浙江省农科院作核所、慈溪市农科所、台州市椒江区种子管理站、萧山区农科所、衢州市农科院、东阳市种子管理站、嵊州市农科所、丽水市农科院。

二、试验结果

(一)区域试验

1. 产量:根据6个试点的产量结果汇总分析,浙A0850产量最高,平均亩产638.7千克,比对照增产13.4%,差异具有极显著性;衢2005-2次之,平均亩产604.9千克,比对照增产7.4%,差异具有极显著性;浙A0840居第三位,平均亩产586.2千克,比对照减产4.0%,差异不具有显著性;其余品种均比对照减产(表1)。

2. 生育期:2015年各参试品种生育期变幅为73.6～78.1天,其中浙A0850最短,其次是南农026,为74.8天,衢2005-2最长(表2)。

3. 品质:2015年各参试品种淀粉含量为3.7%～4.7%,其中南农026最高,衢0408-1最低;可溶性总糖含量为2.6%～3.4%,其中浙A0840最高,南农026最低(表3)。

4. 抗病性:经南京农业大学国家大豆改良中心2015年接种鉴定,浙A0850和衢0408-1抗性最好,对SC18和SC15均表现为抗病,其次是南农026,对SC18和SC15均表现中抗(表4)。

三、品种(系)简评

1. 浙A0850(续):系浙江省农科院作核所选育。本年区试平均亩产638.7千克,比对照增产13.4%,差异具有极显著性。2014年区试平均亩产652.3千克,比对照增产3.6%,差异不具有显著性。两年区试平均亩产645.5千克,比对照增产8.2%。生育期两年平均74.3天,比对照短2.9天。该品种为有限结荚习性,株型收敛,株高49.5厘米,主茎节数11.4个,有效分枝数2.0个。叶片卵圆形,紫花,灰毛,青荚淡绿，弯镰形。单株有效荚数42.9个，每荚粒数2.0个，鲜百荚重279.0克，鲜百粒重77.8克。标准荚长5.5厘米，宽1.3厘米。经农业部农产品及转基因产品质量安全监督检验测试中心（杭州）检测，2015年淀粉含量4.2%，可溶性总糖含量2.9%。经南京农业大学接种鉴定，大豆花叶病毒病SC15株系病指20，为抗病，SC18株系病指19，为抗病。

2. 衢2005-2（续）：系衢州市农科院选育。本年区试平均亩产604.9千克，比对照增产7.4%，差异具有极显著性。2014年区试平均亩产681.3千克，比对照增产3.5%，差异不具有显著性。两年区试平均亩产643.1千克，比对照增产5.3%。生育期两年平均79.5天，比对照长2.1天。该品种为有限结荚习性，株型收敛，株高65.1厘米，主茎节数12.7个，有效分枝数1.9个。叶片卵圆形，紫花，灰毛，青荚绿色，弯镰形。单株有效荚数40.9个，每荚粒数1.9个，鲜百荚重321.3克，鲜百粒重80.5克。标准荚长5.8厘米，宽1.5厘米。经农业部农产品及转基因产品质量安全监督检验测试中心（杭州）检测，2015年淀粉含量4.3%，可溶性总糖含量2.8%。经南京农业大学接种鉴定，大豆花叶病毒病SC15株系病指38，为中感，SC18株系病指50，为中感。

3. 浙A0840（续）：系浙江省农科院作核所选育。本年区试平均亩产586.2千克，比对照增产4.0%，差异不具有显著性。2014年区试平均亩产680.5千克，比对照增产3.3%，差异不具有显著性。两年区试平均亩产633.4千克，比对照增产3.7%。生育期两年平均79.1天，比对照长1.7天。该品种为有限结荚习性，株型收敛，株高57.5厘米，主茎节数12.6个，有效分枝数2.3个。叶片卵圆形，紫花，灰毛，青荚绿色，弯镰形。单株有效荚数45.6个，每荚粒数1.9个，鲜百荚重313.5克，鲜百粒重82.5克。标准荚长5.5厘米，宽1.4厘米。经农业部农产品及转基因产品质量安全监督检验测试中心（杭州）检测，2015年淀粉含量4.3%，可溶性总糖含量3.4%。经南京农业大学接种鉴定，大豆花叶病毒病SC15株系病指63，为感病，SC18株系病指50，为中感。

4. 南农026：系国家大豆改良中心、丽水市农科院选育。本年区试平均亩产550.2千克，比对照减产2.3%，差异不具有显著性。生育期74.8天，比对照短0.7天。该品种为有限结荚习性，株型收敛，株高54.7厘米，主茎节数12.3个，有效分枝数1.8个。叶片卵圆形，紫花，灰毛，青荚绿色，弯镰形。单株有效荚数58.4个，每荚粒数2.1个，鲜百荚重284.6克，鲜百粒重75.3克。标准荚长5.3厘米，宽1.25厘米。经农业部农产品及转基因产品质量安全监督检验测试中心（杭州）检测，2015年淀粉含量4.7%，可溶性总糖含量2.6%。经南京农业大学接种鉴定，大豆花叶病毒病SC15株系病指29，为中抗，SC18株系病指33，为中抗。

5. 衢0408-1：系衢州市农科院选育。本年区试平均亩产527.4千克，比对照减产6.4%，差异具有极显著性。生育期76.5天，比对照长1.1天。该品种为有限结荚习性，株型收敛，株高61.5厘米，主茎节数12.4个，有效分枝数2.1个。叶片卵圆形，紫花，灰毛，青荚淡绿，弯镰形。单株有效荚数53.3个，每荚粒数1.9个，鲜百荚重257.3克，鲜百粒重72.1克。标准荚长5.7厘米，宽1.3厘米。经农业部农产品及转基因产品质量安全监督检验测试中心（杭州）检测，2015年淀粉含量3.7%，可溶性总糖含量3.1%。经南京农业大学接种鉴定，大豆花叶病毒病SC15株系病指9，为抗病，SC18株系病指18，为抗病。

表 1　2015 年浙江省秋季鲜食大豆区域试验品种产量汇总

（单位：千克/亩）

试验类别	品种名称	产量	比对照（%）	差异显著性		续试品种上年产量		两年平均		各试点产量							
				5%	1%	产量	比 CK（%）	产量	比 CK（%）	慈溪	东阳	椒江	丽水	衢州	省农科院	嵊州	萧山
区域试验	浙 A0850(续)	638.7	13.4	a	A	652.3	3.6	645.5	8.2	820.6	726.5	829.1	562.1	537.4	514.4	430.6	688.9
	衢 2005-2(续)	604.9	7.4	b	B	681.3	3.5	643.1	5.3	696.6	721.4	639.3	537.6	582.5	511.8	502.2	647.9
	浙 A0840(续)	586.2	4.0	b	BC	680.5	3.3	633.4	3.7	712.0	712.9	529.9	488.6	569.1	513.2	517.5	646.2
	衢鲜 1 号(CK)	563.4	0.0	c	C					645.3	680.4	510.8	516.4	532.2	495.2	461.7	665.0
	南农 026	550.2	−2.3	c	CD					520.5	630.8	523.1	558.9	550.0	541.1	436.1	641.1
	衢 0408-1	527.4	−6.4	d	D					643.6	577.8	466.7	415.1	545.3	497.8	377.1	695.8

表 2　2015 年浙江省秋季鲜食大豆区域试验品种经济性状汇总

试验类别	品种名称	年份	生育期（天）	比对照（天）	株高（厘米）	主茎节数	有效分枝数	单株总荚数	秕荚数	单株有效荚数	每荚粒数	鲜百荚重（克）	（鲜）百粒重（克）	标准荚（厘米）		口感
														长	宽	
区域试验	浙 A0840(续)	2015	77.3	1.8	56.5	12.4	2.4	69.3	6.0	63.4	1.9	314.6	82.4	5.2	1.45	A
		2014	80.9	1.6	58.5	12.8	2.2	31.1	3.3	27.8	1.9	312.4	82.6	5.7	1.4	/
		平均	79.1	1.7	57.5	12.6	2.3	50.2	4.7	45.6	1.9	313.5	82.5	5.5	1.4	/
	浙 A0850(续)	2015	73.6	−1.8	53.1	11.6	2.5	71.1	8.4	62.7	2.0	294.3	79.2	5.5	1.3	B
		2014	74.9	−4.1	45.9	11.2	1.5	26.8	3.6	23.1	2.0	263.6	76.5	5.5	1.3	/
		平均	74.3	−2.9	49.5	11.4	2.0	49.0	6.0	42.9	2.0	279.0	77.8	5.5	1.3	/
	衢 2005-2(续)	2015	78.1	2.7	65.4	12.2	1.8	58.5	3.3	55.2	2.0	339.3	80.9	5.9	1.5	B
		2014	80.9	1.6	64.7	13.2	2.1	29.0	2.3	26.7	1.9	303.4	80.1	5.6	1.5	/
		平均	79.5	2.1	65.1	12.7	1.9	43.7	2.8	40.9	1.9	321.3	80.5	5.8	1.5	/
	衢鲜 1 号(CK)	2015	75.4	0.0	56.7	12.6	1.9	59.5	4.2	55.3	2.0	268.1	70.2	5.0	1.25	A
	南农 026	2015	74.8	−0.7	54.7	12.3	1.8	63.8	5.5	58.4	2.1	284.6	75.3	5.3	1.25	B
	衢 0408-1	2015	76.5	1.1	61.5	12.4	2.1	58.3	4.8	53.3	1.9	257.3	72.1	5.7	1.3	B

表3 2015年浙江省秋季鲜食大豆区域试验品种农艺性状汇总

试验类别	品种名称	株型	结荚习性	叶形	花色	茸毛色	青荚色	荚型
区域试验	南农026	收敛	有限	卵圆	紫	灰	绿	弯镰
	衢0408-1	收敛	有限	卵圆	紫	灰	淡绿	弯镰
	衢2005-2(续)	收敛	有限	卵圆	紫	灰	绿	弯镰
	衢鲜1号(CK)	收敛	有限	卵圆	白	灰	淡绿	弯镰
	浙A0840(续)	收敛	有限	卵圆	紫	灰	绿	弯镰
	浙A0850(续)	收敛	有限	卵圆	紫	灰	淡绿	弯镰

表4 2015年浙江省秋季鲜食大豆区试品种病毒病抗性和品质汇总

品种	年份	SC15		SC18		品质	
		病情指数%	抗性结论	病情指数%	抗性结论	淀粉(克/100克)	可溶性总糖(克/100克)
浙A0840(续)	2015	63	感病	50	中感	4.30	3.40
	2014	63	感病	46	中感	5.45	2.58
浙A0850(续)	2015	20	抗病	19	抗病	4.20	2.90
	2014	29	中抗	31	中抗	2.76	2.90
衢2005-2(续)	2015	38	中感	50	中感	4.30	2.80
	2014	63	感病	47	中感	4.75	2.84
衢0408-1	2015	9	抗病	18	抗病	3.70	3.10
南农026	2015	29	中抗	33	中抗	4.70	2.60
衢鲜1号(CK)	2015	37	中感	27	中抗	4.20	3.10

2015年浙江省秋大豆区域试验和生产试验总结

浙江省种子管理总站

一、试验概况

2015年浙江省秋大豆区域试验参试品种(包括对照)共7个,分别为浙江省农科院作核所选育的浙A0843、浙A0943,衢州市农科院选育的衢0404-1、衢2002-1(续),丽水市农科院选育的丽2003-1(续)、丽2004-16,对照品种为浙秋豆2号。生产试验参试品种为衢州市农科院选育的衢2002-8,对照品种为浙秋豆2号。

区域试验采用随机区组排列,小区面积13平方米,3次重复,穴播;生产试验采用大区对比,不设重复,大区面积0.3～0.5亩。试验田四周设保护行,田间管理按当地习惯进行。区试承试单位8个,分别为浙江省农科院作核所、慈溪市农科所、台州市椒江区种子管理站、萧山区农科所、衢州市农科院、东阳市种子管理站、嵊州市农科所、丽水市农科院。生产试验承试单位共7个,分别为慈溪市农科所、台州市椒江区种子管理站、萧山区农科所、衢州市农科院、东阳市种子管理站、嵊州市农科所、丽水市农科院。其中生产试验椒江点因当作鲜食大豆提早收割,结果未予汇总。

二、试验结果

(一) 区域试验

1. 产量:根据8个试点的产量结果汇总分析,浙A0843产量最高,平均亩产151.3千克,比对照增产23.0%,差异具有极显著性,比平均产量增产11.1%;衢0404-1次之,平均亩产147.2千克,比对照增产19.7%,差异具有极显著性,比平均产量增产8.2%;丽2003-1居第三位,平均亩产140.4千克,比对照增产14.1%,差异具有极显著性,比平均产量增产3.1%;浙A0943居第四位,平均亩产132.4千克,比对照增产7.6%,差异具有显著性,比平均产量减产2.7%;丽2004-16居第五位,平均亩产130.7千克,比对照增产6.3%,差异具有显著性,比平均产量减产4.0%。衢2002-1居第六位,平均亩产127.7千克,比对照增产3.8%,差异不具有显著性,比平均产量减产6.2%(表1)。对照浙秋豆2号产量最低,为123.0千克,比对照减产9.6%。

2. 生育期:各参试品种生育期变幅为97.0～102.1天,其中浙A0843最短,其次是浙A0943和浙秋豆2号,为97.5天,丽2003-1最长(表2)。

3. 品质:各参试品种蛋白质含量为42.67%～47.82%,其中丽2003-1最高,衢2002-1最低;粗脂肪含量为15.8%～18.2%,其中衢2002-1最高,衢0404-1最低(表3)。

4. 抗病性:经南京农业大学国家大豆改良中心接种鉴定,2015年衢0404-1、浙A0943、丽2004-16抗SC15和SC18株系,丽2003-1和浙A0843表现为中抗,其余均为感病、中感(表4)。

(二)生产试验

据6个试点产量结果汇总分析，衢2002-8平均亩产127.8千克，比对照增产7.0%。

三、品种(系)简评

1. 浙A0843：系浙江省农科院作核所选育。本年区试平均亩产151.3千克，比对照增产23.0%，差异具有极显著性，比平均产量增产11.1%。生育期97天，比对照短0.5天。该品种为有限结荚习性，株型收敛，株高74.4厘米，主茎节数12.8个，有效分枝数2.4个。叶片卵圆形，紫花，灰毛，种皮黄色，脐色褐，粒型扁圆。单株有效荚数91.3个，每荚粒数2.0个，百粒重29.2克，虫食粒率0.5%，紫斑粒率3.3%，褐斑粒率3%。经农业部农产品及转基因产品质量安全监督检验测试中心(杭州)检测，2015年蛋白质含量45.28%，粗脂肪含量16.4%。经南京农业大学接种鉴定，大豆花叶病毒病SC15株系病指31，为中抗，SC18株系病指31，为中抗。

2. 衢0404-1：系衢州市农科院选育。本年区试平均亩产147.2千克，比对照增产19.7%，差异具有极显著性，比平均产量增产8.2%。生育期99.6天，比对照长2.1天。该品种为有限结荚习性，株型收敛，株高64.5厘米，主茎节数13.2个，有效分枝数1.8个。叶片卵圆形，紫花，灰毛，种皮黄色，脐色淡褐，粒型扁圆。单株有效荚数62.0个，每荚粒数2.2个，百粒重36.6克，虫食粒率1.1%，紫斑粒率4.5%，褐斑粒率3.3%。经农业部农产品及转基因产品质量安全监督检验测试中心(杭州)检测，2015年蛋白质含量46.69%，粗脂肪含量15.8%。经南京农业大学接种鉴定，大豆花叶病毒病SC15株系病指3，为抗病，SC18株系病指4，为抗病。

3. 丽2003-1(续)：本年区试平均亩产140.4千克，比对照增产14.1%，差异具有极显著性，比平均产量增产3.1%。2014年区试平均亩产149.9千克，比对照增产9.0%，差异不具有显著性。两年区试平均亩产145.2千克，比对照增产6.1%。生育期两年平均102.4天，比对照长6.1天。该品种为有限结荚习性，株型收敛，株高80.7厘米，主茎节数14.6个，有效分枝数3.0个。叶片卵圆形，紫花，灰毛，种皮黄色，脐色深褐，粒型椭圆。单株有效荚数52.5个，每荚粒数1.8个，百粒重32.9克，虫食粒率2.2%，紫斑粒率1.8%，褐斑粒率2.6%。经农业部农产品及转基因产品质量安全监督检验测试中心(杭州)检测，2015年蛋白质含量47.82%，粗脂肪含量16.0%。经南京农业大学接种鉴定，大豆花叶病毒病SC15株系病指26，为中抗，SC18株系病指28，为中抗。

4. 浙A0943：系浙江省农科院作核所选育。本年区试平均亩产132.4千克，比对照增产7.6%，差异具有显著性，比平均产量减产2.7%。生育期97.5天，和对照相同。该品种为有限结荚习性，株型收敛，株高71.1厘米，主茎节数13.0个，有效分枝数3.1个。叶片卵圆形紫花灰毛，种皮黄色，脐色褐，粒型扁椭。单株有效荚数85.1个，每荚粒数2.0个，百粒重23.7克，虫食粒率2.1%，紫斑粒率7.5%，褐斑粒率2.9%。经农业部农产品及转基因产品质量安全监督检验测试中心(杭州)检测，2015年蛋白质含量46.76%，粗脂肪含量16.8%。经南京农业大学接种鉴定，大豆花叶病毒病SC15株系病指14，为抗病，SC18株系病指2，为抗病。

5. 丽2004-16：系丽水市农科院选育。本年区试平均亩产130.7千克，比对照增产6.3%，差异具有显著性，比平均产量减产4.0%。生育期102.0天，比对照长4.5天。该品种为有限结荚习性，株型收敛，株高89.1厘米，主茎节数15.9个，有效分枝数2.7个。叶片卵圆形，白花，灰毛，种皮黄色，脐色褐，粒型椭圆。单株有效荚数88.8个，每荚粒数1.8个，百粒重24.5克，虫食粒率7.6%，紫斑粒率2.2%，褐斑粒率2.9%。经农业部农产品及转基因产品质量安全监督检验测试中心(杭州)检测，2015年蛋白质含量46.58%，粗脂肪含量17.2%。经南京农业大学接种鉴定，大豆花叶病毒病SC15株系病指13，为抗病，

SC18 株系病指 5，为抗病。

6. 衢 2002-1（续）：系衢州市农科院选育。本年区试平均亩产 127.7 千克，比对照增产 3.8%，差异不具有显著性，比平均产量减产 6.2%。2014 年区试平均亩产 148.9 千克，比对照增产 8.3%，差异不具有显著性。两年区试平均亩产 138.3 千克，比对照增产 1.1%。生育期两年平均 99.0 天，比对照长 2.7 天。该品种为有限结荚习性，株型收敛，株高 68.0 厘米，主茎节数 14.6 个，有效分枝数 2.4 个。叶片披针形，白花，灰毛，种皮绿色，脐色褐，粒型扁椭。单株有效荚数 49.4 个，每荚粒数 2.1 个，百粒重 33.9 克，虫食粒率 0.5%，紫斑粒率 1.8%，褐斑粒率 1.9%。经农业部农产品及转基因产品质量安全监督检验测试中心（杭州）检测，2015 年蛋白质含量 42.67%，粗脂肪含量 18.2%。经南京农业大学接种鉴定，大豆花叶病毒病 SC15 株系病指 46，为中感，SC18 株系病指 50，为中感。

表1　2015年浙江省秋大豆参试品种区域试验和生产试验产量汇总

（单位：千克/亩）

试验类别	品种名称	产量	比对照（%）	比平均（%）	差异显著性（LSD）		续试品种上年产量		两年平均		各试点产量							
					5%	1%	产量	比CK（%）	产量	比CK（%）	慈溪	东阳	椒江	丽水	衢州	省农科院	嵊州	萧山
区域试验	浙A0843	151.3	23.0	11.1	a	A					181.0	179.5	131.6	161.8	144.4	151.5	123.6	136.8
	衢0404-1	147.2	19.7	8.2	a	AB					181.3	174.4	141.9	146.2	143.6	141.4	115.7	133.3
	丽2003-1（续）	140.4	14.1	3.1	b	B	149.9	9.0	145.2	6.1	133.2	171.8	136.8	153.6	145.2	141.0	111.3	129.9
	浙A0943	132.4	7.6	−2.7	c	BC					157.9	138.5	111.3	98.0	141.0	147.2	111.5	153.9
	丽2004-16	130.7	6.3	−4.0	c	C					114.8	172.7	97.4	139.7	149.8	138.6	118.1	114.5
	衢2002-1（续）	127.7	3.8	−6.2	cd	C	148.9	8.3	138.3	1.1	170.7	118.0	114.5	110.3	150.1	136.6	101.7	119.7
	浙秋豆2号（CK）	123.0	0.0	−9.6	d	C					153.0	126.5	118.5	106.2	137.9	132.3	103.9	106.0
	平均产量	136.1																
生产试验	衢2002-8	127.8	7.0								139.7	99.1	报废	101.6	180.6		106.9	138.6
	浙秋豆2号（CK）	119.4									147.8	97.9	报废	97.1	160.4		98.7	114.4

表 2　2015 年浙江省秋大豆区域试验和生产试验品种经济性状汇总

试验类别	品种名称	年份	生育期（天）	比对照（天）	株高（厘米）	主茎节数	结荚高度（厘米）	有效分枝数	单株总荚数	秕荚数	单株有效荚数	每荚粒数	百粒重（克）	虫食粒率（%）	紫斑粒率（%）	褐斑粒率（%）
区域试验	丽 2003-1(续)	2015	102.1	4.6	82.8	13.8	23.4	2.8	85.3	11.5	73.8	1.8	32.8	1.8	3.4	4.2
		2014	102.6	7.5	78.7	15.4		3.2	36.5	5.3	31.2	1.7	33.0	2.6	0.1	1.0
		平均	102.4	6.1	80.7	14.6	23.4	3.0	60.9	8.4	52.5	1.8	32.9	2.2	1.8	2.6
	衢 2002-1(续)	2015	101.0	3.5	71.2	14.1	18.4	2.3	76.4	8.9	67.5	2.2	35.6	0.1	2.9	3.1
		2014	96.9	1.8	64.9	15.2		2.6	35.6	4.4	31.2	2.0	32.1	0.9	0.8	0.6
		平均	99.0	2.7	68.0	14.6	18.4	2.4	56.0	6.6	49.4	2.1	33.9	0.5	1.8	1.9
	丽 2004-16	2015	102.0	4.5	89.1	15.9	26.7	2.7	101.1	12.3	88.8	1.8	24.5	7.6	2.2	2.9
	衢 0404-1	2015	99.6	2.1	64.5	13.2	15.1	1.8	65.7	3.7	62.0	2.2	36.6	1.1	4.5	3.3
	浙 A0843	2015	97.0	−0.5	74.4	12.8	25.6	2.4	102.4	11.2	91.3	2.0	29.2	0.5	3.3	3.0
	浙 A0943	2015	97.5	0.0	71.1	13.0	18.9	3.1	94.1	9.0	85.1	2.0	23.7	2.1	7.5	2.9
	浙秋豆 2 号(CK)	2015	97.5	0.0	75.6	14.5	22.5	3.5	102.3	9.8	92.5	1.9	28.5	1.2	6.4	3.4
生产试验	衢 2002-8	2015	96.2	−1.1												
	浙秋豆 2 号(CK)	2015	97.3													

表3　2015年浙江省秋大豆区域试验和生产试验品种农艺性状汇总

试验类别	品种名称	叶形	花色	茸毛色	荚型	结荚习性	株型	种皮色	脐色	粒型
区域试验	丽2003-1(续)	卵圆	紫	灰	弯镰	有限	收敛	黄	深褐	椭圆
	衢2002-1(续)	披针	白	灰	弯镰	有限	收敛	绿	褐	扁椭
	丽2004-16	卵圆	白	灰	弯镰	有限	收敛	黄	褐	椭圆
	衢0404-1	卵圆	紫	灰	弯镰	有限	收敛	黄	淡褐	扁圆
	浙A0843	卵圆	紫	灰	弯镰	有限	收敛	黄	褐	扁圆
	浙A0943	卵圆	紫	灰	弯镰	有限	收敛	黄	褐	扁椭
	浙秋豆2号(CK)	卵圆	紫	灰	弯镰	有限	收敛	黄	褐	椭圆
生产试验	衢2002-8	卵圆	紫	灰		有限				
	浙秋豆2号(CK)	卵圆	紫	灰		有限				

表4　2015年省秋大豆区域试验品种病毒病抗性和品质汇总

品种	年份	SC15		SC18		品质	
		病情指数%	抗性结论	病情指数%	抗性结论	蛋白质含量(%)	粗脂肪含量(%)
丽2003-1(续)	2015	26	中抗	28	中抗	47.82	16.0
	2014	50	中感	50	中感	49.00	15.1
衢2002-1(续)	2015	46	中感	50	中感	42.67	18.2
	2014	63	感病	45	中感	44.72	20.9
衢0404-1	2015	3	抗病	4	抗病	46.69	15.8
浙A0943	2015	14	抗病	2	抗病	46.76	16.8
浙A0843	2015	31	中抗	31	中抗	45.28	16.4
丽2004-16	2015	13	抗病	5	抗病	46.58	17.2
浙秋豆2号	2015	42	中感	41	中感	44.66	16.2

2015年浙江省普通玉米品种区域试验总结

浙江省种子管理总站

一、试验概况

区域试验和生产试验参试品种见表1。区域试验采用随机区组设计，小区面积20平方米，3次重复，四周设保护行。所有参试品种同期播种、移栽，其他田间管理按当地习惯进行，及时防治病虫害，观察记载项目和标准按试验方案及《浙江省玉米区域试验和生产试验技术操作规程(试行)》进行。

区域试验承试单位6个，分别由浙江省东阳玉米研究所、临安市种子管理站、仙居县种子管理站、江山市种子管理站、淳安县种子管理站和嵊州市农科所承担。

品质分析由农业部稻米及制品质量监督检验测试中心承担，检测样品由东阳玉米研究所提供，抗病性鉴定由东阳玉米研究所承担。

二、试验结果

(一) 区域试验

1. 产量：据6个试点的产量结果汇总分析，参试品种中产量最高的是梦玉908，达527.4千克，比对照郑单958增产14.7%，达极显著水平；其次为WK199，为497.2千克，比对照郑单958增产8.2%，未达显著水平；第三是京农科921，为483.4千克，比对照郑单958增产5.2%，未达显著水平；另外比对照郑单958增产的还有铁研669、科单168、温联13-2和浙单12，其余参试品种均比对照减产。

2. 生育期：生育期变幅为106.5～111.2天，其中龙作1号最短，科单168最长。

3. 品质：经农业部稻米及制品质量监督检验测试中心检测，蛋白质含量变幅为8.3%～9.9%，其中普玉2012-1最高，科单168最低；赖氨酸(水解)含量变幅为101～295毫克每100克，其中普玉2012-1最高，京农科921最低；脂肪变幅为3.0%～3.9%，以浙单12最高，丰玉一号和WK199最低；淀粉含量变幅为66.19%～70.98%，科单168最高，梦玉908最低；容重变幅为711～777克，其中温联13-2最高，京农科921最低。

4. 抗性：经东阳玉米研究所抗病虫接种鉴定，2015年玉米小斑病京农科921和温联13-2表现为感，浙单12、普玉2012-1和WK199表现为高抗，其余参试品种均为抗或者中抗。玉米大斑病京农科921、普玉2012-1和丰玉一号表现为高感，龙作1号和温联13-2表现为中抗，其余参试品种均表现为抗或者高抗。玉米茎腐病浙单12表现为高感，龙作1号、温联13-2和梦玉908表现为中抗，其余品种均表现为抗或者高抗。对玉米螟抗性科单168和京农科921表现为中抗，其余品种均表现为感或者高感。对纹枯病的抗性龙作1号表现为高感，其余品种均表现为抗或者高抗。

三、品种简评

(一)区域试验

1. 龙作1号(续):系浙江勿忘农种业股份有限公司选育的普通玉米杂交品种。本区试平均亩产442.6千克,比对照郑单958减产3.7%,未达显著水平;2014年区试平均亩产412.1千克,比对照郑单958减产6.4%,达极显著水平;两年平均亩产427.37千克,比对照郑单958减产5%。该品种生育期106.5天,比对照郑单958长1.2天。株型紧凑,株高235.4厘米,穗位高79.2厘米,空秆率0.5%,倒伏率0,倒折率0。果穗筒形,籽粒黄色,马齿型,轴深红色,穗长16.3厘米,穗粗4.9厘米,轴粗3.0厘米,秃尖长1.5厘米,穗行数16.5行,行粒数30.6粒,千粒重287.8克。品质经农业部稻米及制品质量监督检验测试中心检测,籽粒容重738克每升,蛋白质含量9.2%,脂肪含量3.3%,淀粉含量67.84%,赖氨酸(水解)242毫克每100克。该品种中抗大斑病,抗小斑病,中抗茎腐病,高感玉米螟,高感纹枯病。经专业组讨论该品种产量等未达审定标准,终止试验。

2. 科单168(续):系浙江农科种业有限公司选育的普通玉米杂交品种。本区试平均亩产471.4千克,比对照郑单958增产2.6%,未达显著水平;2014年区试平均亩产453.5千克,比对照郑单958增产3%,未达显著水平;两年平均亩产462.45千克,比对照郑单958增产2.8%。该品种2015年生育期111.2天,比对照郑单958长5.9天。株型半紧凑,株高257.9厘米,穗位高108.6厘米,空秆率0.2%,倒伏率20.4%,倒折率4.2%。果穗筒形,籽粒浅黄色,马齿型,轴红色,穗长19.1厘米,穗粗4.8厘米,轴粗2.9厘米,秃尖长2.4厘米,穗行数16.3行,行粒数36.0粒,千粒重268.1克。品质经农业部稻米及制品质量监督检验测试中心检测,籽粒容重726克每升,蛋白质含量8.3%,脂肪含量3.3%,淀粉含量70.98%,赖氨酸(水解)208毫克每100克。该品种抗大斑病,抗小斑病,高抗茎腐病,中抗玉米螟,高抗纹枯病。经专业组讨论该品种产量未达标但高抗茎腐病,下年度进入生产试验。

3. 京农科921(续):系合肥丰乐种业股份有限公司选育的普通玉米杂交品种。本区试平均亩产483.4千克,比对照郑单958增产5.2%,未达显著水平;2014年区试平均亩产470.2千克,比对照郑单958增产6.7%,达极显著水平;两年平均亩产476.8千克,比对照郑单958增产5.9%。2015年该品种生育期108.5天,比对照郑单958长3.2天。株型半紧凑,株高269.7厘米,穗位高101.6厘米,空秆率0.6%,倒伏率6%,倒折率3.1%。果穗筒形,籽粒黄色,马齿型,轴白色,穗长16.5厘米,穗粗5.4厘米,轴粗3.3厘米,秃尖长1.8厘米,穗行数16.5行,行粒数31.3粒,千粒重309克。品质经农业部稻米及制品质量监督检验测试中心检测,籽粒容重711克每升,蛋白质含量9.4%,脂肪含量3.1%,淀粉含量67.04%,赖氨酸(水解)101毫克每100克。该品种感大斑病,感小斑病,高抗茎腐病,中抗玉米螟,抗纹枯病。经专业组讨论该品种产量达审定标准,下年度进入生产试验。

4. 温联13-2(续):系温州市农科院作物所选育的普通玉米杂交品种。本区试平均亩产462.8千克,比对照郑单958增产0.7%,未达显著水平;2014年区试平均亩产469.3千克,比对照郑单958增产6.5%,达极显著水平;两年平均亩产466.1千克,比对照郑单958增产3.6%。2015年该品种生育期107.2天,比对照郑单958长1.9天。株型半紧凑,株高252厘米,穗位高84.1厘米,空秆率0,倒伏率5.2%,倒折率0。果穗筒形,籽粒黄色,半马齿型,轴深红色,穗长16.6厘米,穗粗4.7厘米,轴粗2.8厘米,秃尖长1.4厘米,穗行数17行,行粒数34.9粒,千粒重259.9克。品质经农业部稻米及制品质量监督检验测试中心检测,籽粒容重777克每升,蛋白质含量9.4%,脂肪含量3.2%,淀粉含量68.32%,赖氨酸(水解)246毫克每100克。该品种中抗大斑病,感小斑病,中抗茎腐病,高感玉米螟,高抗纹枯病。经专业组讨论该品种产量未达审定标准,终止试验。

5. 铁研 669(续)：系辽宁铁研种业科技有限公司选育的普通玉米杂交品种。本区试平均亩产 474.0 千克，比对照郑单 958 增产 3.1%，未达显著水平；2014 年区试平均亩产 450.9 千克，比对照郑单 958 增产 2.4%，未达显著水平；两年平均亩产 462.45 千克，比对照郑单 958 增产 2.8%。2015 年该品种生育期 110.2 天，比对照郑单 958 长 4.9 天。株型半紧凑，株高 268.8 厘米，穗位高 105.2 厘米，空秆率 0.3%，倒伏率 19.1%，倒折率 6%。果穗筒形，籽粒黄色，半马齿型，轴红色，穗长 18.6 厘米，穗粗 4.8 厘米，轴粗 2.8 厘米，秃尖长 1.3 厘米，穗行数 16.2 行，行粒数 37.8 粒，千粒重 261.5 克。品质经农业部稻米及制品质量监督检验测试中心检测，籽粒容重 720 克每升，蛋白质含量 9%，脂肪含量 3.2%，淀粉含量 70.19%，赖氨酸(水解)219 毫克每 100 克。该品种高抗大斑病，抗小斑病，高抗茎腐病，感玉米螟，高抗纹枯病。经专业组讨论该品种产量未达审定标准，终止试验。

6. 浙单 12：系浙江省东阳玉米研究所选育的普通玉米杂交品种。本区试平均亩产 460.8 千克，比对照郑单 958 增产 0.3%，未达显著水平。该品种生育期 107.2 天，比对照郑单 958 长 1.9 天。株型半紧凑，株高 255.2 厘米，穗位高 82.3 厘米，空秆率 0.5%，倒伏率 6.5%，倒折率 1.1%。果穗筒形，籽粒黄色，半马齿型，轴白色，穗长 17.9 厘米，穗粗 4.5 厘米，轴粗 2.9 厘米，秃尖长 1.5 厘米，穗行数 14.8 行，行粒数 32.6 粒，千粒重 321.1 克。品质经农业部稻米及制品质量监督检验测试中心检测，籽粒容重 770 克每升，蛋白质含量 9%，脂肪含量 3.9%，淀粉含量 67.47%，赖氨酸(水解)238 毫克每 100 克。该品种抗大斑病，高抗小斑病，高感茎腐病，高感玉米螟，抗纹枯病。经专业组讨论该品种未达审定标准，终止试验。

7. 普玉 2012-1：系浙江之豇种业有限责任公司选育的普通玉米杂交品种。本区试平均亩产 404.2 千克，比对照郑单 958 减产 12.1%，达极显著水平。该品种生育期 107.2 天，比对照郑单 958 长 1.9 天。株型平展，株高 279 厘米，穗位高 114.1 厘米，空秆率 0.4%，倒伏率 11.8%，倒折率 2.1%。果穗筒形，籽粒黄色，半马齿型，轴红色，穗长 16.1 厘米，穗粗 4.7 厘米，轴粗 3 厘米，秃尖长 1.3 厘米，穗行数 16.9 行，行粒数 30.4 粒，千粒重 274.7 克。品质经农业部稻米及制品质量监督检验测试中心检测，籽粒容重 773 克每升，蛋白质含量 9.9%，脂肪含量 3.5%，淀粉含量 68.22%，赖氨酸(水解)295 毫克每 100 克。该品种感大斑病，高抗小斑病，抗茎腐病，感玉米螟，抗纹枯病。经专业组讨论该品种未达审定标准，终止试验。

8. 丰玉一号：系浙江可得丰种业公司选育的普通玉米杂交品种。本区试平均亩产 439.5 千克，比对照郑单 958 减产 4.4%，未达显著水平。该品种生育期 109.7 天，比对照郑单 958 长 4.4 天。株型平展，株高 265.9 厘米，穗位高 104.3 厘米，空秆率 2.5%，倒伏率 14.3%，倒折率 0。果穗筒形，籽粒黄色，半马齿型，轴红色，穗长 17.9 厘米，穗粗 5 厘米，轴粗 3.3 厘米，秃尖长 1.3 厘米，穗行数 17.2 行，行粒数 33.3 粒，千粒重 266.9 克。品质经农业部稻米及制品质量监督检验测试中心检测，籽粒容重 750 克每升，蛋白质含量 9.6%，脂肪含量 3%，淀粉含量 70.09%，赖氨酸(水解)250 毫克每 100 克。该品种感大斑病，中抗小斑病，高抗茎腐病，高感玉米螟，抗纹枯病。经专业组讨论该品种未达审定标准，终止试验。

9. WK199：系金华三才种业公司选育的普通玉米杂交品种。本区试平均亩产 497.2 千克，比对照郑单 958 增产 8.2%，未达显著水平。该品种生育期 108 天，比对照郑单 958 长 2.7 天。株型紧凑，株高 258.4 厘米，穗位高 105 厘米，空秆率 16.7%，倒伏率 42.4%，倒折率 4.2%。果穗筒形，籽粒黄色，半马齿型，轴白色，穗长 17.3 厘米，穗粗 5.1 厘米，轴粗 3 厘米，秃尖长 0.5 厘米，穗行数 15.8 行，行粒数 34.4 粒，千粒重 295.4 克。品质经农业部稻米及制品质量监督检验测试中心检测，籽粒容重 731 克每升，蛋白质含量 9.6%，脂肪含量 3%，淀粉含量 69.34%，赖氨酸(水解)257 毫克每 100 克。该品种高抗大斑病，高抗小斑病，高抗茎腐病，高感玉米螟，高抗纹枯病。经专业组讨论该品种产量达审定标准，下年度继续区试。

10. 钱玉 1302：系浙江勿忘农种业股份有限公司选育的普通玉米杂交品种。本区试平均亩产

438.7千克，比对照郑单958减产4.6%，未达显著水平。该品种生育期108天，比对照郑单958长2.7天。株型半紧凑，株高260.7厘米，穗位高97.4厘米，空秆率2.5%，倒伏率40.5%，倒折率6.3%。果穗筒形，籽粒橙黄色，硬粒型，轴白色，穗长19.5厘米，穗粗5厘米，轴粗3.2厘米，秃尖长2.8厘米，穗行数14.3行，行粒数31.8粒，千粒重315.2克。品质经农业部稻米及制品质量监督检验测试中心检测，籽粒容重769克每升，蛋白质含量8.7%，脂肪含量3.4%，淀粉含量68.88%，赖氨酸(水解)216毫克每100克。该品种高抗大斑病，抗小斑病，抗茎腐病，感玉米螟，高抗纹枯病。经专业组讨论该品种未达审定标准，终止试验。

11. 梦玉908：系临安农科种业有限公司选育的普通玉米杂交品种。本区试平均亩产527.4千克，比对照郑单958增产14.7%，达极显著水平。该品种生育期108.8天，比对照郑单958长3.5天。株型紧凑，株高246.9厘米，穗位高90.2厘米，空秆率0，倒伏率9.7%，倒折率4.2%。果穗筒形，籽粒黄色，半马齿型，轴白色，穗长16.7厘米，穗粗4.9厘米，轴粗2.9厘米，秃尖长0.5厘米，穗行数14.8行，行粒数36.5粒，千粒重308.6克。品质经农业部稻米及制品质量监督检验测试中心检测，籽粒容重761克每升，蛋白质含量8.9%，脂肪含量3.5%，淀粉含量66.19%，赖氨酸(水解)219毫克每100克。该品种抗大斑病，抗小斑病，中抗茎腐病，高感玉米螟，高抗纹枯病。经专业组讨论该品种产量达审定标准，下年度继续区试。

相关表格见表1至表6。

表1　2015年浙江省普通玉米品种试验参试品种

试验组别	品种名称	申报(供种)单位
区域试验	龙作1号(续)	浙江勿忘农种业股份有限公司
	科单168(续)	浙江农科种业有限公司
	京农科921(续)	合肥丰乐种业股份有限公司
	温联13-2(续)	温州市农科院作物所
	铁研669(续)	辽宁铁研种业科技有限公司
	浙单12	浙江省东阳玉米研究所
	普玉2012-1	浙江之豇种业有限责任公司
	丰玉一号	浙江可得丰种业公司
	WK199	金华三才种业公司
	钱玉1302	浙江勿忘农种业股份有限公司
	梦玉908	临安农科种业有限公司
	郑单958(CK)	杭州良种引进公司

表 2　2015 年浙江省普通玉米区域试验品种产量汇总分析

（单位：千克/亩）

品种名称	年份	平均产量	比 CK（%）	显著性检验		各试点产量					
				0.05	0.01	淳安	临安	嵊州	江山	东阳	仙居
梦玉 908	2015	527.4	14.7	a	A	519.6	470.1	566.8	517.4	596.6	493.8
WK199	2015	497.2	8.2	ab	AB	629.1	430.1	388.8	533.5	558.2	443.8
京农科 921(续)	2015	483.4	5.2	bc	ABC	518.7	463.4	454.4	465.8	586.3	412.0
	2014	474.6	6.3	bc	AB	523.4	347.8	495.7	481.1	523.7	476.0
	平均	479.0	5.75			521.05	405.6	475.05	473.45	555.0	444.0
铁研 669(续)	2015	474.0	3.1	bcd	ABC	490.7	456.8	471.2	482.6	541.5	401.2
	2014	469.1	5.0	c	BC	581.2	438.9	381.8	393.9	489.3	529.7
	平均	471.6	4.1			536.0	447.9	426.5	438.3	515.4	465.5
科单 168(续)	2015	471.4	2.6	bcd	BC	526.3	473.5	423.3	516.4	491.9	397.1
	2014	470.7	5.4	bc	B	511.8	431.1	409.3	404.1	526.2	541.9
	平均	471.1	4.0			519.1	452.3	416.3	460.3	509.1	469.5
温联 13-2(续)	2015	462.8	0.7	bcd	BC	542.3	423.4	482.2	456.5	510.3	362.2
	2014	486.5	8.9	ab	AB	585.9	412.2	500.9	401.2	490.0	528.9
	平均	474.7	4.8			564.1	417.8	491.6	428.9	500.2	445.6
浙单 12	2015	460.8	0.3	bcd	BC	452.7	425.1	433.4	505.6	531.3	416.6
郑单 958(CK)	2015	459.6	0.0	bcd	BC	480.8	430.1	477.9	481.0	505.8	382.2
	2014	446.6	0.0	d	CD	537.7	334.4	456.0	388.6	479.9	483.1
	平均	455.7	0.1			490.4	396.5	455.8	458.4	505.7	427.3
龙作 1 号(续)	2015	442.6	−3.7	cde	BCD	403.9	455.1	474.9	505.7	480.5	335.4
	2014	434.5	−2.7	de	DE	547.1	330.0	487.0	398.1	424.8	420.1
	平均	438.6	−3.2			475.5	392.6	481.0	451.9	452.7	377.8
丰玉一号	2015	439.5	−4.4	de	CD	461.3	406.8	414.6	483.6	482.2	388.4
钱玉 1302	2015	438.7	−4.6	de	CD	415.6	453.4	392.1	459.8	509.3	401.9
普玉 2012-1	2015	404.2	−12.1	e	D	398.7	351.8	419.9	432.4	459.4	363.1

表3　2015年浙江省普通玉米区域试验品种生育期和植株性状汇总

试验类别	品种名称	年份	生育期（天）	株高（厘米）	穗位高（厘米）	株型	空秆率（%）	倒伏率（%）	倒折率（%）
区域试验	龙作1号(续)	2015	106.5	235.4	79.2	紧凑	0.5	0.0	0.0
		2014	100.3	226.4	75.3	半紧凑	0.4	3.0	0.0
		平均	103.4	230.9	77.3		0.5	1.5	0.0
	科单168(续)	2015	111.2	257.9	108.6	半紧凑	0.2	20.4	4.2
		2014	106.9	246.3	102.1	半紧凑	0.6	9.4	0.0
		平均	109.1	252.1	105.4		0.4	14.9	2.1
	京农科921(续)	2015	108.5	269.7	101.6	半紧凑	0.6	6.0	3.1
		2014	104.3	255.9	95.2	半紧凑	0.2	2.9	0.0
		平均	106.4	262.8	98.4		0.4	4.45	1.55
	温联13-2(续)	2015	107.2	252.0	84.1	半紧凑	0.0	5.2	0.0
		2014	103.6	247.9	82.7	半紧凑	1.7	0.0	0.0
		平均	105.4	250.0	83.4		0.9	2.6	0.0
	铁研669(续)	2015	110.2	268.8	105.2	半紧凑	0.3	19.1	6.0
		2014	107.7	269.4	101.3	半紧凑	0.9	7.1	1.4
		平均	109.0	269.1	103.3		0.6	13.1	3.7
	浙单12	2015	107.2	255.2	82.3	半紧凑	0.5	6.5	1.1
	普玉2012-1	2015	107.2	279.0	114.1	平展	0.4	11.8	2.1
	丰玉一号	2015	109.7	265.9	104.3	平展	2.5	14.3	0.0
	WK199	2015	108.0	258.4	105.0	紧凑	16.7	42.4	4.2
	钱玉1302	2015	108.0	260.7	97.4	半紧凑	2.5	40.5	6.3
	梦玉908	2015	108.8	246.9	90.2	紧凑	0.0	9.7	4.2
	郑单958(CK)	2015	105.3	219.2	88.1	紧凑	0.3	3.2	0.0
		2014	99.9	214.5	80.1	紧凑	0.0	7.1	0.0
		平均	102.6	216.9	84.1		0.2	5.2	0.0

表 4　2015 年浙江省普通玉米区域试验品种果穗性状汇总

品种名称	年份	穗长（厘米）	穗粗（厘米）	轴粗（厘米）	秃尖长（厘米）	穗型	穗行数（行）	行粒数	轴色	粒型	粒色	千粒重（克）
龙作 1 号(续)	2015	16.3	4.9	3.0	1.5	筒形	16.5	30.6	深红	马齿	黄	287.8
	2014	16.9	5.0	3.0	1.6	圆筒	15.4	31.0	红	半马齿	黄	303.2
	平均	16.6	4.95	3.0	1.55		15.95	30.8				295.5
科单 168(续)	2015	19.1	4.8	2.9	2.4	筒形	16.3	36.0	红	马齿	浅黄	268.1
	2014	20.0	4.9	2.9	2.6	圆筒	15.9	37.6	红	半马齿	黄	266.5
	平均	19.6	4.9	2.9	2.5		16.1	36.8				267.3
京农科 921(续)	2015	16.5	5.4	3.3	1.8	筒形	16.5	31.3	白	马齿	黄	309.0
	2014	18.5	5.4	3.4	2.5	圆筒	15.7	32.8	白	半马齿	黄	316.5
	平均	17.5	5.4	3.35	2.15		16.1	32.05				312.75
温联 13-2(续)	2015	16.6	4.7	2.8	1.4	筒形	17.0	34.9	深红	半马齿	黄	259.9
	2014	18.8	4.9	2.9	1.2	圆筒	17.9	37.4	红	半马齿	黄	250.9
	平均	17.7	4.8	2.85	1.3		17.45	36.15				255.4
铁研 669(续)	2015	18.6	4.8	2.8	1.3	筒形	16.2	37.8	红	半马齿	黄	261.5
	2014	19.8	4.8	2.8	1.1	圆筒	16.1	39.6	红	半马齿	黄	254.1
	平均	19.2	4.8	2.8	1.2		16.15	38.7				257.8
浙单 12	2015	17.9	4.5	2.9	1.5	筒形	14.8	32.6	白	半马齿	黄	321.1
普玉 2012-1	2015	16.1	4.7	3.0	1.3	筒形	16.9	30.4	红	半马齿	黄	274.7
丰玉一号	2015	17.9	5.0	3.3	1.3	筒形	17.2	33.3	红	半马齿	黄	266.9
WK199	2015	17.3	5.1	3.0	0.5	筒形	15.8	34.4	白	半马齿	黄	295.4
钱玉 1302	2015	19.5	5.0	3.2	2.8	筒形	14.3	31.8	白	硬粒型	橙黄	315.2
梦玉 908	2015	16.7	4.9	2.9	0.5	筒形	14.8	36.5	白	半马齿	黄	308.6
郑单 958(CK)	2015	15.4	4.9	2.8	0.4	筒形	14.4	33.4	白	半马齿	黄	300.2
	2014	16.9	4.9	3.0	0.8	圆筒	14.5	34.8	白	半马齿	黄	292.4
	平均	16.2	4.9	2.9	0.6		14.5	34.1				296.3

表5　2015年浙江省普通玉米区域试验品种品质评价

试验类别	品种名称	年份	容重(克/升)	蛋白质(%)	脂肪(%)	淀粉(%)	赖氨酸(水解)毫克/100克
区域试验	龙作1号(续)	2015	738.0	9.2	3.3	67.84	242.0
		2014	686.0	9.5	2.6	64.08	214.0
		平均	712.0	9.35	2.95	65.96	228.0
	科单168(续)	2015	726.0	8.3	3.3	70.98	208.0
		2014	745.0	8.6	3.5	69.58	169.0
		平均	735.5	8.45	3.4	70.28	188.5
	京农科921(续)	2015	711.0	9.4	3.1	67.04	101.0
		2014	722.0	10.3	2.8	68.54	182.0
		平均	716.5	9.85	2.95	67.79	141.5
	温联13-2(续)	2015	777.0	9.4	3.2	68.32	246.0
		2014	731.0	9.6	2.8	69.88	268.0
		平均	754.0	9.5	3.0	69.10	257.0
	铁研669(续)	2015	720.0	9.0	3.2	70.19	219.0
		2014	737.0	8.6	2.9	73.81	202.0
		平均	728.5	8.8	3.05	72.00	210.5
	浙单12	2015	770.0	9.0	3.9	67.47	238.0
	普玉2012-1	2015	773.0	9.9	3.5	68.22	295.0
	丰玉一号	2015	750.0	9.6	3.0	70.09	250.0
	WK199	2015	731.0	9.6	3.0	69.34	257.0
	钱玉1302	2015	769.0	8.7	3.4	68.88	216.0
	梦玉908	2015	761.0	8.9	3.5	66.19	219.0
	郑单958(CK)	2015	766.0	8.4	3.8	69.47	262.0
		2014	719.0	8.0	2.8	70.62	109.0
		平均	742.5	8.2	3.3	70.045	185.5

表 6　2015 年浙江省普通玉米区试品种病虫害抗性鉴定报告

品种名称	年份	大斑病		小斑病		茎腐病		玉米螟		纹枯病	
		病级	抗性评价	病级	抗性评价	病株率%	抗性评价	食叶级别	抗性评价	病情指数	抗性水平
龙作 1 号(续)	2015	5	MR	3	R	20.0%	MR	9	HS	94.4	HS
	2014	9	HS	7	S	23.8%	MR	9	HS		
	平均		HS		S		MR		HS		HS
科单 168(续)	2015	3	R	3	R	0	HR	5	MR	8.3	HR
	2014	5	MR	7	S	13.1%	HR	7	S		
	平均		MR		S		HR		S		HR
京农科 921(续)	2015	7	S	7	S	4.0%	HR	5	MR	33.3	R
	2014	5	MR	7	S	0	HR	3	R		
	平均		S		S		HR		MR		R
温联 13-2(续)	2015	5	MR	7	S	16.0%	MR	9	HS	16.7	HR
	2014	5	MR	5	MR	5.5%	R	3	R		
	平均		MR		S		MR		HS		HR
铁研 669(续)	2015	1	HR	3	R	0	HR	7	S	16.7	HR
	2014	3	R	5	MR	8.0%	R	7	S		
	平均		R		MR		R		S		HR
浙单 12	2015	3	R	1	HR	40.0%	HS	9	HS	26.4	R
普玉 2012-1	2015	7	S	1	HR	8.0%	R	7	S	23.6	R
丰玉一号	2015	7	S	5	MR	0	HR	9	HS	38.9	R
WK199	2015	1	HR	1	HR	0	HR	9	HS	9.7	HR
钱玉 1302	2015	1	HR	3	R	8.0%	R	7	S	16.7	HR
梦玉 908	2015	3	R	3	R	28.0%	MR	9	HS	8.3	HR
郑单 958(CK)	2015	3	R	3	R	8.0%	R	7	S	6.9	
	2014	3	R	3	R	13.0%	MR	7	S		
	平均		R		R		MR		HS		HR

注：抗性分级为 9 级制：1 级，HR 高抗；3 级，R 抗；5 级，MR 中抗；7 级，S 感；9 级，HS 高感。

2015年浙江省甜玉米品种区域试验和生产试验总结

浙江省种子管理总站

一、试验概况

区域试验和生产试验参试品种见表1。区域试验采用随机区组设计，小区面积20平方米，3次重复，四周设保护行。生产试验采用大区对比，不设重复，大区面积0.3～0.5亩，四周设保护行。所有参试品种同期播种、移栽，其他田间管理按当地习惯进行，及时防治病虫害，观察记载项目和标准按试验方案及《浙江省玉米区域试验和生产试验技术操作规程》进行。

区域试验承试单位8个，分别由浙江省农科院蔬菜所、东阳玉米研究所、淳安县种子技术推广站、江山市种子管理站、仙居县种子管理站、宁海县种子公司、温州市农科院和嵊州市农科所承担。生产试验除淳安试点不承担外，其余试点均承担。品质品尝由我站组织有关专家在省农科院作核所进行，品质分析由农业部农产品质量监督检验测试中心(杭州)检测，检测样品由省农科院作核所提供，抗病性鉴定由东阳玉米研究所承担。

二、试验结果

(一)区域试验

1. 产量：据8个试点的产量结果汇总分析，2015年产量以浙甜1301最高，平均鲜穗亩产1039.2千克，比对照超甜4号增产20.7%，达极显著水平；其次是金珍甜一号，平均鲜穗亩产1036.9千克，比对照增产20.5%，达极显著水平；第三位是浦甜1号，平均鲜穗亩产942.3千克，比对照增产9.5%，未达显著水平；比对照增产的还有BM800、蜜脆68和耘甜8号，均未达显著水平。其余的品种均比对照减产，其中浙甜1302达显著水平，甜玉2012-2达极显著水平，其余品种未达显著水平。

2. 生育期：生育期变幅为83.8～89.3天，其中参试品种浙甜1302最短，金珍甜一号最长。

3. 品质：经农业部农产品质量监督检验测试中心(杭州)检测，可溶性总糖含量变幅为21.4%～36.8%，以BM800最高为36.8%，甜玉2012-1最低为21.4%；品质品尝综合评分为83.9～86.96分，其中华福甜28号最高，金珍甜一号最低。

4. 抗性：经东阳玉米研究所抗病性接菌鉴定，2015年，小斑病表现为高感的是温甜鉴12和华福甜28号，中抗的有浦甜1号和甜2012-1，其余均表现为抗或者高抗；大斑病表现为感的是温甜鉴12、华福甜28号和耘甜8号，高抗的是金甜珍一号，其余均表现为中抗或抗；茎腐病表现为高感的是温甜鉴12和甜2012-1，其余均为中抗或者高抗。玉米螟表现为高感的是蜜脆68，感的有浙甜1301、杭玉甜1号和BM800，其他品种均表现为抗或者中抗；纹枯病表现为抗的有浦甜1号和金珍甜一号，表现为中抗的有杭玉甜1号、蜜脆68和耘甜8号，金珍甜一号表现为抗，甜玉2012-1表现为高感，其余均表现为感。

（二）生产试验

经7个试点的汇总，浙甜1202平均鲜穗亩产为983.5千克，比对照超甜4号增产18.5%；白甜5137平均鲜穗亩产为794.2千克，比对照减产4.3%；皖甜2号平均鲜穗亩产为945.8千克，比对照超甜4号增产14%。

三、品种简评

（一）区域试验

1. 浙甜1301：系浙江省东阳玉米研究所选育成的甜玉米杂交品种。本区试平均鲜穗亩产1039.2千克，比对照超甜4号增产20.7%，达极显著水平；2014年区试平均鲜穗亩产803.2千克，比对照超甜4号增产9.2%，达极显著水平；两年平均鲜穗亩产921.2千克，比对照超甜4号增产14.95%。2015年生育期86.6天，和对超甜4号相仿。株高232.9厘米，穗位高83.8厘米，双穗率1.7%，空秆率1.7%，倒伏率29.0%，倒折率0.3%。穗长20厘米，穗粗5.2厘米，秃尖长2.8厘米，穗行数17.4行，行粒数38.4粒，单穗重297.9克，净穗率80.2%，鲜千粒重318.9克，出籽率69.5%。含糖量21.9%，感官品质、蒸煮品质综合评分84.83分，比对照超甜4号低0.17分。感玉米螟，抗小斑病，抗大斑病，中抗茎腐病，感纹枯病。经专业组讨论该品种产量达到审定标准，下年度区试与生产试验同步进行。

2. 杭玉甜1号：系杭州市良种引进公司选育成的甜玉米杂交品种。本区试平均鲜穗亩产840.0千克，比对照超甜4号减产2.4%，未达显著水平；2014年区试平均鲜穗亩产822.3千克，比对照超甜4号增产11.8%，达极显著水平；两年平均鲜穗亩产831.2千克，比对照超甜4号增产4.7%。2015年生育期87.9天，比对照超甜4号长1.3天。株高214.5厘米，穗位高78.7厘米，双穗率8.2%，空秆率1%，倒伏率14.4%，倒折率1.7%。穗长19.6厘米，穗粗4.5厘米，秃尖长1.5厘米，穗行数13行，行粒数39.1粒，单穗重225.8克，净穗率72.6%，鲜千粒重356.9克，出籽率74.5%。含糖量23.8%，感官品质、蒸煮品质综合评分84.9分，比对照超甜4号低0.1分。感玉米螟，抗小斑病，抗大斑病，中抗茎腐病，中抗纹枯病。经专业组讨论该品种产量等未达审定标准，终止试验。

3. 浦甜1号：系浦江县天作玉米研究所选育成的甜玉米杂交品种。本区试平均鲜穗亩产942.3千克，比对照超甜4号增产9.5%，未达显著水平；2014年区试平均鲜穗亩产831.2千克，比对照超甜4号增产13.1%，达极显著水平；两年平均鲜穗亩产886.75千克，比对照超甜4号增产11.3%。2015年生育期88.8天，比对照超甜4号长2.2天。株高241.7厘米，穗位高99厘米，双穗率3.5%，空秆率0.7%，倒伏率15.2%，倒折率2%。穗长19.8厘米，穗粗4.9厘米，秃尖长0.8厘米，穗行数13.0行，行粒数41.5粒，单穗重247.6克，净穗率69.2%，鲜千粒重336.8克，出籽率68.5%。含糖量24.1%，感官品质、蒸煮品质综合评分85.87分，比对照超甜4号高0.87分。中抗玉米螟，中抗小斑病，中抗大斑病，高抗茎腐病，抗纹枯病。经专业组讨论该品种产量达到审定标准，下年度区试与生产试验同步进行。

4. BM800：系吉林省保民种业有限公司选育成的甜玉米杂交品种。本区试平均鲜穗亩产906.7千克，比对照超甜4号增产5.4%，未达显著水平。生育期84.9天，比对照超甜4号短1.7天。株高223.4厘米，穗位高71.4厘米，双穗率2.3%，空秆率2.5%，倒伏率14.6%，倒折率3.6%。穗长19.3厘米，穗粗5.4厘米，秃尖长2.3厘米，穗行数17.3行，行粒数37.7粒，单穗重278.5克，净穗率75.9%，鲜千粒重334.7克，出籽率70.8%。含糖量36.8%，感官品质、蒸煮品质综合评分84.11分，比对照超甜4号低0.89分。感玉米螟，高抗小斑病，抗大斑病，中抗茎腐病，感纹枯病。经专业组讨论该品种产量达到审定标准，下年度区试与生产试验同步进行。

5. 蜜脆68：系湖北省农科院粮食作物研究所选育成的甜玉米杂交品种。本区试平均鲜穗亩产891.7

千克，比对照超甜4号增产3.6%，未达显著水平。生育期88.4天，比对照超甜4号超长1.8天。株高231.2厘米，穗位高98.8厘米，双穗率4.6%，空秆率0.2%，倒伏率14.3%，倒折率0.7%。穗长18.7厘米，穗粗4.7厘米，秃尖长1.2厘米，穗行数14.2行，行粒数39.2粒，单穗重234.1克，净穗率72.3%，鲜千粒重317.2克，出籽率69.6%。含糖量29.8%，感官品质、蒸煮品质综合评分86.33分，比对照超甜4号高1.33分。高感玉米螟，高抗小斑病，抗大斑病，高抗茎腐病，中抗纹枯病。经专业组讨论该品种品质达86分以上，下年度区试与生产试验同步进行。

6. 温甜鉴12：系温州市农科院作物所选育成的甜玉米杂交品种。本区试平均鲜穗亩产819.3千克，比对照超甜4号减产4.8%，未达显著水平。生育期83.9天，比对照超甜4号短2.7天。株高225.0厘米，穗位高73.6厘米，双穗率14.5%，空秆率0.8%，倒伏率13%，倒折率5.0%。穗长18.2厘米，穗粗5.1厘米，秃尖长2.0厘米，穗行数16.7行，行粒数35.5粒，单穗重239.2克，净穗率77.7%，鲜千粒重303.1克，出籽率75.9%。含糖量31.5%，感官品质、蒸煮品质综合评分85.39分，比对照超甜4号高0.39分。抗玉米螟，高感小斑病，感大斑病，高感茎腐病，感纹枯病。经专业组讨论该品种产量等未达审定标准，终止试验。

7. 华福甜28号：系江西现代种业股份有限公司选育成的甜玉米杂交品种。本区试平均鲜穗亩产795.2千克，比对照超甜4号减产7.6%，未达显著水平。生育期85.4天，比对照超甜4号短1.2天。株高201.8厘米，穗位高69.7厘米，双穗率2.1%，空秆率0.3%，倒伏率14.8%，倒折率3%。穗长17.5厘米，穗粗5.0厘米，秃尖长0.8厘米，穗行数13.9行，行粒数35.6粒，单穗重228.3克，净穗率77.1%，鲜千粒重363.8克，出籽率71.8%。含糖量34.0%，感官品质、蒸煮品质综合评分86.96分，比对照超甜4号高1.96分。抗玉米螟，高感小斑病，感大斑病，高抗茎腐病，感纹枯病。经专业组讨论该品种产量等未达审定标准，终止试验。

8. 耘甜8号：系江西现代种业股份有限公司选育成的甜玉米杂交品种。本区试平均鲜穗亩产880.4千克，比对照超甜4号增产2.3%，未达显著水平。生育期88.8天，比对照超甜4号长2.2天。株高209.9厘米，穗位高85.3厘米，双穗率2.6%，空秆率1.2%，倒伏率14.5%，倒折率1.3%。穗长19.5厘米，穗粗4.8厘米，秃尖长1.3厘米，穗行数12.0行，行粒数37.6粒，单穗重232.2克，净穗率68.2%，鲜千粒重345.9克，出籽率67.0%。含糖量29.9%，感官品质、蒸煮品质综合评分85.5分，比对照超甜4号高0.5分。中抗玉米螟，高抗小斑病，感大斑病，高抗茎腐病，中抗纹枯病。经专业组讨论该品种产量等未达审定标准，终止试验。

9. 浙甜1302：系浙江省东阳玉米研究所选育成的甜玉米杂交品种。本区试平均鲜穗亩产751.6千克，比对照超甜4号减产12.7%，达显著水平。生育期83.8天，比对照超甜4号短2.8天。株高193.7厘米，穗位高52.4厘米，双穗率6.1%，空秆率1.6%，倒伏率14.3%，倒折率1.1%。穗长16.7厘米，穗粗4.7厘米，秃尖长1.7厘米，穗行数15.2行，行粒数33.6粒，单穗重209.4克，净穗率72.3%，鲜千粒重322.1克，出籽率76.3%。含糖量28.5%，感官品质、蒸煮品质综合评分86.61分，比对照超甜4号高1.61分。中抗玉米螟，抗小斑病，抗大斑病，中抗茎腐病，感纹枯病。经专业组讨论该品种产量等未达审定标准，终止试验。

10. 甜玉2012-1：系浙江之豇种业有限公司选育成的甜玉米杂交品种。本区试平均鲜穗亩产681.8千克，比对照超甜4号减产20.8%，达极显著水平。生育期84.3天，比对照超甜4号短2.3天。株高206.8厘米，穗位高72.5厘米，双穗率5.8%，空秆率1.7%，倒伏率20.5%，倒折率7.9%。穗长18.0厘米，穗粗4.7厘米，秃尖长0.5厘米，穗行数13.5行，行粒数34.4粒，单穗重215.1克，净穗率80.4%，鲜千粒重394.6克，出籽率79.2%。含糖量21.4%，感官品质、蒸煮品质综合评分84.11分，比对照超甜4号低0.89分。抗玉米螟，中抗小斑病，中抗大斑病，高感茎腐病，高感纹枯病。经专业组讨论该品种产量等未达审定标准，终止试验。

11. 金珍甜一号：系浙江可得丰种业有限公司选育成的甜玉米杂交品种。本区试平均鲜穗亩产1036.9千克，比对照超甜4号增产20.5%，达极显著水平。生育期89.3天，比对照超甜4号长2.7天。株高220.9厘米，穗位高82.2厘米，双穗率3.1%，空秆率1.3%，倒伏率14.3%，倒折率0.6%。穗长

20.8 厘米，穗粗 5.0 厘米，秃尖长 4.2 厘米，穗行数 13.6 行，行粒数 35.9 粒，单穗重 268.4 克，净穗率 66.1%，鲜千粒重 370.6 克，出籽率 65.0%。含糖量 26.2%，感官品质、蒸煮品质综合评分 83.9 分，比对照超甜 4 号低 1.1 分。抗玉米螟，高抗小斑病，高抗大斑病，高抗茎腐病，抗纹枯病。经专业组讨论该品种产量达到审定标准，下年度区试与生产试验同步进行。

（二）生产试验

1. 浙甜 1202：系浙江省东阳玉米研究所选育成的甜玉米杂交品种。本试验平均鲜穗亩产 983.5 千克，比对照超甜 4 号增产 18.5%。生育期 84.7 天，比对照超甜 4 号短 0.6 天。株高 218.9 厘米，穗位高 68.7 厘米，双穗率 4.4%，空秆率 1.6%，倒伏率 0，倒折率 0。穗长 18.9 厘米，穗粗 5.3 厘米，秃尖长 1.9 厘米，穗行数 17.2 行，行粒数 37.3 粒，单穗重 293.1 克，净穗率 77.4%，鲜千粒重 370.1 克，出籽率 75.5%。建议报审。

2. 白甜 5137：系浙江省农科院作核所选育成的甜玉米杂交品种。本试验平均鲜穗亩产 794.2 千克，比对照超甜 4 号减产 4.3%。生育期 81.0 天，比对照超甜 4 号短 4.3 天。株高 192.2 厘米，穗位高 59.1 厘米，双穗率 4.2%，空秆率 0.8%，倒伏率 0，倒折率 0。穗长 18.6 厘米，穗粗 4.6 厘米，秃尖长 0.9 厘米，穗行数 14.8 行，行粒数 38.3 粒，单穗重 220.7 克，净穗率 79.6%，鲜千粒重 315.4 克，出籽率 73.7%。建议报审。

3. 皖甜 2 号(引)：系杭州今科园艺种苗技术服务部引种登记的甜玉米杂交品种。本区试平均鲜穗亩产 945.8 千克，比对照超甜 4 号增产 14.0%。生育期 85.9 天，比对照超甜 4 号长 0.6 天。株高 236.4 厘米，穗位高 93.6 厘米，双穗率 5.0%，空秆率 1.2%，倒伏率 13.2%，倒折率 6.4%。穗长 18.3 厘米，穗粗 5.1 厘米，秃尖长 0.7 厘米，穗行数 13.0 行，行粒数 37.2 粒，单穗重 269.7 克，净穗率 70.9%，鲜千粒重 419.6 克，出籽率 71.2%。含糖量 28.2%，感官品质、蒸煮品质综合评分 85.19 分，比对照超甜 4 号高 0.19 分。抗玉米螟，抗小斑病，感大斑病，高抗茎腐病高感纹枯病。建议可进行引种备案。

相关表格见表 1 至表 6。

表 1　2015 年浙江省甜玉米品种试验参试品种

试验组别	品种名称	申报(供种)单位
区域试验	浙甜 1301(续)	浙江省东阳玉米研究所
	杭玉甜 1 号(续)	杭州市良种引进公司
	浦甜 1 号(续)	浦江县天作玉米研究所
	BM800	吉林省保民种业有限公司
	蜜脆 68	湖北省农科院粮食作物研究所
	温甜鉴 12	温州市农科院作物所
	华福甜 28 号	江西现代种业股份有限公司
	耘甜 8 号	江西现代种业股份有限公司
	浙甜 1302	浙江省东阳玉米研究所
	甜玉 2012-1	浙江之豇种业有限公司
	金珍甜一号	浙江可得丰种业有限公司
	超甜 4 号(CK)	浙江省东阳玉米研究所
生产试验	浙甜 1202	浙江省东阳玉米研究所
	白甜 5137	浙江省农科院作核所
	皖甜 2 号(引)	杭州今科园艺种苗技术服务部
	超甜 4 号(CK)	浙江省东阳玉米研究所

表 2　2015 年浙江省甜玉米区域试验和生产试验品种产量汇总分析

（单位：千克/亩）

试验类别	品种名称	年份	平均产量	比 CK（%）	显著性检验		各试点产量							
					0.05	0.01	农科院	温州	淳安	嵊州	江山	东阳	宁海	仙居
区域试验	浙甜 1301(续)	2015	1039.2	20.7	a	A	1016.3	974.8	913.3	1477.1	1050.4	1204.1	880.1	797.3
		2014	803.2	9.2	bc	BCD	611.1	796.4	884.2	955.6	798.8	821.5		754.6
		平均	921.2	14.95			813.7	885.6	898.75	1216.35	924.6	1012.8	880.1	775.95
	金珍甜一号	2015	1036.9	20.5	ab	A	625.2	1173.3	921.1	1514.6	1106.3	1189.1	917.9	847.9
	浦甜 1 号(续)	2015	942.3	9.5	bc	AB	694.8	1065.4	700.0	1417.5	972.3	1176.3	847.7	664.3
		2014	831.2	13.1	ab	AB	664.2	920.0	844.0	911.1	871.1	833.6		774.2
		平均	886.75	11.3			679.5	992.7	772.0	1164.3	921.7	1005.0	847.7	719.25
	BM800	2015	906.7	5.4	cd	BC	823.7	655.7	941.1	1320.5	796.6	1153.8	801.0	761.0
	蜜脆 68	2015	891.7	3.6	cd	BC	788.1	910.9	780.0	1243.4	959.2	984.0	808.1	659.9
	耘甜 8 号	2015	880.4	2.3	cde	BC	543.7	994.5	674.4	1408.7	873.1	964.7	852.1	731.8
	超甜 4 号(CK)	2015	860.6	0.0	cde	BCD	694.8	932.3	685.6	1322.8	861.7	990.4	710.6	686.9
		2014	735.2	0.0	d	E	569.1	722.0	760.1	917.8	779.1	764.2		634.1
		平均	797.9	0.0			631.95	827.15	722.85	1120.3	820.4	877.3	710.6	660.5
	杭玉甜 1 号(续)	2015	840.0	−2.4	def	BCD	637.0	1021.4	616.7	1393.3	771.0	903.8	775.4	601.0
		2014	822.3	11.8	b	ABC	685.2	836.0	822.3	867.8	831.7	930.1		783.0
		平均	831.15	4.7			661.1	928.7	719.5	1130.55	801.35	916.95	775.4	692.0
	温甜鉴 12	2015	819.3	−4.8	def	BCD	644.4	981.6	576.7	1190.5	675.0	1034.2	738.7	713.2
	华福甜 28 号	2015	795.2	−7.6	ef	CDE	643.0	753.9	750.0	1194.9	678.6	892.1	809.9	639.2
	浙甜 1302	2015	751.6	−12.7	fg	DE	428.1	617.7	617.8	1254.4	810.9	894.2	791.3	598.6
	甜玉 2012-1	2015	681.8	−20.8	g	E	491.9	541.8	604.4	1230.2	472.1	848.3	689.7	575.8
生产试验	浙甜 1202	2015	983.5	18.5			806.9	961.1		1546.7	768.1	979.5	941.9	880.6
	皖甜 2 号(引)	2015	945.8	14.0			800.4	832.1		1473.4	791.1	1037.8	881.2	804.2
	超甜 4 号 CK	2015	829.9	0.0			624.0	687.0		1313.4	800.9	926.9	723.0	734.3
	白甜 5137	2015	794.2	−4.3			703.8	847.9		1146.7	589.3	965.1	712.0	594.3

表 3 2015 年浙江省甜玉米区域试验和生产试验品种生育期和植株性状汇总

试验类别	品种名称	年份	生育期（天）	株高（厘米）	穗位高（厘米）	双穗率（%）	空秆率（%）	倒伏率（%）	倒折率（%）
区域试验	浙甜 1301(续)	2015	86.6	232.9	83.8	1.7	1.7	29.0	0.3
		2014	86.4	233.9	76.8	4.2	1.4	0.0	0.0
		平均	86.5	233.4	80.3	2.95	1.55	14.5	0.15
	杭玉甜 1 号(续)	2015	87.9	214.5	78.7	8.2	1.0	14.4	1.7
		2014	88.5	242.9	95.0	9.7	1.4	0.0	0.0
		平均	88.2	228.7	86.85	8.95	1.2	7.2	0.85
	浦甜 1 号(续)	2015	88.8	241.7	99.0	3.5	0.7	15.2	2.0
		2014	87.9	243.1	102.0	8.8	0.4	0.0	0.2
		平均	88.35	242.4	100.5	6.15	0.55	7.6	1.1
	BM800	2015	84.9	223.4	71.4	2.3	2.5	14.6	3.6
	蜜脆 68	2015	88.4	231.2	98.8	4.6	0.2	14.3	0.7
	温甜鉴 12	2015	83.9	225.0	73.6	14.5	0.8	13.0	5.0
	华福甜 28 号	2015	85.4	201.8	69.7	2.1	0.3	14.8	3.0
	耘甜 8 号	2015	88.8	209.9	85.3	2.6	1.2	14.5	1.3
	浙甜 1302	2015	83.8	193.7	52.4	6.1	1.6	14.3	1.1
	甜玉 2012-1	2015	84.3	206.8	72.5	5.8	1.7	20.5	7.9
	金珍甜一号	2015	89.3	220.9	82.2	3.1	1.3	14.3	0.6
	超甜 4 号(CK)	2015	86.6	242.0	87.6	7.9	0.3	14.9	5.2
		2014	85.0	225.0	80.9	9.1	1.0	0.0	0.0
		平均	85.8	233.5	84.25	8.5	0.65	7.45	2.6
生产试验	浙甜 1202	2015	84.7	218.9	68.7	4.4	1.6	0.0	0.0
	白甜 5137	2015	81.0	192.2	59.1	4.2	0.8	0.0	0.0
	皖甜 2 号(引)	2015	85.9	236.4	93.6	5.0	1.2	13.2	6.4
	超甜 4 号(CK)	2015	85.3	236.9	89.5	8.0	1.2	18.4	1.4

表4 2015年浙江省甜玉米区域试验和生产试验品种果穗性状汇总

试验类别	品种名称	年份	穗长(厘米)	穗粗(厘米)	秃尖长(厘米)	穗行数	行粒数	单穗重(克)	净穗率(%)	千粒重(克)	出籽率(%)
区域试验	浙甜1301(续)	2015	20.0	5.2	2.8	17.4	38.4	297.9	80.2	318.9	69.5
		2014	20.9	4.8	2.8	15.8	36.7	243.5	71.6	302.9	64.8
		平均	20.45	5.0	2.8	16.6	37.55	270.7	75.9	310.9	67.15
	浦甜1号(续)	2015	19.8	4.9	0.8	13.0	41.5	247.6	69.2	336.8	68.5
		2014	19.8	4.8	1.3	13.6	38.8	234.4	70.9	340.9	66.1
		平均	19.8	4.85	1.05	13.3	40.15	241	70.05	338.85	67.3
	杭玉甜1号(续)	2015	19.6	4.5	1.5	13.0	39.1	225.8	72.6	356.9	74.5
		2014	21.0	4.7	1.8	14.7	41.9	247.7	68.4	334.6	68.3
		平均	20.3	4.6	1.65	13.85	40.5	236.75	70.5	345.75	71.4
	蜜脆68	2015	18.7	4.7	1.2	14.2	39.2	234.1	72.3	317.2	69.6
	温甜鉴12	2015	18.2	5.1	2.0	16.7	35.5	239.2	77.7	303.1	75.9
	华福甜28号	2015	17.5	5.0	0.8	13.9	35.6	228.3	77.1	363.8	71.8
	秐甜8号	2015	19.5	4.8	1.3	12.0	37.6	232.2	68.2	345.9	67.0
	浙甜1302	2015	16.7	4.7	1.7	15.2	33.6	209.4	72.3	322.1	76.3
	甜玉2012-1	2015	18.0	4.7	0.5	13.5	34.4	215.1	80.4	394.6	79.2
	金珍甜一号	2015	20.8	5.0	4.2	13.6	35.9	268.4	66.1	370.6	65.0
	超甜4号(CK)	2015	19.7	4.9	0.9	13.8	35.8	249.7	73.8	369.6	73.0
		2014	19.2	4.9	1.7	14.4	35.8	241.6	75.3	382.6	71.4
		平均	19.45	4.9	1.3	14.1	35.8	245.65	74.55	376.1	72.2
生产试验	浙甜1202	2015	18.9	5.3	1.9	17.2	37.3	293.1	77.4	370.1	75.5
	白甜5137	2015	18.6	4.6	0.9	14.8	38.3	220.7	79.6	315.4	73.7
	皖甜2号(引)	2015	18.3	5.1	0.7	13.0	37.2	269.7	70.9	419.6	71.2
	超甜4号(CK)	2015	19.7	4.8	0.4	13.8	38.6	250.2	72.2	385.5	73.9

表 5 2015 年浙江省甜玉米区域试验品种品质评价

品种名称	年份	感官品质	蒸煮品质(项目和分值)						蒸煮总分	总评分	含糖量(%)
			气味	色泽	风味	糯性	柔嫩性	皮薄厚			
浙甜 1301(续)	2015	24.93	6.0	6.0	7.86	15.33	8.21	16.5	59.9	84.83	21.9
	2014	25.16	5.97	6.26	8.67	15.33	8.52	15.56	60.31	85.46	33.8
	平均	25.0	6.0	6.1	8.3	15.3	8.4	16.0	60.1	85.1	27.9
杭玉甜 1 号(续)	2015	25.79	6.0	6.0	7.96	14.91	8.53	15.71	59.11	84.9	23.8
	2014	25.33	6.01	5.91	8.29	15.06	8.58	15.19	59.04	84.37	35.0
	平均	25.6	6.0	6.0	8.1	15.0	8.6	15.5	59.1	84.6	29.4
浦甜 1 号(续)	2015	25.93	6.0	6.14	8.17	14.97	8.5	16.16	59.94	85.87	24.1
	2014	25.39	6.0	6.17	8.39	15.12	8.33	14.82	58.83	84.22	33.3
	平均	25.7	6.0	6.2	8.3	15.0	8.4	15.5	59.4	85.0	28.7
BM800	2015	25.61	6.07	6.14	7.71	14.57	8.29	15.71	58.49	84.11	36.8
蜜脆 68	2015	26.5	5.86	5.79	8.29	15.14	8.61	16.14	59.83	86.33	29.8
温甜鉴 12	2015	25.36	6.0	6.14	8.21	15.19	8.24	16.24	60.02	85.39	31.5
华福甜 28 号	2015	26.93	6.07	6.21	8.29	15.4	8.17	15.89	60.03	86.96	34.0
耘甜 8 号	2015	26.64	6.0	6.0	7.93	14.93	8.11	15.89	58.86	85.5	29.9
浙甜 1302	2015	27.14	6.0	6.0	7.93	14.71	8.61	16.21	59.46	86.61	28.5
甜玉 2012-1	2015	25.47	6.0	6.21	7.74	15.03	8.0	15.66	58.64	84.11	21.4
金珍甜一号	2015	24.31	6.0	6.0	7.87	15.07	8.47	16.17	59.58	83.9	26.2
超甜 4 号(CK)	2015	26.0	6.0	6.0	8.0	15.0	8.0	16.0	59.0	85.0	25.5
	2014	26.0	6.0	6.0	8.5	15.0	8.5	15.0	59.0	85.0	31.8
皖甜 2 号(引)	2015	25.86	6.03	6.07	7.9	15.36	8.16	15.81	59.33	85.19	28.2

表 6 2015 年浙江省甜玉米区试品种病虫害抗性鉴定报告

品种名称	年份	大斑病		小斑病		茎腐病		玉米螟		纹枯病	
		病级	抗性评价	病级	抗性评价	病株率(%)	抗性评价	病级	抗性评价	病情指数	抗病水平
浙甜 1301(续)	2015	3	R	3	R	16.0%	MR	7	S	74.6	S
	2014	3	R	1	HR	8.0%	R	3	R		
	平均		R		R		R		S		
杭玉甜 1 号(续)	2015	3	R	3	R	20.0%	MR	7	S	52.7	MR
	2014	3	R	3	R	0	HR	5	MR		
	平均		R		R		MR		S		MR
浦甜 1 号(续)	2015	5	MR	5	MR	4.0%	HR	5	MR	23.6	R
	2014	3	R	5	MR	0	HR	5	MR		
	平均		MR		MR		HR		MR		R
BM800	2015	3	R	1	HR	16.0%	MR	7	S	61.1	S
蜜脆 68	2015	3	R	1	HR	4.0%	HR	9	HS	45.8	MR
温甜鉴 12	2015	7	S	9	HS	44.0%	HS	3	R	63.8	S
华福甜 28 号	2015	7	S	9	HS	4.0%	HR	3	R	75.0	S
耘甜 8 号	2015	7	S	1	HR	4.0%	HR	5	MR	41.7	MR
浙甜 1302	2015	3	R	3	R	20.0%	MR	5	MR	76.1	S
甜玉 2012-1	2015	5	MR	5	MR	44.0%	HS	3	R	88.8	HS
金珍甜一号	2015	1	HR	1	HR	0	HR	3	R	27.8	R
超甜 4 号(CK)	2015	7	S	7	S	8.0%	R	5	MR	73.6	S
	2014	7	S	5	MR	22.2%	MR	7	S		
皖甜 2 号(引)	2015	7	S	3	R	0	HR	3	R	91.7	HS

注：抗性分级为 9 级制：1 级，HR 高抗；3 级，R 抗；5 级，MR 中抗；7 级，S 感；9 级，HS 高感。

2015年浙江省糯玉米品种区域试验和生产试验总结

浙江省种子管理总站

一、试验概况

区域试验和生产试验参试品种见表1。区域试验采用随机区组设计，小区面积20平方米，3次重复，四周设保护行。生产试验采用大区对比，不设重复，大区面积0.3～0.5亩，四周设保护行。所有参试品种同期播种、移栽，其他田间管理按当地习惯进行，及时防治病虫害，观察记载项目和标准按试验方案及《浙江省玉米区域试验和生产试验技术操作规程》进行。

区域试验承试单位8个，分别由浙江省农科院蔬菜所、东阳玉米研究所、淳安县种子技术推广站、江山市种子管理站、宁海县种子公司、嘉善县种子管理站、仙居县种子管理站和嵊州市农科所承担。生产试验除淳安、江山和嘉善三个试点不承担外，其余试点均承担，另外增加温州农科院试点。品质品尝由我站组织有关专家在省农科院作核所进行。品质分析由农业部稻米及制品质量监督检验测试中心检测，样品由浙江省农科院作核所提供。抗病性鉴定由东阳玉米研究所承担。由于丽都1号多个试验点缺株严重，产量不予汇总。

二、试验结果

(一) 区域试验

1. 产量：据8个试点的产量结果汇总分析，2015年各参试品种均比对照美玉8号增产，除浦甜糯1号增产未达显著水平外，其余参试品种增产均达到极显著水平，其中以天糯828最高，平均鲜穗亩产913.6千克，比对照美玉8号增产27.9%，达极显著水平；新甜糯88次之，平均鲜穗亩产893.8千克，比对照增产25.1%；钱江糯3号列第三位，平均鲜穗亩产859.8千克，比对照增产20.4%。

2. 生育期：2015年生育期变幅为84.5～89.5天，其中参试品种浙糯1202最短，绿玉糯2号最长。

3. 品质：2015年所有参试品种品质品尝综合评分为84.76～87.44分，其中绿玉糯2号最高，天糯828最低。

4. 抗性：2015年经东阳玉米研究所抗病性接菌鉴定，小斑病抗性除绿玉糯2号表现为感、新甜糯88表现为中抗外，其余均表现为抗或者高抗；玉米大斑病除浙糯1302和浦甜糯1号表现为感外，其余均为抗或者高抗；玉米茎腐病除天糯828表现为高抗、浦甜糯1号表现为中抗外，其余均为感或者高感；对玉米螟的抗性鉴定中浙糯1302号、丽都1号表现为中抗，其余均为感或者高感；纹枯病抗性除新甜糯88表现为中抗、天贵糯161表现为高感外，其余均表现为感。

(二) 生产试验

生产试验据6个试点汇总，科甜糯2号产量最高，平均鲜穗亩产908.8千克，比对照美玉8号增产25.2%；其次依次是彩甜糯6号、京科糯569和彩甜糯K10-1，分别比对照增产16.0%、14.1%和13.7%，其余品种均比对照增产10%以上。

三、品种简评

（一）区域试验

1. 浙糯1202：系浙江省东阳玉米研究所选育成的糯玉米杂交品种。本区试平均鲜穗亩产816.9千克，比对照美玉8号增产14.4%，达极显著水平，比平均数减产1.1%；2014年区试平均鲜穗亩产812.8千克，比对照美玉8号增产18.3%，达极显著水平；两年平均鲜穗亩产814.9千克，比对照美玉8号增产16.4%。2015年生育期84.5天，比对照美玉8号短4.6天。株高208.8厘米，穗位高78.2厘米，双穗率26.8%，空秆率0.6%，倒伏率1.1%，倒折率0。穗长20.3厘米，穗粗4.9厘米，秃尖长4.6厘米，穗行数16.9行，行粒数34.8粒，单穗重245.9克，净穗率77.7%，鲜千粒重301.4克，出籽率63.9%。直链淀粉含量13.9%，感官品质、蒸煮品质综合评分85.16分，比对照美玉8号高0.16分。抗小斑病，高抗大斑病，高感茎腐病和玉米螟，感纹枯病。经专业组讨论该品种籽粒黑色，熟期较短，下年度进入生产试验。

2. 新甜糯88：系新昌县种子有限公司选育成的糯玉米杂交品种。本区试平均鲜穗亩产893.8千克，比对照美玉8号增产25.1%，达极显著水平，比平均数增产8.2%；2014年区试平均鲜穗亩产819.0千克，比对照美玉8号增产19.2%，达极显著水平；两年平均鲜穗亩产856.4千克，比对照美玉8号增产22.2%。2015年生育期87.8天，比对照美玉8号短1.3天。株高214.6厘米，穗位高85.5厘米，双穗率24.4%，空秆率0，倒伏率0.4%，倒折率0。穗长21.6厘米，穗粗4.9厘米，秃尖长2.4厘米，穗行数12.2行，行粒数39.7粒，单穗重275.0克，净穗率79.2%，鲜千粒重424.5克，出籽率71.3%。直链淀粉含量2.2%，感官品质、蒸煮品质综合评分86.73分，比对照美玉8号高1.73分。感玉米螟，中抗小斑病，抗大斑病，高感茎腐病，中抗纹枯病。经专业组讨论该品种产量高，品质较优，下年度进入生产试验。

3. 钱江糯3号：系杭州市农业科学研究院选育成的糯玉米杂交品种。本区试平均鲜穗亩产859.8千克，比对照美玉8号增产20.4%，达极显著水平，比平均数增产4.1%；2014年区试平均鲜穗亩产829.8千克，比对照美玉8号增产20.7%，达极显著水平；两年平均鲜穗亩产844.8千克，比对照美玉8号增产20.6%。2015年生育期87.9天，比对照美玉8号短1.2天。株高195.8厘米，穗位高75.8厘米，双穗率22.6%，空秆率0.7%，倒伏率0.8%，倒折率0。穗长20.3厘米，穗粗5.1厘米，秃尖长2.6厘米，穗行数15.0行，行粒数37.0粒，单穗重274.4克，净穗率75.2%，鲜千粒重346.2克，出籽率64.0%。直链淀粉含量2.1%，感官品质、蒸煮品质综合评分85.6分，比对照美玉8号高0.6分。感玉米螟，抗小斑病，高抗大斑病，感茎腐病，感纹枯病。经专业组讨论该品种产量未达审定标准，终止试验。

4. 浙糯1302：系浙江省东阳玉米研究所选育成的糯玉米杂交品种。本区试平均鲜穗亩产856.8千克，比对照美玉8号增产19.9%，达极显著水平，比平均数增产3.7%。生育期86.6天，比对照美玉8号短2.5天。株高217.0厘米，穗位高74.0厘米，双穗率26.1%，空秆率0.6%，倒伏率1.3%，倒折率0。穗长21.3厘米，穗粗4.9厘米，秃尖长1.9厘米，穗行数14.7行，行粒数38.1粒，单穗重261.1克，净穗率76.9%，鲜千粒重310.4克，出籽率62.6%。直链淀粉含量2.4%，感官品质、蒸煮品质综合评分84.89分，比对照美玉8号低0.11分。中抗玉米螟，抗小斑病，感大斑病，高感茎腐病，感纹枯病。经专业组讨论该品种产量等未达审定标准，终止试验。

5. 浦甜糯1号：系浦江县天作玉米研究所选育成的糯玉米杂交品种。本区试平均鲜穗亩产744.4千克，比对照美玉8号增产4.2%，未达显著水平，比平均数减产9.9%。生育期87.4天，比对照美玉8号短1.7天。株高195.7厘米，穗位高72.3厘米，双穗率14.5%，空秆率0.6%，倒伏率0.4%，倒折率0。穗长17.5厘米，穗粗5.2厘米，秃尖长2.5厘米，穗行数15.1行，行粒数30.8粒，单穗重234.3克，净穗率77.7%，鲜千粒重346.3克，出籽率63.2%。直链淀粉含量2.4%，感官品质、蒸煮品质综合评分86.21

分，比对照美玉 8 号高 1.21 分。高感玉米螟，高抗小斑病，感大斑病，中抗茎腐病，感纹枯病。经专业组讨论该品种产量等未达审定标准，终止试验。

6. 天贵糯 161：系南宁市桂福园农业有限公司选育成的糯玉米杂交品种。本区试平均鲜穗亩产 839.5 千克，比对照美玉 8 号增产 17.5%，达极显著水平，比平均数增产 1.6%。品种生育期 86.9 天，比对照美玉 8 号短 2.2 天。株高 221.5 厘米，穗位高 90.8 厘米，双穗率 26%，空秆率 0，倒伏率 1.6%，倒折率 3.3%。穗长 19.2 厘米，穗粗 4.9 厘米，秃尖长 2.8 厘米，穗行数 14.9 行，行粒数 35.3 粒，单穗重 265.9 克，净穗率 74.6%，鲜千粒重 326.0 克，出籽率 64.4%。直链淀粉含量 2.3%，感官品质、蒸煮品质综合评分 85.56 分，比对照美玉 8 号高 0.56 分。高感玉米螟，抗小斑病，抗大斑病，感茎腐病，高感纹枯病。经专业组讨论该品种产量等未达审定标准，终止试验。

7. 绿玉糯 2 号：系大绿种苗科技有限公司选育成的糯玉米杂交品种。本区试平均鲜穗亩产 791.1 千克，比对照美玉 8 号增产 10.7%，达极显著水平，比平均数减产 4.2%。生育期 89.5 天，比对照美玉 8 号长 0.4 天。株高 225.9 厘米，穗位高 93.7 厘米，双穗率 20.2%，空秆率 0，倒伏率 0.6%，倒折率 0。穗长 19.4 厘米，穗粗 4.8 厘米，秃尖长 1.8 厘米，穗行数 12.9 行，行粒数 38.4 粒，单穗重 237.5 克，净穗率 72.7%，鲜千粒重 325.1 克，出籽率 68.5%。直链淀粉含量 2.2%，感官品质、蒸煮品质综合评分 87.44 分，比对照美玉 8 号高 2.44 分。高感玉米螟，感小斑病，抗大斑病，感茎腐病，感纹枯病。经专业组讨论该品种品质较优，产量未减 5%，下年度区试与生试同步进行。

8. 天糯 828：系杭州良种引进公司选育成的糯玉米杂交品种。本区试平均鲜穗亩产 913.6 千克，比对照美玉 8 号增产 27.9%，达极显著水平，比平均数增产 10.6%。生育期 87.6 天，比对照美玉 8 号短 1.5 天。株高 220.8 厘米，穗位高 81.0 厘米，双穗率 18.9%，空秆率 0.6%，倒伏率 1.5%，倒折率 0。穗长 18.6 厘米，穗粗 5.3 厘米，秃尖长 3.2 厘米，穗行数 16.1 行，行粒数 32.8 粒，单穗重 285.8 克，净穗率 78.3%，鲜千粒重 375.4 克，出籽率 65.2%。直链淀粉含量 2.2%，感官品质、蒸煮品质综合评分 84.76 分，比对照美玉 8 号低 0.24 分。感玉米螟，高抗小斑病，高抗大斑病，高抗茎腐病，感纹枯病。经专业组讨论该品种产量高，下年度区试与生产试验同步进行。

（二）生产试验

1. 科甜糯 2 号：系浙江农科种业有限公司，浙江省农业科学研究院作核所选育成的糯玉米杂交品种。本试验平均鲜穗亩产 908.8 千克，比对照美玉 8 号增产 25.2%。生育期 88 天，比对照美玉 8 号短 1 天。株高 219.3 厘米，穗位高 85.2 厘米，双穗率 30.8%，空秆率 2.0%，倒伏率 3.4%，倒折率 0.1%。穗长 20.2 厘米，穗粗 5.1 厘米，秃尖长 1.8 厘米，穗行数 13.7 行，行粒数 40.6 粒，单穗重 277.6 克，净穗率 76.1%，鲜千粒重 373.2 克，出籽率 70.6%。建议报审。

2. 京科糯 569：系北京市农林科学研究院玉米研究中心选育成的糯玉米杂交品种。本试验平均鲜穗亩产 828.2 千克，比对照美玉 8 号增产 14.1%。生育期 86.3 天，比对照美玉 8 号短 2.7 天。株高 210.6 厘米，穗位高 75.9 厘米，双穗率 29.8%，空秆率 2.7%，倒伏率 0，倒折率 0。穗长 18.0 厘米，穗粗 5.0 厘米，秃尖长 1.2 厘米，穗行数 13.4 行，行粒数 39.4 粒，单穗重 259.9 克，净穗率 76.2%，鲜千粒重 348.1 克，出籽率 65.7%。建议报审。

3. 彩甜糯 K10-1：系海南椿强种业有限公司选育成的糯玉米杂交品种。本试验平均鲜穗亩产 824.9 千克，比对照美玉 8 号增产 13.7%。生育期 86.7 天，比对照美玉 8 号短 2.3 天。株高 194.6 厘米，穗位高 68.8 厘米，双穗率 32.3%，空秆率 3.3%，倒伏率 1.3%，倒折率 0。穗长 19.4 厘米，穗粗 4.9 厘米，秃尖长 2.6 厘米，穗行数 13.8 行，行粒数 35.3 粒，单穗重 255.6 克，净穗率 72.2%，鲜千粒重 371.8 克，出籽率 60.6%。建议报审。

4. 彩甜糯 6 号：系杭州良种引进公司引种登记的糯玉米杂交品种。本试验平均鲜穗亩产 842.2 千克，比对照美玉 8 号增产 16.0%。生育期 86.7 天，比对照美玉 8 号短 2.3 天。株高 195.3 厘米，穗位高

74.5厘米，双穗率32.5%，空秆率2.9%，倒伏率0.4%，倒折率0。穗长18.7厘米，穗粗5.1厘米，秃尖长2.4厘米，穗行数13.9行，行粒数35.7粒，单穗重249.3克，净穗率68.8%，鲜千粒重329.9克，出籽率58.7%。高感玉米螟，高抗小斑病，高抗大斑病，高抗茎腐病，感纹枯病。建议可进行引种备案。

5. 安农甜糯1号：系杭州今科园艺种苗技术服务部引种登记的糯玉米杂交品种。本试验平均鲜穗亩产815.4千克，比对照美玉8号增产12.4%。生育期88.2天，比对照美玉8号短0.8天。株高196.2厘米，穗位高71.9厘米，双穗率24.0%，空秆率1.3%，倒伏率0，倒折率0。穗长17.8厘米，穗粗5.1厘米，秃尖长0.8厘米，穗行数13.6行，行粒数37.6粒，单穗重243.7克，净穗率77.5%，鲜千粒重352.1克，出籽率65.8%。中抗玉米螟，抗小斑病，抗大斑病，中抗茎腐病，抗纹枯病。建议可进行引种备案。

6. 佳糯26：系杭州绿风种子有限公司引种登记的糯玉米杂交品种。本试验平均鲜穗亩产798.5千克，比对照美玉8号增产10.0%。生育期86.2天，比对照美玉8号短2.8天。株高207.2厘米，穗位高70.9厘米，双穗率30.7%，空秆率0.7%，倒伏率0，倒折率0。穗长17.9厘米，穗粗4.9厘米，秃尖长0.3厘米，穗行数13.1行，行粒数38.4粒，单穗重239.4克，净穗率71.8%，鲜千粒重348克，出籽率65.9%。感玉米螟，高抗小斑病，高抗大斑病，中抗茎腐病，抗纹枯病。建议可进行引种备案。

7. 红玉2号：系杭州三江种业有限公司引种登记的糯玉米杂交品种。本试验平均鲜穗亩产799.1千克，比对照美玉8号增产10.1%。品种生育期87.7天，比对照美玉8号短1.3天。株高193.6厘米，穗位高81.9厘米，双穗率27.3%，空秆率0.7%，倒伏率0.4%，倒折率0。穗长18.4厘米，穗粗4.9厘米，秃尖长2.0厘米，穗行数14.1行，行粒数34.8粒，单穗重238.8克，净穗率72.7%，鲜千粒重376.7克，出籽率70.1%。中抗玉米螟，感小斑病，抗大斑病，高感茎腐病，中抗纹枯病。建议可进行引种备案。

相关表格见表1至表6。

表1　2015年浙江省糯玉米品种试验参试品种

试验组别	品种名称	申报(供种)单位
区域试验	浙糯1202(续)	浙江省东阳玉米研究所
	新甜糯88(续)	新昌县种子有限公司
	钱江糯3号(续)	杭州市农业科学研究院
	浙糯1302	浙江省东阳玉米研究所
	浦甜糯1号	浦江县天作玉米研究所
	天贵糯161	南宁市桂福园农业有限公司
	绿玉糯2号	大绿种苗科技有限公司
	丽都1号	杭州博友种苗有限公司
	天糯828	杭州良种引进公司
	美玉8号CK	海南绿川种苗有限公司
生产试验	科甜糯2号	浙江农科种业有限公司，浙江省农业科学研究院作核所
	京科糯569	北京市农林科学研究院玉米研究中心
	彩甜糯K10-1	海南椿强种业有限公司
	彩甜糯6号(引)	杭州良种引进公司
	安农甜糯1号(引)	杭州今科园艺种苗技术服务部
	佳糯26(引)	杭州绿丰种子有限公司
	红玉2号	杭州三江种业有限公司
	美玉8号CK	海南绿川种苗有限公司

表 2　2015 年浙江省糯玉米区域试验和生产试验品种产量汇总分析

（单位：千克/亩）

试验类别	品种名称	年份	平均产量	比 CK（%）	比平均数（%）	显著性检验		各试点产量								
						0.05	0.01	农科院	淳安	嵊州	东阳	宁海	江山	嘉善	仙居	温州
区域试验	天糯 828	2015	913.6	27.9	10.6	a	A	761.5	963.3	1201.1	933.3	799.7	940.1	876.7	832.9	
	新甜糯 88(续)	2015	893.8	25.1	8.2	ab	AB	767.4	911.1	1170.4	953.3	814.4	991.3	806.7	735.6	
		2014	819.0	19.2	7.0	cd	BC	585.2	929.8	986.7	892.5	809.2	753.3		776.0	
		平均	856.4	22.15	7.6			676.3	920.45	1078.55	922.9	811.8	872.3	806.7	755.8	
	钱江糯 3 号(续)	2015	859.8	20.4	4.1	bc	ABC	730.4	903.3	1123.0	796.9	712.3	966.5	876.7	769.4	
		2014	829.8	20.7	8.4	bc	AB	718.5	928.3	884.4	892.6	835.6	783.3		766.1	
		平均	844.8	20.55	6.25			724.45	915.8	1003.7	844.75	773.95	874.9	876.7	767.75	
	浙糯 1302	2015	856.8	19.9	3.7	bc	ABCD	805.9	828.9	1121.8	837.0	752.9	940.6	910.0	657.6	
	天贵糯 161	2015	839.5	17.5	1.6	cd	BCD	681.5	806.7	1121.0	717.3	793.1	912.6	990.0	694.1	
	浙糯 1202(续)	2015	816.9	14.4	−1.1	cd	CD	739.3	777.8	1122.1	874.8	714.9	817.0	843.3	646.2	
		2014	812.8	18.3	4.9	de	BCD	640.7	815.4	1158.9	891.2	766.7	690.0		726.4	
		平均	814.85	16.35	1.9			690.0	796.6	1140.5	883.0	740.8	753.5	843.3	686.3	
	绿玉糯 2 号	2015	791.1	10.7	−4.2	de	DE	594.1	764.4	1113.0	819.1	710.4	860.4	816.7	650.8	
	浦甜糯 1 号	2015	744.4	4.2	−9.9	ef	EF	645.9	750.0	1059.9	664.4	626.4	781.1	743.3	684.0	
	美玉 8 号 CK	2015	714.4	0.0	−13.5	f	F	466.7	668.9	997.0	742.8	680.3	778.5	766.7	614.2	
		2014	687.3	0.0	−10.2	g	G	540.7	741.8	823.3	725.4	697.2	660.0		622.8	
		平均	700.9	0.0	−11.9			503.7	705.4	910.2	734.1	688.8	719.3	766.7	618.5	
生产试验	科甜糯 2 号	2015	908.8	25.2				780.2		1130.1	870.7	942.1			776.2	953.4
	京科糯 569	2015	828.2	14.1				686.3		1005.4	769.7	824.1			753.9	929.9
	彩甜糯 K10-1	2015	824.9	13.7				646.2		1033.1	772.0	828.8			725.3	944.2
	彩甜糯 6 号(引)	2015	842.2	16.0				654.3		1168.9	772.7	794.1			754.8	908.4
	安农甜糯 1 号(引)	2015	815.4	12.4				504.5		1138.9	778.1	784.5			802.7	883.5
	佳糯 26(引)	2015	798.5	10.0				688.9		1172.2	692.6	768.7			650.6	817.9
	红玉 2 号(引)	2015	799.1	10.1				575.1		1132.2	685.7	812.9			718.7	869.8
	美玉 8 号 CK	2015	725.7	0.0				432.2		1081.2	650.4	735.9			623.8	830.8

表 3　2015 年浙江省糯玉米区域试验和生产试验品种生育期和植株性状汇总

试验类别	品种名称	年份	生育期（天）	株高（厘米）	穗位高（厘米）	双穗率（%）	空秆率（%）	倒伏率（%）	倒折率（%）
区域试验	浙糯 1202(续)	2015	84.5	208.8	78.2	26.8	0.6	1.1	0.0
		2014	82.9	197.4	73.9	4.8	0.9	1.1	0.0
		平均	83.7	203.1	76.05	15.8	0.75	1.1	0.0
	新甜糯 88(续)	2015	87.8	214.6	85.5	24.4	0.0	0.4	0.0
		2014	87.4	211.5	73.8	3.0	0.9	1.5	0.6
		平均	87.6	213.05	79.65	13.7	0.45	0.95	0.3
	钱江糯 3 号(续)	2015	87.9	195.8	75.8	22.6	0.7	0.8	0.0
		2014	86.9	190.9	77.4	4.2	1.2	1.7	0.5
		平均	87.4	193.35	76.6	13.4	0.95	1.25	0.25
	浙糯 1302	2015	86.6	217.0	74.0	26.1	0.6	1.3	0.0
	浦甜糯 1 号	2015	87.4	195.7	72.3	14.5	0.6	0.4	0.0
	天贵糯 161	2015	86.9	221.5	90.8	26.0	0.0	1.6	3.3
	绿玉糯 2 号	2015	89.5	225.9	93.7	20.2	0.0	0.6	0.0
	丽都 1 号	2015	89.4	193.1	72.0	28.4	1.3	1.3	0.0
	天糯 828	2015	87.6	220.8	81.0	18.9	0.6	1.5	0.0
	美玉 8 号 CK	2015	89.1	210.7	93.4	22.7	1.1	3.0	0.0
		2014	86.9	209.1	90.5	3.0	1.3	1.5	0.0
		平均	88.0	209.9	91.95	12.85	1.2	2.25	0.0
生产试验	科甜糯 2 号	2015	88.0	219.3	85.2	30.8	2.0	3.4	0.1
	京科糯 569	2015	86.3	210.6	75.9	29.8	2.7	0.0	0.0
	彩甜糯 K10-1	2015	86.7	194.6	68.8	32.3	3.3	1.3	0.0
	彩甜糯 6 号(引)	2015	86.7	195.3	74.5	32.5	2.9	0.4	0.0
	安农甜糯 1 号(引)	2015	88.2	196.2	71.9	24.0	1.3	0.0	0.0
	佳糯 26(引)	2015	86.2	207.2	70.9	30.7	0.7	0.0	0.0
	红玉 2 号	2015	87.7	193.6	81.9	27.3	0.7	0.4	0.0
	美玉 8 号 CK	2015	89.0	199.6	79.2	28.5	1.3	0.0	0.0

表 4　2015 年浙江省糯玉米区域试验和生产试验品种果穗性状汇总

试验类别	品种名称	年份	穗长（厘米）	穗粗（厘米）	秃尖长（厘米）	穗行数	行粒数	单穗重（克）	净穗率（%）	鲜千粒重（克）	出籽率（%）
区域试验	浙糯 1202(续)	2015	20.3	4.9	4.6	16.9	34.8	245.9	77.7	301.4	63.9
		2014	21.9	4.9	5.4	17.6	33.6	249.7	66.7	272.9	62.3
		平均	21.1	4.9	5.0	17.3	34.2	247.8	72.2	287.2	63.1
	新甜糯 88(续)	2015	21.6	4.9	2.4	12.2	39.7	275.0	79.2	424.5	71.3
		2014	22.1	4.7	2.5	12.2	42.1	250.5	65.0	350.9	63.8
		平均	21.9	4.8	2.5	12.2	40.9	262.8	72.1	387.7	67.6
	钱江糯 3 号(续)	2015	20.3	5.1	2.6	15.0	37.0	274.4	75.2	346.2	64.0
		2014	21.0	4.8	3.7	15.3	36.1	265.7	65.3	315.4	61.4
		平均	20.7	5.0	3.2	15.2	36.6	270.1	70.3	330.8	62.7
	浙糯 1302	2015	21.3	4.9	1.9	14.7	38.1	261.1	76.9	310.4	62.6
	浦甜糯 1 号	2015	17.5	5.2	2.5	15.1	30.8	234.3	77.7	346.3	63.2
	天贵糯 161	2015	19.2	4.9	2.8	14.9	35.3	265.9	74.6	326.0	64.4
	绿玉糯 2 号	2015	19.4	4.8	1.8	12.9	38.4	237.5	72.7	325.1	68.5
	丽都 1 号	2015	19.6	4.9	3.6	15.2	33.2	255.2	75.5	312.5	59.8
	天糯 828	2015	18.6	5.3	3.2	16.1	32.8	285.8	78.3	375.4	65.2
	美玉 8 号 CK	2015	18.3	4.6	1.4	14.9	35.8	213.0	77.3	279.8	68.1
		2014	19.5	4.6	1.5	15.0	36.7	211.3	64.6	284.9	65.3
		平均	18.9	4.6	1.5	15.0	36.3	212.2	71.0	282.4	66.7
生产试验	科甜糯 2 号	2015	20.2	5.1	1.8	13.7	40.6	277.6	76.1	373.2	70.6
	京科糯 569	2015	18.0	5.0	1.2	13.4	39.4	259.9	76.2	348.1	65.7
	彩甜糯 K10-1	2015	19.4	4.9	2.6	13.8	35.3	255.6	72.2	371.8	60.6
	彩甜糯 6 号(引)	2015	18.7	5.1	2.4	13.9	35.7	249.3	68.8	329.9	58.7
	安农甜糯 1 号(引)	2015	17.8	5.1	0.8	13.6	37.6	243.7	77.5	352.1	65.8
	佳糯 26(引)	2015	17.9	4.9	0.3	13.1	38.4	239.4	71.8	348.0	65.9
	红玉 2 号	2015	18.4	4.9	2.0	14.1	34.8	238.8	72.7	376.7	70.1
	美玉 8 号 CK	2015	17.9	4.7	1.2	14.7	36.4	213.7	77.4	292.5	68.3

表 5　2015 年浙江省鲜食玉米区域试验品种品质评价

试验类别	品种名称	年份	感官品质	蒸煮品质						总评分	直链淀粉（%）
				气味	色泽	风味	糯性	柔嫩性	皮薄厚		
区域试验	浙糯 1202(续)	2015	25.79	6.00	6.21	8.14	15.14	8.00	15.87	85.16	13.90
		2014	25.66	5.76	6.23	8.28	14.46	8.21	14.79	83.38	1.90
		平均	25.73	5.88	6.22	8.21	14.80	8.11	15.33	84.27	7.90
	新甜糯 88(续)	2015	26.43	6.00	6.07	8.40	15.43	8.50	15.9	86.73	2.20
		2014	26.52	6.00	6.11	8.58	15.26	8.67	15.19	86.32	1.70
		平均	26.48	6.00	6.09	8.49	15.35	8.59	15.55	86.53	1.95
	钱江糯 3 号(续)	2015	25.29	6.00	6.24	8.07	15.57	8.14	16.29	85.60	2.10
		2014	24.50	5.92	5.81	8.58	15.49	8.81	15.60	84.71	1.70
		平均	24.90	5.96	6.03	8.33	15.53	8.48	15.95	85.16	1.90
	浙糯 1302	2015	25.73	5.86	6.11	7.97	15.21	8.07	15.93	84.89	2.40
	浦甜糯 1 号	2015	25.31	6.00	6.19	8.14	15.83	8.50	16.24	86.21	2.40
	天贵糯 161	2015	25.81	6.00	6.21	7.81	15.43	8.29	16.00	85.56	2.30
	绿玉糯 2 号	2015	26.19	6.00	6.07	8.19	15.86	8.57	16.57	87.44	2.20
	丽都 1 号	2015	26.20	5.93	6.07	8.29	15.81	8.19	15.96	86.44	2.10
	天糯 828	2015	26.31	6.00	5.90	8.00	15.26	7.93	15.36	84.76	2.20
	美玉 8 号 CK	2015	26.00	6.00	6.00	8.00	15.00	8.00	16.00	85.00	2.30
		2014	26.00	6.00	6.00	8.50	15.00	8.50	15.00	85.00	1.90
生产试验	彩甜糯 6 号(引)	2015	26.86	6.00	6.21	8.11	15.29	7.89	15.76	86.11	5.50
	安农甜糯 1 号(引)	2015	25.21	6.00	6.14	8.29	15.43	8.19	16.17	85.43	2.00
	佳糯 26(引)	2015	26.46	6.00	6.24	7.93	14.79	7.67	15.64	84.73	2.10
	红玉 2 号	2015	26.79	6.00	6.07	7.67	14.79	7.57	15.29	84.17	2.20
	美玉 8 号 CK	2015	26.00	6.00	6.00	8.00	15.00	8.00	16.00	85.00	2.10

表 6　2015 年浙江省糯玉米区试品种病虫害抗性鉴定报告

试验类别	品种名称	年份	大斑病		小斑病		茎腐病		玉米螟		纹枯病	
			病级	抗性评价	病级	抗性评价	病株率%	抗性评价	食叶级别	抗性评价	病情指数	抗性水平
区域试验	浙糯 1202(续)	2015	1	HR	3	R	64.0%	HS	9	HS	77.8	S
		2014	7	S	3	R	37.5%	S	5	MR		
		平均		S		R		HS		HS		S
	新甜糯 88(续)	2015	3	R	5	MR	48.0%	HS	7	S	47.2	MR
		2014	1	HR	3	R	4.3%	HR	3	R		
		平均		R		MR		HS		S		MR
	钱江糯 3 号(续)	2015	1	HR	3	R	32.0%	S	7	S	66.7	S
		2014	5	MR	1	HR	4.2%	HR	7	S		
		平均		MR		R		S		S		S
	浙糯 1302	2015	7	S	3	R	44.0%	HS	5	MR	69.4	S
	浦甜糯 1 号	2015	7	S	1	HR	28.0%	MR	9	HS	79.5	S
	天贵糯 161	2015	3	R	3	R	32.0%	S	9	HS	81.9	HS
	绿玉糯 2 号	2015	3	R	7	S	40.0%	S	9	HS	63.9	S
	丽都 1 号	2015	3	R	3	R	32.0%	S	5	MR	69.4	S
	天糯 828	2015	1	HR	1	HR	4.0%	HR	7	S	61.1	S
生产试验	彩甜糯 6 号(引)	2015	1	HR	1	HR	0	HR	9	HS	63.9	S
	安农甜糯 1 号(引)	2015	3	R	3	R	20.0%	MR	5	MR	36.1	R
	佳糯 26(引)	2015	1	HR	1	HR	16.0%	MR	7	S	25.0	R
	红玉 2 号(引)	2015	3	R	7	S	48.0%	HS	5	MR	45.8	MR
	美玉 8 号(CK)	2015	3	R	5	MR	8.0%	R	9	HS	38.9	MR
	美玉 8 号(2014)	2015	3	R	5	MR	13.6%	MR	5	MR		

注：抗性分级为 9 级制：1 级，HR 高抗；3 级，R 抗；5 级，MR 中抗；7 级，S 感；9 级，HS 高感。

2014—2015 年度浙江省油菜品种区域试验和生产试验总结

浙江省种子管理总站

一、试验概况

本年度油菜区域试验参试品种包括对照浙双 72 共 13 个，分别为浙江省农科院作核所选育的核杂 1203、核杂 1301，浙江省农科院作核所和浙江勿忘农种业股份有限公司选育的浙杂 1306、浙杂 1403，中国农科院油料所选育的阳光 137，浙江可得丰种业有限公司选育的金油 154，浙江龙游县五谷香种业有限公司选育的农科 08，浙江勿忘农种业股份有限公司选育的中浙油杂 Z99，杭州绿丰种子有限公司选育的绿油一号，温州市神鹿种业有限公司选育的 JY752H，浙江农科种业有限公司选育的 YU1401，浙江大学作物科学研究所选育的 S632。生产试验参试品种为浙江省农科院作核所和浙江勿忘农种业股份有限公司选育的 M267，中国农科院油料所和武汉中油种业科技有限公司选育的中 86200，浙江大学作物科学研究所选育的 S630，对照为浙双 72。区域试验采用随机区组排列，3 次重复，小区面积 0.02 亩；生产试验采用大区对比，不设重复，大区面积 0.3～0.5 亩。试验田四周设保护行，试验播种、移栽等栽培管理按当地习惯进行。记载项目和标准统一按《浙江省油菜区域试验和生产试验技术操作规程(试行)》进行。

区域试验承试单位 8 个，分别由诸暨国家级农作物区试站、临安市种子管理站、嘉兴市农科院、湖州市农科院、杭州市萧山区农科所、慈溪市种子公司、衢州市种子管理站和兰溪市种子管理站承担。生产试验承试单位 6 个，分别由慈溪市种子公司、兰溪市种子管理站、嘉兴市农科院、诸暨国家级农作物区试站、湖州市农科院和临安市种子管理站承担，其中嘉兴试点由于土地质量较差，兰溪点收获时有的品种落粒严重，影响试验的可靠性，产量均不予汇总。油菜籽品质由农业部油料及制品质量监督检验测试中心检测，芥酸检测样品为播种前申报单位提供的种子，硫苷、含油量检测样品为区试收获油菜籽，检测样品由嘉兴市农科院提供。抗性鉴定由浙江省农科院植微所承担。

二、试验结果

(一) 区域试验

1. 产量：据 6 个试点的小区产量汇总分析(表 1)，除 JY752H、金油 154 和绿油一号外，其余品种均比对照增产。浙杂 1403 产量居首位，平均亩产 197.8 千克，比对照浙双 72 增产 13.4%，达极显著水平；核杂 1203 次之，平均亩产 197.6 千克，比对照增产 13.3%，达极显著水平；YU1401 居第三位，平均亩产 196.0 千克，比对照增产 12.3%，达极显著水平。

2. 全生育期：各参试品种全生育期变幅为 224.8～227.9 天，以绿油一号全生育期最长，核杂 1203 生育期最短，其余参试品种均比对照品种略短。

3. 主要经济性状：株高各参试品种间变幅为159.0～200.4厘米，其中绿油一号最矮，中浙油杂Z99最高；有效分枝位以JY752H最低，浙双72最高；一次分枝数中浙油杂Z99最多，为11.3个，浙杂1403最少，为9.1个；主花序有效长度变幅为51.4～71.7厘米，其中核杂1301最短，绿油一号最长；主花序有效角数变幅在57.3～74.3个，其中中浙油杂Z99最多，S632最少；单株有效角果数变幅为401.5～546.1个，其中中浙油杂Z99最多，阳光137最少；每角实粒数变幅在19.4～23.6个，阳光137最多，中浙油杂Z99最少；千粒重变幅为3.9～5.0克，JY752H最高，金油154、绿油一号最低。

4. 品质：据农业部油料及制品质量监督检验测试中心检测，含油量变幅为42.68～48.9%，其中对照浙双72为43.12%，S632含油量最高；硫苷含量变幅为21.57～29.46μmol/g，以S632最低，核杂1203最高；芥酸含量均在0.7%以下，其中对照浙双72为0.7%。

5. 抗病性：据省农科院植微所鉴定，菌核病抗性JY752H最好，发病率为30%，病指为20.42，其次是浙杂1403，发病率为32%，病指为22.32，以S632抗性最差，发病率为57%，病指为41.56，其余品种均介于两者之间，其中绿油一号和中浙油杂Z99抗病性较好。

（二）生产试验

据6个试点汇总，中86200平均亩产191.2千克，比对照浙双72增产3.7%，平均亩产油量91.5千克，比对照增产17.0%；S630平均亩产182.3千克，比对照减产1.1%，平均亩产油量87.7千克，比对照增产12.2%；M267平均亩产174.0千克，比对照减产5.6%，平均亩产油量86.4千克，比对照增产10.5%。

三、品种简评

1. 浙杂1403：系浙江省农科院作核所和浙江勿忘农种业股份有限公司选育的杂交油菜品种。本年度区试平均亩产197.8千克，比对照浙双72增产13.4%，增产极显著；亩产油量94.1千克，比对照增产25.1%，比平均产油量增产14.5%。全生育期226.4天，比对照短1.2天。株高185.0厘米，有效分枝位62.7厘米，一次分枝9.1个，二次分枝4.8个，主花序有效长度和有效角果数分别为54.0厘米和73.9个，单株有效角果数464.6个，每角实粒数21.0粒，千粒重4.8克。品质经农业部油料及制品质量监督检验测试中心检测，含油量47.58%，硫苷含量25.38μmol/g，芥酸含量0.3%。抗病性经浙江省农科院植微所鉴定，菌核病株发病率32%，病情指数22.32，菌核病抗性强于对照。该品种产量和产油量均达标，经专业组讨论下年度继续试验。

2. 核杂1203(续试)：系浙江省农科院作核所选育的杂交油菜品种。本年度区试平均亩产197.6千克，比对照浙双72增产13.3%，增产极显著；亩产油量90.4千克，比对照增产20.2%，比平均产油量增产10.0%。2013—2014年度区试平均亩产206.4千克，比对照增产6.2%，增产极显著；亩产油量89.6千克，比对照增产9.2%。两年平均亩产202千克，比对照增产9.5%。亩产油量90.0千克，比对照增产14.5%。全生育期224.8天，比对照短2.8天，株高为175.8厘米，有效分枝位40.4厘米，一次分枝9.6个，二次分枝10.9个，主花序有效长度和有效角果数分别为59.3厘米和66.4个，单株有效角果数480.4个，每角实粒数23.4粒，千粒重4.3克。品质经农业部油料及制品质量监督检验测试中心检测，含油45.74%，硫苷含量29.46μmol/g，芥酸含量0.2%。抗病性经浙江省农科院植微所鉴定，菌核病株发病率40%，病情指数28.5，菌核病抗性与对照相仿。该品种产油量达标，经专业组讨论下年度进入生产试验。

3. YU1401：系浙江农科种业有限公司申报的杂交油菜品种。本年度区试平均亩产196.0千克，比对照浙双72增产12.3%，增产极显著；亩产油量92.3千克，比对照增产22.7%，比平均产油量增产12.3%。全生育期225.6天，比对照短2.0天，株高为172.4厘米，有效分枝位36.3厘米，一次分枝10.2个，二次分枝9.6个，主花序有效长度和有效角果数分别为53.8厘米和69.2个，单株有效角果数为484.1个，每角实粒数22.6粒，千粒重为4.4克。品质经农业部油料及制品质量监督检验测试中心检测，含油量47.07%，硫苷含量27.76μmol/g，芥酸含量0.2%。抗病性经浙江省农科院植微所鉴定，菌核病株发病率44%，病情指数31.11，菌核病抗性与对照相仿。该品种产量和产油量均达标，经专业组讨论下年度继续试验。

4. 浙杂1306：系浙江省农科院作核所和浙江勿忘农种业股份有限公司选育的杂交油菜品种。本年度区试平均亩产187.3千克，比对照浙双72增产7.4%，增产极显著；亩产油量81.8千克，比对照增产8.8%，比平均产油量减产0.5%。全生育期225.0天，比对照短2.6天。株高185.3厘米，有效分枝位54.3厘米，一次分枝9.3个，二次分枝4.0个，主花序有效长度和有效角果数分别为57.1厘米和71.1个，单株有效角果数438.3个，每角实粒数21.8粒，千粒重4.5克。品质经农业部油料及制品质量监督检验测试中心检测，含油量43.68%，硫苷含量29.12μmol/g，芥酸含量0.2%。抗病性经浙江省农科院植微所鉴定，菌核病株发病率36%，病情指数24.7，菌核病抗性强于对照。该品种产量达标，经专业组讨论下年度继续试验。

5. 核杂1301：系浙江省农科院作核所选育的杂交油菜品种。本年度区试平均亩产187.2千克，比对照浙双72增产7.3%，增产极显著；亩产油量88.5千克，比对照增产17.7%，比平均产油量增产7.7%。全生育期225.6天，比对照短2.0天。株高167.2厘米，有效分枝位38.7厘米，一次分枝9.5个，二次分枝9.3个，主花序有效长度和有效角果数分别为51.4厘米和68.7个，单株有效角果数443.9个，每角实粒数23.0粒，千粒重4.5克。品质经农业部油料及制品质量监督检验测试中心检测，含油量47.28%，硫苷含量27.7μmol/g，芥酸含量0.1%。该品种产油量达标，经专业组讨论下年度继续试验。

6. 农科08：系浙江龙游县五谷香种业有限公司选育的杂交油菜品种。本年度区试平均亩产185.0千克，比对照浙双72增产6.0%，增产显著；亩产油量81.6千克，比对照增产8.4%，比平均产油量减产0.8%。全生育期225.6天，比对照短2.0天。株高174.1厘米，有效分枝位41.2厘米，一次分枝10.7个，二次分枝3.4个，主花序有效长度和有效角果数分别为55.1厘米和67.4个，单株有效角果数449.1个，每角实粒数21.8粒，千粒重4.6克。品质经农业部油料及制品质量监督检验测试中心检测，含油量44.08%，硫苷含量24.35μmol/g，芥酸含量未检出。抗病性经浙江省农科院植微所鉴定，菌核病株发病率42%，病情指数29.92，菌核病抗性与对照相仿。该品种产量和产油量均达标，经专业组讨论下年度继续试验。

7. S632：系浙江大学作物科学研究所选育的杂交油菜品种。本年度区试平均亩产182.3千克，比对照浙双72增产4.5%，增产不显著；亩产油量89.1千克，比对照增产18.5%，比平均产油量增产8.5%。全生育期226.6天，比对照短1.0天。株高173.7厘米，有效分枝位34.0厘米，一次分枝11.1个，二次分枝9.9个，主花序有效长度和有效角果数分别为55.0厘米和57.3个，单株有效角果数513.2个，每角实粒数19.8粒，千粒重4.3克。品质经农业部油料及制品质量监督检验测试中心检测，含油量48.9%，硫苷含量21.57μmol/g，芥酸含量未检出。抗病性经浙江省农科院植微所鉴定，菌核病株发病率57%，病情指数41.56，菌核病抗性弱于对照。该品种产量和产油量达标，经专业组讨论下年度继续试验。

8. 中浙油杂Z99：系浙江省农科院作核所和浙江勿忘农种业股份有限公司选育的杂交油菜品种。本年度区试平均亩产177.1千克，比对照浙双72增产1.5%，增产不显著；亩产油量75.6千克，比对照增产0.5%，比平均产油量减产8.0%。全生育期226.1天，比对照短1.5天。株高200.4厘米，有效分枝位52.9厘米，一次分枝11.3个，二次分枝10.0个，主花序有效长度和有效角果数分别为60.2厘米和74.3个，单株有效角果数546.1个，每角实粒数19.4粒，千粒重4.6克。品质经农业部油料及制品质量监督检验测试中心检测，含油量42.68%，硫苷含量28.34μmol/g，芥酸含量未检出。抗病性经浙江省农科院植微所鉴定，菌核病株发病率39%，病情指数28.02，菌核病抗性强于对照。该品种产量和产油量均未达标，经专业组讨论下年度终止试验。

9. 阳光137(续试)：系中国农科院油料所选育的常规油菜品种。本年度区试平均亩产176.5千克，比对照增产1.1%，增产不显著；亩产油量78.9千克，比对照增产4.9%，比平均产油量减产4.0%。2013—2014年度区试平均亩产201.0千克，比对照增产3.5%，未达显著水平；亩产油量86.0千克，比对照增产4.9%。两年平均亩产188.8千克，比对照增产4.4%。亩产油量82.5千克，比对照增产4.9%。全生育期225.8天，比对照短1.8天，株高为180.7厘米，有效分枝位61.0厘米，一次分枝9.4个，二次分枝5.0个，主花序有效长度和有效角果数分别为64.7厘米和70.5个，单株有效角果数为401.5个，每角实粒数23.6粒，千粒重为4.9克。品质经农业部油料及制品质量监督检验测试中心检测，含油量44.7%，硫苷含量23.32μmol/g，芥酸含量未检出。抗病性经浙江省农科院植微所鉴定，菌核病株发病率55%，病情指数39.42，菌核病抗性弱于对照。该品种完成二年区试，经专业组讨论终止试验。

10. JY752H：系温州市神鹿种业有限公司选育的常规油菜品种。本年度区试平均亩产171.2千克，比对照减产1.9%，差异不具有显著性；亩产油量79.7千克，比对照增产6.0%，比平均产油量减产3.0%。全生育期225.4天，比对照短2.2天。株高166.9厘米，有效分枝位30.1厘米，一次分枝11.0个，二次分枝7.6个，主花序有效长度和有效角果数分别为58.2厘米和57.7个，单株有效角果数452.3个，每角实粒数20.1粒，千粒重为5.0克。品质经农业部油料及制品质量监督检验测试中心检测，含油量46.58%，硫苷含量29.34μmol/g，芥酸含量未检出。抗病性经浙江省农科院植微所鉴定，菌核病株发病率30%，病情指数20.42，菌核病抗性强于对照。该品种产油量与平均产油量相比未达标，经专业组讨论终止试验。

11. 金油154：系浙江可得丰种业有限公司选育的杂交油菜品种。本年度区试平均亩产170.6千克，比对照减产2.2%，差异不具有显著性；亩产油量80.6千克，比对照增产7.2%，比平均产油量减产1.9%。全生育期228.3天，比对照长0.7天。株高176.8厘米，有效分枝位54.2厘米，一次分枝9.2个，二次分枝8.9个，主花序有效长度和有效角果数分别为59.0厘米和74.1个，单株有效角果数476.4个，每角实粒数21.2粒，千粒重3.9克。品质经农业部油料及制品质量监督检验测试中心检测，含油量47.26%，硫苷含量21.96μmol/g，芥酸含量未检出。抗病性经浙江省农科院植微所鉴定，菌核病株发病率48%，病情指数32.77，菌核病抗性弱于对照。该品种产量和产油量均未达标，经专业组讨论终止试验。

12. 绿油一号：系杭州绿丰种子有限公司选育的杂交油菜品种。本年度区试平均亩产137.1千克，比对照减产21.4%，差异具有极显著性；亩产油量61.0千克，比对照减产18.9%，比平均产油量减产25.8%。全生育期227.9天，比对照长0.3天。株高159.0厘米，有效分枝位20.9厘米，一次分枝9.4个，二次分枝9.3个，主花序有效长度和有效角果数分别为71.7厘米和63.0个，单株有效角果数463.4个，每角实粒数22.1粒，千粒重3.9克。品质经农业部油料及制品质量监督检验测试中心检测，含油量44.5%，硫苷含量22.59μmol/g，芥酸含量未检出。抗病性经浙江省农科院植微所鉴定，菌核病株发病率34%，病情指数23.75，菌核病抗性强于对照。该品种产量和产油量均未达标，田间考察时不育株率很高，经专业组讨论终止试验。

相关表格见表1至表3。

表1 2014—2015年度浙江省油菜区域试验产量汇总

试验类别	品种名称	产量(千克/亩)		显著性		产油量(千克/亩)			各试点产量							
		平均亩产	比对照(%)	0.05	0.01	平均产油量	比对照(%)	比平均(%)	萧山	衢州	湖州	慈溪	临安	诸暨	嘉兴	兰溪
区域试验	浙杂1403	197.8	13.4	a	A	94.1	25.1	14.5	212.9	138.9	243.1	208.6	208.7	174.5	报废	报废
	核杂1203(续试)	197.6	13.3	a	A	90.4	20.2	10.0	209.2	144.8	234.6	219.9	208.7	168.5	报废	报废
	YU1401	196.0	12.3	a	AB	92.3	22.7	12.3	193.0	141.9	218.7	202.9	206.6	213.0	报废	报废
	浙杂1306	187.3	7.4	b	B	81.8	8.8	−0.5	203.9	137.5	210.2	200.3	183.6	188.5	报废	报废
	核杂1301	187.2	7.3	b	B	88.5	17.7	7.7	174.7	128.1	217.4	186.3	221.6	195.0	报废	报废
	农科08	185.0	6.0	b	BC	81.6	8.4	−0.8	184.9	125.3	205.7	225.6	168.5	200.1	报废	报废
	S632	182.3	4.5	bc	BC	89.1	18.5	8.5	166.7	136.5	197.2	230.9	151.5	211.0	报废	报废
	中浙油杂Z99	177.1	1.5	c	C	75.6	0.5	−8.0	203.9	151.5	192.9	210.6	150.4	153.5	报废	报废
	阳光137(续试)	176.5	1.1	c	C	78.9	4.9	−4.0	212.6	98.5	230.4	150.8	187.0	179.6	报废	报废
	浙双72(CK)	174.5	0.0	c	C	75.2	0.0	−8.5	170.7	151.4	194.4	215.7	157.1	157.6	报废	报废
	JY752H	171.2	−1.9	c	C	79.7	6.0	−3.0	181.7	124.0	211.0	184.9	155.8	169.6	报废	报废
	金油154	170.6	−2.2	c	C	80.6	7.2	−1.9	175.2	99.3	191.3	177.8	160.6	219.5	报废	报废
	绿油一号	137.1	−21.4	d	D	61.0	−18.9	−25.8	113.4	86.6	125.8	223.8	175.5	97.5	报废	报废
生产试验	中86200	191.2	3.7			91.5	17.0	6.4		221.5	214.3	188.5	164.8	189.9	168.5	
	浙双72(CK)	184.4	0.0			78.2	0.0	−9.1		188.6	211.9	185.0	160.1	181.5	179.3	
	S630	182.3	−1.1			87.7	12.2	2.0		199.5	200.0	198.0	165.3	169.9	161.0	
	M267	174.0	−5.6			86.4	10.5	0.5		171.6	202.4	175.5	149.4	163.7	181.3	

表 2　2014—2015 年度浙江省油菜区域试验经济性状汇总

试验类别	品种名称	全生育期	株高（厘米）	有效分枝位（厘米）	有效分枝数		主花序		单株有效角果数	每角实粒数	千粒重（克）
					一次	二次	有效长度（厘米）	有效角果数			
区域试验	浙杂 1403	226.4	185.0	62.7	9.1	4.8	54.0	73.9	464.6	21.0	4.8
	核杂 1203(续试)	224.8	175.8	40.4	9.6	10.9	59.3	66.4	480.4	23.4	4.3
	YU1401	225.6	172.4	36.3	10.2	9.6	53.8	69.2	484.1	22.6	4.4
	浙杂 1306	225.0	185.3	54.3	9.3	4.0	57.1	71.1	438.3	21.8	4.5
	核杂 1301	225.6	167.2	38.7	9.5	9.3	51.4	68.7	443.9	23.0	4.5
	农科 08	225.6	174.1	41.2	10.7	3.4	55.1	67.4	449.1	21.8	4.6
	S632	226.6	173.7	34.0	11.1	9.9	55.0	57.3	513.2	19.8	4.3
	中浙油杂 Z99	226.1	200.4	52.9	11.3	10.0	60.2	74.3	546.1	19.4	4.6
	阳光 137(续试)	225.8	180.7	61.0	9.4	5.0	64.7	70.5	401.5	23.6	4.9
	浙双 72(CK)	227.6	194.4	66.5	9.3	10.5	61.2	73.5	497.9	20.4	4.1
	JY752H	225.4	166.9	30.1	11.0	7.6	58.2	57.7	452.3	20.1	5.0
	金油 154	228.3	176.8	54.2	9.2	8.9	59.0	74.1	476.4	21.2	3.9
	绿油一号	227.9	159.0	20.9	9.4	9.3	71.7	63.0	463.4	22.1	3.9

表 3　2014—2015 年度浙江省油菜区域试验品种品质和抗病性结果汇总

品种名称	试验年份	含油量（%）	硫苷（μmol/g）	芥酸（%）	菌核病	
					株发病率%	病情指数
浙杂 1403	2014—2015	47.58	25.38	0.3	32	22.32
核杂 1203(续试)	2014—2015	45.74	29.46	0.2	40	28.50
	2013—2014	43.40	25.64		31	23.63
YU1401	2014—2015	47.07	27.76	0.2	44	31.11
浙杂 1306	2014—2015	43.68	29.12	0.2	36	24.70
核杂 1301	2014—2015	47.28	27.70	0.1		
农科 08	2014—2015	44.08	24.35	未检出	42	29.92
S632	2014—2015	48.90	21.57	未检出	57	41.56
中浙油杂 Z99	2014—2015	42.68	28.34	未检出	39	28.02
阳光 137(续试)	2014—2015	44.70	23.32	未检出	55	39.42
	2013—2014	42.78	18.99		42	30.22
浙双 72(CK)	2014—2015	43.12	27.66	0.7	46	32.30
JY752H	2014—2015	46.58	29.34	未检出	30	20.42
金油 154	2014—2015	47.26	21.96	未检出	48	32.77
绿油一号	2014—2015	44.50	22.59	未检出	34	23.75

展示示范总结

2015年秀洲区单季晚粳稻新品种扩展鉴定和丰产示范总结

嘉兴市秀洲区种子管理站　徐建良

根据省种子管理总站安排，2015年秀洲区承担了单季晚粳稻新品种的适应性扩展鉴定（展示）和丰产示范工作，现总结如下。

一、展示示范基本情况

1. 基地概况。展示示范基地落实在秀洲区油车港镇百花庄村，面积260.0亩。该基地距申嘉湖油车港出口3千米，交通十分便利，由栽培和管理经验成熟的新禾植保专业合作社集中流转经营，易于开展“五统一”等工作。该基地排灌、道路、圩堤配套独立，地势开阔，阳光充足，土地平整，肥力均匀，受天气及其他环境因素影响较小，能充分展现品种特征特性，扩展鉴定苗头组合区域适应性、适用性，发挥示范品种丰产潜力，达到适应性扩展鉴定和丰产示范之目的。

2. 展示情况。适应性扩展鉴定（展示）区共15个品种（组合），面积各1.0亩。包括5个常规晚粳稻：宁84、浙粳88、嘉67、绍粳18、嘉58（对照），10个杂交晚粳稻：嘉优中科3号、甬优538、春优84、浙优1015、浙优1121、甬优1540、甬优7850、甬优540、甬优150、嘉优5号（对照）。

展示品种育秧人工移栽，常规晚粳稻用种量2.0千克/亩，杂交晚粳稻0.5千克/亩。5月21日播种，6月17日移栽，秧龄27天。常规晚粳稻移栽规格6×7寸，亩插丛数约1.5万，3本/丛，落田苗6.5万～8.1万；杂交晚粳稻移栽规格6×9寸，亩插丛数约1.0万，2本/丛，落田苗4.1万～6.4万。品种间始齐穗8月21日—9月19日，成熟期10月22日—11月20日，全生育期变幅154～183天。

3. 示范情况。丰产示范品种2个，面积共390亩，其中甬优538核心示范方110亩，嘉58核心示范方135亩，硬盘机播育秧及小苗机插，5月24日播种，6月11日—6月13日移栽，秧龄18～20天。

甬优538移栽规格6×9寸，亩插1.1万丛左右，2～3本/丛，平均落田苗4.5万。9月10日—14日始齐穗，11月16日成熟，全生育期176天。嘉58移栽规格3.6×9寸，亩插1.8万丛左右，3～4本/丛，平均落田苗7万。9月12日—9月15日始齐穗，11月11日成熟，全生育期171天。

二、实施结果

1. 展示品种。杂交组展示品种共10个，平均亩产812.3千克，较对照嘉优5号增产7个，减产2个。增减幅在－1.7％～21.3％。其中甬优540产量最高，达898.8千克/亩，比对照嘉优5号增产21.3％。其次是甬优538，亩产达880.2千克，较对照嘉优5号增产18.8％，其余品种亩产及较对照增减幅分别为：浙优1121（845.4千克，＋14.1％）；嘉优中科3号（845.3千克，＋14.1％）；甬优1540（842.3千克，＋13.7％）；甬优7850（841.5千克，＋13.6％）；春优84（775.9千克，＋4.7％）；浙优1015（728.5千克，－1.7％）；甬优150（724.4，－2.2％）。

常规组展示品种共5个，平均亩产748.7千克，较对照嘉58增减幅为－5.8%～4.0%。亩产及增减幅排序为：嘉67(781.6千克，＋4.0%)；绍粳18(760.0千克，＋1.1%)；宁84(742.2千克，－1.2%)；浙粳88(708.2千克，－5.8%)。详见表1和表3。

通过对各品种(组合)在产量、株高、熟期、抗逆性、地区适应性等综合性状分析，杂交稻甬优540、甬优538、嘉优中科3号、甬优1540、甬优7850表现较好，常规晚粳稻嘉67、嘉58、绍粳18表现较好，适于在浙北粳稻区推广或试种、扩种。

2．丰产示范品种。甬优538自2013年在秀洲区小面积试种，同期开展品比试验及栽培技术研究，2013年秀洲区品比试验平均亩产834.4千克，居甬优12、浙优18后排第三位，较对照增产26%，达极显著水平。2014年秀洲区品比试验平均亩产854.3千克，居甬优12、甬优1540后排第三位，较对照增产31.8%，达极显著水平。2015年丰产示范核心方110.0亩，根据前两年展示、品比试验表现及品种特性介绍，该品种穗型大，生育期中长，灌浆期较长。示范方采取育秧机插争季节、适穗中大穗群体结构、早肥早发适时重搁田、后期减氮增磷钾等栽培管理措施，夺取了整方平衡高产。12月4日由嘉兴市农经局组织专家，按《浙江省水稻产量验收办法》对该示范方进行了机收实割产量验收。三块代表田面积分别为1.04亩、1.10亩、1.00亩，按标准水分折亩产分别为867.68千克、894.40千克、843.73千克，验收平均亩产达到868.60千克。甬优538自2013年在秀洲区试种、丰产展示以来，表现了高产稳产，株高适中，熟期与常规中熟晚粳相仿，成熟期清秀，穗大粒多等诸多优良性状。2014年秀洲区种植面积1.1万亩，占杂交稻总种植面积的11.6%，2015年全区种植面积2.8万亩，占杂交稻总种植面积的71.8%。

常规优质晚粳稻嘉58在我区是第三年示范，2013年核心丰产示范方160亩，三块高产攻关田验收平均亩产达727.40千克。2014年核心丰产示范方110亩，验收平均亩产为643.10千克，较我区晚稻平均亩产583千克亩增60.10千克，增产幅度10.3%。根据两年示范表现及品种特性，针对该品种熟期较长、成熟度较差、茎秆较软、抗倒性稍弱的缺点，2015年采取机插的方法来克服品种缺点，发挥品种高产潜力。示范方采取主攻适穗中大穗，后期控氮增施磷钾提高结实率和千粒重等栽培管理措施，虽受2015年晚稻腊熟—收获期连续多雨寡照的不利气候影响，丰产示范方仍夺取了整方平衡高产。2015年11月30日，由秀洲区农经局组织区级专家，按《浙江省水稻产量验收办法》对该核心示范方进行了全田机收实割测产。三块代表田面积分别为1.08亩、1.13亩、1.01亩，按标准水分折亩产分别为689.70千克、749.76千克、752.46千克，验收平均亩产为730.60千克。通过三年高产示范与推广，嘉58因米质优、高产稳产、综合抗逆性较好、株高适中等优点，种植面积迅速扩大，2015年秀洲区种植面积达13.5万亩，占全区晚稻总种植面积的55.9%，已成为秀洲区常规晚粳稻第一大主导品种。详见表2。

三、展示示范成效

1．发挥辐射效应，显著加快了新品种推广应用。在展示、示范期间，及时组织乡镇农技人员、种粮大户、种子企业及新闻媒体召开现场观摩会，实地观摩新品种的表现，充分利用展示示范平台扩大影响、宣传良种，使经营者认识和接受新品种，加快了优良新品种的推广应用。

2．增产增效明显。通过各级各部门的指导协作，以及各项技术措施的落实，示范方增产增效明显。嘉58高产示范方共实施135.0亩，示范方平均亩产为730.60千克，较我区晚稻平均亩产590.00千克增140.60千克，增产幅度23.8%。甬优538高产示范方共实施110.00亩，示范方平均亩产为868.60千克，较我区晚稻平均亩产增278.60千克，增产幅度47.2%。以稻谷3.1元/千克计算，示范合作社共计增收稻谷49627.00千克，增加产值153843元，亩增经济效益628元，增产增收效益明显。

3．完善配套栽培技术。软香米晚粳稻嘉58 2011年在我区以优质特种米品种小面积试种，表现为矮秆抗倒、高产稳产、米质优。2012年扩大试种，布点展示并开展配套栽培技术研究。2013—2015年在承担省水稻新品种展示示范的基础上，继续深入开展配套栽培技术研究。嘉 58 表现出高产稳产，分蘖力强，生育期偏长，千粒重较高，茎秆偏细软。针对该品种生育期偏长，茎秆偏细软，高肥易倒伏的缺点，2015 年采用硬盘机播育秧及小苗机插的方法，来促使生育期提前，提高抗倒性及籽粒充实度。在田间管理上，一是控制用种量，防止基本苗过多、群体过大；二是足苗及时搁田，防止无效分蘖过多消耗养分、减少结果，和小孽过多、穗层不齐及弱势粒过多；三是适当早播争季节，提高结实率、千粒重夺高产；四是合理运作肥水，前期适当控氮防群体过大，中期适施氮肥不脱肥落黄，加施磷钾壮秆强茎；后期适量增施磷钾保功能叶。

杂交晚稻甬优 538 在秀洲区近几年种植的总体表现为高产稳产，株高适中，分蘖力强，熟期中迟，熟相清秀，穗大粒多着粒密。作为杂交晚稻品种，在秀洲区小麦茬直播及高肥大群体下生产，表现籽粒成熟度较差，结实率偏低。生产上建议提早秧盘育秧和小苗机插，该品种分蘖力强，在达到目标穗数时应及时重搁，在控孽的同时使根下扎，以积累更多养分于有效分蘖，保证后期有足够养分向籽粒输送，以提高结实率和籽粒饱满度。甬优 538 稻曲病发生较重，在破口前及抽穗期需喷 2 次药剂进行预防，在肥水运作上以前促为主，中期平衡施用并加施磷钾肥壮秆强茎，后期适量增施磷钾延长功能叶寿命。

四、主要工作措施

1. 加强领导，科学制定实施方案。为使项目顺利开展，成立了以区种子管理站站长为组长，油车港镇农技中心主任为副组长，区种子管理站、油车港镇农技中心相关条线负责人为成员的项目实施小组，由项目实施小组主持协调日常工作，具体负责项目实施方案的制定、落实和技术指导。

2. 加强宣传，组织现场观摩考察及技术培训。在展示示范期间，邀请省市区各级各部门的领导专家多次到示范方现场考察指导，聘请育种、农技专家对农业技术人员和种粮大户进行专题讲座、技术培训与咨询指导。在示范中后期组织乡镇街道农技人员、种子企业、种粮大户及新闻媒体召开现场观摩考察会，实地观摩新品种的生产表现与特征特性。同时通过报纸、电视和发放技术资料等多种形式开展宣传活动，使农民认识和接受新品种。

五、主要技术措施

采取的主要技术措施如下：

1. 适期早播。根据嘉兴地区历年晚粳稻高产经验，及品种特性和茬口实际，大面积展示示范安排在 5 月 20 日前后，以降低用种成本，延长生长期，发挥品种高产潜力。

2. 培育壮秧，适时移栽，群体规格合理。为培育群体适宜、个体健壮的大田苗态，我们从适量稀播着手，严格控制亩用种量和秧田、秧盘播种量。根据秧苗叶龄及时移栽，移栽规格为常规晚粳稻 6×7 寸，亩插丛数 1.5 万丛左右，3 本/丛，落田苗控制在 7 万上下；杂交晚粳稻 6×9 寸，亩插丛数 1.0 万丛左右，2 本/丛，落田苗 5 万上下。

3. 加强苗期管理。一是抓好种子消毒与催芽，确保种子无病害，秧田、秧盘全苗、壮苗、匀苗；二是提高大田耕整质量，高标准平整大田，确保栽后秧苗成活；三是及时护苗、补苗，确保每亩基本苗数；四是移栽成活后适当搁田稳苗，排除麦茬腐烂污气，改善土壤通透性，以利秧苗扎根。

4. 科学施肥。针对晚稻的需肥规律进行施肥，基肥、苗肥、壮秆肥、穗肥的施用比例掌握在 30：35：20：15 左右，亩总尿素 30～35 千克，确保前后期氮肥适而不过量；拔节前期增施钾肥，有利壮秆大穗；穗肥适期适量，氮肥施于穗分化初，有利攻大穗，又不致后期氮肥过多而影响结实率和千粒重。后期适量增施磷钾以延长叶片功能期，提高结实率及千粒重。2015 年展示示范方具体施用时间、品种及用量为：底肥，6 月 8 日，尿胺(30%含氮量)，17.5 千克；一追，6 月 18 日，尿素，17.5 千克；二追，6 月 28 日，三元复合肥(16-16-16),25千克(杂交稻30千克);三追,8月15日,三元复合肥(16-16-16),10千克(杂交稻15千克)。

5. 因需灌水。在灌水技术上强调根据稻苗需水规律灌水,围绕活苗、促蘖、壮秆、强根、防衰的栽培要求进行科学灌水。7月上中旬当常规稻每亩苗数达到21万左右时,杂交稻达到17万左右时,及时排水多次轻搁,控制无效分蘖,促壮秆健根,应避免中期重烤田而伤害新根生长。孕穗、抽穗、灌浆期湿润灌溉,养根保叶促健壮,后期"干干湿湿",养根保叶防早衰。

6. 病虫草害综合防治。落实水稻综防技术,加强水稻健生栽培,提高水稻抗病虫能力。根据秀洲区植保站病虫情报及田间实际病虫情况,主要防治好"四虫四病",即稻纵卷叶螟、螟虫、稻飞虱、蚜虫、条纹叶枯病、矮缩病、纹枯病、稻曲病。为减少稻田杂草危害,做好播前封杀和生长期药剂防治,并结合人工拔除顽固草根。严格控制用药量、注重施药质量。具体施用时间、品种及作用为:6月9日,农斯它,栽前封草;7月15日,毒死蜱+春好,防除草+虫;7月25日,满穗+谷欢,防除草+病;8月3日,非常火+康宽+井冈霉素,防除虫+病;8月26日,爱苗+非常火+稻腾,防除虫+稻曲病;9月9日,爱苗+非常火+阿维菌素,防除虫+稻曲病。

五、体会、问题和打算

1. 基地选择以单个农户或合作社经营的集中成片流转土地为宜,既能降低工作强度,提高工作效率,又能确保展示示范质量。

2. 杂交稻部分品种熟期较长,小麦茬直播农事季节偏紧。在前茬收割预计偏迟时,应及时调整方案,通过育秧人工移栽或机插来争季节,更好展现品种特性,发挥品种丰产潜力。

3. 基地不稳定。年度间,示范农户或合作社对种植品种有自己的计划,特别是有相对高产品种时,在经费一定的情况下,提前安排落实展示示范任务较难,导致基地不稳定。因此在区财政经费不足的情况下,希望上级能安排一定项目经费通过设施投入、流转租金支付等形式来参股建立基地,或由种子管理站直接流转土地建立基地,稳定基地。

4. 继续积极配合省站,整合我区良种推广计划,做好农作物新品种展示示范工作。

表 1　2015 年浙江省农作物新品种丰产示范结果

实施单位：秀洲区种子管理站　　实施地点：秀洲区油车港镇　　填报人：徐建良

品种（组合）	播种期（月/日）	成熟期（月/日）	全生育期（天）	面积（亩）	平均亩产（千克/亩）	比 CK（%）	田间抗性	抗倒性	综合评价		
									综合表现位次	主要优点	主要缺点
宁 84	5/21	11/11	174	1.0	742.2	−1.2	好	好	3	茎秆粗壮，穗大粒多，丰产性好，灌浆快，成熟度高	株偏高，基腐病重
浙粳 88	5/21	11/11	174	1.0	708.2	−5.8	中	中	5	茎秆粗壮，穗型较大，着粒较密，粒粗大，丰产性好	株偏高，剑宽长披，穗颈瘟及枝梗瘟
嘉 67	5/21	11/15	178	1.0	781.6	4.0	好	好	1	米质优，株高适中，转色好，丰产性好	结实率偏低，熟期偏迟
绍粳 18	5/21	11/12	175	1.0	760.0	1.1	中	中	4	青秆黄熟转色好，丰产性较好	株偏高偏软，抗倒性较差，穗颈瘟及枝梗瘟
嘉 58	5/21	11/10	173	1.0	751.5	0.0	好	中	2	丰产性好，米质优，分蘖力强，抗病力强	茎秆偏细软，抗倒性较差
嘉优中科 3 号	5/21	10/22	154	1.0	845.3	14.1	好	好	5	株高适中，熟期早，转色好，高产，穗大粒多，千粒重高	纯度一般，易落粒
嘉优 5 号	5/21	11/13	176	1.0	741.0	0.0	好	好	6	株高，熟期适中，稳产，转色好，米质优	产量一般
春优 84	5/21	11/16	179	1.0	775.9	4.7	好	中	7	穗大粒多，丰产性较好	蘖偏弱，转色偏差，株偏高，外观米质差
甬优 1540	5/21	11/7	170	1.0	842.3	13.7	好	好	3	丰产性好，转色极佳，熟期早，穗大粒多，米质优	粒偏小，易落粒
甬优 7850	5/21	11/7	170	1.0	841.5	13.6	好	好	4	丰产性好，转色极佳，熟期早，穗大粒多，米质优	粒偏小，易落粒
甬优 540	5/21	11/16	179	1.0	898.8	21.3	好	中	1	穗大粒多，株高中等，分蘖力强，丰产性好	着粒密，成熟度差，熟期偏迟，成穗率低
甬优 150	5/21	11/13	176	1.0	724.4	−2.2	好	好	9	穗型长大，着粒稀疏，熟期较早	株偏高，产量一般
浙优 1015	5/21	11/20	183		728.5	−1.7	好	差	10		株极高，熟期迟，产量一般
浙优 1121	5/21	11/20	183		845.4	14.1	好	差	8	穗大粒多，丰产性好，千粒重较高	株偏高，熟期迟
甬优 538	5/21	11/14	177		880.2	18.8	好	好	2	丰产性好，株高适中，分蘖力强，熟相清秀，穗大粒多	熟期中偏迟，灌浆不齐偏慢，结实率不高

注：1. “田间抗性”和“抗倒性”以好、中、差表示，对品种田间抗性差还需在综合评价的缺点中具体说明，如对哪种病虫害抗性差；
2. “品种综合表现位次”填写该品种在该组中综合表现，以第 1 位、第 2 位等表示；
3. 品种主要优缺点：简单说明该品种在当地种植时产量、抗性、熟期、品质、主要经济性状以及栽培管理方面等方面的优缺点。

表2　2015年浙江省农作物新品种丰产示范结果

农户数	示范品种（组合）	作物类型	计划面积（亩）	实施面积（亩）	中心方面积（亩）	产量验收结果（千克/亩）	当地平均产量（千克/亩）	比当地平均产量增产幅度（%）	示范方总增产（千克）	示范方增产增收（万元）	示范方节本增收（万元）	示范方总增收（万元）	订单农业情况		
													订单面积（亩）	生产数量	订单产值（万元）
1	嘉58	晚粳稻	50	185	135	730.6	590	23.8	18981	58841		58841	185	130000	416000
1	甬优538	晚粳稻	50	160	110	868.6	590	47.2	30646	95002		95002			

印发资料（份）	技术培训		投入资金（万元）									攻关田				
	期数	人次	合计	技术培训	印发资料	种子补贴	农资补贴	展示示范牌制作	辅导员工资	考察总结	其他	面积（亩）	田块数	验收平均亩产（千克/亩）	产量最高田块	
															面积（亩）	单产（千克/亩）
180	1	40	14.3	0.6	0.1	2.5	6.0	0.5	0	0.6	4.0	3.14	3	730.6	1.01	752.46
												3.22	3	868.6	1.10	894.40

表 3　展示和丰产示范品种性状汇总

序号	品种	播期(月/日)	移栽(月/日)	始齐穗(月/日)	成熟期(月/日)	全生育期(天)	亩丛数(万丛/亩)	基本苗(万蘖/亩)	最高苗(万/亩)	有效穗(万/亩)	成穗率(%)	株高(厘米)	穗长(厘米)	着粒密度(粒/厘米)	每穗粒数(粒/穗)	结实率(%)	千粒重(克)	理产(千克/亩)	实产(千克/亩)	增减(%)
1	宁 84	5/21	6/17	9/13—16	11/11	174	1.49	7.8	26.2	20.3	77.5	105.0	15.7	10.1	158.2	87.1	27.6	772.2	742.2	−1.2
2	浙粳 88	5/21	6/17	9/11—14	11/11	174	1.33	6.7	23.9	19.8	82.8	104.8	16.0	9.5	152.1	84.4	28.4	721.7	708.2	−5.8
3	嘉 67	5/21	6/17	9/15—18	11/15	178	1.68	8.1	32.1	24.6	76.5	100.0	15.5	10.2	157.8	81.7	25.1	796.0	781.6	4.0
4	绍粳 18	5/21	6/17	9/13—16	11/12	175	1.29	6.5	31.1	22.2	71.3	109.2	16.3	9.8	159.3	84.2	26.6	790.8	760.0	1.1
5	嘉 58(CK)	5/21	6/17	9/12—15	11/10	173	1.30	6.9	37.4	25.3	67.6	98.0	13.7	9.4	128.8	91.7	25.8	771.2	751.5	0.0
6	嘉优中科 3 号	5/21	6/17	8/21—25	10/22	154	0.87	4.2	16.3	13.2	81.0	103.0	19.0	13.9	263.4	90.4	27.6	867.5	845.3	14.1
7	嘉优 5 号(CK)	5/21	6/17	9/1—5	11/13	176	0.87	1.6	17.2	15.2	88.2	108.6	21.8	10.2	222.8	81.4	27.8	766.4	741.0	0.0
8	春优 84	5/21	6/17	9/10—14	11/16	179	0.95	4.1	18.3	14.4	78.7	116.0	19.4	14.4	279.8	80.5	24.7	800.9	775.9	4.7
9	甬优 1540	5/21	6/17	9/4—8	11/7	170	0.97	4.6	17.8	13.7	77.2	114.8	22.1	13.2	291.2	92.6	22.9	847.2	842.3	13.7
10	甬优 7850	5/21	6/17	9/3—7	11/7	170	0.99	4.9	17.0	13.9	81.8	116.4	22.1	12.6	278.6	93.2	23.6	851.8	841.5	13.6
11	甬优 540	5/21	6/17	9/9—13	11/16	179	1.01	4.9	24.2	15.5	64.0	117.2	19.9	16.8	335.1	74.3	22.1	851.1	898.8	21.3
12	甬优 150	5/21	6/17	9/10—14	11/13	176	0.87	4.8	21.2	14.9	70.4	122.0	23.6	11.6	273.7	76.9	22.8	716.2	724.4	−2.2
13	浙优 1015	5/21	6/17	9/15—19	11/20	183	1.01	6.5	19.6	13.3	67.9	128.6	22.2	12.1	268.3	76.8	25.0	683.8	728.5	−1.7
14	浙优 1121	5/21	6/17	9/14—18	11/20	183	1.04	6.0	18.4	13.9	75.4	122.4	20.5	15.4	315.4	80.5	24.3	856.4	845.4	14.1
15	甬优 538	5/21	6/17	9/9—13	11/14	177	0.95	6.5	24.1	15.2	63.1	113.4	22.0	14.7	323.2	82.6	21.9	889.2	880.2	18.8
16	甬优 538	5/24	6/13	9/10—14	11/16	176	1.11	4.5	27.1	15.7	57.9	107.2	20.2	16.2	326.7	80.6	21.7	897.1	868.6	
17	嘉 58	5/24	6/13	9/12—15	11/11	171	1.85	7.0	38.4	25.7	67.0	96.2	13.6	9.2	125.3	90.8	25.5	745.6	730.6	

2015年建德市杂交稻新品种扩展鉴定和丰产示范总结

建德市种子管理站　严百元

一、展示示范基本情况

1. 基地概况。基地落实在大同镇三村村，距320国道1千米、杭新景高速"大同"出口约2千米，距建德城区30千米，通过杭新景高速可连接杭金衢等地。基地山清水秀，光照充足，土地平整方正，土质中等偏上，沟、渠、路等设施较完善，便于机械化管理和操作，是省级粮食生产功能区。大同镇是建德粮食主产区，在建德辖区有较好的示范辐射作用。基地由建德市吉丰农业开发有限公司经营，该公司流转承包土地800余亩，水稻栽培管理水平相对较高，2015年是第一次承担单季稻新品种展示示范任务。

2. 展示情况。根据省种子管理总站《关于下达2015年浙江省农作物新品种适应性扩展鉴定和丰产示范计划的通知》(浙种[2015]16号)及杭州市种子总站的要求，本市承担甬优1540、甬优15这两个品种丰产示范和浙优18、春优84、甬优12、钱优930等15个品种展示任务。

(1) 丰产示范。甬优1540、甬优15两品种丰产示范面积200亩，其中中心示范方甬优1540品种示范面积110亩，并设甬优1540品种高产攻关田2块。

2015年主抓甬优1540品种丰产示范，5月18日统一机播，6月7日—6月9日机插，行株距30厘米×16厘米。

(2) 品种展示。展示品种为甬优12、浙优18、春优84、甬优538、甬优540、甬优7850、甬优1540、甬优1140、甬优15(CK)、甬优8050、甬优1510、甬优1512，及纯籼型杂交稻品种中浙优8号、钱优930、两优培九(CK)。

展示品种田间布局与田块大小按省市展示计划要求排布，每品种种植1亩。5月18日统一秧盘育苗，6月13日机插，密度为30厘米×16厘米。

二、生长期间气象与栽培管理等方面的有利和不利因子

1. 有利因子。2015年水稻生育期间，总体平均温度低于往年，但气温平稳，阴雨天时间多，较利于水稻灌浆结实、粒重增加；10月中下旬连续晴好天气，有利于籼型杂交稻、早中熟籼粳交品种的收割入库。

2. 不利因子。6月上旬持续雨天，大田不能翻耕、机耕，因育苗盘统一育秧，并且播种过密，每盘播种量近200克，以致机插时秧龄已达26天，有超龄现象，对生育期、产量有一定影响；10月底到11月近一个月的阴雨天气，也影响到品种及时收割。

三、实施结果

1. 丰产示范品种。甬优1540、甬优15的200亩丰产示范方平均亩产710.6千克，其中甬优1540中心方110亩，经由本局科教和当地科技局组织实割测产验收，平均亩产达784.0千克。高产攻关田2.512亩，平均亩产809.5千克，其中最高田块1.267亩，亩产821.7千克。见表1。

2. 展示品种。展示品种15个，亩产为567.5～792.8千克，其中籼粳杂交稻组亩产为567.5～792.8千克(详见表3)，以甬优540产量最高，亩产达到792.8千克，比对照甬优15增产24.11%，其次是甬优8050，亩产681.7千克，比对照甬优15增产6.72%；纯籼型杂交稻中浙优8号、钱优930、两优培九(CK)三品种产量分别为596.3千克、686.9千克、651.3千克。综合各品种熟期、产量、抗病性、耐肥性、品质(米质)等来看，甬优1540、甬优1140、甬优8050、甬优540、甬优15、甬优1510、浙优18、甬优12、钱优930表现比较突出。见表2、表3。

四、展示示范成效

1. 提高新品种示范推广辐射、带动效应。搭建好新品种展示、丰产示范平台，及时组织召开新品种现场观摩会，使得当地种粮大户、种子经营户等有可看可学可选择的现场，对新品种有切身的感性认识，促进新品种的推广应用。

2. 增强服务水平。通过新品种展示示范，新品种特征特性及其优缺点得以充分表现，为我们今后的品种推广、良种良法、高产创建等提供科学依据，从而提升为农服务能力。

3. 提升种子管理部门地位。新品种展示示范平台创建，通过组织现场考察、观摩，电视、报刊等媒介宣传，提升了种子管理站在农作物新品种推广(推荐)当中的作用和地位。

4. 增产增效显著。

五、主要工作措施

1. 加强组织领导。成立领导小组和实施小组。合理规划，精心布局，强抓管理。建立县、镇、村(种植企业或大户)三位一体共建机制，加强与植保、粮油、农机、科技等方面的协作，全面推进基地建设。

2. 制定实施方案。根据省、市展示示范要求，结合当地实际，制定实施方案，方案就实施地点、品种、面积、产量指标、技术指标和农艺措施、保障措施等进行周密安排。职责明确，专人负责，站内明确孙加焱同志负责单季晚稻新品种展示示范工作，同时聘请一位负责日常管理的技术人员。

3. 组织培训。组织任务承担单位及实施点周边农户参加粮油、植保、农机等部门举办的技术培训，以提高种植技术水平和掌握机耕、机插、机收等设备应用，并组织到外地参观、学习等活动。

4. 统一服务。采用统一育秧、统一机插、统一管理、统一防治病虫害、统一机械收割，统一品牌等“六统一”服务模式。

5. 强化日常监督、指导。播种、移栽、收获等关键环节专人蹲点；主要生育期及日常田间肥水管理、病虫草害防治等加强监督、指导，通过实地指导、电话督促等，确保各项技术措施应用到位，采集的数据真实可靠。

6. 组织观摩、宣传。基地树立“浙江省农作物新品种展示示范基地”标志牌(3米×4米)，每个展示示范品种前均放置品种标识牌，标明品种、类型、生育状况等信息；9月30日组织当地大户、种子经销商等60余人现场观摩，10月9日由杭州市良种引进公司组织现场观摩，另接待当地合作社及种植大户观摩多次；

通过电视、报刊等媒介宣传报道多次。总之，通过各种方式来宣传新品种展示工作。

7. 加大展示示范点投入。首先与任务承担方订立相关协议，免费提供示范用种、有机肥、化肥，以及稻腾、拿敌稳等高效新农药；二是整合资金新建田间操作道110米（多孔板铺设）、水泥硬化田间机耕路近600平方米；三是新品种亩产达不到650千克的，还给予一定补贴等。

六、主要技术措施

1. 全程机械化技术。品种展示示范做到了机播、机插、机防、机收的全程机械化。

2. 强化栽培技术。采用强化栽培技术的水浆管理方式。

3. 控药技术。提出了“防治结合、长防短治”的植保方针，在病虫害防治关键期，用低毒、长效、选择性的杀虫剂和杀菌剂进行预防，在病虫害高发期，用低毒、低残留、高效、选择性的杀虫剂和杀菌剂进行防治。施用“爱苗”“拿敌稳”等防病，分别在破口前7天、破口期和齐穗期各喷施1次，既能防治纹枯病和稻曲病，又能延缓后期功能叶早衰，使水稻青秆黄熟，提高结实率和籽粒饱满度。

七、经验体会及品种评价

1. 经验体会

（1）展示示范目标基本达到。2015年的新建点，土地平整、排灌良好，肥力中上，交通方便，辐射面广，而且田块面积较大，品种布局合理，展示效果好，现场观摩有一定“气势”，选址正确。种植管理水平中上，整体结果比较理想，基本能表现各展示示范品种特征特性。

（2）问题：因是新建的展示示范点，承担任务的主体观念保守，在用肥、人工上舍不得投入，管理稍显粗放，用肥未能做到因种而施。如展示品种均在5月18日播种，没能贯彻好市站的籼粳杂交稻品种要适当比其他品种早播，甬优12、浙优18适当增加氮肥用量，籼粳交品种氮肥用量要求略高于大田生产，纯籼型杂交品种氮肥用量要比籼粳交品种略少的要求。故对于大肥大水、生育期长的甬优12、浙优18、春优84等品种未能种出应有的产量水平。

（3）体会：新品种展示示范基地建设，费时费工，技术要求高，要搭好这一平台，经费保障是关键，承担主体技术要提升，基地沟渠路基础建设要改善，技术人员蹲点服务要加强。

2. 品种综合评价

（1）甬优1540：丰产示范表现突出，熟期早，成熟期转色好（前期清秀、后期青秆黄熟），稻曲病轻；其次，株高适中，茎秆粗壮，抗倒，省肥，分蘖力中等，有效穗较多，穗型较大，结实率高，归结为“好种”，利于后茬油菜早播早栽获高产。可在本地推广种植。

（2）甬优12、浙优18：茎秆粗壮，属大肥大水、大穗型品种，高产潜力大，但生育期太长，稻曲病重，不利于后茬油菜种植，可作为高产创建、大户搭配种植品种（2015年品种展示未能种出应有的产量水平，主要原因在于纯氮水平不高）。

（3）甬优538：有超高产潜力，株高适中，熟期中迟，田间综合表现较好，适宜大户种植，但要注重稻曲病的防治。

（4）甬优1140：熟期早，株高适中，成熟期转色好，稻曲病轻，利于后茬油菜种植，建议下年度扩大示范。

（5）甬优540：熟期中迟，株高适中，穗型大，结实率高，丰产性好，成熟期转色好，下年度宜扩大示范。

（6）甬优8050：熟期相对较早，穗大粒多，结实率高，田间生长清秀，熟期转色较好，稻曲病轻，建议下年度扩大示范。

(7) 钱优 930：生育期适中，田间生长清秀，穗型较大，结实率、千粒重高，产量高，米质优，抗稻瘟病，但抗倒性中，可在本市各地推广种植。

其他品种评价详见表 3。

八、下年度计划

1. 新品种展示示范，主要由省市下达任务计划。

2. 根据当地实际情况，籼粳杂交稻品种种植占比已达 65%，加强对籼粳杂交稻品种高产高效技术研究总结，特别是因种栽培技术研究总结。

3. 扩大甬优 1540、甬优 1140、甬优 8050、甬优 7850 等熟期较早品种的展示示范，以利于后茬油菜生产。

表1 2015年浙江省农作物新品种丰产示范结果

农户数	示范品种（组合）	作物类型	计划面积（亩）	实施面积（亩）	中心方面积（亩）	产量验收结果（千克/亩）	当地平均产量（千克/亩）	比当地平均产量增产幅度（%）	示范方总增产（千克）	示范方增产增收（万元）	示范方节本增收（万元）	示范方总增收（万元）	订单农业情况		
													订单面积	生产数量（吨）	订单产值（万元）
1	甬优1540	水稻	50	110	110	784.0	640	22.5	20240	5.16		5.16	400吨	500	130.4
1	甬优15	水稻	50	90	/										

印发	技术培训		投入资金其中											攻关田		
资料（份）	期数	人次	合计（万元）	技术培训	印发资料	种子补贴	农资补贴	展示示范牌制作	辅导员工资	考察总结	其他	面积	田块数	验收平均	产量最高田块	
														亩产	面积	单产
270	1	56	14.85	0.32	0.15	2.52	6.0	0.6	1.5	0.56	3.2	2.512	2	809.5	1.267	821.7

表 2　2015 年新品种展示试验品种生育进程及经济性状

品种编号	品种名称	播种期（月/日）	移栽期（月/日）	始穗期（月/日）	齐穗期（月/日）	成熟期（月/日）	全生育期（天）	基本苗（万/亩）	有效穗（万/亩）	株高（厘米）	总粒数（粒/穗）	实粒数（粒/穗）	结实率（%）	千粒重（克）
1	甬优 12	5/18	6/13	9/5	9/11	10/29	164	4.59	12.51	115.8	320.7	175.9	54.85	25.3
2	浙优 18	5/18	6/13	9/4	9/10	10/28	163	3.78	12.51	117.1	266.8	178.0	66.72	25.2
3	春优 84	5/18	6/13	9/4	9/10	10/26	161	3.89	11.54	114.7	229.5	149.7	65.22	28.3
4	甬优 538	5/18	6/13	8/29	9/4	10/20	155	4.73	13.21	104.1	271.5	206.1	75.91	23.7
5	甬优 540	5/18	6/13	8/31	9/6	10/21	156	4.03	13.48	113.2	259.1	243.7	94.06	23.4
6	甬优 7850	5/18	6/13	8/26	9/1	10/11	146	4.45	12.37	115.7	287.6	235.5	81.88	24.4
7	甬优 1140	5/18	6/13	8/25	8/31	10/10	145	3.61	10.70	108.3	211.6	200.7	94.85	24.2
8	甬优 1540	5/18	6/13	8/26	9/1	10/11	146	4.03	12.23	106.7	242.4	227.0	93.65	24.8
9	甬优 15(CK)	5/18	6/13	9/1	9/8	10/18	153	4.59	13.48	124.5	209.9	189.5	90.28	30.3
10	甬优 8050	5/18	6/13	8/27	9/3	10/14	149	4.17	13.62	120.4	201.6	189.3	93.90	26.1
11	甬优 1510	5/18	6/13	9/1	9/8	10/18	153	4.73	15.29	120.2	280.5	189.4	67.52	24.7
12	甬优 1512	5/18	6/13	8/27	9/3	10/15	150	3.75	13.62	113.6	271.8	229.0	84.25	22.5
13	中浙优 8 号	5/18	6/13	8/30	9/6	10/15	150	5.00	18.77	133.5	165.2	148.5	89.89	26.9
14	两优培九(CK)	5/18	6/13	8/26	9/1	10/10	145	4.87	18.90	124.9	196.4	176.5	89.87	27.7
15	钱优 930	5/18	6/13	8/27	9/3	10/12	147	4.03	14.60	128.8	205.3	193.0	94.01	26.7

注：因考种取样均在 10 月 10 日，对于生育期偏迟的品种甬优 12、浙优 18、春优 84，甬优 538、甬优 1510 考种结果结实率偏低。

表3 2015年晚稻新品种展示试验产量结果

品种编号	品种	实际种植面积(亩)	平均产量(千克/亩)	综合评价		
				综合评分	主要优点	主要缺点
1	甬优12	1	670.1	中	茎秆粗壮,穗型大,产量潜力大	熟期迟,肥力水平高,稻曲病较重
2	浙优18	1	680.8	中	茎秆粗壮,穗型大,产量潜力大	熟期迟,肥力水平高,稻曲病较重
3	春优84	1	663.6	差	成熟期转色好,千粒重高	熟期迟,有恶苗病,稻曲病较重,适口性较差
4	甬优538	1	619.9	中	熟期中迟,综合表现较好	千粒重低,稻曲病较重
5	甬优540	1	792.8	好	熟期中迟,成熟期转色好,丰产性好	千粒重低
6	甬优7850	1	567.5	中	熟期早,综合表现较好	无明显缺点,株型松散
7	甬优1140	1	598.2	好	熟期早,结实率高,成熟期转色好,稻曲病轻	分蘖力偏弱,株型松散
8	甬优1540	1	593.4	好	熟期早,成熟期转色好,米质好,稻曲病轻	无明显缺点
9	甬优15(CK)	1	638.8	好	熟期适中,成熟期转色好,千粒重高,米质好	容易落粒,耐肥性稍差,氮肥偏多,叶宽而披
10	甬优8050	1	681.7	好	熟期早,清秀,熟期转色好,茎秆粗壮	
11	甬优1510	1	667.4	中	熟期适中,表现还好	有芒1～2厘米
12	甬优1512	1	680.5	中	表现好,清秀,株高,抗病,熟期转色好	千粒重低,耐肥性稍差,氮肥偏多,叶宽而披
13	中浙优8号	1	596.3	好	表现好,清秀,株高,抗倒,熟期转色好	穗型较小
14	两优培九(CK)	1	651.3	中	分蘖力强,抗倒性好	有白叶枯病
15	钱优930	1	686.9	好	株型紧凑,田间长势清秀,综合表现较好	剑叶长而披,株高较高,抗倒性中

2015年浦江县单季杂交晚籼稻新品种适应性扩展鉴定总结

浦江县良种场 楼光明

一、展示示范基本情况

1. 基地概况。根据浙江省种子管理总站安排，本场承担省单季杂交晚籼稻新品种适应性扩展鉴定，落实在浦南街道湖山村，该村地处我县盆地中心的浦阳江边，交通方便、地势平坦、肥力中等、光照充足、水源充盈，环境条件较好，由本村种粮大户承担种植。

2. 适应性扩展鉴定品种数和面积。单季杂交晚籼稻新品种适应性扩展鉴定品种由甬优7850、甬优1140、赣优9141、钱优1890、甬优8050、1870优3108、甬优17、甬优1512、甬优1540、深两优884、钱优911、钱优930、甬优538、中浙优8号、两优培九(对照)15个品种组成。每个品种种植1.5亩以上，合计种植总面积23.43亩。

二、主要田间管理技术措施

适应性扩展鉴定品种于5月23日播种，机插秧苗先用基质工厂化流水线播种，每秧盘播种量90克，后露天育秧。于6月15日机插移栽，秧龄22至27天，栽植密度30厘米×20厘米，落田苗1.4万/亩。

1. 施肥。6月15日—6月20日，在机插前使用大田基肥：碳酸氢铵30千克/亩、过磷酸钙15千克/亩或复混肥料(N15：P6：K9)50千克/亩。6月25日使用追肥：尿素7.5～10千克/亩，氯化钾10千克/亩。浅水促蘖，7月27日—8月7日搁田控苗，积极治虫防病，干湿交替保健株，力求展示新品种的产量潜力。

2. 防病治虫。适应性扩展鉴定品种于6月24日起治虱防矮及防治卷叶螟，农药用阿维、矿物油每亩40毫升加甲氨基阿维菌素甲酸盐30毫升。7月14日、7月29日、8月14日防治卷叶螟、二化螟、褐稻虱、纹枯病，农药用稻腾30毫升加吡蚜酮20克再加5%井冈霉素100毫升。8月29日，防治二化螟、卷叶螟、褐稻虱、纹枯病等，农药用甲氨基阿维菌素甲酸盐20毫升加毒死蜱40毫升再加吡蚜酮20克(一包)。

三、适应性扩展鉴定品种全生育期气候表现

秧苗期：5月24日—6月12日，天气以多云与阴天为主，空气湿润，适合种谷齐苗，从而成秧率高。分蘖期：6月13日—8月20日，雨日雨量多，光照少，高温短而轻，分蘖数比往年少5.34万/亩(对比品种两优培九，下同)，有效穗少0.42万/亩，抽穗时间与去年同期(8月28—8月29日)。齐穗期：大部分品种于8月20日至9月初进入抽穗扬花期，由于气温适合抽穗扬花，两优培九结实率比去年高11.03%，达

81.23%。灌浆成熟期：9月份至10月30日期间，以多云为主，雨日也较多，气温较常年低，两优培九全生育期比去年延长2.5天，千粒重比去年增1.37克，亩产量约增产20.9%。

四、适应性扩展鉴定品种的综合评价

根据单季杂交晚籼稻新品种适应性扩展鉴定品种在田间表现及产量分析(见表1)：综合表现优良且产量比两优培九增产12.4%～27.1%的，主要为甬优系列的甬优538、甬优1540、甬优17、甬优1140、甬优7850六个品种。甬优1512、甬优8050两个品种，由于种植田块土壤肥力较差，故产量欠高，没有很好表现出这两个品种的产量水平。表现良好的比两优培九增产2.1%～6.2%的，有赣优9141、深两优884、1870优3108和钱优930四个品种。其他表现减产的有钱优1890、钱优911和中浙优8号，减产幅度为0.5%～6.1%。各品种的适应性扩展鉴定结果及评价见表1。

表 1 2015 年浙江省农作物新品种适应性扩展鉴定结果

实施单位：浦江县良种场　　实施地点：浦南街道湖山村　　填报人：吴洪山

品种	播种期（月/日）	成熟期（月/日）	全生育期（天）	面积（亩）	平均亩产（千克/亩）	比 CK（%）	田间抗性	抗倒性	综合评价		
									综合表现位次	主要优点	主要缺点
甬优 538	5/23	11/7	168	1.04	698.7	27.1	好	好	1	矮秆，穗多，穗大粒密，丰产性好	
甬优 1540	5/23	11/2	163	1.25	639.8	16.3	好	好	2	耐肥抗倒，丰产性好	
甬优 17	5/23	11/5	166	1.58	622.0	13.1	好	好	3	耐肥抗倒，结实率高	迟熟。
甬优 1140	5/23	11/2	163	1.55	621.8	13.1	好	好	3	茎秆粗壮，结实率高	
甬优 7850	5/23	11/2	163	1.61	617.9	12.4	好	好	4	结实率高，丰产	
甬优 1512	5/23	10/31	161	1.36	566.1	2.9	好	好	5	茎秆粗壮，丰产性好	注：种植田块土壤肥力低，故产量欠高。
甬优 8050	5/23	10/25	155	1.40	526.4	−4.3	好	好	6	青秆黄熟，结实率高	注：种植田块土壤肥力低，故产量欠高。
赣优 9141	5/23	10/22	152	1.54	584.0	6.2	好	好	7	茎秆粗壮，千粒重高	
深两优 884	5/23	10/20	150	1.50	583.5	6.1	好	中	8	有效穗多，米质优	
1870 优 3108	5/23	10/20	150	1.50	582.7	5.9	好	好	9	有效穗数多，千粒重高	
钱优 930	5/23	10/18	148	1.55	561.2	2.1	好	中	10	早熟，结实率高，青杆黄熟	
两优培九(CK)	5/23	10/20	150	1.46	549.9	0.0	中	中	11		
钱优 1890	5/23	10/20	150	2.68	547.2	−0.5	好	中	12	青杆黄熟	
钱优 911	5/23	10/18	148	1.80	541.2	−1.6	中	中	13	早熟，青杆黄熟，米质优	
中浙优 8 号	5/23	10/25	155	1.61	516.2	−6.1	好	好	14	结实率高，米质优	

2015 年临安市杂交稻新品种扩展鉴定和丰产示范总结

临安市种子管理站　王洪亮

根据浙江省种子管理总站统一部署，本市承担钱优 930、甬优 1540、甬优 538 等品种示范和深两优 884 等 15 个品种适应性扩展鉴定任务。在上级领导与专家的支持指导下，克服了阴雨寡照等诸多不利因素，各品种特征特性和增产潜力得到了充分展示挖掘，达到了预期的示范效果，现将示范扩展鉴定情况汇报如下：

一、展示示范基本情况

1. 基地概况。新品种示范展示落实在国家(临安)农作物品种区试站(原於潜良种场内)，区试站位于杭州以西 80 千米、杭徽高速公路於潜出口南 2 千米处，交通便利。区试站示范田地势开阔，阳光充足，道路、排灌沟渠配套，土壤肥力中等偏上，海拔高度 83 米，基地承担示范展示任务的农户具有多年的水稻试验示范技术和经验，栽培水平相对较高，在临安范围内具有较好的示范辐射作用。主要示范任务除落实在国家(临安)区试站外，钱优 930、甬优 1540 还在天目山镇九里省级粮食生产功能区进行了多点示范。

2. 示范概况。区试站示范方共计 172 亩，其中钱优 930 示范面积 51 亩、甬优 538 示范面积 106 亩、甬优 1540 示范面积 15 亩，天目山镇九里省级粮食生产功能区示范钱优 930 面积 72 亩、甬优 1540 面积 56 亩。

钱优 930 在 5 月 23 日播种，6 月 9 日机插，每亩落田苗数 3.03 万，8 月 31 日齐穗，10 月 12 日成熟。

甬优 538 在 5 月 13 日播种，6 月 3 日机插，每亩落田苗 3.39 万，9 月 3 日齐穗，11 月 8 日成熟。

甬优 1540 在 5 月 23 日播种，6 月 9 日机插，每亩落田苗 3.03 万，9 月 8 日齐穗，11 月 6 日成熟。

3. 适应性扩展鉴定概况。适应性扩展鉴定面积 15.0 亩，品种 15 个：甬优 7850、甬优 1140、赣优 9141、钱优 1890、甬优 8050、1870 优 3108、甬优 17、甬优 1512、甬优 1540、深两优 884、钱优 911、钱优 930、甬优 538、中浙优 8 号、两优培九(对照)，分两个农户连片集中进行种植，各种植 1 亩，统一在 5 月 21 日育苗，6 月 15 日人工移栽。

4. 主要栽培技术。示范方统一采用机育机插，根据品种特性和前作收获期，在 5 月 13 日—23 日分批播种，亩用种量 1.25 千克，移栽密度为 30 厘米×18 厘米。按照水稻机插栽培技术要求统一管理，机插结束后 2～3 天内做好查漏补缺工作。施肥策略："重施基肥，早施分蘖肥，适当增施有机肥和钾肥，特别注意后期看苗补肥。"在亩施 500 千克腐熟羊粪有机肥＋水稻专用配方肥 40 千克的基础上，亩施纯 N 11 千克，P_2O_5 4 千克，K_2O 8 千克，其中氮肥 70%～75%在插后 15～20 天内施完，25%～30%用于穗粒肥看苗补施、争大穗，防止后期脱肥。水浆管理采用"麦作式"湿润灌溉，针对 2015 年雨水多的实际情况，重点做好清沟排水工作，苗到 16 万～18 万时，抢晴搁田，控制无效分蘖。病虫害防治以绿色防控为主，选用高效低毒低残留农药防控卷叶螟、稻飞虱、纹枯病等，狠抓甬优品种稻曲病防治，做到抽穗前 7～10 天、破口时各防 1 次。

二、生长期间气象与栽培管理等方面的有利和不利因子

1. 有利因子。有利因子主要有四：一是7月下旬至8月初12天连续高温期促使有效搁田；二是8月中旬示范水稻减数分裂期晴雨相间，气温适宜，有利于大穗形成；三是9月中下旬至10月上旬雨水较正常，气温缓慢下降，有利于粒重增加；四是10中旬连续晴天，有利于籼杂收割。

2. 不利因子。2015年示范大多时间处于阴雨寡照天气条件下，不利因子主要有三：一是35天超长梅雨季连续低温阴雨，造成水稻前期分蘖不足；二是出梅后雨水仍偏多，不利于搁田；三是10月底至11月连续1个多月的阴雨天气，使粳杂品种推迟至12月收割。

三、实施结果

1. 展示品种。展示品种15个，亩产在515.5～769.6千克，平均亩产635.5千克，其中以甬优538产量最高，达到769.6千克/亩，比对照两优培九增产35.8%，其次是甬优7850，亩产757.0千克，比对照两优培九增产33.6%，产量最低的是甬优17，平均亩产515.5千克，比对照两优培九减产9.0%。从综合性状来看，甬优538、甬优7850、甬优1140、甬优1540、甬优8050、中浙优8号、钱优1890、钱优930表现较突出(见表1)。

2. 丰产示范品种。300亩示范方平均亩产749.9千克，其中123亩钱优930平均亩产735.5千克、106亩甬优538平均亩产771.7千克、71亩甬优1540平均亩产742.3千克。24.2亩攻关田平均亩产787.3千克，其中4.8亩钱优930经杭州市农业局组织专家现场实割测产为亩产746.6千克，2.4亩甬优1540单收单晒称重为亩产806.5千克(见表2)。

四、展示示范成效

1. 充分发挥了新品种示范和展示效应。及时组织召开本市新品种现场考察观摩会活动，扩大新品种示范方示范辐射作用，增强种子经营者、种粮大户对甬优538、甬优7850、甬优1540、甬优8050、钱优1890、钱优930等新品种长势表现感性认识，农民认可度较高，为后续推广创造了条件。

2. 明确了示范展示品种的主要特征特性和抗性。钱优930、深两优884、1870优3108熟期适中，分蘖力强，抗病性好，而且穗大粒多，结实率高；甬优8050、甬优538、甬优7850、甬优1140相对其他籼粳杂交晚稻熟期较早，且产量、抗性表现均较理想，后作茬口安排略宽足，特别是甬优8050生育期更短；甬优1512在去年展示中表现结实率异常低，2015年仍存在结实率低的现象，可能与品种抗逆适应性不强有关；甬优17生育期太长，2015年气候条件下在本市不能正常成熟。同时，明确了品种在栽培上需注意的重点：甬优系列应注意防治稻曲病；钱优930、钱优911注意控制氮肥，防止倒伏。

3. 增产增效明显。示范方通过优质高产品种、机插及其他各项配套技术措施综合运用，节本增产明显，示范品种平均亩产749.9千克，比全市单季稻平均产量增产220.9千克，亩药、肥、水等成本下降40元左右，亩节本增产增效777.8元。

五、主要工作措施

1. 农业相关各部门分工协作，拟定实施方案，落实专业技术人员蹲点负责具体示范工作组织指导，实行统一品种布局、统一机育机插、统一灌水施肥、统一病虫害防治等多项统一服务，确保平衡高产。

2. 组织开展高产示范方建设质量评比，根据《临安市人民政府关于切实抓好2015年粮食产销工作的通知》(临政函〔2015〕54号)文件精神，组织专家进行现场测产评估，按示范方产量高低确定一类示范方1个、二类示范方2个、三类示范方5个，分别补助4万、3万和2万元。

3. 充分利用媒体进行多次宣传和报道，在示范区内设置了3米×2米标牌，标明展示示范品种，在示范方水稻灌浆成熟期组织全市种子经营户、种粮大户、乡镇农技人员进行田间新品种考察观摩交流，提高示范展示效果。组织技术培训3期，受训人员124人次，印发技术资料210份，重点介绍新品种特征特性和高产栽培技术，以及病虫(新农药)防治、新农机具使用维护技术。

4. 加大示范方建设投入，确保良种良法配套到位。免费提供示范种子、有机肥、硫酸钾型复合肥、喷施宝等；优惠推广应用水稻专用配方肥，稻腾、拿敌稳等高效新农药；维修改造排灌渠道、田间操作道，保障示范方用(排)水通畅、机插机收到田。

5. 建立示范方植保统防统治队伍，开展统一的查定防治。

六、主要技术措施

1. 重视品种布局与示范户全年生产计划结合，春花种植直播油菜的田畈示范钱优930，种植小麦的田畈示范甬优538、甬优1540等。

2. 注重地力提升，免费提供羊粪有机肥作基肥。

3. 推广使用新农药和新机具，提高防效和工作效率。全面推广了稻腾、吡蚜酮、拿敌稳等高效低毒新农药，喷药全部使用机动迷雾机，并尝试了无人飞机喷药。

4. 大力推广机插及配套新技术。示范展示方全面推广基质育苗，采用基质：黄泥＝1：3配比，提高秧苗素质，采用小苗播种，秧龄控制在18～20天，播种密度保证每亩1.1万丛以上。

5. 重视穗粒肥应用。示范水稻抽穗前10～15天，根据田间稻苗生长情况，亩施硫酸钾型复合肥10～15千克，使用硫酸钾型复合肥可防止肥料粘贴叶鞘而造成烧叶现象；抽穗20%～40%时，每亩喷施1包喷施宝，齐穗后喷施1～2次叶面营养肥，防早衰、增粒重。

6. 针对2015年雨水多病虫害严重的现状，由技术人员根据病虫情报以及田间病虫发生调查情况，及时组织开展统一的查定防治，并开展防效检查和补治。特别是对2015年重发的稻曲病采用逐丘检查，抓住防治适期关键节点。

七、经验体会及对品种的综合评价

1. 经验体会

(1) 领导重视是前提。搞好示范展示工作，必须争取上级业务部门和领导的重视与支持。

(2) 经费保障是关键。加强资金筹措，整合有限资源，增加投入，提高示范户积极性，更好地发挥计划项目示范展示功能。

(3) 技术支撑是根本。加强因种栽培技术研究与应用，探索示范品种与地域特性相结合的针对性技术措施，最大限度发挥品种增产潜力。

(4) 服务到位是基础。技术人员蹲点指导，确定专人具体落实统一服务工作，确保播种、机插、灌溉、施肥、病虫害防治等农事操作管理到位。

2. 品种的综合评价

甬优538：高产潜力大，丰产稳产，株型优，兼有籼型杂交稻的长势和粳稻的长相、熟相、米质、耐寒、抗倒能力，结实率高。其超高产潜力、适宜的株高和生育期，更符合本市种粮大户和农户需求，但要加强稻曲病防治，可在海拔 250 米以下地区种粮大户中推广。

甬优 7850：生育期相对适中，高产稳产，株型优，兼有籼型杂交稻的长势和粳稻的长相、熟相、米质、耐寒、抗倒能力，结实率高，但分蘖力不强。其丰产性、适宜的株高和生育期与甬优 538 相似，更符合本市种粮大户和农户需求，可在本市海拔 250 米以下地区种粮大户扩大示范。

甬优 1140：产量高，生育期相对适中，田间长相清秀，分蘖较强，穗大粒多。可在本市海拔 250 米以下地区种粮大户中扩大示范。

甬优 1540：产量高，生育期相对适中，分蘖强，长相清秀，稻曲病轻，可在本市海拔 300 米以下地区推广。

甬优 8050：生育期相对较短，穗大粒多，结实率高，稻曲病轻，可在本市海拔 350 米以下地区扩大示范。

中浙优 8 号：高产稳产，米质较好，生育期适中，是本市目前面积最大的主推品种，2015 年气候条件下仍表现较好，但推广年限已较长，应逐渐用其他品种代替。

钱优 1890：产量较高，分蘖力强，田间长相清秀，穗大粒多，但生育期较长，植株较高，剑叶略披。可在本市代替中浙优 8 号扩大示范。

钱优 930：生育期适中，产量高、品质优、抗稻瘟病、田间长相好、结实率高、抗倒性强。好种易管，宜在本市较高海拔区域或低海拔地区后作为直播油菜搭配推广。

1870 优 3108：产量较高，生育期适中，分蘖强，穗型大，结实率高，但剑叶较宽，熟相不好，可在本市西部 350 米海拔以下地区散户种植中扩大示范。

深两优 884：生育期适中，长相清秀，分蘖、成穗率高，结实率高，米质较好，适应性抗性强，好种易管。可在本市西部山区散户中代替中浙优 8 号扩大示范推广。

钱优 911：生育期适中，产量较高，品质优，田间长相清秀，穗型较大，但抗倒能力不强，与相似类型的钱优 930 相比丰产优势不强，在本市继续示范意义不大。

赣优 9141：产量较高，生育期短，穗型较大，结实率高，但有枝梗瘟，其生育期短的特点只适合于本市稻瘟病区的西部山区种植，因此不宜推广。

甬优 1512：在去年扩展鉴定中表现结实率异常低，2015 年仍有结实率低的现象，可能与孕穗扬花期阴雨、低温、寡照有关，但说明品种存在致命缺陷，不宜再在本市种植。

甬优 17：生育期太长，在 2015 年气候条件下不能安全齐穗、正常成熟，不宜在本市种植。

八、下年度计划

1. 继续按照省市统一部署安排品种布局。籼粳杂交相对高产潜力大，生育期相对较短的品种也已育成，且本市籼粳杂交稻生产面积已超过籼杂面积，结合临安山区实际，有意向争取扩大更适合本市的生育期相对较短的籼粳杂交稻新品种示范，如甬优 1540、甬优 8050 等。

2. 加强品种配套高产技术研究和应用，提高示范成效。

表1 2015年浙江省农作物新品种扩展鉴定结果

实施单位：临安市种子管理站　　实施地点：国家(临安)区试站　　填表人：袁德明

类别	品种名称	播种(月/日)	成熟(月/日)	全生育期(天)	面积(亩)	平均亩产(千克/亩)	比CK(%)	田间抗性	抗倒性	综合评价		
										综合表现位次	主要优点	主要缺点
单季杂交晚稻	甬优7850	5/21	11/12	175	1.0	757.0	33.6	好	好	2	产量高，田间长相清秀，穗大粒多	植株偏高
	甬优1140	5/21	11/8	171	1.0	711.7	25.6	好	好	3	产量高，生育期相对适中，分蘖强，穗大粒多	
	赣优9141	5/21	10/4	136	1.0	621.3	9.7	差	中	13	产量较高，生育期较短，剑叶短、挺，穗型较大	抽穗不整齐，有枝梗瘟
	钱优1890	5/21	11/3	166	1.0	700.0	23.5	中	中	7	产量高，分蘖强，穗型较大，结实率高	剑叶偏长，熟相不好
	甬优8050	5/21	11/5	168	1.0	595.6	5.1	好	好	5	生育期相对较短，穗大粒多，结实率高，稻曲病轻	
	1870优3108	5/21	10/14	146	1.0	632.2	11.6	中	中	9	产量较高，生育期适中，分蘖强，穗型大，结实率高	剑叶较宽，转色不好，有黑粉病
	甬优17	5/21	11/18	181	1.0	615.5	8.5	中	中	15	剑叶挺直，穗大粒多	生育期太长，不能正常成熟
	甬优1512	5/21	11/10	173	1.0	557.1	−1.7	差	好	14	茎秆粗壮，剑叶挺直，穗大粒多	分蘖不强，结实率不高
	甬优1540	5/21	11/6	169	1.0	691.5	22.0	好	好	4	产量高，生育期相对适中，分蘖强，长相清秀，稻曲病轻	
	深两优884	5/21	10/8	140	1.0	586.2	3.5	好	中	10	生育期适中，分蘖强，剑叶挺直，穗型较大，熟相好	
	钱优911	5/21	10/6	138	1.0	587.5	3.7	好	差	11	穗型较大，结实率高	着粒稀，抗倒性差
	钱优930	5/21	10/8	140	1.0	611.3	7.9	好	中	8	产量较高，生育期适中，分蘖强，穗大粒多，结实率高，千粒重高	熟相一般，抗倒性不强
	甬优538	5/21	11/15	178	1.0	769.6	35.8	好	好	1	产量高，长相清秀，穗大粒多	
	中浙优8号	5/21	10/20	152	1.0	630.1	11.2	好	好	6	产量较高，剑叶挺直，熟相好，穗大粒多	着粒不密
	两优培九(CK)	5/21	10/16	148	1.0	566.6	0.0	中	中	12		整齐度差

表 2 2015 年浙江省农作物新品种丰产示范结果

实施单位：临安市种子管理站　　实施地点：国家(临安)区试站　　填报人：袁德明

农户数	示范品种(组合)	作物类型	计划面积(亩)	实施面积(亩)	中心方面积(亩)	产量验收结果(千克/亩)	当地平均产量(千克/亩)	比当地平均产量增产幅度(%)	示范方总增产(千克)	示范方增产增收(万元)	示范方节本增收(万元)	示范方总增收(万元)	订单农业情况		
													订单面积(亩)	生产数量	订单产值(万元)
5	钱优 930	水稻	50	123	72	735.5	529.0	39.0	25399	8.48	0.49	8.97	123	90466	30.22
8	甬优 538	水稻	100	106	106	771.7	529.0	45.9	25726	8.85	0.42	9.27	106	81800	28.14
3	甬优 1540	水稻	50	71	56	742.3	529.0	40.3	15144	5.21	0.28	5.49	71	52703	18.13

印发资料(份)	技术培训		投入资金其中(万元)									攻关田				
	期数	人次	合计	技术培训	印发资料	种子补贴	农资补贴	展示示范牌制作	辅导员工资	考察总结	其他	面积(亩)	田块数	验收平均亩产	产量最高田块	
															面积(亩)	单产(千克\亩)
210	3	124	27.45	3.5	1.2	3.6	10.4	0.25	6.0	2.5		24.2	8	787.3	2.4	806.5

2015年度椒江区晚稻新品种展示示范总结

台州市椒江区种子管理站　包祖达

为充分展示本省水稻攻关育种的最新科研成果，加快高产、优质、节本和高效水稻新品种的推广应用，优化新品种新农艺配套技术，促进粮食高产稳产，同时也为了打造本区的水稻新品种示范展示平台，根据省站文件精神要求和统一部署，本站继续在本区三甲街道坚决村实施了杂交晚稻新品种示范展示项目，通过实施组和种植户的共同努力，取得了较好的成效，达到了预期的展示示范效果。

一、展示示范基本情况

示范项目面积200亩集中连片，实施品种为甬优1540(100.0亩)、甬优7850(50.0亩)；参加实施农户数为112户，设高产攻关田4块4户，面积为4.396亩，整个示范方各组合统一于5月22日进行网纱覆盖播种，6月9日—6月10日统一机插，甬优1540在8月27日齐穗，11月2日成熟；甬优7850在8月26日齐穗，11月1日成熟。示范方在11月3日通过台州市农业局组织实割验收。

参加展示的品种10个，分别为：嘉浙优6218、嘉优6号、甬优538、甬优1540、甬优150、甬优1140、甬优540、甬优7850、嘉禾优555和甬优17。每个品种要求种植1.0亩左右，并列种植。

二、生长期间气象与栽培管理等方面的有利和不利因子

据本地气象资料调查，2015年水稻新品种示范展示期间(5月23日—10月31日)积温为4059.9℃，比去年同期少71.5℃；雨量为762.6毫米，比去年同期少383.2毫米，雨日为90天，比去年同期多1天；日照时数为623.8小时，比去年同期少162.7小时。播种期间天气良好有利于秧苗健壮生长；机插期间适于秧苗返青，灌浆结实期间天气非常有利，但整个生长季节阴雨多、日照少，对分蘖成穗有一定影响，尤其是9月下旬受台风大雨的影响，造成嘉浙优6218、嘉禾优555部分倒伏，影响结实，但是10月昼夜温差大、日照充足，弥补了一部分损失。

三、实施成效

1. 整个示范展示虽然遭遇台风外围影响仍取得了全面平衡高产

(1) 通过实施组和种植户的共同努力，新组合甬优1540、甬优7850等示范取得了较好的成效，也得到了广大种植户的普遍认可，增产增效显著。台州市农业局组织有关专家对整个示范方进行机械实割验收3块田，平均亩产809.8千克，比面上晚稻增产近100千克；最高亩产田块为郑花宝户的甬优1540，种植面积1.12亩，干谷亩产834.9千克，丁仁祝户的甬优7850，种植面积0.63亩，平均亩产784千克。其中甬优1540在本区已连续示范两年，均表现为高产、稳产、抗性好和易种的品质，深受种植户喜欢，增产增效显著。具体见表1。

(2) 共有10个组合参加展示，以甬优540产量最高，为809.1千克/亩；其次是甬优1540，为772.4千克/亩；再次是嘉优6号，达769千克/亩；产量最低的是嘉浙优6218，为562.5千克/亩，比最高的甬优540低246.6千克，但综合表现以甬优1140最佳，产量高抗性好。具体见表2。

2. 熟练掌握了甬优1540的特征特性的同时对其机插高产栽培技术进行了研究，摸索出该组合在面上推广的高产栽培技术措施。甬优1540在本区作单晚种植表现出高产、稳产，熟期适中，易种，耐肥抗倒能力好，田间抗性好，熟相清秀，米质优。该组合株型紧凑，分蘖中等，抽穗比较整齐，成穗率高，穗型中等，一般在本区全生育期为132天左右，株高在108厘米以内，每穗实粒达240粒以上，茎秆粗壮，但抗纹枯病能力一般，对稻曲病比较敏感。在本区作单晚栽培，5月底6月初播种，掌握秧龄26天，移栽密度在每亩1.2万，每亩掌握施纯氮14～15千克；5月25日左右统一机播，每盘播75克，每亩大田准备20～22盘，6月10日—6月12日左右机插，行株距30厘米×20厘米，亩插20盘，肥水管理同大田移栽。

3. 通过新组合展示也筛选出适应本区种植的较有苗头的几个新组合。通过新组合的展示我们认为甬优1140、嘉优6号、甬优540等下一年可以在本区扩大示范。

4. 达到了示范、宣传和推广的目的。由于示范基地充分利用先进适用的农作和农艺技术，又采用绿色防控理念，本示范方在8月中旬作为全市绿色防控及统防统治示范现场，得到台州市等市(县区)各级领导专家光临现场参观指导，被给予了较高的评价。在10月16日我们组织了本区各街道农办主任、粮食线技术干部及重点种粮大户及涉农部门、新闻媒体等50多人参加了现场考察活动，与会人员对展示示范的新组合给予了较高的评价，尤其是种粮大户对有的组合表示了极大的兴趣，当地的电视、报纸等主要媒体也作了报道；另外有关街道也自发组织种粮大户等参观考察。各种手段加快了新组合在本区的推广速度，达到了展示宣传新品种的目的。

5. 农药肥料双减，社会效益和经济效益显著。整个示范方平均亩产为801.2千克，比面上增产19.3%，粮食总产增25060千克，为基地农户增加产值80192元，比去年示范增产近60千克；另外由于实行统一育秧及机插、绿色防控和统防统治、配方施肥，节省了农药和化肥成本，不完全统计为农户每亩降低了成本75元左右，同时降低了农田面源污染，社会效益和经济效益都相当显著。

四、主要工作措施

1. 加强领导，科学制定实施方案，确保项目顺利完成。为使示范试验项目顺利实施，成立了以农林局分管局长为组长，实施地三甲街道分管主任及区种子管理站站长为副组长，栽培、植保和街道农办主任为成员的项目实施领导小组，实施领导小组主持日常工作，区种子管理站具体负责，其他栽培、植保、土肥等技术人员具体参与。根据省站下达的计划，实施小组制定具体实施方案，专门落实一名农技人员蹲点示范基地，负责措施的落实和技术指导。同时聘用一名农民技术员具体负责示范基地的基本日常工作。

2. 加强各项技术培训，加大优惠政策的宣传力度，确保综合技术到位率。充分利用农民信箱、农技咨询、农业气象网及报刊等媒体进行宣传报道，在示范展示区显著位置树立3米×2米的示范展示标志牌，使之较好地起到示范展示的效应。实施小组采用多种方法宣传示范展示的成果，邀请有关领导、专家实地检查指导，同时组织各类技术培训2期，培训人数达105多人次，印发各类技术资料260余份，重点针对甬优1540等高产栽培技术培训。另外专门落实各专业技术人员在水稻生长主要季节下田头到户指导，尽可能提高各项技术到位率。

3. 落实有关优惠政策和措施，解决后顾之忧。一是免费发放种子。除对比试验所用种子由各选育单位提供外，基地内其他示范种子由本站与专业合作社统一提供，以便统一布局和管理，共支付种子款2.85万元；二是整个示范基地享受直补及良种补贴政策，同时还享受每亩40元的统防统治政策及农机作业补贴，在此基础上还优惠提供配方肥5吨和有机肥65吨；三是试验示范基地内从播种到收获所需的人工、肥料、农药等费用全部由本站支付，计发放6.735万元；四是对倒伏田块进行适当的产量差额补助，本项支付0.3万元。这些激励政策确保了展示工作的顺利进行。

4. 实行“六统一”服务。一是统一布局和供种，并连片种植；二是统一采用网纱覆盖育秧；三是统一移栽及其配套栽培技术，并开展技术培训；四是聘用专人，统一技术指导和灌水；五是统一防治和施肥，及时提供病虫情报；六是统一落实有关政策。

五、主要技术措施

针对籼粳型杂交稻甬优1540和甬优7850等品种的特征特性，结合本地实际，围绕“适时播种，适龄机插、湿润浇灌、科学施肥和防病”的高产栽培机理进行栽培。

1. 适时播种，培育壮苗。要求在5月底(5月23日)催芽、播种、网纱覆盖，每盘播75克(干)种子，播种前需催芽，播种后覆盖一层细的黄泥土，然后喷幼禾葆除草，再覆盖防虫网，施足肥料培育壮秧。

2. 适龄机插，合理密植。掌握秧龄18天内即6月9日—10日机插，插前两天每亩施碳铵30千克、过磷酸钙30千克作耙面肥，插秧机株距选18厘米档，每丛1～3本。

3. 科学肥水管理：

(1) 插后灌深水护苗，成活返青后浅水灌溉促分蘖，并经常露田通气。

(2) 插后一周即6月16日左右每亩施尿素5千克，6月23日左右亩施尿素5千克加钾肥5千克，7月6日左右再亩施尿素5千克加钾肥5千克作追肥，促蘖孕穗。

(3) 插后一个月，当每丛稻有8～10根分蘖时开始搁田，且搁田一定要比常规稻重，田要搁开裂。

(4) 以后保持间歇灌水，干干湿湿，保持田间通气。

(5) 后期看苗施适量尿素，并施每亩2.5千克的钾肥。

4. 全面实施统防统治技术。特别是做好纹枯病、稻曲病的重点防治，其余病虫按病虫情报要求做到适期、适量、精确用药，有效地控制病虫害。

六、经验体会及品种评价

1. 经验体会

(1) 新品种示范工作是我们种子管理部门的重要工作，也是我们的亮点工作，应高度重视，因此应选好示范品种，种好样板，确保工作万无一失。

(2) 要实施好新品种的示范展示工作，必须得到科研育种部门及实施基地街道、村领导的支持和帮助，同时也要充分运用本局科技资源，促进各专业协作。

(3) 示范展示的新品种应与当地的实际有一定的符合程度，对当地的农业生产有一定的促进作用。推广应用的品种和技术应符合当地实际，能被农户接受。

(4) 示范展示应该是新品种、新技术、新农艺的有机结合，应该在高效的前提下攻高产，要为农民树立高效的典范。这两年在本区实施的展示示范就是很好的探索，也是我们不断研究的省工省本绿色高效的实践活动。经过近几年的实施，我们采用统一育秧、机插、统防统治、绿色防控及配方施肥等减肥减药等先进适用绿色技术及农艺，开展省新品种示范展示工作，不仅普遍获得高产，减少农药防治次数，降低稻谷农残和土地面源污染，也为农民减少了每亩近75元的成本，直接增加了经济效益。2015年也出现了一些问题，如稻曲病普发，有的较严重，影响了稻谷的品质和产量，虽然这与天气状况有关，但与品种和防治时间也大有关系。

2. 品种的综合评价

(1) 甬优 1540：是宁波市农科院选育籼粳杂交水稻新组合，在本区种植后表现出高产、稳产、抗性好、易种的特性，尤其是适应机插，表现为熟期中熟偏早，生长繁茂，植株较矮，耐肥抗倒，分蘖成穗率高，穗型中等、着粒密，高产稳产，米质较好，田间抗性强，对稻曲病、纹枯病抗性不强，成熟比甬优 17 早 4～5 天，熟期转色好，青秆黄熟。本站也安排了该组合作为连晚种植，其表现也较好，因此该组合既可在本区作单季稻推广种植，亦可作连晚种植。

(2) 甬优 540：是省农科院作物与核技术利用研究所选育的籼粳杂交稻，表现出超高产潜力，同时该组合在本区机插，表现为株型紧凑，生育期中等偏长，分蘖中等偏弱，剑叶挺拔，受光姿势好，茎秆粗壮，穗大粒多，具较高的产量水平，后期青秆黄熟。

(3) 甬优 7850：是宁波市农科院选育的籼粳型杂交稻新组合，偏粳，表现出高产稳产，分蘖较强，成穗率高，叶片生长旺盛，受光好，穗型大，着粒密，结实率高，后期转色好，米质优，尤其是植株中等抗性强，有较高的产量水平，深受本区种粮大户欢迎，2016 年可扩大示范。

七、下年度计划

根据省、市种子管理部门的统一安排，结合本地实际现状，本站计划 2016 年在继续抓好三甲街道坚决村省级示范基地的基础上，扩大示范展示规模，实施连晚机插示范，为本区种粮大户提供更多的交流和选择平台。

表 1　2015 年浙江省新品种示范实施结果

实施单位：椒江区种子管理站　　　　实施地点：三甲街道坚决村　　　　填报人：戴夏萍

示范品种	作物类型	方内农户	实施面积（亩）	示范方平均亩产（千克/亩）	比当地增产%	示范方总增产（千克）	攻关田情况					观摩会及技术培训			
							面积（亩）	田块数	验收亩产（千克/亩）	产量最高田块		观摩会次数	培训期数	培训人数	印发资料
										面积（亩）	产量（千克/亩）				
甬优 1540	籼粳杂交稻	71	100.0	801.2	19.3	25060	3.560	3	809.8	1.21	834.9	2	1	105	260
甬优 7850	籼粳杂交稻	41	50.0				0.836	1	784	0.836	784				

表 2　2015 年椒江区新品种展示实施结果

实施单位：椒江区种子管理站　　　　实施地点：三甲街道坚决村　　　　填报人：戴夏萍

品种名称	播种期（月/日）	成熟期（月/日）	全生育期天	面积	平均亩产	田间抗性	抗倒性	综合评价		
				亩	千克/亩			综合表现位次	主要优点	主要缺点
嘉浙优 6218	5/27	11/10	167	0.9	562.5	差	差	9	米质好	秆高易倒
嘉优 6 号	5/27	10/28	154	1.361	769.8	好	中	2	易种	分蘖成穗中等
甬优 538	5/27	11/4	161	0.699	702.4	好	好	6	米质较好	秆高易倒
甬优 7850	5/27	11/1	158	1.088	762.1	好	中	7	抗性好	田间抗性差
甬优 1540	5/27	11/1	158	1.251	772.4	好	中	4	产量高	抗倒性中等
甬优 1140	5/27	10/29	155	1.078	764.4	好	好	1	高产抗性好	分蘖一般
甬优 150	5/27	11/1	158	1.058	753.3	中	一般	8	丰产	易倒
甬优 540	5/27	11/6	163	1.17	809.1	好	好	3	高产	抗倒性差
甬优 17	5/27	11/10	167	0.702	703.5	中	中	10	产量高	米质一般
嘉禾优 555	5/27	10/20	146	0.825	565.5	中	差	5	米质好	纯度差,易倒

2015年黄岩区晚稻新品种展示与示范总结

台州市黄岩区种子管理站　林飞荣

为加快新品种评价步伐，鉴定农作物品种适应性和应用前景，给农业生产提供优良品种，根据黄种管[2015]2号文件精神，我们开展了单季杂交水稻新品种展示示范工作，现将2015年展示示范总结如下。

一、展示示范基本情况

1. 基地概况。项目地点在黄岩区院桥镇省级粮食生产功能区内的占堂村、胜利村，示范面积226.2亩，展示面积12.0亩。示范展示田块周边是我区水稻主要种植区域，交通便利，往来人员众多，便于观摩。土地平整，排灌设施良好，土壤肥力中上。

2. 示范品种。本次示范品种为浙优18、钱优1890。

3. 展示品种。杂交粳稻有浙优18、春优927、甬优9号、甬优17、甬优538、甬优12(CK)，杂交籼稻有钱优1890、Y两优689、隆两优华占、中浙优8号(CK)，见表1。

二、生长期间气象与栽培管理等方面的有利和不利因子

2015年8月中旬孕穗期，受台风"苏迪罗"影响，示范区水稻被淹没超过24小时，对产量造成较大影响。8月下旬到9月上旬抽穗期，日照比常年少19.4%，8月下旬受台风"天鹅"影响，降水明显。日照不足，大雨洗花，对授粉、受精不利。9月中旬至10月中旬，9月下旬后期受台风"杜鹃"影响，出现大到暴雨和大风天气过程，本期除日照时数较常年明显偏少(偏少46.1%)不利光合作用外，气温偏高、降水偏少还是有利于灌浆结实的。10月下旬以后温度较往年偏高，对后期成熟较为有利。

三、展示示范成效

1. 增产效果明显。胜利村"浙优18"单季稻101.1亩示范方(机插秧)平均亩产691.8千克，占堂村"浙优18"单季稻106.7亩(手插秧)平均亩产783.5千克，较我区晚稻平均产量每亩分别增产161.8千克、253.5千克。钱优1890机插示范方20亩，平均亩产658千克，较我区晚稻平均产量每亩增产128千克。具体见表2和表3。

2. 社会效益较好。通过项目示范和展示，帮助农民和种粮大户认识和了解新品种特性，取得了较好的社会效益和辐射带动作用，加快了我区优良新品种的推广应用步伐。

四、主要工作措施

1. 成立领导小组。小组领导由区农林局分管局长和区种子管理站负责人组成；区种子管理站、项目

区农技站农技人员为成员，主要负责项目实施的组织策划、日常协调工作。

2. 抓好技术指导，做好数据记载。区种子管理站建立了水稻新品种展示示范技术指导小组，制定项目实施方案，并指派专人负责项目技术指导、培训、展示品种的观察记录、考种等工作。

3. 加强宣传，提高展示示范效果。在示范展示区设立标识牌；组织种子经营户和种粮大户现场观摩，进一步明确下一年度水稻主导品种，有效推进种子种苗工程；与区农林局良种评选会议相结合，做好新品种宣传工作。

五、主要技术措施

做好五个统一，即统一品种布局，统一育苗，统一技术规程，统一田间管理，统一机械操作，保证秧苗的质量和整齐度、种植密度的一致性、施肥的均匀性，使展示田既能体现出各品种的优劣，又能保证整个主体相对整齐一致。

1. 适期播种，统一移栽。粳稻在5月22日用2000倍20%咪鲜胺浸种24小时，5月25日统一播种，6月12日前后移栽。

2. 合理施肥。6月2日施基面肥17%碳铵每亩50千克，钾肥10千克，过磷酸钙25千克，7月8日施分蘖肥46%尿素每亩10千克，8月14日施促花肥46%尿素每亩60千克。

3. 加强病虫草防治。7月14日每亩用15%氰氯草脂100毫升，10%苄嘧磺隆20克，50%二氯哇啉酸25克，20%氯氟吡氧乙酸20毫升，氯先铵67毫升，50%吡蚜酮50克；大田除草，主治二化螟、稻飞虱防。8月25日，用先正达组合套餐，防治二化螟、稻飞虱、纹枯病、稻曲病。9月10日，每亩用50%多菌灵胶悬剂100毫升，防治稻曲病。

六、品种的综合评价

1. 杂交籼稻

钱优1890：青秆黄熟，株高较高，分蘖强，生育期较长，米质较优，可推广种植。

Y两优689：生育期长，米质较优，可推广种植。

隆两优华占：丰产性较好，生育期早，米质较优，可以扩大种植。

中浙优8号：该品种自2010年以来已成为我区籼型杂交水稻的当家品种，因米质佳被种植户和消费者热捧，虽然该品种也存在抗倒性略差的缺点，但仍可继续当家。

2. 杂交粳稻

浙优18：产量位居此次展示品种第二，茎秆粗壮，株高适中，穗大粒多，缺点是生育期较长。可扩大种植。

甬优12：高产稳产，是我区目前种植面积最大的主推品种，但是也存在一定品种退化现象。

春优927：在本次展示中产量最高，突出优点是穗型大、着粒密。2016年继续引进。

甬优9号：青秆黄熟，熟相好，米质较好，感光成熟，耐迟播，适合有需要的农户种植。

甬优17：展示中产量与甬优12相仿，穗大粒多，茎粗抗倒，可继续关注。

甬优538：株高适中，突出优点是分蘖强，感光性强，耐迟播，可适当推广。

七、下年度计划

进一步完善胜利村水稻新品种示范点建设，加强宣传，扩大影响力，把示范展示工作作为我站亮点工作落实好。

表 1　展示和示范品种考种数据及实产

类别	品种	面积（亩）	亩穗数（万）	总粒（穗）	实粒（穗）	结实率（%）	千粒重（克）	亩实产（千克）
展示品种	钱优 1890	1.17	13.15	174.5	149.3	85.5	25.1	492.59
	中浙优 8 号	1.22	13.28	163.3	132	80.8	27.5	481.36
	Y 两优 689	1.16	13.79	163.8	128.6	78.5	28.1	499.03
	隆两优华占	1.38	15.34	165.7	140.7	84.9	25.4	547.79
	浙优 18	1.18	10.33	280.3	249.8	89.1	25.1	590.4
	甬优 12	1.12	9.98	302.5	267.3	88.4	23.8	563.2
	春优 927	1.31	9.47	321.6	275.3	85.6	25.6	604.2
	甬优 9 号	1.05	14.04	160.2	141.5	88.3	29.0	552.6
	甬优 17	1.24	9.28	271.9	246.8	90.8	25.9	562.8
	甬优 538	1.18	15.29	211.8	170.3	80.4	23.0	574.3
示范品种	浙优 18(机插)	101.1	12.1	288.1	256	88.9	24.3	691.8
	浙优 18(手插)	106.7	10.7	347.6	298.7	82.9	23.9	783.5
	钱优 1890	18.4	17.6	151.2	127	84.0	26.0	584.8

表 2-1　胜利村“浙优 18”单季稻百亩示范方产量验收情况

田块	面积（亩）	亩穗（万）	总粒（穗）	实粒（穗）	结实率（%）	千粒重（克）	湿谷			实产
							亩重（千克）	含水率（%）	折干率（%）	（千克/亩）
1 潘永汇	1.45						716.55	25.93	86.63	620.76
2 潘永汇①	1.89	11.9	284.3	249.8	87.9	24.3	750.42	22.2	90.99	682.84
3 潘永汇②	0.825	12.31	291.8	262.2	89.8	24.3	861.42	23.4	89.59	771.75
平均	/	/	/	/	/	/	/	/	/	691.78

注：面积：101.1 亩，机插秧

表 2-2　占堂村“浙优 18”单季稻百亩示范方产量验收情况

	面积（亩）	亩穗（万）	总粒（穗）	实粒（穗）	结实率（%）	千粒重（克）	湿谷			实产
							亩重（千克）	含水率（%）	折干率（%）	（千克/亩）
1 林国庆(小)	1.12	10.58	348.7	298.8	81.7	23.5	830.4	22.3	90.87	754.6
2 林国庆(大)	1.81	10.67	365.4	317.2	81.8	23.9	941.8	22.3	90.88	855.9
3 蔡良齐	1.05	10.84	328.6	280.1	85.3	24.2	799	20.8	92.63	740.1
平均	/	/	/	/	/	/	/	/	/	783.5

注：面积：106.7 亩，手插秧

表3 2015年浙江省农作物新品种丰产示范结果

农户数	示范品种（组合）	作物类型	计划面积（亩）	实施面积（亩）	中心方面积（亩）	产量验收结果（千克/亩）	当地平均产量（千克/亩）	比当地平均产量增产幅度（%）	示范方总增产（千克）	示范方增产增收（万元）	示范方节本增收（万元）	示范方总增收（万元）	订单农业情况		
													订单面积（亩）	生产数量	订单产值（万元）
1	浙优18	晚稻	100	101.1	106.7	691.8	530	30.5	17264.1	5.5	0.8	6.3			
53	浙优18	晚稻	100	106.7	106.7	783.5	530	47.8	27048.5	8.7	0.8	9.5			
1	钱优1890	晚稻	20	18.4	18.4	584.8	530	10.3	1008.3	0.3	0.1	0.9			

印发资料（份）	技术培训		投入资金（万元）									攻关田				
	期数	人次	合计	技术培训	印发资料	种子补贴	农资补贴	展示示范牌制作	辅导员工资	考察总结	其他	面积（亩）	田块数	验收平均亩产（千克/亩）	产量最高田块	
															面积（亩）	单产（千克/亩）
80			4.8	/	0.05	2.0	2.1	0.15	/	0.5			6		1.81	855.9

注：实施单位为黄岩区种子管理站，实施地点为黄岩区院桥镇胜利村、占堂村

2015年金华市单季杂交水稻新品种扩展鉴定和丰产示范总结

金华市种子管理站 金成兵

为引导农作物品种结构调优，加强对水稻新品种的广适性和应用前景探索，根据浙江省种子总站《关于下达2015年浙江省农作物新品种适应性扩展鉴定和丰产示范计划的通知》(浙种〔2015〕16号)精神，我站承担单季杂交水稻新品种适应性扩展鉴定和丰产示范工作，在省站的指导下，通过实施小组和种植户共同努力，取得了一定成效，达到了预期的展示示范效果。

一、展示示范基本概况

1. 基地概况。本项目的示范展示计划均落实在本市婺城区白龙桥镇东周村粮食功能区内，该畈于2006年经过土地整理，田块规划整齐，渠道和机耕路配套，交通比较便利、排灌条件良好、土地平整、土壤肥力均匀，农户及村领导班子都比较支持，对周边有较好的示范辐射作用。

2. 展示示范情况。按展示计划，金华单季杂交晚稻省站安排15个新品种(含CK)，本站加入3个，实际展示示范18个。展示的15个品种分别是：甬优7850、甬优1140、赣优9141、钱优1890、甬优1540、甬优8050、甬优1512、钱优911、钱优930、1870优3108、甬优17、甬优538、春优84、中浙优8号、两优培九(对照)。市级加入的春优927，集中安排在示范基地一侧，每个品种一亩，每块田安排3个品种。

新品种示范甬优4550安排在婺城区白龙桥镇东周村，甬优15安排在金西开发区汤溪镇寺平村，面积分别为102.0亩和104.5亩。

田间管理和施肥情况如下：

适时播种，合理密植。各展示组合统一于5月26日播种育秧，6月19日—20日移栽。示范品种甬优15于5月22日播种，6月15日移栽，甬优4550于6月23日播种，7月下旬移栽，机插秧在自然温度下催芽至乳白后播种，塑盘育秧，秧龄25天内。

科学肥水管理。展示区统一施肥标准，每亩施基肥复合肥30千克(氮、磷、钾各15%)，第一次追肥移栽后7天亩施尿素10千克，同时进行化学除草，第二次追肥尿素10千克，氯化钾10千克，生育期长的籼粳杂交组合酌情施穗肥氮、磷、钾各15%复合肥10千克。水浆管理全期采取好气灌溉。示范方每亩施三元复合肥30千克，插秧后7～10天追施分蘖肥，每亩用惠多利牌复合肥(26-9-15)20千克，并拌入苄嘧磺隆除草剂除草，隔10天第二次追肥，每亩用撒可富复合肥(20-21-14)10千克，氯化钾10千克，看田间苗势叶色酌施穗肥三元复合肥5～10千克。根据病虫发生情报，防治纵卷叶螟、二化螟、稻飞虱，破口期防治稻曲病。

二、晚稻生育期环境和气象因素

7月份平均气温较常年偏低1.3～2.8℃、降水偏多、日照偏少。7月5日—7日，早晨低于20℃，破历史同期最低纪录。8月平均气温比常年偏低0.4～1.1℃，日照时数偏少2～3成。9月平均气温比常年偏低0.4～0.8℃，日照时数偏少3～4成，导致晚稻有效积温不足，生育期推迟。

据金华市气象台资料显示，9月14日—27日总体日平均气温在24℃以下徘徊，特别是受冷空气影响9月14日—15日降水明显，14日—15日受弱冷空气和雨水天气影响日平均气温只有20.2℃和19.3℃，14日—17日连续四天低于23℃达到秋季低温标准，气温明显偏低，而此后气温回升不明显，低温天气不利于晚稻抽穗生长，部分稻田出现包茎，生育进程延后；28日—30日台风"杜鹃"外围环流影响天气阴雨，9月14日—30日期间总体阴雨天气较多，光照偏少，不利于秋作物光合作用和光合产物的累积，不良气候条件对本市单季晚稻生产带来一定的影响，苗体偏弱，分蘖少，有效穗不足，穗型有所变小，部分颖花退化，抽穗期比去年推迟5～7天。11月本市以阴雨寡照天气为主，1日—25日，总降水量、总雨日创同期历史最高纪录，日照创同期历史最低纪录。

11月正是本市秋收冬种时期，连续的多雨寡照对晚稻的收割晾晒产生了严重影响，晚稻收割推迟，部分已经收割的水稻因不能及时晒干出现发霉现象等。

三、展示示范成效

1. 经济效益。两个示范方都取得了较好的经济效益。甬优15经实割测产最高亩产739.2千克，平均亩产667.7千克，比面上生产增115.7千克，亩增20.96%，优质优价增效0.2元/千克，示范方104.5亩甬优15增产增效3.6272万元；甬优4550最高亩产632.8千克，平均亩产537.8千克，比面上生产增87.8千克，亩增19.51%，优质优价增效0.2元/千克，甬优4550示范方102亩增产增效2.6867万元；示范方合计增收7.9266万元。见表1和表2。

2. 社会效益。通过项目示范，提高了甬优15、甬优4550籼粳杂交稻的种植水平，吸引了周边村农户的参观学习，起到了较好的示范辐射作用。

3. 筛选出一批苗头组合。晚稻展示示范中表现较为突出的品种主要有：甬优8050、甬优1540、甬优7850、甬优4550等。

四、主要工作措施

1. 加强组织领导。为加强这项工作的领导和协调，建立了以分管局长为组长，市、区种子管理站站长为成员的领导小组，实施小组以金成兵为组长，全站参与，组员以村干部和种粮大户为主。实施小组承担展示工作的方案设计、面积落实、技术指导、田间记载、服务咨询、数据采集、分析总结等工作，做到分工明确，责任到人。

2. 制定实施方案。为搞好新品种展示示范工作，实施小组指定2名技术人员蹲点，确保技术到位。具体负责示范区的面积落实，新品种的田间安排，使整个展示区做到集中连片，并统一品种布局，统一供种育苗，统一技术规程，统一田间管理，统一机械操作，使展示品种在当地统一生产条件下生长，观察其表现。

3. 加强技术指导和宣传工作。为扩大新品种展示示范的影响，我们通过广播、电视、报纸、农业信息网等新闻媒体进行新品种宣传；印发展示示范品种介绍和栽培技术要点1000余份，对示范基地农户进行技术培训。在几个关键时期邀请品种权单位和农技人员到田头进行实地技术指导，展示示范基地在醒目位置设立标识牌，全生育期放置。收获前一个月每个展示品种设置一个品种标识牌，标明品种类型、品种名称，方便群众参观。9月22日、9月25日市站连续组织了全市晚稻新品种考察观摩会和婺城区乡镇农技员骨干、种粮大户、粮食生产专业合作社和经营户130余人现场观摩与培训会，邀请了金华市农业局领导亲临现场指导。据不完全统计，整个季节到展示点参观的有近500人次，有效扩大了展示示范点影响，达到引导农民种植优良新品种的目的。

4. 实现“六统一”服务。一是统一布局和供种，连片种植；二是统一采用基质育秧；三是统一移栽及其配套栽培技术标准；四是统防统治；五是统一机械作业；六是统一田间管理。

5. 开展高产攻关和新品种高产配套技术研究。示范与高产攻关相结合，在示范区设高产攻关田 3 块，研究其增产潜力，并开展新品种肥料、密度、播期等试验，实现良种良法配套，为大面积推广提供技术支撑。

五、品种评价

甬优 1540：株高适中，茎秆健壮，基部节间短，叶片厚、挺，叶色翠绿，转色顺畅，穗粒结构协调，稻穗一、二次枝梗分生量大，谷色黄亮，抗倒性强。有效穗 12.72 万，成穗率 55.8%，早熟，播始历期比两优培九早 5 天。

甬优 17：植株较高、分蘖中等、剑叶长挺、茎粗抗倒、穗大粒多，顶粒长芒，易落粒，结实率高，米质优，该品种潜力较大，生育期略长。

甬优 538：早熟、株高适中，株型优，抗倒强，穗大粒多，分蘖力较强，后期转色好。

春优 84：苗期植株矮壮，分蘖力中等，繁茂性好，茎秆粗壮，株高适中，叶色深绿，剑叶挺拔，倒三叶长而挺，耐肥抗倒力比较强，穗型较大、密粒、籽粒饱满、千粒重高，后期褪色顺畅。

甬优 8050：作单季杂交籼稻种植高产稳产，株型偏籼，茎秆粗壮，转色顺畅，熟相清秀，灌浆饱满，穗大粒多，谷色黄亮，谷粒椭圆，熟期适宜，适应性广，耐寒性好，灌浆速度较快。高肥条件下剑叶变披，株型变散。

甬优 7850：生育期适中，高产稳产，株型优，植株挺拔，分蘖中等，茎秆粗壮，转色顺畅，熟相清秀，灌浆饱满，穗大粒多，谷色黄亮，适应性广。详见表 3 和表 4。

表 1　示范方高产田经济性状

品种	始穗期	齐穗期	穗数	总粒数	实粒数	结实率	千粒重	理论产量	实产
甬优 15	8 月 27 日	8 月 30 日	11.2	295.2	266.3	90.2	28.8	859	739.2
甬优 4550	9 月 9 日	9 月 13 日	11.25	291.9	271.1	92.9	23.3	710.6	632.8

注：甬优 15，5 月 22 日播种，6 月 15 日移栽。甬优 4550，6 月 23 日播种。

表2　2015年浙江省单季晚稻新品种展示经济性状汇总

	品种名称	播种期（月/日）	移栽期（月/日）	始穗期（月/日）	齐穗期（月/日）	成熟期（月/日）	全生育期（天）	基本苗（万/亩）	最高苗（万/亩）	有效穗（万/亩）	成穗率（%）	株高（厘米）	穗长（厘米）	总粒数（粒/穗）	实粒数（粒/穗）	结实率（%）	千粒重（克）	产量（千克）
1	甬优7850	5/26	6/19	8/25	8/28	10/23	150	1.68	23.04	13.44	58.3	110.5	19.8	265.3	252.4	95.1	24.5	565.0
2	甬优1140	5/26	6/19	8/22	8/25	10/20	147	1.92	22.80	13.56	59.5	109.0	21.9	230.7	221.2	95.9	24.6	575.0
3	赣优9141	5/26	6/19	8/24	8/27	10/8	135	2.28	25.32	15.36	60.7	123.5	23.0	185.3	175.9	94.8	32.8	582.5
4	钱优1890	5/26	6/19	8/31	9/2	10/18	145	3.72	30.60	19.08	62.4	111.0	23.8	203.4	170.0	83.6	24.0	570.5
5	甬优1540	5/26	6/19	8/22	8/25	10/20	147	3.36	22.80	12.72	55.8	107.5	22.0	283.8	259.5	91.4	24.1	584.5
6	甬优8050	5/26	6/19	8/25	8/28	10/24	151	2.04	20.16	12.6	62.5	119.0	24.9	266.0	251.2	94.4	25.5	536.0
7	1870优3108	5/26	6/19	8/23	8/26	10/15	142	2.76	24.48	18.96	77.5	110.0	24.5	158.3	148.3	93.7	31.1	520.5
8	两优培九(CK)	5/26	6/19	8/27	8/30	10/13	140	3.00	26.40	16.56	62.7	110.5	24.0	208.9	173.1	82.8	27.4	532.0
9	甬优1512	5/26	6/19	8/21	8/24	10/15	142	4.32	21.00	12.72	60.6	120.0	20.1	264.3	238.1	90.1	23.1	541.0
10	钱优911	5/26	6/20	8/18	8/22	10/20	147	2.88	24.72	14.52	58.7	118.5	24.9	161.0	145.3	90.2	24.4	472.5
11	钱优930	5/26	6/20	8/24	8/27	10/23	150	3.84	29.04	14.04	48.3	119.0	24.1	242.1	221.9	91.6	26.2	523.5
12	甬优17	5/26	6/20	9/3	9/7	11/5	163	2.16	20.88	13.08	62.6	122.0	25.4	332.2	307.0	92.4	26.2	646.0
13	甬优538	5/26	6/20	9/5	9/8	11/102	168	2.52	18.96	13.80	72.8	118.5	18.7	263.7	224.63	85.2	25.7	693.5
14	春优84	5/26	6/20	8/28	8/31	11/8	166	3.72	26.52	15.84	59.7	113.0	19.2	238.8	217.3	91.0	25.5	589.1
15	中浙优8	5/26	6/20	9/6	9/10	11/1	159	3.60	21.72	14.76	68.0	123.0	27.5	185.0	172.2	93.1	26.7	674.5
16	春优927	5/26	6/20	8/30	9/3	11/3	161	4.01	26.88	16.56	61.6	129.0	19.1	254.7	229.6	90.2	25.9	595.4

表 3　2015 年浙江省农作物新品种扩展鉴定结果

实施单位：金华市种子管理站　　实施地点：白龙桥镇东周村　　填报人：金成兵

品种	播种期（月/日）	成熟期（月/日）	全生育期（天）	面积（亩）	平均亩产（千克/亩）	比 CK（%）	田间抗性	抗倒性	综合评价		
									综合表现位次	主要优点	主要缺点
甬优 7850	5/26	10/23	150	1.0	565.0	6.20	好	好	6	丰产性好，植株挺，转色好	稻曲病
甬优 1140	5/26	10/20	147	1.0	575.0	8.08	好	好	7	株型紧凑，株高适中，熟期早	稻曲病
赣优 9141	5/26	10/8	135	1.0	582.5	9.49	中	中	9	穗大粒重	分蘖偏弱
钱优 1890	5/26	10/18	145	1.0	570.5	7.23	中	中	10	分蘖较强	
甬优 1540	5/26	10/20	147	1.0	584.5	9.87	好	好	4	丰产性好，剑叶挺，谷壳黄亮	稻曲病
甬优 8050	5/26	10/24	151	1.0	536.0	0.75	好	好	11	熟期早，株高适中，米质好	稻曲病
1870 优 3108	5/26	10/15	142	1.0	520.5	−2.16	好	好	15	繁茂性好，分蘖强	叶披
两优培九(CK)	5/26	10/13	140	1.0	532.0	0.00	好	好	13		
甬优 1512	5/26	10/15	142	1.0	541.0	1.69	好	好	12	熟期早，叶片宽厚	
钱优 911	5/26	10/20	147	1.0	472.5	−11.18	好	中	16		抗倒性一般
钱优 930	5/26	10/23	150	1.0	523.5	−1.60	中	中	14	株高熟期适中	植株偏高
甬优 17	5/26	11/5	163	1.0	646.0	21.40	好	好	3	穗大粒多	稻曲病
甬优 538	5/26	11/10	168	1.0	693.5	30.35	好	好	1	株高熟期适中，丰产性好	
春优 84	5/26	11/8	166	1.0	589.1	10.73	中	好	5	株高适中	注意恶苗病防治
中浙优 8	5/26	11/1	159	1.0	674.5	26.79	中	中	2	剑叶挺拔	植株偏高
春优 927	5/26	11/3	161	1.0	595.4	11.91	好	好	8	长势旺，茎杆粗壮，剑叶长挺	植株偏高，易感稻曲病

表 4　2015 年浙江省农作物新品种丰产示范结果

实施单位：金华市种子管理站　　实施地点：白龙桥镇东周村、汤溪镇寺平村　　填报人：金成兵

示范品种（组合）	作物种类	计划面积（亩）	实施面积（亩）	中心方面积（亩）	产量验收结果（千克/亩）	当地平均产量（千克/亩）	比当地平均产量增产幅度（%）	示范方总增产（千克）	示范方增产增收（万元）	示范方节本增收（万元）	示范方总增收（万元）	订单农业情况		
												订单面积（亩）	生产数量（千克）	订单产值（万元）
甬优 4550	水稻	100	102.0	102.0	537.8	450	19.51	8955.6	2.6867	0.4590	3.1457	100	50000	15.0
甬优 15	水稻	100	104.5	104.5	667.7	552	20.96	12090.7	3.6272	1.1537	4.7809	100	65000	19.5

印发资料（份）	技术培训		投入资金（万元）									攻关田				
	期数	人次	合计	技术培训	印发资料	种子补贴	农资补贴	展示示范牌制作	辅导员工资	考察总结	其他	面积（亩）	田块数	验收平均亩产（千克/亩）	产量最高田块	
															面积（亩）	单产（千克/亩）
300	2	130	4.74	0.5	0.10	0.84	2.0	0.1	0.5	0.3	0.4	3.53	3	537.8	1.15	632.8
300	2	130	4.74	0.5	0.10	0.84	2.0	0.1	0.5	0.3	0.4	3.08	3	667.7	1.04	739.2

2015年温州市农作物新品种展示总结

温州市种子站　夏如达

为了筛选适宜本市种植的优良农作物新品种，加快优良品种示范与推广应用，进一步优化品种结构。根据省种子管理总站任务要求，温州市种子站分别在瑞安和苍南安排了早稻新品种展示、平阳和乐清安排了中稻新品种展示、瓯海丽岙安排了茄子新品种展示，共5个展示点，参试品种共计33个，圆满完成省下达展示计划任务。通过各展示点试验记载和观察，已筛选出几个适宜本市种植的优良品种，现将展示工作总结如下。

一、展示示范基本概况

1. 早稻新品种展示。早稻新品种展示分别安排在瑞安南滨街道西湖村和苍南县仙居乡仙平村。两个展示点位于粮食功能区内，地块交通便利，农田基础设施完善，水、电、路完备，田块紧临河流，排灌情况良好，农田有较高抗旱和抗涝能力。参试品种分别是中冷23、中早35、甬籼975、中早39、温814、嘉育89、嘉育938、温926、株两优813、陵两优0516、中嘉早17和金早47(CK)等16个。各品种展示面积1亩，各展示品种采用“统一播种、统一移栽、统一施肥、统一防治病虫害、统一收割”的技术措施。

2. 中稻新品种展示。中稻新品种展示分别安排在平阳县昆阳镇孙楼村和乐清市虹桥镇东洋村。两个展示点位于粮食功能区内，交通便利，基础设施完善，利于参观考察。参试品种分别是甬优538、甬优15、甬优1540、甬优1512、春优927、甬优2640、Y两优1928、Y两优900、隆两优华占、中浙优8号和嘉浙优6218等17个品种。各品种展示面积1亩左右，田间管理采用“五个统一”技术措施。

3. 茄子新品种展示。茄子新品种展示点安排在瓯海区丽岙街道浙江康篮农业开发公司瓜菜展示平台，参试品种10个(详见表1)。

展示点种植设施为单体钢管大棚，大棚跨度8米，长32米，高3.5米，土壤为沙壤土，肥力中等，前作黄瓜。每品种种植30平方米，随机排列，不设重复。结合翻耕作畦，亩施鸭粪肥500千克，三元复合肥50千克，每棚4畦，畦宽1.3米，沟宽0.5米，每畦铺设两条滴灌带，覆盖银灰双色膜备用。采用32孔穴盘基质育苗，于2015年1月10日播种，3月5日定植，每畦2行，株距50厘米，定植前浇足起苗水，定植后浇足定根水。缓苗期根据天气情况闭棚5天，温度必须保持在5℃以上，以利缓苗，棚内温度控制在35℃以下，后期采用开闭大棚裙膜和棚门调节棚内温度，高温季节做好通风和降温。肥水管理：采用肥水同灌系统进行肥水管理，定植至初采收期灌水6次，每次1小时左右，其中肥水同灌2次，每亩用水溶性肥(N：P：K＝17：17：17)4千克，采收期每采收两次瓜肥水同灌1次，每亩用水溶性肥(N：P：K＝16：8：34)5千克。整枝与人工辅助授粉：固定植株搭架，及时整枝，并摘除黄叶、病叶、老叶。早春温度低，采用人工辅助授粉的方式提高坐果率。病虫害防治：苗期用百菌清可湿性粉剂、代森锰锌可湿性粉剂各防治猝倒病1次，定植后用多菌灵可湿性粉剂结合肥水同灌滴1次，中后期用杜邦克露可湿性粉剂、扑海因乳油防治灰霉病。采用灭蝇胺、吡蚜酮.烯啶啶虫脒、联苯菊酯乳油来防治斑潜蝇、治蚜虫、白粉虱。根据果实成熟程度，适时分批采收。

二、生产期间气象概况

2015年本市早晚稻生产期间的气候总体不利，影响水稻产量。4月6日—8日受强冷空气影响，过程降温8～10℃，部分山区出现倒春寒天气，造成早稻烂秧严重，对秧苗素质影响较大。7月1日—11日本市出现连续阴雨天气，过程中降水偏多，日照偏少，气温偏低，早稻的灌浆成熟受到一定抑制，多雨也使一些水稻病害增加。第9号台风“灿鸿”影响本市，大风天气沿海地区部分早稻出现倒伏。中晚稻生产期间，特别是9—10月份平均气温偏低，月降水量偏多，月日照时数偏少，中晚稻结实率下降，生育期推迟。11月份连续阴雨天气，日照偏少，温光条件不足，影响收割，造成部分穗上发芽和谷粒霉烂。

三、主要工作措施

1. 建立项目领导小组和实施小组。本市根据省厅下达农作物新品种展示考核任务，成立了以分管副局长谢小荣为组长，市种子站站长为副组长，由承担展示任务的有关县（市、区）的种子（管理）站站长为成员的领导小组，主要是监督落实展示计划任务。实施小组组长由市种子站站长担任，成员为相关县种子站站长和实施单位的技术人员，主要工作是制定展示方案、技术措施，组织技术培训和技术指导。

2. 开展技术培训和技术指导。展示基地安排工作能力强的农技干部负责项目实施，邀请经验丰富的专家对展示中关键环节及田间观察记载进行业务培训，以确保各项工作精确到位。

3. 加强展示示范宣传。一是在展示基地设立标识牌，写明作物类型、品种名称等，在展示田间设立小标识牌，标明品种和田间记载和考种数据。二是召开现场观摩会，扩大新品种宣传。全市市、县二级组织召开水稻和瓜菜现场观摩会8次，邀请品种选育单位、种子企业、种子经营户、专业合作社和种粮大户等共442人次参加。举办技术培训3次，发放技术资料共计500份。

4. 落实项目资金，确保完成展示任务。2015年温州市本级财政安排农作物新品种展示示范专项经费39万元，确保了展示计划任务完成。严格规范使用专项经费，在落实展示计划时，我们与各承担单位签订试验合同，及时向市人大和财政绩效办申报专项资金绩效跟踪监控管理表。

四、新品种展示表现较好的品种综合评价

（一）早稻（详见表1、2）

株两优831：生长整齐，株高适中，株型较松散，剑叶短，叶色绿，茎秆粗壮，稍有露节；分蘖力中等，穗型较大，着粒较密；谷壳黄亮，稃尖无色、无芒，谷粒椭圆形。

甬籼975：该品种株型矮壮，茎秆粗，分蘖中等，易感纹枯病，剑叶稍宽，后期清秀。

温926：该品种植株松散，分蘖中等，易感纹枯病，耐低温，剑叶硬、挺直不披，后期清秀。

中嘉早17：该品种株型松散适中，茎秆粗，分蘖强，轻感纹枯病，剑叶挺拔向上，青秆黄熟。

中早39：该品种株型适中，剑叶挺直，整齐度好，长势繁茂，分蘖力中等，耐肥抗倒，结实率高，后期熟相好。

（二）中稻（详见表3、4）

甬优15：该品种植株偏高，剑叶较长，穗大粒多，产量高，生育期适中，分蘖中等，后期青秆黄熟，米质优，适宜本市作一季稻种植。

甬优 538：植株适中，分蘖中等，剑叶短挺，抗倒性好，穗大粒多，产量高，米质中等。
中浙优 8 号：分蘖强，成穗率高，穗大粒多，米质优，抗倒性一般。
深两优 884：分蘖力强，成穗率高，穗粒中等，后期清秀，抗倒性一般。
甬优 1540：植株适中，分蘖中等，茎秆粗壮，剑叶短挺，抗倒性强，穗大粒多，后期青秆黄熟，产量高。
甬优 2640：植株较矮，剑叶挺，分蘖中等，穗大粒多，后期青秆黄熟，产量高，但不易脱粒。
隆两优华占：植株适中，分蘖强，穗粒中等，剑叶短挺，米质优。
Y 两优 900：植株适中，分蘖中等，穗大粒多，茎秆粗壮，茎叶功能强，耐肥抗倒，基部颖花退化明显。

（三）茄子

10 个展示品种中，引茄 1 号、杭茄 1 号、浙茄 3 号、天骄、冠王 9 号等品种表皮光滑，光泽度好，连续坐果能力强，田间没发生灰霉病，品质佳，丰产性好，品种建议扩大推广种植。

生育期：10 个展示品种中，杭茄 2008、冠王 1 号始花期最早，为 4 月 8 日。浙茄 3 号始花期最晚，为 4 月 18 日。引茄 1 号、冠王 9 号始收最早，为 4 月 27 日，浙茄 28 始收最晚，为 5 月 5 日。（详见表 2）

果实性状：10 个展示品种中，果形都是长条形。冠王 9 号果实最长，为 42.0 厘米，冠王 9 号果茎最粗，为 3.3 厘米，果实颜色有紫色、紫红色、亮紫色、紫黑色。（详见表 3）

产量及田间发病情况：展示品种中，浙茄 3 号产量最高，折合亩产 4546.2 千克，杭茄 2008 产量为最低，为 2602.3 千克。浙茄 3 号平均单果最重，为 182.5 克，杭茄 2008 单果重最轻，为 97.5 克。通过田间发病情况调查，10 个展示品种灰霉病均未发生。

五、主要存在问题和下年度打算

展示示范基地不稳定，承担单位技术水平有限，难以全面落实展示示范技术措施，影响数据采集的科学性和真实性。另外，劳动力成本上涨，田间农事操作粗放，影响试验效果。

2016 年继续做好农作物新品种展示示范工作，将展示与示范相结合，抓好展示与示范技术培训，将技术措施落到实处，做好丰产示范测产，通过组织现场观摩会和媒体宣传以扩大宣传效果，加快优良新品种的推广应用。

表 1　茄子参试品种

序号	品种名称	生产单位
1	引茄 1 号	浙江浙农种业有限公司
2	浙茄 3 号	浙江浙农种业有限公司
3	杭茄 1 号	杭州三叶蔬菜种苗有限公司
4	杭茄 2008	杭州三叶蔬菜种苗有限公司
5	冠王 1 号	杭州三江种业有限公司
6	冠王 9 号	杭州三江种业有限公司
7	浙茄 28	浙江省农业科学院
8	亮紫 1 号	杭州六和种子有限公司
9	杭丰 1 号	杭州市杭丰蔬菜良种研究所
10	天骄	西安天则种业有限公司

表 2　展示品种生育动态

品种名称	播种期	定植期	始花期	始收期
引茄 1 号	1 月 10 日	3 月 5 日	4 月 12 日	4 月 27 日
浙茄 3 号	1 月 10 日	3 月 5 日	4 月 18 日	5 月 3 日
杭茄 1 号	1 月 10 日	3 月 5 日	4 月 13 日	4 月 28 日
杭茄 2008	1 月 10 日	3 月 5 日	4 月 8 日	4 月 28 日
冠王 1 号	1 月 10 日	3 月 5 日	4 月 8 日	5 月 3 日
冠王 9 号	1 月 10 日	3 月 5 日	4 月 9 日	4 月 27 日
浙茄 28	1 月 10 日	3 月 5 日	4 月 16 日	5 月 5 日
亮紫 1 号	1 月 10 日	3 月 5 日	4 月 16 日	4 月 30 日
杭丰 1 号	1 月 10 日	3 月 5 日	4 月 13 日	4 月 29 日
天骄	1 月 10 日	3 月 5 日	4 月 13 日	4 月 29 日

表 3　展示品种果实性状

品种名称	长度(厘米)	茎粗(厘米)	颜色	果形
引茄 1 号	36.2	2.5	紫红	长条
浙茄 3 号	40.8	3.0	紫	长条
杭茄 1 号	40.1	2.9	紫红	长条
杭茄 2008	34.0	2.5	紫	长条
冠王 1 号	37.8	2.9	亮紫	长条
冠王 9 号	42.0	3.3	紫	长条
浙茄 28	38.5	2.9	亮紫	长条
亮紫 1 号	40.5	2.8	紫	长条
杭丰 1 号	40.3	2.9	紫	长条
天骄	39.5	2.8	紫	长条

表 4　展示品种产量及田间发病情况

品种名称	单果重(克)	小区产量(千克)	折合亩产(千克)	田间发病情况
				灰霉病
引茄 1 号	152.2	154.0	4012.3	无
浙茄 3 号	178.5	174.5	4546.2	无
杭茄 1 号	136.8	126.2	3289.2	无
杭茄 2008	96.4	99.9	2602.3	无
冠王 1 号	141.3	142.6	3714.3	无
冠王 9 号	174.9	168.1	4378.7	无
浙茄 28	140.2	136.6	3558.4	无
亮紫 1 号	139.6	143.1	3728.5	无
杭丰 1 号	137.8	130.4	3397.1	无
天骄	150.2	153.0	3987.6	无

表 5　苍南县仙居乡早稻新品种展示田间记载

序号	品种	播种期（月/日）	移栽期（月/日）	齐穗期（月/日）	成熟期（月/日）	全生育期（天）	平均亩产（千克）	产量位次	综合评价	
									主要优点	主要缺点
1	中冷 23	3/22	4/18	6/16	7/13	113	489.1	8	分蘖强，茎秆粗，抽穗整齐	耐肥中等，感纹枯病
3	中早 35	3/22	4/18	6/18	7/13	113	481.1	9	剑叶挺拔，后期青秀	轻感纹枯病，抗倒差
4	甬籼 975	3/22	4/18	6/14	7/9	109	562.2	2	株型矮壮，分蘖强	易感纹枯病，剑叶稍宽
5	中早 39	3/22	4/18	6/17	7/14	114	520.1	5	茎秆粗，分蘖强	遇低温影响易形成黑谷
6	温 814	3/22	4/18	6/17	7/14	114	418.8	13	植株矮壮，分蘖强	高节位也能分蘖，但不成穗
7	嘉育 89	3/22	4/18	6/15	7/11	111	536.8	3	分蘖强	易感纹枯病，剑叶宽
8	嘉育 938	3/22	4/18	6/15	7/11	111	516.2	6	分蘖强	易感纹枯病，剑叶宽易偏叶
9	温 926	3/22	4/18	6/16	7/14	114	468.0	10	耐低温，剑叶硬挺直	易感纹枯病
10	金早 47	3/22	4/18	6/15	7/11	111	435.6	11	分蘖强	易感纹枯病、感恶苗病
11	株两优 813	3/22	4/18	6/15	7/11	111	587.2	1	剑叶挺直	
12	陵两优 0516	3/22	4/18	6/16	7/12	112	530.8	4	分蘖强，茎秆细韧	株型松散
13	中嘉早 17	3/22	4/18	6/15	7/11	111	494.0	7	茎秆粗，分蘖强	

表 6　瑞安市南滨街道早稻新品种展示点田间记载

序号	品种	播种期（月/日）	移栽期（月/日）	齐穗期（月/日）	成熟期（月/日）	全生育期（天）	平均亩产（千克）	产量位次	综合评价	
									主要优点	主要缺点
1	中早 39	3/27	4/17	6/20	7/17	111	538	5	茎秆粗，分蘖强	遇低温影响易形成黑谷
2	中嘉早 17	3/27	4/17	6/21	7/17	111	560	2	茎秆粗，分蘖强，丰产性好	
3	嘉育 89	3/27	4/18	6/17	7/16	111	498	10	分蘖强	易感纹枯病，剑叶宽
4	温 926	3/27	4/17	6/18	7/16	110	579	1	耐低温好，剑叶硬挺直	易感纹枯病
5	中早 35	3/27	4/19	6/19	7/16	110	557	3	剑叶挺拔，后期清秀	轻感纹枯病，抗倒差
6	中冷 23	3/27	4/19	6/20	7/17	111	510	7	分蘖强，茎秆粗，抽穗整齐	耐肥中等，感纹枯病
7	甬籼 975	3/27	4/19	6/17	7/16	109	501	9	株型矮壮，分蘖强	易感纹枯病，剑叶稍宽
8	温 814	3/27	4/18	6/19	7/18	110	508	8	植株矮壮，分蘖强	高节位也能分蘖，不成穗
9	陆两优 269	3/27	4/18	6/18	7/15	108	529	6	早杂分蘖力强，生育期较短	耐低温性差
10	温 W14-17	3/27	4/18	6/20	7/17	111	551	4	耐肥，分蘖力强	

表7　平阳县中稻新品种展示田间记载

序号	品种	播种期（月/日）	移栽期（月/日）	齐穗期（月/日）	成熟期（月/日）	全生育期（天）	平均亩产（千克）	产量位次	综合评价	
									主要优点	主要缺点
1	Y两优1928	6/5	6/22	9/5	10/23	140	498	10	分蘖强，茎秆粗壮，剑叶挺	
2	隆两优华占	6/5	6/22	9/4	10/21	138	501	9	分蘖强	抗倒性差
3	深两优884	6/5	6/23	9/5	10/22	139	513	6	植株矮，分蘖力强	
4	春优927	6/5	6/22	9/5	10/31	148	522	5	穗大粒多	易感稻曲病
5	甬优1540	6/5	6/21	9/2	10/21	138	618	1	植株适中，长相清秀，抗性好	
6	甬优2640	6/5	6/25	8/29	10/30	147	592	2	株型好，穗大粒多	收割时，不易脱粒
7	甬优15	6/5	6/19	9/3	10/26	143	583	3	植株高，穗大，米质优	抗倒性差
8	甬优538	6/5	6/23	9/4	10/26	143	575	4	分蘖力中等，后期清秀	米质一般
9	Y两优900	6/5	6/22	9/5	10/20	137	509	8	分蘖强，植株适中	基部颖花退化
10	中浙优8号	6/5	6/22	9/5	10/23	140	510	7	分蘖强，剑叶挺	米质优
11	嘉浙优6218	6/5	6/23	9/15	11/5	153	490	11	分蘖强	植株高，剑叶长披

表8　乐清市虹桥中稻新品种展示田间记载

序号	品种	播种期（月/日）	移栽期（月/日）	齐穗期（月/日）	成熟期（月/日）	全生育期（天）	平均亩产（千克）	产量位次	综合表现	
									主要优点	主要缺点
1	Y两优900	6/12	7/23	9/17	10/29	139	522.4	6	分蘖强，茎秆粗壮，剑叶挺	基部颖花退化
2	Y两优1928	6/12	7/23	9/18	11/1	142	529.7	5	分蘖强，茎秆粗壮	
3	深两优5814	6/12	7/22	9/20	10/25	135	458.1	10	植株适中，分蘖中等	
4	广两优143	6/12	7/22	9/20	11/4	145	559.7	2	穗大粒多	
5	中浙优1号	6/12	7/22	9/22	11/2	143	542.8	4	植株适中，长相清秀	抗倒性差
6	隆两优华占	6/12	7/22	9/18	10/29	139	587.6	1	株型好，穗大粒多	
7	Y两优689	6/12	7/22	9/18	10/28	138	511.2	8	分蘖中等，穗大，米质优	抗倒性差
8	Y两优2号	6/12	7/23	9/17	10/27	137	501.5	9	植株适中，分蘖强	感稻瘟病
9	深两优1号	6/12	7/23	9/16	10/28	138	521.5	7	分蘖强，植株适中	
10	深两优884	6/12	7/22	9/16	10/28	138	544.8	3	分蘖强，剑叶挺	

2015 年嘉善县晚稻新品种展示示范总结

嘉善县种子管理站　徐锡虎

嘉善县是国家商品粮生产县之一，2015 年粮食作物播种面积在 41.25 万亩，总产 18.4 万吨，其中晚稻种植面积 24.5 万亩（其中单晚 23 万亩，连晚 1.5 万亩），平均单产达 570 千克，同比增加 4 千克，创历史新高，总产量约 14 万吨。下面将有关工作情况汇报如下：

一、展示示范基本情况

根据农业部门统计，2015 年全县晚稻种植面积 24.5 万亩（其中单季晚稻 23 万亩，连作晚稻 1.5 万亩），预计两晚平均单产可达 570 千克。在省级农作物区试站的辐射带动下，近年来嘉善县晚稻新品种加速引进与示范，尤其是引进试种超级稻新品种，实现了水稻单产逐年递增。2015 年根据省、市种子管理站有关文件要求，在西塘镇邗上村、陶庄镇金湖村、汾湖村省级粮食生产功能区内开展晚稻新品种扩展鉴定与展示示范工作，在西塘镇邗上村建立晚稻新品种扩展鉴定基地，集中展示宁 84、浙粳 88、甬优 1540、春优 84、甬优 538、嘉 58、绍粳 18、甬优 7850、甬优 540、嘉优中科 3 号、浙优 1015、浙优 1121、甬优 150、嘉 67、嘉优 5 号、秀水 134 等品种 16 个和秀水 134 直播高产百亩示范；在陶庄镇金湖村建立超级稻新品种集中展示示范中心 400 亩，其中甬优 538 100 亩、甬优 1540 100 亩，嘉 58 150 亩、甬优 7850 15 亩、甬优 540 35 亩。通过良种与良法集成配套，全面鉴定各类晚稻新品种的综合性状与生产表现，进一步明确是否适应大面积推广。

二、生长期间气象与栽培管理等方面的有利和不利因子

2015 年以来，晚稻生产经历了 6—7 月份、9—10 月上旬、11—12 月份连续阴雨寡照不利天气，以及后期稻飞虱、稻曲病等加重的影响，但通过良种与良法结合、农机与农艺的紧密融合，目前晚稻基本平衡。西塘镇邗上村晚稻扩展鉴定 16 个品种，水育大秧人工移栽，由于后期 11—12 月份出现连续阴雨灾害性天气，严重影响适时收割，造成部分品种倒伏影响产量。

三、实施结果

年初我局专门下发《关于做好 2015 年晚稻新品种推广与种子供应工作的通知》（善农〔2015〕29 号）文件到各镇（街道），坚持以全面提高良种覆盖率和统一供种率为目标，按照常规粳稻良种保稳定、超级稻新品种作示范的原则，根据上年度晚稻新品种展示示范观摩会结果，确定 2015 年全县晚稻品种布局：主导品种为秀水 134，扩大种植嘉 58，搭配种植早熟品种秀水 03、秀水 519，继续示范嘉优 5 号、甬优 538 等超级稻；积极引进试种优质超高产新品种（品系），糯稻品种应用祥湖 13；优质米品种为嘉禾 218 等。根据分品种统计，秀水 134 种植面积为 10.6 万亩，占 43.2%，秀水 09 为 1.2 万亩，嘉 58 4.5 万亩，秀水 03 为 1.3

万亩，绍粳18 0.67万亩，浙粳88 0.45万亩，优质米品种嘉禾218为0.9万亩，糯稻祥湖13为0.7万亩；杂交稻种植面积2.7万亩(2014年面积2.1万亩)，占全县晚稻种植面积24.5万亩的11%，主要品种包括甬优538 1.25万亩、甬优12 0.5万亩、春优84 0.13万亩、嘉优5号0.73万亩。

四、展示示范成效

从品种来看，籼粳杂交稻：甬优1540、甬优7850分蘖力较强，熟期较早，浙优1121、浙优1015、甬优540、甬优150熟期较迟一点，嘉优中科3号、春优84生育期比对照要早3～5天，丰产性都较好，从实产情况分析，产量最高的甬优540亩产量达到855.7千克，其次是甬优1540亩产量814.1千克。常规粳稻：主导品种秀水134 2015年综合抗性好，产量水平在600～650千克；嘉58 2015年由于移栽时遇到冷空气影响分蘖发生，产量水平较往年略差，亩产607.4千克，但品种千粒重较高；绍粳18、浙粳88这两个品种分蘖力强，繁茂性较好，稻面整齐，灌浆一致，产量在610千克左右，没有发挥好增产潜力，但在我县陶庄镇汾湖村示范基地，12月1日“浙江农业之最”办公室组织省级专家测产验收，1.12亩绍粳18攻关田亩产达到772.1千克，150亩示范方平均亩产744.7千克，在我县没发现有稻瘟病；宁84这个品种分蘖力特别强，耐肥性较好，产量达到681.2千克，但生育期偏长；嘉67生育期较早，繁茂性较好，但产量水平与嘉58相仿。(详见表1)

在陶庄镇金湖村展示示范甬优538、甬优1540、嘉58三个晚稻品种，甬优538 5月12日播种，6月5日机插秧，30×20厘米，这个品种生育期适中，高产稳产，后期熟相好，于11月14日经省级专家测产103亩示范方平均亩产870千克，最高攻关田1.04亩907.4千克，可以搭配小麦茬口，非常受老百姓喜欢。甬优1540这个品种生育期较早，繁茂性较好，适合超高产栽培，金湖村这方甬优1540 5月19日播种，6月9日机插秧，30×20厘米，2015年长势特好，省级专家测产示范方104亩平均亩产量在873.3千克，最高攻关田1.57亩879.8千克，但在浙北觉得谷粒较长。嘉58，前茬为大麦田，5月24日播种，6月14日机插秧，前期温度低分蘖率稍差一点，亩产量625.3千克。

五、主要工作措施

1. 成立工作领导和实施小组。按照现代种业发展资金项目示范计划要求，县农经、财政部门联合成立项目领导小组，组织协调项目具体实施中的资金分配、责任落实、基地安排等。同时成立实施小组，由种子、粮油、土肥、植保线的技术员组成。

2. 示范展示良种良法集成技术。示范主要品种是常规稻秀水系列、绍粳18、浙粳88、杂交粳稻嘉优5号和超级稻甬优系列。重点示范晚稻因种栽培、两壮两高栽培、穗肥精准施用、植保绿色防控以及全程机械化集成技术。每个中心示范区落实专人记载，开展苗情、虫情、肥情、灾情等监测和记载。2015年突出抓好适时早播早插、流水线基质育秧及根外追肥2～3次等关键措施。

3. 强化规划布局，发挥良种示范效果。在省市上级部门的指导下，我们年初制定好全年晚稻新品种展示示范布局，对上年表现较好的新品种，进行集中连片示范，特别强调示范点要选择在交通便利、田间基础设施完善的粮食生产功能区内，平时能让农民群众看得到、学得着，发挥好项目的辐射带动作用。2015年将有推广潜力的晚稻新品种重点布局在我县九个镇(街道)中的由南到北五个重点镇(街道)。

4. 加强技术合作，开展超高产试验研究。在省种子管理总站的指导下，以省农科院、宁波市农科院和嘉兴市农科院为技术支撑，在示范区内开展秀水系列、嘉58、浙粳系列、绍粳18不同种植密度、氮肥使用量及穗肥使用时期试验研究和甬优538不同穗肥使用时期试验，探索适应我县产量构成与肥水管理条件下的高产技术。同时各级科研单位育种专家多次深入我县开展现场技术指导，收到了明显效果。

5. 落实工作责任，强化关键技术培训。做到每个晚稻新品种示范展示中心田间树立标识牌子，落实责任农技员，做好生产数据调查和记录。在水稻生产关键季节，适时开展关键技术指导和培训，2015 年以来，省、市农科院专家多次来我县现场指导，展示示范工作被有关市县级新闻媒体报道 10 次，进一步扩大了工作影响力。

六、下年度计划

嘉善县 2016 年品种布局初步计划为：继续以秀水 134 当家，扩大种植嘉 58，搭配早熟品种秀水 03、积极示范绍粳 18、甬优 538、嘉优 5 号、春优系列等高产品种，继续试种展示宁 84、嘉 67、甬优 1540、甬优 540、浙粳系列等新品种，糯稻品种为祥湖 13。

表1　2015年嘉善县单季晚稻扩展鉴定与展示品种情况

品种	播种期（月/日）	移栽期（月/日）	每亩穴数(万)	基本苗（万）	最高苗（万）	始穗期（月/日）	齐穗期（月/日）	成熟期（月/日）	有效穗（万）	总粒数（粒/穗）	实粒数（粒/穗）	千粒重（克）	理论产量（千克/亩）	实际产量（千克/亩）
甬优 1540	5/30	6/25	1.22	2.89	19.5	9/8	9/11	11/10	14.03	258.0	244.5	24.50	840.4	814.1
甬优 540	5/30	6/25	1.30	2.94	21.0	9/15	9/18	11/14	14.65	267.3	257.5	23.60	890.2	855.7
浙优 1121	5/30	6/25	1.23	2.55	18.5	9/16	9/20	11/14	12.80	263.0	237.0	24.10	731.1	707.2
浙优 1015	5/30	6/25	1.26	2.75	18.4	9/17	9/21	11/16	13.16	232.5	214.6	24.47	691.1	663.7
嘉优中科 3 号	5/30	6/25	1.20	2.67	21.2	8/28	9/2	11/1	13.78	221.0	205.7	26.32	746.1	716.3
甬优 538	5/30	6/25	1.26	2.87	20.1	9/14	9/16	11/16	14.61	269.6	234.6	22.90	784.8	729.0
甬优 150	5/30	6/25	1.20	2.54	19.8	9/17	9/22	11/17	13.12	238.0	220.0	23.40	675.4	660.2
甬优 7850	5/30	6/25	1.25	2.45	19.7	9/4	9/7	11/8	12.81	259.0	237.8	23.00	700.6	669.0
春优 84	5/30	6/25	1.29	2.77	21.2	9/15	9/18	11/14	12.84	269.0	240.0	24.70	761.2	714.4
嘉优 5 号(CK)	5/30	6/25	1.22	2.54	18.3	9/12	9/15	11/15	15.72	196.1	186.2	24.90	728.8	639.4
嘉 58	5/30	6/25	1.85	5.32	24.1	9/13	9/16	11/15	20.72	120.5	114.2	26.37	624.0	607.4
浙粳 88	5/30	6/25	2.10	5.11	26.3	9/13	9/16	11/11	22.40	120.8	115.2	27.30	704.5	611.1
宁 84	5/30	6/25	1.98	4.95	28.2	9/17	9/20	11/20	25.74	119.1	102.6	27.50	726.2	681.2
绍粳 18	5/30	6/25	1.90	5.32	25.7	9/15	9/18	11/10	19.07	135.0	128.7	27.40	672.5	619.1
嘉 67	5/30	6/25	1.94	5.11	28.1	9/12	9/15	11/8	19.78	124.3	118.7	26.80	629.2	611.3
秀水 134(CK)	5/30	6/25	2.20	5.78	20.5	9/14	9/17	11/11	21.00	127.3	122.1	25.10	643.6	636.7

2015年嵊州市连作杂交晚籼稻新品种展示总结

嵊州市农业科学研究所　李婵媛

2015年，嵊州市农科所承担了由浙江省种子总站组织的浙江省农作物新品种展示双季杂交晚籼稻组的展示任务，目的是为展示水稻新品种的特征特性，筛选出适宜本地生态环境推广的新品种，并使展示田块成为农户学习参观的样板方。

一、展示示范基本情况

我们把展示落实在农科所省级区域试验站，面积共11亩，按照文件要求每个品种1亩。本地区展示品种有：钱优2015、钱优9号、钱3优982、甬优9号、钱优930、钱优907、德两优3421、C两优817、两优1033、甬优8050、岳优9113(对照)等11个品种。生产期间，多次组织农技人员、种粮大户和种子经营人员进行现场考察观摩，全生育期设置品种介绍标识牌，方便各地区专家和本地农户参观。

二、生长期间气象与栽培管理等方面的有利和不利因子

秧苗期无不良气象影响，分蘖期遇连续阴雨和台风天气，不利于搁田控苗，抽穗期遇低温不利于授粉，影响结实，灌浆成熟后期连续阴雨少日照，影响成熟，造成秕谷率增加，对产量有一定影响，生育期和收割期都有所延长。2015年稻曲病由于天气原因，明显比往年严重，而且有从次要病害转变为主要病害的趋势，值得重视。

三、实施结果

详见表1。

四、主要工作措施

1. 成立领导小组、技术指导小组和实施小组。领导小组由市农业局分管局长和市农科所负责人组成，市农科所、农技推广中心等技术人员组成技术指导小组；市农科所专业人员与基地负责人组成实施小组。

2. 抓好技术培训和指导。领导小组安排工作能力强的技术骨干和种植经验丰富的基地负责人负责项目的实施，确保工作时间和工作精力双到位，提高工作绩效；定期邀请农科所和农技推广中心的高级农艺师对基地负责人和项目实施农技人员进行关于新品种展示中的关键环节以及高产栽培技术培训；同时，在整个生育期期间加强技术指导，以确保各项工作的到位。

3. 做好数据调查记载，积累技术经验。指定专业技术人员负责，做好展示基地的苗情动态、生育期、

田间管理等数据调查记载工作。

4. 统一育苗,统一施肥,统一病虫预测防治。为做好双季杂交晚籼稻新品种展示工作,展示方做到三统一,既统一育苗,统一施肥,统一防治病虫害,保证秧苗的质量和整齐度,使展示方既能体现出各品种的优劣,又能保证整个主体相对整齐划一。

5. 加强宣传,提高展示示范效果。一是在展示基地设立品种标识牌;二是通过报纸、电视、广播、网络等新闻媒体在各个时期进行宣传报道,以提高关注度;三是组织种子经营户和种粮大户现场观摩,进一步明确 2016 年水稻主导品种,有效地推进本地区种子种苗工程;四是与农业局和种子公司良种评选会议相结合,做好新优品种宣传和推广工作。

五、主要技术措施

1. 适时播种,培育壮秧。展示品种于 6 月 15 日,用 3000 倍使百克溶液浸种 20 小时,6 月 16 日统一播种。

2. 适龄移栽,合理密植。甬优 9 号,甬优 8050,钱优 930,岳优 9113(CK)和 C 两优 817 为 7 月 11 日移栽,秧龄 25 天;德两优 3421,钱优 2015 和钱优 9 号移栽期为 7 月 13 日,秧龄 27 天;钱 3 优 982,两优 1033 和钱优 907 移栽期为 7 月 15 日,秧龄 29 天。移栽密度:7.8×7.8(寸)。

3. 防除杂草。稻田无水层湿润灌溉有利于杂草的发生,因此要注意防止草害。草害的控制基本以化学除草为主,选用安全有效的除草剂及时用药。在大田翻耕前可使用草甘膦喷施除草,插秧后要选用对小苗无伤害的苄·丁除草剂。

4. 合理施肥,科学灌溉。秧田亩施 15 千克复合肥做基肥,6 月 25 日,断奶肥亩施 7.5 千克尿素,5 千克氯化钾;7 月 11 日,起身肥亩施 7.5 千克尿素。本田亩施碳酸氢铵 25 千克,过磷酸钙 25 千克作基肥;移栽后追肥两次,7 月 24 日亩施尿素 5 千克,氯化钾 10 千克;8 月 10 日亩施尿素 5 千克,氯化钾 5 千克。适当提高钾肥的比例,有利于水稻抗逆性。插秧期、孕穗期、抽穗扬花期和施肥、防治病虫害等环节保持一定浅水层外,其他时期保持土壤湿润即可;及时烤搁田,减少无效分蘖,提高成穗率;后期干湿交替,孕穗期保持一定的薄水层,严防断水过早,影响最终产量。

5. 加强病虫害综合防治。6 月 30 日,秧田亩施噻虫嗪 5 克,主要防治稻蓟马。7 月 10 日,秧田亩施康宽 10 毫升,亩施爱苗 15 毫升,防治螟虫,纹枯病和稻瘟病。7 月 28 日,本田亩施井冈霉素 250 克,福戈 8 克防治纹枯病和螟虫;8 月 20 日,亩施井冈霉素 250 克,吡蚜酮 20 克防治纹枯病和稻飞虱;8 月 31 日,亩施井冈·烯唑醇 50 克防治稻曲病;9 月 11 日,敌敌畏拌黄沙撒施防治稻飞虱;9 月 20 日,亩施井冈霉素 250 克和井冈·烯唑醇 50 克防治纹枯病和稻曲病。

六、经验体会及品种评价

1. 经验体会

(1) 由于田块面积大,主要靠人力劳动插秧,每个人的个体差异性导致种植密度无法一致,而且移栽期有先后,没有保证在同一天进行。

(2) 各个品种的生育期不一致,由于统一进行追肥,灌溉,搁田还有病虫害防治,所以造成个别品种的实施效果较差,抗性下降。

(3) 在科学配方施肥方面,我们需要继续学习和探索,避免重施氮肥所导致的贪青晚熟和倒伏现象的发生,对微量元素的作用和喷施叶面肥的效果需加强关注和重视。

(4) 水稻成熟期遇连日阴雨,严重影响了水稻收割,我们应加强对各种灾害的应对措施,减少损失。

2. 品种综合评价

(1) 钱优 2015：产量 665.6(千克/亩)，较高，熟期早，分蘖强，穗大粒多，株型略散，有少量稻曲病。考种数据：亩有效穗：19.0(万/亩)；总粒数：170.1(粒/穗)；实粒数：142.7(粒/穗)；结实率：83.9(%)。

(2) 钱优 9 号：产量 625.0(千克/亩)，较高，茎秆粗壮，穗大，剑叶太宽，稻曲病严重。考种数据：亩有效穗：18.2(万/亩)；总粒数：161.0(粒/穗)；实粒数：134.4(粒/穗)；结实率：83.5(%)。

(3) 钱 3 优 982：产量 552.0(千克/亩)，剑叶挺拔，分蘖力强，产量较低，熟期较晚，稻曲病严重。考种数据：亩有效穗：18.0(万/亩)；总粒数：169.3(粒/穗)；实粒数：136.3(粒/穗)；结实率：80.5(%)。

(4) 甬优 9 号：产量 519.0(千克/亩)，青秆黄熟，叶片狭长厚挺，熟期太迟，稻曲病严重，结实率低，影响产量，是唯一比对照低的品种。考种数据：亩有效穗：16.6(万/亩)；总粒数：162.1(粒/穗)；实粒数：118.3(粒/穗)；结实率：73.0(%)。

(5) 钱优 930：产量 608.0(千克/亩)，长势旺盛，茎秆粗壮，穗大粒多，剑叶太宽，分蘖较少，稻曲病较严重。考种数据：亩有效穗：15.0(万/亩)；总粒数：222.0(粒/穗)；实粒数：187.5(粒/穗)；结实率：84.4(%)。

(6) 钱优 907：产量 660.6(千克/亩)，产量高，分蘖力强，熟期较早，剑叶过宽，有少量稻曲病。考种数据：亩有效穗：18.0(万/亩)；总粒数：161.7(粒/穗)；实粒数：133.5(粒/穗)；结实率：82.5(%)。

(7) 德两优 3421：产量 667.3(千克/亩)，产量较高，熟期较早，抗病性强，剑叶较长，略高，影响机械收割，容易造成产量流失。考种数据：亩有效穗：17.2(万/亩)；总粒数：166.1(粒/穗)；实粒数：152.8(粒/穗)；结实率：92.0(%)。

(8) C 两优 817：产量 642.0(千克/亩)，产量较高，穗大粒多，抗性强，熟期偏迟，出芽率低。考种数据：亩有效穗：17.0(万/亩)；总粒数：192.3(粒/穗)；实粒数：156.9(粒/穗)；结实率：81.6(%)。

(9) 两优 1033：产量 640.0(千克/亩)，产量较高，熟期较早，穗大粒多，分蘖较少。考种数据：亩有效穗：16.0(万/亩)；总粒数：191.4(粒/穗)；实粒数：157.8(粒/穗)；结实率：82.4(%)。

(10) 甬优 8050：产量 673.4(千克/亩)，产量位居第一，青秆黄熟，穗大粒多，抗性强，熟期较迟。考种数据：亩有效穗：16.8(万/亩)；总粒数：195.9(粒/穗)；实粒数：166.8(粒/穗)；结实率：85.0(%)。

(11) 岳优 9113(CK)：产量 530.0(千克/亩)，熟期最早，耐肥，分蘖旺盛，茎秆较细小，穗小而粒少。考种数据：亩有效穗：22.8(万/亩)；总粒数：132.0(粒/穗)；实粒数：108.4(粒/穗)；结实率：82.1(%)。

七、下年度计划

我们将继续加强基地农业基础设施建设，进一步更新自身的农业科技知识，克服自身技术存在的问题，加强防灾减灾的能力，充分展现品种特征特性，筛选出适宜当地生态区推广的新优品种，继续服务三农，实现农业农村农民增效增收。

建议在下达任务时能提供各品种连续几年在区试和生产试验中表现出的特征特性，以便我们根据各品种的特征特性调整栽培技术，充分发挥各品种的潜力。如有可能，请附上每个品种的育种单位，如遇问题可以方便联系和沟通。

表 1　2015 年浙江省农作物新品种展示结果

实施单位：嵊州市农业科学研究所　　实施地点：农科所省级区域试验站　　填表人：李婵媛

品种	播种期（月/日）	成熟期（月/日）	全生育期（天）	面积（亩）	平均亩产（千克/亩）	比 CK（%）	田间抗性	抗倒性	综合评价		
									综合表现位次	主要优点	主要缺点
钱优 2015	6 月 16 日	10 月 29 日	135	1	665.6	25.6	中	好	5	产量高，穗大粒多，熟期较早	株型略散，少许稻曲病
钱优 9 号	6 月 16 日	11 月 2 日	139	1	625.0	17.9	差	好	7	产量较高，茎秆粗壮，穗大	剑叶太宽，稻曲病严重
钱 3 优 982	6 月 16 日	11 月 7 日	144	1	552.0	4.2	差	好	10	剑叶挺拔，分蘖力强	稻曲病严重，成熟较迟
甬优 9 号	6 月 16 日	11 月 16 日	153	1	519.0	−2.1	差	好	11	青秆黄熟，叶片狭长厚挺	稻曲病严重，熟期太迟
钱优 930	6 月 16 日	10 月 31 日	137	1	608.0	14.7	中	好	8	长势旺盛，穗大粒多	剑叶较宽，稻曲病较重
钱优 907	6 月 16 日	10 月 29 日	135	1	660.6	24.6	中	好	6	产量高，分蘖力强，熟期早	剑叶太宽，有少量稻曲病
德两优 3421	6 月 16 日	10 月 29 日	135	1	667.3	25.9	好	好	2	产量较高，熟期较早，抗病性强	剑叶较长、略高
C 两优 817	6 月 16 日	11 月 7 日	144	1	642.0	21.1	好	好	3	产量较高，穗大粒多，抗性强	熟期较迟，出芽率偏低
两优 1033	6 月 16 日	10 月 29 日	135	1	640.0	20.8	好	好	4	产量较高，熟期较早，穗大粒多	分蘖较少
甬优 8050	6 月 16 日	11 月 7 日	144	1	673.4	27.1	好	好	1	产量高，青秆黄熟，穗大粒多	成熟期较迟
岳优 9113(CK)	6 月 16 日	10 月 25 日	131	1	530.0	0.0	好	中	9	熟期早，耐肥	茎秆细，单穗较短小

2015年天台县水稻新品种展示示范总结

天台县种子管理站　陈人慧

根据全国农技中心和浙江省种子管理总站有关文件精神，我站认真实施2015年度水稻新品种展示示范工作，在上级有关部门的指导下，克服今夏以来连续阴雨和少日照等不利天气影响，展示示范顺利取得较好成效。现总结如下：

一、示范基地基本情况

基地坐落在平桥镇山头邵村和溪边张村，面积1058亩，中心示范方面积300亩，其中示范品种：甬优7850(102亩)，甬优1540(105亩)。展示品种：浙优18、春优84、浙优1105、甬优12、甬优15、甬优17、甬优150、甬优1140、甬优538、甬优7850、甬优1540、甬优540、甬优8050、甬优1512、浙科优1211、浙科优115、浙科优288、浙科优388、浙科优283、深两优884、钱优930、钱优911、赣优9141、钱优8078、钱优1890、嘉优中科3号、中浙优8号、870优31081、Y两优5867、春优927，对照品种为两优培九和甬优9号。

二、生长期间气象与栽培管理等方面的有利和不利因子

2015年入夏后我县阴雨天气偏多，日照偏少，与往年同期相比温度偏低，整个示范方病虫灾害较轻。由于雨水偏多，2015年稻曲病发生较为普遍，籼粳杂交组合大部分出现稻曲病现象。9月29日受台风“杜鹃”强降雨影响，展示中籼稻组合倒伏现象严重。籼稻组合于10月下旬收割，籼粳杂交稻受连绵阴雨天气影响，收割推迟到11月中旬。11月8日下午天台突降特大暴雨，造成春优84、甬优9号、甬优540、浙优1105、浙优1121出现不同程度的倾斜或倒伏现象。

三、主要技术措施

根据展示示范要求，主要做好以下几条：

1. 适时播种，培育壮秧。展示和示范品种高产田块采用半旱式育秧方式，示范品种采取机插塑盘育秧，以保证秧苗个体健壮。展示根据生育期长短，长生育期的籼粳杂交组合和示范品种高产田块于5月15日播种，短生育期的籼稻于5月26日播种，示范组合采用塑盘育秧，采用机插方式。其中甬优1540于5月20日播种，甬优7850于5月23日播种，秧田亩播种量20千克。用施百克浸种，丁硫克百威拌种，移栽前用40%氯虫·噻虫嗪(福戈)40克+50%吡蚜酮(顶峰)40克喷施进行带药下田。(病虫方面主要做好蓟马、稻飞虱、螟虫等的防治工作，特别注意灰飞虱的防治。二叶一心期后每隔7天左右防治一次，有效控制水稻黑条矮缩病的发生，移栽前做到带药下田。)

2. 合理密植，主攻大穗。展示及高产田块大田移栽时间为6月11日—13日。大田移栽密度为27厘米×27厘米左右，亩插丛数0.9万丛左右。示范组合甬优1540机插时间为6月12日—19日，甬优7850

机插时间为6月15日—20日，机插密度为30厘米×25厘米。

3. 示范方肥料用量。基肥：亩施兔粪800千克+尿素20千克+45%复合肥25千克，基肥先施后翻耕；分蘖肥：栽后7天左右，亩施尿素12.5千克+氯化钾7.5千克，同时结合化学除草，每亩施用丁苄除草剂130克；穗肥：于8月2日亩施复合肥25千克+尿素7.5千克+氯化钾5千克。9月17日结合防治穗期病虫害，每亩叶面喷施磷酸二氢钾150克。

4. 病虫害防治。示范方配备专门植保员进行病虫测报调查，严格开展达标防治。示范方内共开展3次用药：7月25日—26日亩用40%福戈10克+32.5%阿米妙收30毫升+50%吡蚜酮20克防治稻飞虱、稻纵卷叶螟、纹枯病等病虫害；8月26日—27日亩用稻腾40克+32.5%阿米妙收30毫升+50%吡蚜酮20克+胺泰生100克喷施，防治稻飞虱、纵卷叶螟、纹枯病，兼治螟虫和稻曲病等；9月16日—17日亩用50%吡蚜酮20克+阿米妙收30毫升防治穗期病虫。在开展防治过程中，充分利用太阳能杀虫灯、性诱剂等绿色防控设施和害虫天敌的自然控制作用，严格控制农药的使用次数和使用量，确保稻米质量安全。

5. 水浆管理。按照水稻强化栽培控水强根的要求，做到浅水护苗，湿润强根促蘖。在秧苗返青后实行湿润灌溉，当苗数达到有效穗数时开始搁田，后期干干湿湿，干湿交替，活熟到老。

四、主要优缺点及利用评价

（一）展示品种

2015年夏季天气凉爽，水稻灌浆期长，总体产量比去年高。展示组合生育期长短不一，其中籼粳杂交稻生育期长，达150天左右，但其中浙科优283、浙科优288、浙科优388、浙科优115这四个组合抽穗期特早(8月4日)，比籼稻还早，灌浆期间严重遭受麻雀危害，损失率高于20%。籼粳杂交组合易感稻曲病，田间调查发现有稻曲病现象，病指数不高。

杂交籼稻：本次展示中比对照两优培九增产的有中浙优8号、Y两优5867、钱优930和深两优884。两优培九为我县2008年以前的主推品种，在我县种植历史悠久，表现为高产稳产，抗性好。2008年后随着甬优9号及甬优12的推广应用，两优培九面积逐年减少，现已经成为边缘品种，在本次展示中表现较好，产量较高。深两优884在本次展示中表现较好，产量较高，田间抗性好，且经受台风考验仅仅出现部分倾斜，但耐寒性差，不适宜山区种植。Y两优5867、中浙优8号整体表现较好，适宜本地种植。赣优9141虽然产量低于对照两优培九，但抗倒性较好。钱优系列前期起发快，生长势强，植株高大，不耐肥，后期如遇台风天气容易倒伏，不适宜沿海地区种植。

籼粳杂交组合：本次展示试验产量较高，除甬优8050、浙科优283、浙科优288、浙科优388、浙科优115(浙科优系列4个组合，受鸟雀危害，产量较低)各参展组合亩产量都在700千克以上，其中产量比对照甬优9号增产的有浙优18、春优927、甬优12、甬优15、甬优150、甬优538、甬优1540、甬优540、甬优7850、浙优1105、浙优1121、春优84和嘉优中科3号。其中亩产量最高的浙优18，为914.8千克。籼粳杂交组合田间抗性总体好，抗倒，后期熟色好，不易早衰，但易感稻曲病，且生育期较长，对后季作物播种造成较大的影响。2015年进入10下旬后，雨水较往年多，连续阴雨天气造成田间积水严重，水稻收割困难很大，影响冬种油菜和麦类播种面积，造成2016年春粮面积达不到考核要求。

（二）示范品种

甬优1540示范方面积105亩。5月17日播种，6月11开始移栽，采用机插，密度为25×30。11月21日，经天台县农业局邀请省种子管理总站、中国水稻所、省种植业管理局等有关专家进行实割测产验收，百亩示范方平均产量为868.77千克，最高田块亩产883.5千克。该组合在本次展示试验中，亩产量达785.0

千克，比对照甬优 9 号增产 4.3%。该组合属于籼粳杂交组合，株高 125 厘米左右，亩有效穗 13 万左右，千粒重约 23 克。每穗总粒约 300 粒，结实率达 85%以上。甬优 1540 分蘖力中等偏弱、穗大粒多，产量较高，抗倒，易感稻曲病，株高适中，生育期比我县推广的甬优 12 短 6 天左右，适宜在本县种植，并有较大的推广潜力。

甬优 7850 示范面积 102 亩。5 月 23 号播种，6 月 15 号开始开始移栽，采用机插，密度为 25×30。11 月 21 日，经天台县农业局邀请省种子管理总站、中国水稻所、省种植业管理局等有关专家进行实割测产验收，百亩示范方平均产量 847.27 千克，最高田块亩产 863.28 千克。该组合在本次展示亩产量达 728.5 千克，该品种株型紧凑，生育期适中，分蘖力较弱，剑叶长挺，叶色深绿，茎秆粗壮，抗倒性强，穗大粒多，谷粒短粒形，谷色黄亮，稃尖无色，偶有短芒。亩有效穗 12 万左右，株高约 135 厘米，每穗总粒约 300 粒，结实率 85%，千粒重 25 克。甬优 7850 分蘖力中等偏弱，穗大粒多，产量较高，部分田块出现倾斜现象，感稻曲病严重，剑叶偏宽。

相关表格见表 1 至表 4。

表 1　2015 年天台县水稻新品种展示实施结果

实施单位：天台县种子管理站　　　　实施地点：平桥镇溪边张村

品种	全生育期(天)	株型	整齐度	抗倒性	叶瘟	穗颈瘟	白叶枯病	纹枯病	小区产量(千克/亩)	折亩产(千克/亩)	比 CK1(%)	田间抗性	抗倒性	重要优缺点
春优 84	154	紧凑	好		未发	未发	未发	未发	806.4	806.4	7.2	好	中	后期熟相好，高产。感稻曲病，11 月 8 日下午大暴雨，田间 10%左右植株倒伏
春优 927	148	紧凑	好		未发	未发	未发	未发	851.3	851.3	13.1	好	好	高产，抗倒。感稻曲病。
甬优 1140	147	紧凑	中		未发	未发	未发	未发	712.5	712.5	−5.3	好	好	高产，抗倒。感稻曲病。
甬优 12	156	紧凑	好		未发	未发	未发	未发	890.8	890.8	18.4	好	好	高产，抗倒。灌浆期田间出现死株现象，感稻曲病。
甬优 15	151	紧凑	中		未发	未发	未发	未发	806.0	806.0	7.1	好	好	高产，抗倒。感稻曲病。
甬优 150	148	紧凑	好		未发	未发	未发	未发	814.2	814.2	8.2	好	好	高产，抗倒。感稻曲病。
甬优 1512	149	紧凑	好		未发	未发	未发	未发	743.1	743.1	−1.2	好	好	高产，抗倒。感稻曲病。
甬优 1540	150	紧凑	好		未发	未发	未发	未发	785.0	785.0	4.3	好	好	高产，抗倒。感稻曲病。
甬优 17	151	紧凑	中		未发	未发	未发	未发	742.1	742.1	−1.4	好	好	高产，抗倒。感稻曲病。
甬优 538	148	紧凑	好		未发	未发	未发	未发	854.1	854.1	13.5	好	好	高产，抗倒。感稻曲病，有穗上发芽现象。
甬优 540	150	紧凑	好		未发	未发	未发	未发	832.2	832.2	10.6	好	中	高产。感稻曲病。11 月 8 日下午大暴雨，田间 20%左右植株倒伏。
甬优 7850	149	紧凑	好		未发	未发	未发	未发	728.5	728.5	−3.2	好	好	高产，抗倒。感稻曲病，有穗上发芽现象。
甬优 8050	148	紧凑	中		未发	未发	未发	未发	665.5	665.5	−11.5	好	好	熟期相对较短。感稻曲病，产量低。
甬优 9 号(CK1)	151	适中	好		未发	未发	未发	未发	752.4	752.4	0.0	好	中	感稻曲病，抽穗期偏迟，灌浆快。11 月 8 日下午大暴雨，田间 20%左右植株倒伏
浙优 1105	158	紧凑	中		未发	未发	未发	未发	761.7	761.7	1.2	好	中	高产，抗倒。熟期长，感稻曲病，杂株多。11 月 8 日下午大暴雨，田间 10%左右植株倒伏
浙优 1121	157	紧凑	差		未发	未发	未发	未发	838.2	838.2	11.4	好	中	高产。整齐度差，杂株率高熟期长，感稻曲病。11 月 8 日下午大暴雨，植株出现倾斜

续 表

品种	全生育期(天)	株型	整齐度	抗倒性	叶瘟	穗颈瘟	白叶枯病	纹枯病	小区产量(千克/亩)	折亩产(千克/亩)	比CK1(%)	田间抗性	抗倒性	重要优缺点
浙科优115	126	紧凑	差		未发	未发	未发	未发	597.0	597.0	−20.7	好	好	早熟,整齐度差。作单季栽培易遭受鸟雀危害,损失较大。
浙科优283	121	紧凑	中		未发	未发	未发	未发	450.8	450.8	−40.1	好	好	早熟,适宜连作。作单季栽培易遭受鸟雀危害,损失较大。
浙科优288	121	紧凑	中		未发	未发	未发	未发	580.2	580.2	−22.9	好	好	早熟,适宜连作。作单季栽培易遭受鸟雀危害,损失较大。
浙科优388	121	紧凑	中		未发	未发	未发	未发	593.5	593.5	−21.1	好	好	早熟,适宜连作。作单季栽培易遭受鸟雀危害,损失较大。
浙优18	156	紧凑	中		未发	未发	未发	未发	914.8	914.8	21.6	好	好	高产,抗倒。熟期长,抽穗不一致,感稻曲病。
中浙优8号	138	适中	好		未发	未发	未发	未发	694.8	694.8	2.9	好	中	高产,长相好,不耐肥,田间植株斜。
870优31081	136	适中	中		未发	未发	未发	未发	667.2	667.2	−1.2	好	中	分蘖强。剑叶披,抗倒性一般。
赣优9141	135	适中	好		未发	未发	未发	未发	603.8	603.8	−10.6	好	好	生育期适中。穗层不整齐。
嘉优中科3号	135	紧凑	好		未发	未发	未发	未发	840.0	840.0	11.6	好	好	高产,株高适中。感稻曲病
Y两优5867	136	适中	中		未发	感	未发	未发	713.0	713.0	5.6	中	中	高产,株高适中。田间发现有很少量白穗
两优培九(CK2)	138	适中	好		未发	未发	未发	未发	675.3	675.3	0.0	好	好	耐肥抗倒。存在两次灌浆现象
钱优930	139	适中	好		未发	未发	未发	未发	705.3	705.3	4.4	中	差	起发快,前期长势好,穗形大,易倒伏。
钱优1890	141	适中	中		未发	未发	未发	未发	624.1	624.1	−7.6	中	差	起发快,前期长势好,大穗。80%倒伏,出现芽谷。
钱优911	135	适中	好		未发	未发	未发	未发	614.1	614.1	−9.1	中	差	起发快,前期长势好,穗形大,易倒伏。
深两优884	137	适中	好		未发	未发	未发	未发	704.7	704.7	4.4	好	中	高产稳产。容易早衰。

表 2　2015 年天台县水稻展示品种农艺性状考查

组合名称	播种（月-日）	移栽（月-日）	始穗（月-日）	齐穗（月-日）	成熟（月-日）	移栽密度（厘米）	有效穗（万/亩）	株高（厘米）	穗长（厘米）	总粒	结实率（%）	千粒重（克）
春优 84	5-15	6-11	9-1	9-4	10-16	26.3×28	13.19	133.4	19.3	253.0	88.5	24.0
春优 927	5-15	6-13	8-27	8-31	10-10	27×27.6	12.58	127	20.5	275.9	92.1	23.0
甬优 1140	5-15	6-11	8-21	8-24	10-9	26.9×27.5	10.01	121.4	21.9	325.7	93.9	22.2
甬优 12	5-15	6-11	9-1	9-4	10-18	25.9×28.1	12.26	131.4	22.4	351.4	86.7	22.3
甬优 15	5-15	6-11	8-23	8-27	10-13	27.4×28	11.16	144	40.4	287.7	89.6	26.0
甬优 150	5-15	6-11	8-25	8-28	10-10	26.5×28.2	12.35	137.2	25.2	265.6	88.9	23.0
甬优 1512	5-15	6-11	8-22	8-25	10-11	27×28	11.25	132.4	21.8	296.8	91.4	23.4
甬优 1540	5-17	6-11	8-23	8-26	10-12	26.8×27.8	11.29	124.4	20.6	296.0	92.2	22.8
甬优 17	5-15	6-11	8-28	9-1	10-13	26.5×28.3	12.31	137.6	25.4	285.3	87.3	24.6
甬优 538	5-15	6-11	8-25	8-28	10-10	26.3×28.1	11.95	122.2	23.4	335.0	88.4	22.4
甬优 540	5-23	6-11	8-27	8-30	10-12	26.5×28.4	10.76	127.2	22.0	345.0	87.5	22.4
甬优 7850	5-15	6-11	8-23	8-26	10-11	27.1×27.8	10.50	127.8	21.4	286.6	95.4	25.0
甬优 8050	5-15	6-11	8-22	8-25	10-10	26.9×28.1	11.38	134.0	19.1	286.9	93.4	23.4
甬优 9 号	5-15	6-11	9-1	9-5	10-13	27.2×27.9	14.20	138.8	26.4	240.1	83.5	25.8
浙优 1105	5-15	6-11	9-5	9-8	10-20	27.2×27.7	13.37	137.2	22.1	295.3	82.4	24.3
浙优 1121	5-15	6-11	9-4	9-7	10-19	26.9×28.3	10.98	132.4	21.9	321.0	86.0	22.9
浙科优 115	5-15	6-11	8-4	8-7	9-18	27×28	10.98	125.0	20.6	286.7	93.2	23.4
浙科优 283	5-15	6-11	8-4	8-7	9-13	27×28	11.16	128.6	22.5	256.0	87.5	23.1
浙科优 288	5-15	6-11	8-4	8-7	9-13	27×28	11.63	119.6	20.2	269.0	88.8	23.4
浙科优 388	5-15	6-11	8-4	8-7	9-13	27×28	11.43	122.8	18.6	258.0	89.5	24.0

续　表

组合名称	播种（月-日）	移栽（月-日）	始穗（月-日）	齐穗（月-日）	成熟（月-日）	移栽密度（厘米）	有效穗（万/亩）	株高（厘米）	穗长（厘米）	总粒	结实率（%）	千粒重（克）
浙优 18	5-15	6-11	9-1	9-5	10-18	27.2×27.9	12.21	129.8	20.7	306.4	92.4	23.0
中浙优 8 号	5-26	6-13	8-28	8-31	10-11	27.2×28	16.19	146.2	29.3	202.3	90.6	25.7
870 优 31081	5-26	6-13	8-29	9-2	10-9	26.4×27.5	17.03	126.2	21.8	169.8	91.4	26.0
赣优 9141	5-26	6-13	8-25	8-28	10-8	26.8×28	14.87	146.6	22.6	174.9	90.1	26.0
嘉优中科 3 号	5-26	6-13	8-17	8-21	10-8	26.9×28.1	12.84	126.2	22.1	258.0	89.0	24.0
Y 两优 5867	5-26	6-13	8-27	8-30	10-9	26×28.5	15.34	135.2	27.8	187.6	91.2	28.0
两优培九	5-26	6-13	8-27	8-31	10-11	26.4×28.3	15.09	139.2	22.3	188.2	90.0	25.3
钱优 930	5-26	6-13	8-30	9-2	10-12	26.9×28.1	13.81	145.8	25.0	209.0	84.1	25.0
钱优 1890	5-26	6-13	9-1	9-4	10-14	26.5×27.9	14.20	156.5	24.1	206.9	80.3	26.3
钱优 911	5-26	6-13	8-30	9-2	10-8	26.5×28.2	14.12	146.2	24.0	230.6	87.2	24.5
深两优 884	5-26	6-13	8-27	8-30	10-10	27×28.2	15.66	134.8	23.6	178.4	94.6	25.1

表3　2015年天台县水稻示范品种农艺性状考查

品种	序号	播种（月-日）	移栽（月-日）	始穗（月-日）	齐穗（月-日）	成熟（月-日）	移栽密度（厘米×厘米）	有效穗（万/亩）	株高（厘米）	穗长（厘米）	穗总粒数	结实率（%）	千粒重（克）	验收产量（千克/亩）
甬优7850	1	5-15	6-15	8-22	8-26	10-19	27×27	12.79	139.4	22.0	340.5	244.26	25.0	840.36
	2	5-15	6-15	8-22	8-26	10-19	27×27	12.33	143.0	21.2	307.4	214.97	25.0	838.08
	3	5-15	6-15	8-22	8-26	10-19	27×27	12.65	134.6	21.7	309.3	229.79	25.0	863.28
甬优1540	1	5-15	6-11	8-26	8-30	10-23	27×27	13.2	127.6	22.4	314.2	246.24	22.8	883.5
	2	5-15	6-11	8-26	8-30	10-23	27×27	13.71	123.2	21.2	286.5	232.55	22.8	877.38
	3	5-15	6-11	8-26	8-30	10-23	27×27	13.25	121.0	22.4	309.5	255.79	22.8	845.43

表4　2015年天台县水稻新品种示范实施结果

示范品种	作物类型	方内农户数	实施面积（亩）	示范方平均亩产（千克）	比当地平均产量增产幅度（%）	示范方总增产（千克）	攻关田情况					观摩会及技术培训情况			
							面积（亩）	田块数	验收平均亩产（千克）	产量最高田块		观摩会次数	培训期数	培训人次	印发资料
										面积（亩）	单产（千克）				
甬优7850	水稻	站内承包	102	847.27	59.9	32361.54	3.79	3	847.27	1.115	863.28	3			
甬优1540	水稻	站内承包	105	868.77	63.9	35570.85	3.66	3	868.77	1.05	887.7	3			

2015年永康市单季水稻新品种展示与丰产示范总结

永康市种子管理站　吕高强

根据浙江省种子管理总站(2015)16、21、34号文件精神，结合永康市农业的工作部署，我站2015年承担了浙江省农作物新品种适应性扩展鉴定和丰产示范计划等项目。通过上下各级的大半年努力，在桥里水稻新品种示范基地及溪边村落实并实施了水稻示范方3个，新品种展示13个、新品种生产试验2个(8个品种)及高产田共6丘，都发挥出了品种特征特性，取得超历史的全示范片丰收，并起到了良好的示范、观摩与推广效果。

一、展示示范基本情况

1. 在芝英镇桥里基地实施省级水稻新品种扩展鉴定和丰产示范任务

(1) 单季稻示范方3个：①甬优1540示范方100亩，实割平均712.1千克/亩。②甬优538示范方101亩，实割平均705.7千克/亩。③甬优7850示范方40亩，实割平均700.5千克/亩。另有甬优12高产田验收亩产920.0千克。

(2) 单季水稻新品种展示13个。其中，嘉优中科3号、甬优540、浙优1015、浙优1121品系表现较好。

(3) 省级晚稻生产鉴定试验，参试品种8个。其中，嘉优中科3号、浙优1015产量较高。

2. 在西城街道溪边村落实省级早熟晚粳稻救灾品种筛选试验

情况另作汇报。

3. 丰产示范展示工作的实施概况

(1) 播种：采取湿谷播种至塑料育秧盘，自然温度下催齐苗后上秧田畈育秧。

(2) 插秧：桥里水稻新品种示范基地中的3个示范方、展示田都采取机械化方式插秧，密植插秧9寸×6.3寸、亩插1.05万丛左右。桥里水稻新品种示范基地的两丘试验田和甬优12高产田采取手工插秧，密度7.5寸×8寸、亩插0.94万丛，插秧期详情请见表3；工作上2015年主要抓密植、及早管理、促均衡生长和稳健抗倒，以增效益为主。

(3) 田间肥水管理：示范基地施肥上每亩施用配方有机肥350千克、三元复合肥33千克作基肥；插秧后7～10天追施分蘖肥，每亩用尿素10千克加15-15-15三元复合肥10千克、并拌入除草剂除草；烤田前后亩施氯化钾肥料10千克；孕穗期前后看田间苗势、叶色酌情补施平衡肥，用15-15-15复合肥5～15千克、力促全片均衡生长。

二、生长期间气象与栽培管理等的有利和不利因子

1. 密植。2015年6月桥里基地的机插田块亩插1.05万丛左右，比去年亩插丛数增多1550丛，增幅17%，这在2015年这个多阴雨少光照的年份，是比较利于水稻高产的。

2. 2015年单季稻穗数偏少。由于2015年7月台风发生早、夏秋季总体温度偏低，高温期短。从表4

和表5中可以看出，2015年的单季水稻有效穗数总体上还是偏少。

3. 抽穗期提早、成熟迟。从表3中看出，2015年的单季水稻生育期有些缩短。与去年同地同品种条件下比较，各品种播齐历期缩短1～7天。但灌浆期却拉长，全生育期反而延长8～17天。而甬优9号2015年已推迟到9月8日齐穗了。

4. 稻曲病发生普遍。永康市2015年虽然已高度重视稻曲病的适期用药防治，但8～9月份间阴雨天气频繁，导致单季稻密穗型品种和高肥力田块的防治效果相对较差，虽然永康市的稻曲病总体控制良好，但还是有局部性发生。

三、经验体会及对品种的综合评价

1. 经验体会。根据永康市2015年展示和示范的共22个单季稻新品种在本基地的表现，经调查比对，筛选出其中相对比较好的新品种是：(1) 3个示范品种中，甬优1540、甬优538、甬优7850都表现良好，其中甬优1540的稳产与广适应性相对突出。(2) 籼粳杂交偏籼新品种中，甬优1540、甬优150、深两优884、赣优9141都表现良好。(3) 籼粳杂交偏粳新品种中，甬优12、嘉优中科3号、甬优540、浙优1015、浙优1121表现较好，其中嘉优中科3号在早熟、丰产、抗倒性方面都相对突出。(4) 杂交籼稻中，早熟品种以赣优9141、钱优1890表现较好。

2. 品种的综合评价。

(1) 甬优1540：连续两年都表现最好。生育期中熟，植株较矮、粗硬，株型紧凑、生长清秀，稻穗较大，结实率高，抗倒能力强，高产稳产；剑叶低肥田偏短、高肥田偏宽，要注意防治稻曲病。它适应性广、高低肥力田都发挥良好，治虫容易、粗生易种，褪色快而清爽、灌浆快而饱满，谷粒黄亮、粒型中等略偏长，全百亩方平均亩产712.1千克，米优质。是永康市今后最值得推广的好品种。

(2) 甬优7850：示范方表现良好，生育期中熟略偏迟，剑叶层挺、茎秆粗壮，高度适中，比甬优9号矮了13厘米，分蘖力中等，穗大粒多，结实率高，产量高，两年没有出现倒伏现象，稻谷偏圆粒型，中感稻曲病。全片亩产平均700.5千克。

(3) 甬优538：为示范推广良种，生育期适中，分蘖力强，叶片短挺，植株矮壮，抗倒能力比较强，成穗量多、密粒大穗，圆粒形。抽穗期较早、只是“库大源小”灌浆期太长，需配套技术，稻曲病防治也要高度重视。

(4) 嘉优中科3号：①早熟：永康5月23日播种的手插田在8月13日—15日抽穗，播齐历期84天；5月26日播种的机插田于8月19日—22日抽穗，播齐历期88天。全生育期143天，比两优培九短9天。②高抗倒伏：2015年考种平均丛高105.6厘米、平均株高91.1厘米。可能是可抗击台风的“不倒稻”。③穗头大：永康2015年考种每穗总粒249.8、实粒225.9。④结实率高：永康考种结实率90%左右，居前列。⑤产量较高：亩有效穗数14.23万，千粒重26.9克，实割亩产783.7千克。是具有高产稳产双向潜力、也是机械化栽培急需的不倒型待审定好品系。

(5) 甬优540：中熟，比两优培九抽穗期迟3天，成熟期则迟16天。株矮、茎粗、穗大、粒圆，抗倒力强，亩产量位居展示区的第一位，达790.1千克，比丙优培九增产23.1%。有良好的发展前途。

(6) 甬优150：中熟、长粒、大穗型，但成熟期秆软会倒伏。

(7) 浙优1121、浙优1015：特迟熟品种，比两优培九抽穗期迟9天，成熟期则各推迟19、21天。茎秆粗壮、穗型特大、圆粒，抗倒力较强，产量分别排列在展示区的第5和第2位，亩产分别为713.8、736.6千克。

(8) 深两优884、钱优1890：中熟，分蘖能力强，成穗数量大，穗型中大，结实率和产量较高。缺点是抗倒能力一般，应注意控制总氮量和防止倒伏。

(9) 赣优 9141：早熟品种，比两优培九抽穗期早 6 天、成熟早 8 天。植株较高，穗型中大、高高上举，着粒较密，千粒重达 32 克，产量较高，居第四位。

3. 永康市 2016 年水稻品种推广的初步建议。

(1) 早稻以中早 39 当家、搭配金早 09。

(2) 单季稻以甬优 17、甬优 1540、甬优 15、甬优 12 和甬优 9 号联合当家，宣传推广甬优 7850、甬优 538、浙优 18。积极试种早熟品种嘉优中科 3 号。

(3) 连作晚稻推广甬优 1640、甬优 2640，积极试种甬优 4050、甬优 1540，根据永康的气候条件，甬优 9 号作连晚栽培不宜机插，必须采用抛秧或手插栽培。

表 1　2015 年桥里省级单季稻新品种展示田生育期记载

(月/日)

品种名称	播种	机插	始穗	齐穗	播齐历期(天)	播齐历期比(CK)(天)	成熟	全生育期(天)	全生育期比 CK(天)
1. 中浙优 8 号	5/21	6/12	8/31	9/2	104	+3	10/21	153	+1
2. 赣优 9141	5/26	6/12	8/25	8/28	94	−7	10/20	147	−5
3. 浙优 1121	5/21	6/12	9/5	9/8	110	+9	11/8	171	+19
4. 深两优 884	5/21	6/12	8/24	8/27	98	−3	10/18	150	−2
5. 甬优 540	5/21	6/12	8/30	9/2	104	+3	11/5	168	+16
6. 两优培九(CK)	5/21	6/12	8/27	8/30	101	CK	10/20	152	CK
7. 浙优 1015	5/21	6/12	9/4	9/8	110	+9	11/10	173	+21
8. 甬优 150	5/21	6/12	8/29	8/31	102	+1	10/29	161	+9
9. 嘉优中科 3 号	5/26	6/12	8/19	8/22	88	−13	10/16	143	−9
10. 钱优 930	5/26	6/12	8/22	8/24	90	−11	10/14	141	−11
11. Y 两优 5867	5/21	6/12	8/23	8/25	96	−5	10/14	146	−6
12. 钱优 911	5/26	6/12	8/22	8/24	90	−11	10/12	139	−13
13. 钱优 1890	5/26	6/12	8/29	9/1	98	−3	10/17	144	−8

表 2　2015 年桥里省级单季稻新品种高产(示范)田生育期记载

(月/日)

品种名与田名	播种	移栽	最高苗(万/亩)	始穗	齐穗	播齐历期(天)	成熟	全生育期	穗数(万/亩)	成穗率(%)
甬优 12 高产攻关田	5/12	6/6	25.76	8/30	9/1	112	11/16	188	14.01	54.4
甬优 1540 高产田 1	5/21	6/4	21.33	8/23	8/25	96	10/23	155	13.23	63.3
甬优 1540 高产田 2	5/21	6/5	24.91	8/20	8/22	93	10/21	153	13.15	55.0
甬优 538 高产田 1	5/14	6/7	29.65	8/25	8/28	106	11/1	171	15.14	52.1
甬优 538 高产田 2	5/14	6/7	31.06	8/24	8/26	104	11/2	172	14.81	48.7
甬优 7850 高产田	5/21	6/8	23.23	8/22	8/24	95	10/28	160	12.80	56.2

表3　2015年桥里省级单季稻品种鉴定试验田生育期记载

（月/日）

试验名	品种名称	播种日	插秧日	手插密度（厘米×厘米）	始穗	齐穗	播齐历期（天）	播齐期比CK（天）	成熟	全生育期	全生育期CK（天）
试验一号田A	嘉优中科3号	5/23	6/12	25×27	8/13	8/15	84	－24	10/15	145	－22天
	交源优69	5/23	6/12	25×27	9/2	9/4	104	－4	11/1	162	－5天
	甬优9号CK1	5/23	6/12	25×27	9/5	9/8	108	CK1	11/6	167	CK1
	甬优150	5/23	6/12	25×27	8/30	9/2	102	－6	11/1	162	－5天
	甬优540	5/23	6/12	25×27	8/30	9/3	103	－5	11/3	164	－3天
试验二号田B	浙优1015	5/23	6/13	27×27	9/4	9/9	109	＋1	11/8	169	＋2天
	甬优9号CK2	5/23	6/13	27×27	9/5	9/8	108	CK2	11/6	167	CK2
	浙优1121	5/23	6/13	27×27	9/6	9/8	108	0	11/7	168	＋1天

表4　2015年桥里省级水稻新品种展示田主要经济性状记载

品种名称	有效穗（万/亩）	丛高（厘米）	总粒数（/穗）	实粒数（/穗）	结实率（%）	千粒重（克）	实割亩产（千克）	排位	比CK（%）
1. 中浙优8号	15.97	141.8	202.4	172.0	84.98	25.6	685.9	8	＋6.9
2. 赣优9141	13.12	134.9	207.6	187.8	90.44	31.9	716.3	4	＋11.6
3. 浙优1121	12.39	120.8	287.6	264.0	91.79	23.3	713.8	5	＋11.3
4. 深两优884	18.10	120.8	172.5	151.6	87.88	25.4	701.7	6	＋9.4
5. 甬优540	12.50	122.9	304.0	265.6	87.37	21.8	790.4	1	＋23.1
6. 两优培九(CK)	14.05	127.2	169.2	134.2	79.32	27.2	641.6	11	CK
7. 浙优1015	12.40	124.0	293.6	259.3	88.32	24.4	736.6	2	＋14.8
8. 甬优150	11.51	128.8	232.0	200.4	86.36	23.4	717.1	3	＋11.8
9. 嘉优中科3号	11.41	105.6	249.8	225.9	90.44	26.9	670.1	10	＋4.4
10. 钱优930	13.38	125.8	201.1	188.1	93.55	25.7	627.1	12	－2.3
11. Y两优5867	15.30	130.5	174.8	155.6	89.02	29.7	696.5	7	＋8.6
12. 钱优911	12.70	126.2	238.9	221.4	92.67	25.6	626.2	13	－2.4
13. 钱优1890	15.09	136.8	219.3	193.5	88.24	26.2	680.4	9	＋6.0

表5　2015年桥里基地高产田考种记载

品种名与田名	有效穗数（万/亩）	丛高（厘米）	总粒数（/穗）	实粒数（/穗）	结实率（%）	千粒重（克）	理论亩产（千克）	实割亩产（千克）
甬优12高产攻关田	14.01	128.1	331.2	297.6	89.87	21.8	908.9	920.0
甬优1540高产田1	13.23	113.6	263.3	254.2	96.54	23.2	780.2	728.5
甬优1540高产田2	13.15	115.7	259.6	253.6	97.69	23.9	797.0	723.4
甬优538高产田1	15.14	112.6	272.2	211.3	77.63	21.8	697.4	771.9
甬优538高产田2	14.81	113.7	286.8	217.0	75.68	21.7	697.3	756.1
甬优7850高产田	12.80	117.6	304.7	281.7	92.45	22.9	825.7	792.5

表6 2015年桥里省级单季稻新品种生产鉴定试验田考种

试验田	品种名	有效穗数（万/亩）	丛高（厘米）	总粒数（粒/穗）	实粒数（粒/穗）	结实率（%）	千粒重（克）	实割亩产（千克）	比CK（%）
A组试验田1号	嘉优中科3号	14.23	101.2	256.0	226.5	88.48	26.1	783.65	+23.7
	交源优69	13.49	120.1	300.6	273.2	90.88	23.5	694.79	+9.6
	甬优9号CK	15.71	122.7	209.7	181.1	86.36	26.2	633.65	CK1
	甬优150	13.71	124.9	266.9	252.8	94.71	23.3	642.89	+1.5
	甬优540	14.57	110.0	193.9	172.3	88.86	22.2	686.02	+8.3
试验田B2号	浙优1015	13.34	113.5	280.7	238.2	84.86	23.5	760.55	+12.9
	甬优9号CK	13.48	117.1	217.3	189.8	87.33	26.3	673.42	CK2
	浙优1121	10.56	114.4	317.8	269.6	84.83	23.2	730.91	+8.5

2014—2015 年萧山区小麦新品种示范总结

萧山区种子管理站　王　伟

萧山区(包括大江东区块)播种面积稳定在 12～13 万亩,约占全年粮食播种面积的 15%。在省、市种子总站和区农技推广中心的大力支持下,我站在 2014 年小麦备播前,制定了小麦新品种示范实施方案,开展了 2014—2015 年度小麦高产新品种示范工作,对加快我区小麦新品种推广步伐,提高小麦产量,促进我区小麦生产稳定持续发展具有重要意义。

一、展示示范基本情况

1. 基地概况。我站将示范地点设置在我区小麦主产区新湾街道宏波村,面积 350 亩。

2. 示范品种。根据近几年试种考察,选用江苏里下河地区农科所的扬麦 18、扬麦 20、江苏丰庆种业科技有限公司的苏麦 188、江苏省大华种业集团有限公司选育的华麦 5 号。

二、展示示范成效

示范方取得了较好的经济和社会效益。示范面积 350 亩,其中华麦 5 号 31 亩,苏麦 18818 亩,扬麦 18 8 亩,其余均为扬麦 20。示范区预计平均亩产 385 千克,按收购价 2.7 元计,亩产值 1039.5 元。生产成本平均每亩 828 元(其中土地承包费 400 元,化肥成本 121 元,农药 17 元,机耕、开沟、收割 140 元,人工 150 元),亩利润 211.5 元,合计利润 7.4 万元。

通过项目示范,在不提高小麦生产成本的前提下,能切实提高小麦产量和产值,比非示范区亩增产 35 千克以上,亩增产值 95 元以上。吸引了周边村农户的参观学习,增加了农民种植小麦的积极性,起到了较好的社会效益和辐射示范作用。

三、主要工作措施

1. 成立了实施小组。为了确保项目按计划按质量完成,成立了由萧山区种子管理站、萧山区农机推广中心农业站、萧山区农科所、新湾街道农业科、杭州宏波粮油专业合作社等组成的实施小组,小组成员根据分工各司其职,开展小麦新品种展示示范和试验工作。

2. 组织现场考察,扩大示范效应。5 月 5 日,全省春花作物现场会人员现场观摩了我区油菜、小麦展示示范方。5 月 8 日,我站组织召开由区种子管理站、区农技推广中心、区农科所、镇(街)粮油技术人员、种业企业相关人员和部分种粮大户参与的小麦、油菜主导品种交流会,与会人员现场考察了我区省级小麦、油菜展示示范基地,探讨今后推广应用小麦、油菜主导品种及配套技术。

四、主要技术措施

1. 精细整地，施足基肥。为改善土壤结构，增强土壤蓄水保墒能力，播前进行精耕细整，翻耕25厘米，并将秸秆还田，耕后耙细（碎）、耙透、整平、踏实，达到上松下实、蓄水保墒。平整后做成连沟1.8米的畦，并挖好田间三沟，春后及时疏通三沟，使沟渠相通，以满足灌、排水的要求。在耕地的同时亩施用商品有机肥500千克，杭州利时化肥有限公司产的15-6-12的复合肥25千克。

2. 适期适量播种。播种前将麦种晒种1天。示范品种播种期从2014年11月10日开始播种，到11月22日结束。亩播种量从6.5千克始，随播种期推迟，逐渐增加播种量，最大播种量为9千克/亩，播种时单畦称量精确播种，保持整齐匀苗。

3. 科学施肥。耕整时施足基肥，田间分2次追肥，一是苗肥，于12月25日，亩施杭州利时复合肥（15-6-12）15千克和俄罗斯产复合肥（16-16-16）10千克；二是孕穗肥，于3月20日亩施尿素12.5千克。

4. 综合防除病虫草害。2月15日，亩用50%高渗异丙隆可湿性粉剂250克兑水30千克喷雾防除田间杂草。4月9日，亩用50%多菌灵可湿性粉剂100克、粒粒饱1包半、先正达扬彩18.7%嘧菌脂丙环唑30毫升、70%吡虫灵乳油（卡梅乐）10毫升兑水35千克喷雾，防治赤霉病、蚜虫等。4月17日再用70%托布津可湿性粉剂75克、70%吡虫灵乳油10克兑水35千克防赤霉病、蚜虫等。

5. 防渍防倒防早衰。春后清理田间三沟，防止田间积水。为了提高小麦抗倒性、防止早衰，将第二次追肥适当推迟，作为孕穗肥施用，不再施用拔节肥，在始穗期追施叶面肥粒粒饱。

6. 适时收获。5月30日开始收获。收获时分品种进行单收、单晒、单储，以免品种混杂，降低小麦的商品性和经济价值。

五、对品种的综合评价

华麦5号：叶片宽长，叶色淡绿。分蘖力较强，成穗数中等。春发性强，返青快。耐寒性中等。株高适中，株型偏松散，抗倒性较强。长方形穗，穗型较大，穗粒数多，籽粒较大。大田考查亩穗数25.35万，每穗小穗数18.17，穗粒数45.78，按千粒重45克算，理论亩产522.2千克。

苏麦188：叶色浓绿、叶片上冲，分蘖力强，成穗率高。株高中等，株型紧凑，长相清秀，穗层比较整齐，穗纺锤形，穗型一般。田间考查亩穗数27.34万，每穗小穗数15.05，每穗粒数34.82，以千粒重42克算，理论亩产399.8千克。

扬麦18：叶片宽长，叶色深绿。分蘖力和成穗数中等。植株较高，株型较松散，抗倒性一般。纺锤形穗，穗大粒多，结实性较好。田间考查亩穗数26.53万，株高82.1厘米，每穗小穗数16.74，每穗粒数43.25，以千粒重40克计，理论亩产459千克。

扬麦20：分蘖力较强，成穗较多。植株较高，穗层整齐，穗纺锤形，穗粒数较多，抗倒抗病性较好，已成为本区的主栽品种。田间考查结果，亩有效穗28.53万，株高82.5厘米，每穗小穗数17，每穗粒数43.29，按千粒重42克算，理论亩产518.73千克。

表　2014—2015年萧山区小麦示范田间调查结果

品种	播种期（月-日）	播种量（千克/亩）	出苗（月-日）	拔节（月-日）	始穗（月-日）	齐穗（月-日）	基本苗（?）	最高苗（?）	有效穗（万/亩）	成穗率（%）	株高（厘米）	穗长（厘米）	每穗小穗数	每穗粒数	千粒重（克）	理论亩产（千克）
扬麦20	11-10	7.5	11-17	3-6	4-5	4-9	16.23	50.13	28.53	56.91	82.5	10.15	17	43.29	42	518.73
华麦5号	11-16	8.5	11-24	3-8	4-8	4-14	15.6	46.72	25.35	54.26	75.72	10.17	18.17	45.78	45	522.24
苏麦188	11-22	8.5	12-1	3-9	4-9	4-15	15.13	49.21	27.34	55.56	72.27	7.1	15.05	34.82	42	399.83
扬麦18	11-22	8.5	12-1	3-8	4-10	4-16	16.41	48.73	26.53	54.44	82.1	10.19	16.74	43.25	40	458.97

2015年东阳市甜糯玉米新品种扩展鉴定总结

浙江省东阳玉米研究所　王桂跃

为推动我省主要农作物品种结构调优，进一步鉴定农作物新品种的适应性和应用前景，按照浙江省农业厅的安排，在浙江东阳实施甜、糯玉米新品种适应性扩展鉴定和丰产示范试验。以充分展现品种特征特性为主要目的，筛选出适宜当地推广的新品种。

一、试验材料

扩展鉴定品种种子由选育或品种权单位提供，省农业厅统一发放，其中甜玉米14个，糯玉米14个，甜、糯玉米品种分别以超甜4号和美玉8号为对照。

二、试验方法

1. 试验地点：试验安排在浙江省东阳玉米研究所基地进行，地块肥力较好，排灌方便，整地后起垄地膜覆盖。

2. 试验设计：播种采用大田直播，每个品种0.5亩，行距0.65米，株距0.293米，密度3500株/亩，收中间4行计产，观测品种的基本农艺性状、适应性状、病虫害发生情况和产量性状。

整地时亩施底肥尿素16.7千克、氯化钾16.7千克，起垄地膜覆盖；3月31日播种，播种时亩施磷肥33.3千克；苗期亩施复合肥8.3千克，苗期辛硫磷浇根；拔节期喷农药商品名称“猛拳”(产品名称3.2%甲氨基阿维菌素苯甲酸盐·氯氰菊酯微乳剂)，抽穗前每亩施用30千克尿素。

三、试验结果

见浙江省农作物新品种扩展鉴定结果表(表1)。

表1　2015年浙江省农作物新品种扩展鉴定结果

实施单位：浙江省东阳玉米研究所　　实施地点：东阳市城东街道塘西　　填报人：赵福成

品种	播种期（月/日）	成熟期（月/日）	全生育期（天）	面积（亩）	平均亩产（千克/亩）	比CK（%）	田间抗性	抗倒性	综合评价		
									综合表现位次	主要优点	主要缺点
糯玉米											
浙大糯玉3号	4/4	6/26	83	0.5	842.8	12.1	好	好	6	生长旺盛，穗大	有秃尖
浙凤糯3号	4/4	6/24	81	0.5	705.6	−6.1	中	中	12	品质不错	后期易倒
美玉7号	4/4	6/25	82	0.5	590.1	−21.5	中	中	14	品质好	穗位太高
美玉8号(CK)	4/4	6/25	82	0.5	751.8	0	好	好	10	穗大	秃尖，品质一般，穗位高
浙糯玉4号	4/4	6/24	81	0.5	757.4	0.7	好	好	9	抗倒性好，台风过后唯一站立品种	产量一般
浙糯玉5号	4/4	6/24	81	0.5	972.3	29.3	好	好	1	产量高，品质好	注意防治玉米螟
浙糯玉6号	4/4	6/18	75	0.5	868.7	15.5	差	差	11	品质较好	抗性差
浙糯玉7号	4/4	6/17	74	0.5	860.3	14.4	好	好	4	品质好抗性好	有秃尖
科甜糯2号	4/4	6/27	84	0.5	908.6	20.9	好	好	3	品质好，抗性好	不适合密植
美玉13	4/4	6/28	85	0.5	851.2	13.2	好	中	7	品质好	高感小斑病，易倒伏
脆甜糯5号	4/4	6/27	84	0.5	840.7	11.8	好	好	8	品质好	有露尖秃尖现象，籽粒小
苏花糯2号	4/4	6/27	84	0.5	962.5	28.0	中	好	2	产量高	穗位高，高感玉米螟
美玉糯16	4/4	6/28	85	0.5	678.3	−9.8	好	好	13	抗性好，秆壮	产量低
翔彩糯4号	4/4	6/26	83	0.5	879.2	16.9	好	中	5	品质好，产量高	后期易倒
甜玉米											
美玉甜002	4/4	6/19	76	0.5	869.8	1.30	中	好	10	品质好	感大斑病
福华甜	4/4	6/26	83	0.5	902.4	5.10	中	差	7	单穗大	穗位高易倒

续　表

品种	播种期（月/日）	成熟期（月/日）	全生育期（天）	面积（亩）	平均亩产（千克/亩）	比 CK（%）	田间抗性	抗倒性	综合评价		
									综合表现位次	主要优点	主要缺点
科甜 13	4/4	6/23	80	0.5	959.7	11.77	好	好	5	产量高	品质一般
宝田	4/4	6/30	87	0.5	994.0	15.77	好	好	3	产量高抗性好	晚熟
浙甜 2088	4/4	6/18	75	0.5	946.4	10.23	好	好	6	产量高抗性好	整齐度差
浙甜 1302	4/4	6/13	70	0.5	758.8	−11.62	中	好	14	品质好，早熟	抗性差
浙甜 11	4/4	6/23	80	0.5	1120.0	30.44	好	中	2	产量高	穗位高倒伏
浙凤甜 2 号	4/4	6/15	72	0.5	829.5	−3.39	好	好	12	品质好	产量低
正甜 68	4/4	6/21	78	0.5	895.3	4.27	好	好	9	品质好，抗性好	产量一般
嵊科金银 838	4/4	6/19	76	0.5	820.4	−4.45	好	好	13	抗性好	品质一般
超甜 4 号(CK)	4/4	6/19	76	0.5	858.6	0	好	中	11	商品性好	整齐度差
上品	4/4	6/20	77	0.5	1030.4	20.01	中	差	4	果穗大	穗位高易倒
浙甜 10 号	4/4	6/21	78	0.5	1225.0	42.67	中	中	1	产量高	抗性差，易倒
一品甜	4/4	6/21	78	0.5	904.4	5.33	好	中	8	单个果穗大	易倒

2014—2015年萧山区油菜新品种展示与示范总结

萧山区种子管理站　丁　洁

2014—2015年萧山区(包括大江东区块)油菜面积8.20万亩,比2013—2014年多0.18万亩。种子实行免费统一供种,共供应油菜种子9242千克。主要种植浙油50、浙大619、浙油51和中双11四个品种,分别种植3.9、3.8、0.4和0.1万亩。

一、展示示范基本情况

根据浙江省种子管理总站、杭州市种子总站下达的展示示范计划,萧山区种子管理站在新湾街道建华村杭州宣氏粮油专业合作社基地落实了中核杂418、盛油664、华油2号、宁杂1818、浙油50、浙大619、绵新油38、核杂1203、浙油51、浙大622、S630、M267、浙双72、中油杂19、浙杂108、中86200、浙油33等17个油菜新品种展示和浙油51油菜百亩示范方。

二、展示示范结果

生育期比较:盛油664、浙杂108、中86200终花期最早,为4月6日;核杂1203、浙双72、中油杂19终花期最晚,为4月12日。

株高比较:宁杂1818植株最高,达到了220.3厘米;其次是核杂1203、盛油664,都超过了200厘米;浙油51植株最矮,仅168.0厘米。

分枝比较:分枝节位最低的是浙大622,仅13.0厘米;最高的是宁杂1818,为98.7厘米。一次有效分枝最多的是浙大622,为13.3个;最少的是盛油664和浙双72,仅8.3个。

荚数和粒数比较:单株有效荚数最多的是中核杂418,达到605荚;其次是浙大622、中86200、浙杂108、M267,都超过了550荚;最少的是浙油51,仅372荚。单荚粒数最多的是宁杂1818,达到31.6粒,最少的是浙双72,仅18.8粒。

产量比较:实割亩产量最高的是核杂1203,达218.4千克,比对照浙双72的166.6千克高31.1%;最低的是M267,亩产只有150.7千克。

从综合性状看,中核杂418、宁杂1818、中86200、浙大619、S630、浙油50、浙油51、浙油33表现较好。

三、主要工作措施

1. 成立了实施小组。为了确保项目按计划按质量完成,成立了由萧山区种子管理站、萧山区农技推广中心农业站、新湾街道农业科、杭州宣氏粮油专业合作社等组成的实施小组,小组成员根据分工各司其职,开展油菜新品种展示、示范工作。

2. 建立了示范基地。在新湾街道建华村杭州宣氏粮油专业合作社基地落实展示示范基地130亩,其中17个油菜新品种展示基地10亩，浙油51油菜示范基地110亩。杭州宣氏粮油专业合作社在粮食生产功能区核心区块内拥有130余亩连片土地，同时拥有一套成熟的油菜籽加工设备，开展油菜籽加工等相关业务，对于完成展示示范项目具有比较明显的优势。

四、主要技术措施

1. 适时播种、育好油菜壮秧。2014年10月4日播种，播种秧畈面积20亩，亩播种量500克，1∶6～1∶7的秧本比面积。10月7日出苗，秧苗长势良好。

2. 适时移栽。晚稻收割后及时翻耕起畦，开畦(连沟)1.30米，亩施基肥商品有机肥250千克，复合肥25千克，硼肥1千克。11月15日开始移植，到11月21日移栽完成，每畦移栽2行，亩植6100株左右。秧苗分档移栽，先移头档大苗，匀苗移栽。

3. 大田管理。12月5日苗期亩施复合肥25千克，2015年2月2日亩施钾肥10千克。3月20日油菜花期防治菌核病，亩用70%甲基托布津150克加硼肥100克喷雾施用。

相关表格见表1和表2。

表 1 2014—2015 年度油菜新品种展示示范生育期比较

品种	播种期	移栽期	始花期	终花期	密度(株/亩)
中核杂 418	2014-10-4	2014-11-15	2015-3-15	2015-4-10	6100
盛油 664	2014-10-4	2014-11-15	2015-3-13	2015-4-6	6100
华油 2 号	2014-10-4	2014-11-15	2015-3-13	2015-4-10	6100
宁杂 1818	2014-10-4	2014-11-15	2015-3-13	2015-4-10	6100
浙油 50	2014-10-4	2014-11-15	2015-3-13	2015-4-8	6100
浙大 619	2014-10-4	2014-11-15	2015-3-11	2015-4-10	6100
绵新油 38	2014-10-4	2014-11-15	2015-3-16	2015-4-10	6100
核杂 1203	2014-10-4	2014-11-15	2015-3-17	2015-4-12	6100
浙油 51	2014-10-4	2014-11-15	2015-3-13	2015-4-8	6100
浙大 622	2014-10-4	2014-11-15	2015-3-11	2015-4-8	6100
S630	2014-10-4	2014-11-15	2015-3-13	2015-4-8	6100
M267	2014-10-4	2014-11-15	2015-3-11	2015-4-8	6100
浙双 72(CK)	2014-10-4	2014-11-15	2015-3-13	2015-4-12	6100
中油杂 19	2014-10-4	2014-11-15	2015-3-11	2015-4-12	6100
浙杂 108	2014-10-4	2014-11-15	2015-3-13	2015-4-6	6100
中 86200	2014-10-4	2014-11-15	2015-3-11	2015-4-6	6100
浙油 33	2014-10-4	2014-11-15	2015-3-11	2015-4-9	6100
浙油 51(百亩示范)	2014-10-4	2014-11-17—21	2015-3-13	2015-4-10	6100

表2　2014—2015年度油菜新品种展示示范考种结果

品种	株高（厘米）	茎粗（厘米）	最低分枝节位（厘米）	一次有效分枝数（个）	二次有效分枝数（个）	主花序长（厘米）	单株有效荚数（荚）	主花序荚数（荚）	荚长（毫米）	荚宽（毫米）	单荚实粒数（粒）	千粒重（克）	理论产量（千克/亩）	实割产量（千克/亩）
中核杂418	195.0	2.3	59.0	11.0	9.3	58.0	605.0	82.3	61.0	4.2	21.2	3.7	289.5	172.8
盛油664	200.7	2.2	63.7	8.3	6.7	58.7	388.3	63.0	65.0	5.1	21.6	4.0	204.6	179.4
华油2号	188.7	2.6	59.3	9.3	8.0	69.3	467.0	70.7	74.0	4.9	20.6	3.8	223.0	165.8
宁杂1818	220.3	2.6	98.7	8.7	5.0	69.0	411.7	76.0	79.0	5.5	31.6	4.9	388.9	183.8
浙油50	199.3	2.5	56.7	11.7	4.7	63.3	487.0	81.0	69.0	4.8	21.8	4.2	272.0	171.4
浙大619	198.0	2.6	55.0	11.7	9.7	55.3	483.6	73.3	89.0	6.5	25.0	3.2	236.0	169.9
绵新油38	198.3	2.6	70.7	11.0	4.7	54.0	424.6	70.3	69.0	5.6	21.3	3.6	198.6	208.2
核杂1203	202.7	3.0	48.7	10.7	10.3	66.3	505.4	70.7	81.0	8.5	25.8	4.3	342.0	218.4
浙油51	168.0	2.5	31.3	10.3	2.7	53.7	372.0	59.7	81.0	7.5	25.5	4.3	248.8	184.4
浙大622	182.7	2.7	13.0	13.3	8.3	56.3	571.6	74.3	66.0	5.6	20.5	3.6	257.3	175.7
S630	196.0	2.5	49.0	10.3	5.7	59.7	472.4	73.7	67.0	4.7	21.7	3.4	212.6	151.8
M267	197.3	2.7	39.3	10.7	6.7	60.3	550.3	58.3	58.0	4.8	21.3	3.9	278.9	150.7
浙双72(CK)	189.3	2.9	73.7	8.3	4.3	58.0	472.4	82.7	61.0	4.8	18.8	3.8	205.9	166.6
中油杂19	190.3	2.5	69.0	8.7	5.7	60.0	406.0	73.7	91.0	5.1	26.4	3.8	248.5	184.3
浙杂108	183.7	2.8	50.0	10.7	6.3	55.7	552.0	77.7	71.0	4.9	21.7	3.8	277.7	185.6
中86200	181.0	3.0	39.3	10.3	7.3	60.0	553.0	79.7	81.0	5.3	25.3	4.2	358.4	185.6
浙油33	194.7	3.0	55.0	10.0	6.0	63.0	546.7	92.0	75.0	5.1	25.5	4.3	365.7	152.7
浙油51(百亩示范)	160.0	2.2	34.7	8.3	5.7	56.0	342.4	61.7	84.0	4.9	25.3	3.8	200.8	168.2

注：考种时间为4月29日，收割时间为5月25日

2014—2015年度海盐县油菜新品种展示示范总结

海盐县种子管理站　杨金法

油菜是海盐县传统经济作物，种植面积大，单产水平高。2000年以前全县种植面积稳定在15万亩左右，总产量2.5万吨左右，近年由于油菜籽价格低迷、种植劳动力成本提高，油菜种植效益降低，导致面积逐年减少。2014—2015年度全县种植面积仅为3.1万亩。为稳定发展我县油菜产业，进一步优化品种结构，加速推广油菜新品种，在县油菜主栽区开展新品种展示示范项目。

一、展示示范基本情况

2014—2015年度海盐县开展了"浙油51"双低高油油菜新品种的丰产示范。示范方位于秦山街道落塘社区，面积200亩，共涉及3个承包组，140户农户。秦山落塘油菜示范方于2008年建立，是我县油菜万亩示范片的核心示范方。该地段东临老沪杭公路，西靠秦山大道，交通便利，示范效果佳。油菜新品种展示落实于示范方北边，每个品种1亩，共9个品种。

二、生长期间气象与栽培管理等方面的有利和不利因子

2014年冬季气温偏高，雨水适中，油菜生育期的中前期风调雨顺，长势好，在油菜花期遭遇连续阴雨天气，菌核病发病偏重，但好于去年。示范片项目区内油菜由于品种优质与高产配套技术到位率高，减产不明显。特别是秦山街道落塘社区200亩核心示范方品种统一、长势均衡。

9个油菜新品示范展示，位于高产示范方北侧田里。试验田长势良好，品种间的比较结果能相对准确。9个品种中浙杂108产量最高，亩产231千克；S630最低，亩产180千克；熟期浙杂108、中杂油19、中68200较早，全生育期223天，对照浙双72生育期最长，全生育期225天。

三、主要工作措施

1. 加强领导，责任到人。我县十分重视油菜新品种展示示范项目的实施工作，组成了由分管农业副局长任组长，县种子管理站站长、镇农技水利服务中心主任任副组长，农水中心栽培员、土肥植保员参加的实施小组，制定项目的实施计划，确保了项目的顺利实施。

2. 整合资源，合力推进。为进一步抓好油菜高产示范活动，提升辐射带动效果，我县以粮食生产功能区建设为平台，整合各方资源，合力推进高产示范活动。示范区农业部万亩示范片项目、水稻产业提升项目等提供了五十多万资金，全面提升田间基础设施和社会化服务能力，示范方建设上配以物化技术补贴，全面推进了我县高产创建活动。

3. 蹲点联系，做好指导。为了使新品种示范方真正起到示范推广效应，在生产管理上实施高标准，每个示范方配备一名镇农技水利服务中心农艺师具体蹲点联系该示范方，负责示范方的计划落实工作以及

农艺环节包括播种、移栽、施肥、病虫草综合防除等工作的指导。

四、主要技术措施

1. 与科研部门协作，得到技术支持。在示范方的实施过程中，得到省种子总站、农科院的大力支持，其提供了油菜新品种浙油51油菜生育期的重要环节的技术指导。县种子管理站对高产示范户进行了集中培训，发放技术资料（包括栽培技术要点、病虫草防除）1500余份，为高产示范丰产丰收奠定了基础。

2. 统一思想，抓好技术到位。根据目标产量，重点抓好五个统一：

（1）统一品种。按照高产示范方实施要求，选用浙油51新品种，经过1年的试种，浙油51具有丰产性好、抗病抗倒、机械收获作业较浙双72品种容易，适宜我县大面积推广种植。

（2）统一播栽期。要夺取油菜高产，尽量延长生育期，达到冬壮目的，栽培措施上统一播期，适当早播，9月28日左右播种，11月中旬移栽。

（3）统一栽种密度。为了充分发挥油菜新品种分枝多、荚多的优势，强调稀植，密度控制在33厘米×25厘米，每亩株数7000株左右，达到秆壮、荚粒多，千粒重提高，达到高产。

（4）统一施肥。按照目标产量要求，在肥料上既要满足全生育期需求，又要不过头，增强抗性。在肥料上重视有机肥，强调氮、磷、钾合理，基肥、苗肥、苔花肥4∶3∶3比例，同时喷施硼肥（花期）。

（5）统一病虫草防治。为了使油菜整个生育过程不遭受杂草危害，重点抓好了晚稻收获后的白田除草，用草甘膦加乙草胺或丁草胺防除。苗期（冬季）禾繁净防除，加蚜虱灵防除蚜虫危害。在油菜初花期用多菌灵防治油菜菌核病，结合喷硼防花而不实，提高结荚率。

五、对品种的综合评价

经过试种示范，浙油51、浙杂108两个油菜品种熟期适中，株型较紧凑，丰产性好，含油量高，品质优，适宜在我县种植。

相关表格见表1至表2。

表 1　2014—2015 年度浙江省油菜新品种示范实施结果

实施单位：海盐县种子管理站　　　　实施地点：秦山街道落塘社区

农户数	示范品种	作物类型	计划面积（亩）	实施面积（亩）	中心方面积（亩）	产量验收结果（千克/亩）	当地平均产量（千克/亩）	比当地平均产量增产幅度（%）	示范方总增产（千克）	示范方增产增收（万元）	示范方节本增收（万元）	示范方总增收（万元）	攻关田			
													田块数	验收平均亩产（千克/亩）	产量最高田块	
															面积（亩）	单产（千克/亩）
140	浙油 51	油菜	200	200	100	230	181	27	9800	3.9	0.76	4.66	3	230	1.15	235

表 2　2014—2015 年度浙江省油菜新品种展示实施结果

实施单位：海盐县种子管理站　　　　实施地点：秦山街道落塘社区　　　　填报人：

品种名称	面积（亩）	平均亩产（千克/亩）	比 CK（%）	全生育期（天）	有效角果数（个/株）	每角实粒数（粒）	田间抗性	主要优缺点
浙油 51	1	225	4.7	224	433	21.4	好	产量高、适合机收、抗性好
S630	1	180	−16.2	224	351	19.0	好	抗性一般，株高矮
浙双 72(CK)	1	215	—	225	580	18.7	好	
中 68200	1	200	−6.9	223	396	21.2	好	一般
浙大 622	1	215	0	224	536	19.0	好	一般
N267	1	230	6.9	224	571	25.2	好	一般
浙油 33	1	220	2.3	224	455	24.1	好	一般
浙杂 108	1	231	7.0	223	590	25.3	好	产量高
中油杂 19	1	228	6.0	223	478	25.3	好	株高偏高

注：10 月 2 日播种，收获 5 月 21 日左右（按熟期先后）

2015 年建德市瓜菜新品种展示示范总结

建德市种子管理站　严百元

建德市瓜菜种植近年来稳步发展，在当地种植业中所占比重逐年增大，全市常年瓜菜种植面积基本稳定在 15 万亩以上，总产量达 40 万吨，总产值 6 亿元，为当地实现农业增效、农民增收和推进新农村建设做出了贡献。为进一步促进瓜菜产业发展，加快新品种推广应用，增加产量，提高品质，为消费者提供安全、优质的瓜菜产品，同时满足广大农户对新品种的需求，根据省、市下达的新品种展示示范任务，结合当地生产实际需要，2015 年我站组织实施瓜菜新品种展示示范，力求集新品种新技术引进、试验和展示示范为一体，使之成为农业企业、合作社和广大农户可看、可学、可交流、有效益的区域性新品种展示示范平台。

一、展示示范基本情况

1. 基地概况。瓜菜新品种展示示范基地设在航头镇航景村，这是 2015 年新建的一个瓜菜新品种展示示范基地，交通便捷，地理位置优越，距 320 国道、杭新景高速“航头”出口约 1.5 千米，距建德城区 20 千米，也是浙西地区连接杭金衢三地的重要交通枢纽。这里山清水秀，光照充足，土地平整而且方正，土质肥沃，沟、渠、路等设施完善，排灌方便，滴灌、杀虫灯、钢架大棚等设施齐全，便于机械化操作和管理，有着多年种植蔬菜、草莓等作物的基础，所以，具有开展瓜菜新品种展示示范的良好立地条件。

2. 展示示范品种情况。2015 年是第一年组织实施瓜菜新品种展示示范工作，参加展示示范的作物涉及辣椒、茄子、小番茄、南瓜、马铃薯、西瓜、甜瓜、鲜食玉米等，共计 57 个品种(系)。具体品种是：

(1) 辣椒：采风 11 号、苏椒 2 号、满分 107、满分 106、翘楚、玉龙椒。

(2) 茄子：浙茄 1 号、浙茄 3 号、冠王 2 号、紫轩、红哥。

(3) 小番茄：金陵美玉、黄妃。

(4) 南瓜：N1528(流星雨)、N1523(俏江南)、N1518(春晓)、N1521(灰姑娘)、N1511(蜜童)、N1513-2(黑皮日本南瓜)。

(5) 西瓜：斯维特、利丰 5 号、秀丽(小西瓜)。

(6) 甜瓜：东方蜜 1 号、天虹蜜 1 号、东方蜜类型(试验品种)、合香甜瓜、白玉翡翠、翠菇、翠雪 8 号、翠玉、黑宝、玉菇、绿菇、甜红玉、甜红玉 2 号、四季银红 1 号、四季银红 2 号、白珍珠、脆甜白冠、苏甜 4 号、鸿福一品、苏甜 3 号、疆特丰 19、特脆王。

(7) 鲜食玉米：金银 208、双色先蜜。

(8) 马铃薯：中薯 3 号、中薯 8 号、中薯 18 号、中薯 5 号、费乌瑞它、兴佳 2 号、宁波杖锡花旗芋艿、三门小黄皮(米拉种)、MG56、华颂 7 号、久恩 1 号。

二、展示示范成效

1. 创建好瓜菜新品种展示示范平台。当地农业企业、经营户、广大农户可就近考察观摩瓜菜新品种及新技术,有力地促进新品种的推广应用及提升其辐射、带动效应。

2. 创建瓜菜新品种展示示范平台。实践,使我们从中把握新品种特征特性、掌握良种良法等新技术,提高我们为农服务的能力,同时也提升了种子管理站在农作物新品种推广(推荐)当中的作用和地位。

三、主要工作措施

1. 组织领导。建立领导小组和实施小组,完善组织体系。种子管理站站长负责实施,并聘请专人(科技示范户余志军)负责瓜菜展示示范全程管理。

2. 制定实施方案。根据瓜菜新品种展示示范要求,结合当地实际,精心规划、布局,制定实施方案,就品种、面积、技术和农艺措施、保障措施等进行周密安排。如2015年向建德市航头草莓专业合作社租赁2400平方米玻璃温室大棚用于瓜菜等新品种展示示范,流转2亩土地用于开展省站下达的马铃薯新品种展示等。

3. 抓好技术培训和实地指导。针对展示示范的瓜菜新品种,对具体负责人强化技术培训,如组织参加省种博会的培训、观摩和参加当地组织的瓜菜生产技术培训等;种子站作为瓜菜新品种展示示范的组织者,在项目实施过程中多次到基地进行指导、督促、检查;多次邀请省市管理部门、科研院所、种业企业相关技术人员到基地指导。

4. 加强技术合作和科站配合。由省市科研单位、业务主管部门等进行技术指导,种子站牵头,局水果、蔬菜、植保等站相互协作。如杭州市农科院、杭州市种子总站、杭州市良种引进公司、上海三友种苗有限公司、江苏省农科院蔬菜研究所等均有专家和技术人员到基地进行技术指导。

5. 落实责任制,强化数据采集。每个展示示范品种前均放置品种标识牌,标明品种、类型、生育状况等信息,做到每个示范展示点田间树立牌子,落实专人负责,并做好生产数据调查和记录等,确保采集数据的真实性。

6. 抓好品种宣传和组织观摩。展示示范品种在最佳观摩时期组织两次观摩会,并邀请电视、报刊等媒介进行宣传报道。5月26日组织蔬菜(辣椒、茄子、小番茄等)、甜玉米现场观摩,6月9日组织甜瓜新品种观摩,观摩同时组织开展产品品鉴。参加观摩会的人员有乡镇农技人员、瓜菜种植大户、种子经营网点工作人员共计80余人次,江苏省农科院蔬菜所专家、杭州市种子总站、杭州市良种引进公司有专人到场指导。建德电视台针对瓜菜展示示范平台进行多次新闻报道,而且拍摄专题片,于《三江两岸》栏目持续播放一个星期;《今日建德》也进行多次报道宣传,扩大了瓜菜新品种展示示范的影响。

四、主要技术措施

1. 统一采取32孔穴盘基质育苗,根据不同作物种类确定播种期、定植期。

2. 地膜覆盖、设施栽培,利用滴灌设施进行统一肥水管理,亩施商品有机肥3000千克作基肥。

3. 采用高效低毒低残留农药防治病虫害。

4. 科学调节棚内温湿度,合理使用植物生长调节剂,提高坐果率。

5. 其他技术措施,根据不同作物种类组织实施。

五、对品种的综合评价

瓜菜新品种展示示范通过一年的组织实施,综合其田间表现、现场观摩与品鉴,下列品种表现比较突出,适宜在当地扩大试种或示范推广。

1. 辣椒

玉龙椒:衢州市农科院选育的白辣椒一代杂交种,早中熟。果实羊角形,商品果黄白色,中辣,商品性佳，品质口味好；产量高；春、秋栽培抗病性强。适宜当地春、秋保护地栽培。

满分107：极早熟高产杭椒类型品种。抗病能力强；低温下坐果能力强，膨大速度快，分枝力强，产量高；青果浅绿，果面光亮，味辣，鲜食风味好。适宜早春保护地早熟栽培。

满分106：长势旺盛，连续坐果能力强，收获期长，产量高，果整齐一致；果皮浅绿，果形优美，肉质鲜嫩，商品性好；抗病性强；秋季种更好，抗病性、耐热性、产量更好。建议翌年扩大秋延后保护地栽培示范。

2. 茄子

浙茄1号：省农科院育成的杂交一代茄子品种。早熟，植株生长势强，果形长直，商品果率高。果细长，果皮紫红色，光泽亮，商品性好，皮薄，肉质糯，口感好，品质佳。抗病性强，坐果率高。适宜露地和早春保护地栽培，也适宜夏秋季耐高温栽培和山地茄子栽培。

红哥：植株半直立，株高85厘米，株幅90厘米，分枝性强，生长势中等。早熟，始花节位8节，簇生率50%，花萼绿色，无刺。果实长条形，果皮紫红色，有光泽，果肉白色，果长30～35厘米，横茎2.5～3.0厘米，单果重120克。口感柔和，味甜有糯性。最大特点是花萼绿色，市场销售时让人感觉茄子新鲜。

3. 小番茄

黄妃：杂交一代，无限生长型品种，果圆球形、金黄色，糖度高，口感极佳，单果重18克左右；整齐度好，成品率高；对黄萎病相对较抗。品质口感极佳，深受消费者欢迎。宜大棚设施栽培，亩可栽1300～1500株。

4. 甜瓜

东方蜜类型品种：品种有东方蜜1号、天虹蜜1号等，此类品种为脆肉型，品质好，甜而脆，深受消费者喜爱，但较难种，肥水把握不好，后期容易裂瓜，而且抗病性较弱。种植此类品种管理要精细，病害早预防，后期肥水管理上宜干不宜湿。

合香：早熟、优质、白皮红玉厚皮甜瓜品种。植株长势中等，特易坐果，果实圆形，品质优，芳香味浓，风味佳。果皮色转为乳白色时及时采收。

特脆王：果实椭圆形。果皮浅黄色带暗绿条斑，皮光洁，坐果性好。果肉白色，肉质极期爽脆，口感好。耐贮运。

黑宝：熟期较迟，果实高圆形。果皮黑绿色带网纹，坐果性好。果肉淡绿色，肉质绵软，口味风味好，中心糖度18.9%，边糖11.9%。

甜红玉：果实圆形。果皮白色光洁，果肉红色（淡橙色），肉质较绵软，口味较好，但风味稍欠缺，中心糖度16.9%，边糖8.2%。

四季银红1号：果实高圆形。果皮白色光洁，果肉红色（淡橙色），肉质较脆，口味较好，中心糖度15.0%，边糖8.5%。

苏甜4号：果实高圆形。果皮白色光洁，果肉红色（橙色），肉质松脆，口味较好，中心糖度18.3%，边糖11.4%。

5. 鲜食玉米

金银208：具温带血缘的超甜玉米，早熟，宜作保护地栽培或保护地育苗移栽。株型紧凑，多穗，株高157.4厘米，穗位高33.2厘米；穗长17.23厘米，穗粗4.43厘米，穗轴粗2.24厘米，秃尖长2.81厘米，果穗锥型，穗行14.8行，行粒数35.8粒，粒色黄白相间，平均单穗重311.4克、净重198克。味甜皮极薄，品质极优。

6. 马铃薯

中薯3号、中薯8号、中薯18号、中薯5号、费乌瑞它、兴佳2号、MG56、华颂7号、久恩1号（具体品种简评详见2015年省马铃薯新品种展示工作总结）。

2015年金华市马铃薯新品种适应性扩展鉴定和丰产示范总结

金华市农业科学研究院　程林润

为推动浙江省主要农作物品种结构调优，进一步鉴定马铃薯新品种的适应性和应用前景，我院针对引进和选育的马铃薯品种（系）进行适应性扩展鉴定和丰产示范。

一、展示示范基本情况

1．参试品种。试验品种有费乌瑞它、兴佳2号、小黄皮、宁波杖锡花旗芋艿、中薯5号、华颂7号、东农303、MG56，以中薯3号为对照。

2．试验方法。试验在金华市农科院的科研基地进行，试验田块为泥质沙壤土，肥力中等，前作秋玉米。12月底结合耕、整地亩施有机肥1500千克，三元复合肥100千克，1月15日催短芽播种。试验按大区对比设计，顺序排列，不设重复。行长30米，5行区，株距20厘米，行距90厘米，单垄种植，密度每亩3700株，大区面积135平方米。

3．记载项目。田间调查记载播种期、出苗期、成熟期等生育性状。成熟期调查晚疫病、疮痂病发病情况，并取样考察商品薯率等经济性状。收获后取样测定薯块产量。

二、主要技术措施

1．选种及种薯处理

（1）品种选择。品种是优质、增产的关键。品种采用脱毒种薯，以增强抗性，提高产量。在应用脱毒种薯的基础上，根据用途，选用适宜的优良品种，要求抗病虫、优质高产、商品性好。种薯选用壮龄薯，不用老龄薯、龟裂薯、畸形薯、病薯。

（2）种薯处理。晒种催芽：播种前20～30天进行晒种催芽，在有光照条件的室内或室外将种薯摊摆3～4层，为防芽徒长每3～5天翻动一次，使之受光均匀，达到白芽变成浓绿色，芽长0.5厘米～1厘米为宜，催芽最适温度为15～20℃，相对湿度60%左右。催芽过程中要防止夜间低温冻伤及高温引起母薯黑心，在催芽过程中淘汰病、烂薯。

切块：每块重30克～45克，每块保持1～2个芽眼。切块过程中，淘汰病、烂薯，切刀轮换消毒。

拌种：薯块切口风干后，用杀菌剂在种薯上均匀喷雾，均匀拌种后用湿麻袋覆盖，闷种12小时，然后播种，或用草木灰拌种。

2．选地、整地

（1）选地。选择有深翻基础、土质疏松、排水良好的地块，忌碱性地块，防止疮痂病发生，选土质肥沃的沙质土壤，不宜选用涝洼地和前茬使用过豆威、豆黄隆、普施特的地块。

（2）整地。地块应进行深翻，深度20厘米以上，播种前打碎坷垃，捡净根茬，做到精细整地，做到种植脱毒种薯的周围不种未经脱毒的作物，防止病毒病的传播、蔓延，造成减产。

3. 施肥

实行测土配方施肥技术，做到氮、磷、钾及中微量元素合理搭配。每亩施农家肥1000千克，硫酸钾型15∶15∶15三元复合肥100千克，作底肥施用。

4. 播种

(1) 播期：适宜播期1月中下旬—2月上中旬。

(2) 密度：每亩3500～4000株，适当密植，可增加产量。

5. 田间管理

(1) 查苗补苗：小苗出齐后进行查苗补种，做到全苗。

(2) 及时中耕：出苗前可中耕一遍，破除表土，提高地温，兼有灭草作用，但不要中耕太深。

(3) 防治病虫害：在初花期用75%百菌清可湿性粉剂500倍～600倍液，53%金雷多米尔600倍液防治马铃薯晚疫病。

(4) 合理灌水：马铃薯生育期间需水较多；灌水应根据不同生长时期的需水情况、土壤类型、降水情况、产量等来定。做好清沟排水工作。

(5) 及时收获：根据天气情况及市场销售价格及时采收。

三、对品种的综合评价

1. 产量结果如下：

试验品种9个，对照品种中薯3号。(详见表1。)

MG56亩产达到2945.56千克，比对照增产32.67%，排名第一位；中薯5号亩产达到2865.72千克，比对照增产29.07%，排名第二位；兴佳2号亩产为2368.08千克，比对照增产6.66%，排名第三位。

费乌瑞它亩产为1766.16千克，比对照减产20.45%，排名第五位；东农303亩产为1657.92千克，比对照减产25.33%，排名第六位；华颂7号亩产为1628.88千克，比对照减产26.63%，排名第七位。

地方品种宁波杖锡花旗芋艿和小黄皮相对产量较低，亩产分别为975.38千克和903.26千克。

商品薯率方面MG56最高，为92.56%；兴佳2号为88.96%，排名第二位；费乌瑞它为78.40%，排名第三位。

2. 田间性状如下：

表2显示，东农303生育期最短为74天，其次为华颂7号为75天，再次为中薯5号为76天，费乌瑞它和MG56为98天，兴佳2号和对照中薯3号分别为80和76天。地方品种宁波杖锡花旗芋艿和小黄皮生育期相对较长。

抗晚疫病和疮痂病方面，MG56和华颂7号为最好，东农303排第二位，中薯5号和对照中薯3号均为中等。

3. 小结。通过综合试验和调查显示，MG56亩产最高，为2945.56千克，商品薯率最高为92.56%，生育期中等，抗晚疫病和疮痂病性表现良好，综合排名第一位。该品种为我省旱粮育种协作组选育的新品系，由于还没有品种审定，暂时还未进行推广。

中薯5号亩产为2865.72千克，商品薯率为76.69%，生育期中等，田间抗性中等，综合排名第二位，目前主要推广品种。

兴佳2号亩产2368.08千克，商品薯率为88.96%生育期较长，抗晚疫病较好，抗疮痂病较差，尤其在秋季尤为严重，是目前重要栽培品种。

中薯3号为对照品种，各方面表现均为中等水平，是目前主要种植品种。

费乌瑞它亩产为1766.16千克，商品薯率为78.40%，生育期中等，抗晚疫病差。

东农303亩产为1657.92千克，商品薯率为74.84%，极早熟品种，抗性较好，结薯数量较多，个头均匀。

华颂7号亩产为1628.88千克，商品薯率为73.50%，早熟品种，抗性好，结薯中等，均匀，表皮光滑，食用品质和外观品质好。

地方品种品种宁波杖锡花旗芋艿和小黄皮产量相对较低，作为老地方品种资源，品质方面较有特色，抗病性中等。

表1 2015年各参试品种产量

品种	亩产(千克)	比CK增减(%)	亩产位次	商品薯率(%)
中薯3号(CK)	2220.24	0	4	70.75
费乌瑞它	1766.16	−20.45	5	78.40
兴佳2号	2368.08	6.66	3	88.96
小黄皮	903.26	−59.32	9	/
宁波杖锡花旗芋艿	975.38	−56.07	8	78.63
中薯5号	2865.72	29.07	2	76.69
华颂7号	1628.88	−26.63	7	73.50
东农303	1657.92	−25.33	6	74.84
MG56	2945.56	32.67	1	92.56

表2 2015年各参试品种性状

品种	播种期(月/日)	出苗期(月/日)	成熟期(月/日)	全生育期(天)	晚疫病抗性	疮痂病抗性
中薯3号(CK)	1月21日	2月25日	5月11日	76	中	中
费乌瑞它	1月21日	2月25日	5月12日	77	中下	中
兴佳2号	1月21日	2月27日	5月17日	80	好	中下
小黄皮	1月21日	2月28日	5月18日	80	中上	中
宁波杖锡花旗芋艿	1月21日	2月27日	5月17日	80	中	中
中薯5号	1月21日	2月26日	5月12日	76	中	中下
华颂7号	1月21日	2月27日	5月12日	75	中上	中上
东农303	1月21日	2月24日	5月8日	74	中	中上
MG56	1月21日	2月27日	5月14日	77	中上	中上

表 3　2015 年浙江省农作物新品种扩展鉴定结果

实施单位：金华市农业科学研究院　　实施地点：金华市农科院科研基地　　填报人：程林润

品种	播种期（月/日）	成熟期（月/日）	全生育期（天）	面积（亩）	平均亩产（千克/亩）	比 CK（%）	田间抗性	综合评价		
								综合表现位次	主要优点	主要缺点
中薯 3 号(CK)	1 月 21 日	5 月 11 日	76	0.2	2220.24	0	中	4	各方面较为平均	有晚疫病
费乌瑞它	1 月 21 日	5 月 12 日	77	0.2	1766.16	−20.45	中下	7	中大个，商品薯外观好	晚疫病抗性差
兴佳 2 号	1 月 21 日	5 月 17 日	80	0.2	2368.08	6.66	好	3	商品薯率高，个大，产量高，晚疫病较轻	秋季疮痂病较重
小黄皮	1 月 21 日	5 月 18 日	80	0.2	903.26	−59.32	中上	9	品质好，抗性中上	产量偏低，个小
宁波杖锡花旗芋艿	1 月 21 日	5 月 17 日	80	0.2	975.38	−56.07	中	8	品质好	产量偏低
中薯 5 号	1 月 21 日	5 月 12 日	76	0.2	2865.72	29.07	中	2	产量高，品质好	有晚疫病
华颂 7 号	1 月 21 日	5 月 12 日	75	0.2	1628.88	−26.63	中上	6	食用及外观品质好，早熟	出苗慢
东农 303	1 月 21 日	5 月 8 日	74	0.2	1657.92	−25.33	中	5	极早熟	薯型较小
MG56	1 月 21 日	5 月 14 日	77	0.2	2945.56	32.67	中上	1	产量高，品质好	生育期偏长

2015年湖州市番茄新优品种展示试验总结

湖州市种子管理站　湖州太湖现代农业发展有限公司　杨献中

在省种子管理总站的指导下，湖州市种子管理站承担的2015年度省瓜菜优势新品种展示示范项目，由湖州太湖现代农业发展有限公司负责实施，试验地点安排在湖州太湖旅游度假区荣丰村的南太湖现代农业示范园区内。

一、参试品种

参试品种番茄品种24个，其中大番茄品种14个，编号FQ1—FQ14；小番茄品种10个，编号XFQ1—XFQ10。（详见表1。）

二、展示设计

1. 展示设施：参试24个番茄品种，其中14个番茄品种安排在C区LD5连栋大棚种植，包括2个小番茄品种杭杂5号和杭杂501；其他10个小番茄品种安排在C区单栋大棚种植。

2. 田间设计：每个品种种植一畦，畦宽1.2米，高0.3米，双行，随机排列，不设重复。

3. 观察记载：生长期间观察记载各品种的生育期、果实性状、田间发病情况、单果重、产量等。

三、栽培管理

1. 整地起畦和滴灌管准备：每跨均匀分3畦，开沟起畦，每畦铺设1条滴灌管，滴灌管距畦中5厘米左右，滴灌管试通水后，覆盖银黑地膜保湿增温备用。

2. 育苗、定植：采用营养钵基质育苗，14个大番茄品种中，浙粉2号等13个品种于2014年12月21日播种，D2Z1于2014年12月10日播种，均在2015年2月26日定植；10个小番茄品种中，浙樱粉2号等8个品种于2014年12月21日播种，钱江金珠和钱江红珠在2014年12月10日播种，均在2015年2月28日定植。单行种植，株距25厘米，隔株分叉成双行，定植后浇足定根水。

3. 田间管理

（1）温度管理：假植成活后15天、22天时分苗2次，以免造成徒长。移栽后前期保湿保温；缓苗成活后及时通风降温，控制棚内温度在25℃～30℃。到果实转色时使棚内的温度控制在28℃左右，高于30℃时，茄红素形成减慢。

（2）肥水管理：缓苗成活后施N含量相对较高的速溶性肥，加快生根、壮根，促进光合作用及营养生长；开花结果期增施P含量相对较高的速溶性肥，结合钙、硼及微量元素的叶面喷施，以保花保果和防止畸形果的发生；果实膨大期增施K含量较高的速溶性肥以及钙、硼元素的叶面补施，以提高后期果实的品质。

(3) 整枝、授粉、留果：单干整枝，人工辅助授粉，并标记授粉日期，适时疏花疏果，每株留5穗，5穗以上打顶摘心，每穗留4～5果。

(4) 病虫害防治：前期及时摘除老叶和病叶，提高植株间的透光率，后期每档果实转色时，下部的叶片全部打掉，只留一片功能叶，以减少养分的消耗；晴天增加通风，雨天降低湿度，每隔7～10天用凯泽、施加乐等防治灰霉病、叶霉病及其他病害的发生。

(5) 适时采收：根据不同品种的成熟特点及授粉标记，适时采收，保证果实的质量与商品性。收获前每品种抽取有代表性的成熟果10个，作为样本进行果实性状测量。收获时，各品种单收称重，折算小区实际产量。

四、大番茄展示试验结果

1. 展示品种生育动态：2015年由于苗龄较长，14个大番茄品种移栽时第一档花基本已开，所以缓苗相对来说较慢，从而拉长了整个生育期。从表2可以看出一档花期最早的浙粉2号开花为2月27日，一档花期至始收期为67天。百盛开花最晚，为3月5日，始收期为5月12日，一档花期至始收期68天。(详见表2。)

2. 果实性状和产量如下：

(1) 果实颜色：参试大番茄品种中浙粉2号和D2Z1等2个品种为粉红果，其他12个品种均为大红果系列。

(2) 单果重及坐果率：第一位为浙粉2号，162克，第二为百盛，152克，第三为高盛139克，其他依次为钱塘旭日129克，钱塘红宝126克，D2Z1为124克，以色列A318为122克，特美特119克，江南红112克，金璹100克，宝丽金92克和瓯秀201为91克。2015年由于前期倒春寒以及第一档花授粉相对较晚，虽然14个品种第一档果实基本都坐果，但果实相对较小且坐果率都不高，后期气温稳步回升后，二档果以上坐果率高，果型较大。

(3) 产量：每株5穗时打顶，每穗只留4～5果，每个品种种植面积约0.1亩，种植株数为130株，小区产量折合亩产最高的是浙粉2号，为4212千克，其次是百盛，为4082千克，亩产最低的是瓯绣201，为2366千克。(详见表3。)

五、小番茄展示试验结果

1. 展示品种生育动态：一档花期最早的为钱江金珠和钱江红珠的2月18日，最晚的为甜美20、粉丽珍珠和浙樱粉2号的2月25日，成熟期最短的为黄妃和浙樱粉2号，一档花期至始收期分别只有64天和62天。最长的为钱江红珠和钱江金珠的73天。

2. 果实性状：参试的10个小番茄品种中，黄妃、亚非小番茄1号和钱江金珠3者为黄色果，其余7个品种均为红果。单果重最重的为浙樱粉2号，18.0克，最轻的新太阳为9.0克。糖度最高的为黄妃，9.4%，其次为浙樱粉1号，8.9%，最低的是粉丽珍珠，7.2%。

六、结论

参试番茄品种中，大番茄浙粉2号为粉果中成熟早的一个品种，转色均匀，果实较大，综合抗性较强；钱塘红宝为大红果系列转色较快的一个品种，果实硬度高，耐储运；小番茄中黄妃糖度稳定，口感好，产量高，浙樱粉1号长势好，抗性强，口感好，糖度较高。建议进一步推广试种示范。

表1 番茄品种及供种单位

编号	品种	供种单位
FQ1	百盛	广州华艳种子公司
FQ2	高盛	广州华艳种子公司
FQ3	江南红	广州绿霸种子公司
FQ4	浙粉2号	浙江浙农种业公司
FQ5	杭杂5号	杭州市农科院
FQ6	杭杂501	杭州市农科院
FQ7	钱塘旭日	勿忘农种业
FQ8	钱塘红宝	勿忘农种业
FQ9	以色列A318	以色列海泽拉优质种子公司
FQ10	金璹	上海浩天种业公司
FQ11	瓯绣201	温州市农科院
FQ12	宝丽金	寿光南澳绿亨农业
FQ13	特美特	北京中研惠农种业
FQ14	D2Z1	勿忘农种业
XFQ1	亚非小番茄1号	亚非种业公司
XFQ2	亚非小番茄2号	亚非种业公司
XFQ3	甜美20	北京井田种子公司
XFQ4	粉丽珍珠	杭州市农科院
XFQ5	新太阳	杭州三雄种苗公司
XFQ6	黄妃	湖州田邦
XFQ7	浙樱粉2号	浙江省农科院
XFQ8	浙樱粉1号	浙江省农科院
XFQ9	钱江红珠	勿忘农种业
XFQ10	钱江金珠	勿忘农种业

表2 大番茄品种生育动态

编号	品种	播种（年/月/日）	定植（年/月/日）	一档花期（年/月/日）	采收期（年/月/日）	一档花期至始收期(天)
FQ1	百盛	2014/12/21	2015/2/26	2015/3/5	2015/5/12	68
FQ2	高盛	2014/12/21	2015/2/26	2015/3/3	2015/5/9	67
FQ3	江南红	2014/12/21	2015/2/26	2015/3/3	2015/5/11	69
FQ4	浙粉2号	2014/12/21	2015/2/26	2015/2/27	2015/5/5	67
FQ5	杭杂5号	2014/12/21	2015/2/26	2015/2/27	2015/5/8	70
FQ6	杭杂501	2014/12/21	2015/2/26	2015/2/27	2015/5/8	70
FQ7	钱塘旭日	2014/12/21	2015/2/26	2015/3/1	2015/5/9	69
FQ8	钱塘红宝	2014/12/21	2015/2/26	2015/3/1	2015/5/9	69

续　表

编号	品种	播种（年/月/日）	定植（年/月/日）	一档花期（年/月/日）	采收期（年/月/日）	一档花期至始收期(天)
FQ9	以色列 A318	2014/12/21	2015/2/26	2015/3/3	2015/5/9	67
FQ10	金璹	2014/12/21	2015/2/26	2015/3/1	2015/5/12	72
FQ11	瓯绣 201	2014/12/21	2015/2/26	2015/3/1	2015/5/11	71
FQ12	宝丽金	2014/12/21	2015/2/26	2015/3/1	2015/5/11	71
FQ13	特美特	2014/12/21	2015/2/26	2015/3/3	2015/5/11	69
FQ14	D2Z1	2014/12/10	2015/2/26	2015/2/28	2015/5/5	66

表 3　大番茄果实性状及产量

编号	品种	单果重(克)	果实颜色	坐果率	小区产量(千克)	亩产(千克)
FQ1	百盛	157	大红	75.8%	408	4082
FQ2	高盛	139	大红	64.2%	361	3614
FQ3	江南红	112	大红	68.6%	291	2912
FQ4	浙粉 2 号	162	粉红	79.6%	421	4212
FQ5	杭杂 5 号		大红			
FQ6	杭杂 501		大红			
FQ7	钱塘旭日	129	大红	64.4%	335	3354
FQ8	钱塘红宝	126	大红	63.2%	327	3276
FQ9	以色列 A318	122	大红	68.2%	317	3172
FQ10	金璹	100	大红	72.9%	260	2600
FQ11	瓯绣 201	91	大红	70.1%	237	2366
FQ12	宝丽金	92	大红	75.2%	239	2392
FQ13	特美特	119	大红	66.3%	309	3094
FQ14	D2Z1	124	粉红	77.3%	322	3224

表 4　小番茄生育动态

编号	品种	播种（年/月/日）	定植（年/月/日）	一档花期（年/月/日）	采收期（年/月/日）	一档花期至始收期(天)
XFQ1	亚非小番茄 1 号	2014/12/21	2015/2/28	2015/2/23	2015/5/4	69
XFQ2	亚非小番茄 2 号	2014/12/21	2015/2/28	2015/2/23	2015/4/29	65
XFQ3	甜美 20	2014/12/21	2015/2/28	2015/2/25	2015/5/2	66
XFQ4	粉丽珍珠	2014/12/21	2015/2/28	2015/2/25	2015/5/3	67
XFQ5	新太阳	2014/12/21	2015/2/28	2015/2/23	2015/5/2	68
XFQ6	黄妃	2014/12/21	2015/2/28	2015/2/23	2015/4/28	64
XFQ7	浙樱粉 2 号	2014/12/21	2015/2/28	2015/2/25	2015/4/28	62
XFQ8	浙樱粉 1 号	2014/12/21	2015/2/28	2015/2/23	2015/5/2	68
XFQ9	钱江红珠	2014/12/10	2015/2/28	2015/2/18	2015/5/2	73
XFQ10	钱江金珠	2014/12/10	2015/2/28	2015/2/18	2015/5/2	73

表5 小番茄果实性状

编号	品种	单果重(克)	果实颜色	糖度(%)
XFQ1	亚非小番茄1号	10.7	黄	9.0
XFQ2	亚非小番茄2号	11.3	红	8.2
XFQ3	甜美20	10.6	红	8.5
XFQ4	粉丽珍珠	12.7	红	7.2
XFQ5	新太阳	9.0	红	8.5
XFQ6	黄妃	11.2	黄	9.4
XFQ7	浙樱粉2号	18.0	红	8.5
XFQ8	浙樱粉1号	15.5	红	8.9
XFQ9	钱江红珠	11.0	红	7.3
XFQ10	钱江金珠	9.2	黄	8.2

2015年湖州市西瓜新优品种展示试验总结

湖州市种子管理站　湖州太湖现代农业发展有限公司　杨献中

在省种子管理总站的指导下，湖州市种子管理站承担的2015年度省瓜菜优势新品种展示示范项目，由湖州太湖现代农业发展有限公司负责实施，试验地点安排在湖州太湖旅游度假区荣丰村的南太湖现代农业示范园区内。

一、参展品种

参展品种共9个，其中中型西瓜7个，编号XG3—XG9，小型西瓜2个，编号XG1、XG2。(详见表1。)

二、展示设计

1. 展示设施：参展2个小西瓜品种和7个大西瓜品种分别安排在C区LD5、LD6两座连栋大棚种植，连栋大棚每跨6米，长36米，共9跨，总面积1944平方米。

2. 田间设计：小型西瓜2个品种种植一跨，其余7个大中型西瓜每跨种植一个品种，其中南太湖1号LD5和LD6各种植一跨，随机排列，不设重复。

3. 观察记载：生长期间观察记载各品种的生育期、果实性状、田间发病情况、单果重、产量等。

三、栽培管理

1. 整地起畦和滴灌管准备：小型西瓜种植一跨，分2畦，中型西瓜1个品种种植一跨，每跨一畦，开沟起畦，每畦铺设1条滴灌管，滴灌管距畦中5厘米左右。

2. 育苗、定植：采用营养钵基质育苗，小型西瓜于2015年2月14日播种，3月26日定植，为3蔓2瓜立架栽培。中型西瓜在2月15日播种，3月26日定植，为3蔓2瓜爬地栽培。株距35厘米，定植后浇足定根水。

3. 田间管理如下：

(1) 温度管理：西瓜性喜高温强光，在温度越高、光照越好的条件下西瓜光合作用越强，长势越好，品质也越高。前期通风调温，温度控制在28℃左右，不低于18℃；中期控制高温，特别是坐瓜后以及果实膨大期，温度维持在32℃左右，采收前提高昼夜温差，促进糖分积累。

(2) 肥水管理：西瓜喜温，耐旱，不耐涝，叶片水分蒸发量小，根系发达。缓苗成活后浇足一次以N肥为主的速溶性肥，主要利于加快植株生根；伸蔓期以P肥为主，前期增加水分，促茎叶生长。后期以K肥为主，控水。结果期、坐果期在追肥的基础上补施叶面肥，严格控水。膨瓜期水分充足。成熟期以控水为主。

(3) 整枝、授粉、留果：爬地西瓜5～7叶期打顶，三蔓整枝，第二雌花坐果，每株留2果，坐后不再整枝。立式栽培西瓜不打顶，三蔓整枝，第二雌花坐果，每株坐果1～2个，坐后不再整枝。

(4) 病虫害防治：每隔7～10天防治一次，苗期选用甲基托布津、百菌清等保护性药剂来防治猝倒病和立枯病；移栽后前期主防枯萎病，中后期在采用高温管理的同时主防蔓枯病。

(5) 适时采收：根据不同品种的成熟特点及授粉标记，适时采收，保证果实的质量与商品性。

四、展示试验结果

1. 生育动态：2015年前期由于倒春寒，花期推迟。中型西瓜的7个品种，物候期基本一致，第一雄花开花期、第一雌花开花期分别为4月26日—28日和4月24日—27日，早佳等6个中型西瓜品种在4月27日授粉，日丰为4月29日授粉。中型西瓜品种南太湖1号和日丰果实发育期为40天，成熟期相对较短，其他品种为42～45天。小型西瓜品种物候期基本一致，果实发育期都为37天。(详见表2。)

2. 果实性状：参试9个西瓜品种中，中心糖度都在11%以上，其中最高为浙蜜5号，13.1%，最低为南太湖1号，11.3%。浙蜜6号和南太湖1号皮最厚，为1.7厘米，所有品种中除金比特为黄瓤以外，其他所有品种均为红瓤。(详见表3。)

3. 产量及田间发病情况：参试9个品种中，由于LD5连栋大棚连续两年都种植西瓜品种，所以参试的5个品种有不同程度的蔓枯病现象发生，其中小西瓜品种拿比特比金比特发病严重，病株率达到了40%，其余5个大西瓜品种发病较轻；LD6连栋大棚由于2015年第一次种植西瓜，均没有枯萎病及蔓枯病的现象发生。(详见表4。)

五、结论

9个西瓜品种中，南太湖一号植株生长稳健，坐果性好，口感佳；浙蜜5号糖度较高，无裂瓜现象，综合抗性好。建议进一步扩大试种示范。

表1 品种登记

编号	品种	供种单位
XG1	金比特	杭州三雄种苗公司
XG2	拿比特	杭州三雄种苗公司
XG3	南太湖1号	湖州市农作站
XG4	早佳	宁波市薇萌种苗公司
XG5	红都2号	宁波市薇萌种苗公司
XG6	日丰	宁波市薇萌种苗公司
XG7	甬蜜3号	
XG8	浙蜜5号	浙江省农科院
XG9	浙蜜6号	浙江省农科院

表2 各品种生育期比较

编号	品种	播种(月/日)	定植(月/日)	第一♂开花(月/日)	第一♀开花(月/日)	授粉(月/日)	成熟期(月/日)	果实发育期(天)
XG1	金比特	2/14	3/26	4/23	4/27	4/28	6/3	37
XG2	拿比特	2/14	3/26	4/23	4/27	4/28	6/3	37

续 表

编号	品种	播种（月/日）	定植（月/日）	第一♂开花（月/日）	第一♀开花（月/日）	授粉（月/日）	成熟期（月/日）	果实发育期(天)
XG3	南太湖1号	2/15	3/26	4/24	4/26	4/27	6/5	40
XG4	早佳	2/15	3/26	4/24	4/26	4/27	6/7	42
XG5	红都2号	2/15	3/26	4/25	4/26	4/27	6/7	42
XG6	日丰	2/15	3/26	4/27	4/28	4/29	6/7	40
XG7	甬蜜3号	2/15	3/26	4/25	4/27	4/27	6/9	45
XG8	浙蜜5号	2/15	3/26	4/25	4/26	4/27	6/9	45
XG9	浙蜜6号	2/15	3/26	4/25	4/26	4/27	6/9	45

表3 各品种果实性状

编号	品种	心糖(%)	边糖(%)	纵径(厘米)	横径(厘米)	皮厚(厘米)	肉色
XG1	金比特	11.9	11.1	16.2	13.5	0.2	黄
XG2	拿比特	11.8	9.9	15.8	13.4	0.3	红
XG3	南太湖1号	11.3	9.8	21.4	20.8	1.7	红
XG4	早佳	12.6	9.6	24.8	23.3	1.5	红
XG5	红都2号	12.5	8.9	22.7	21.0	1.6	红
XG6	日丰	12.5	10.0	21.7	20.0	1.5	红
XG7	甬蜜3号	12.1	9.2	25.6	23.8	1.4	红
XG8	浙蜜5号	13.1	10.1	23.5	20.5	1.4	红
XG9	浙蜜6号	12.4	9.2	24.8	22.3	1.7	红

表4 品种产量及田间发病情况

编号	品种	单果重（千克）	小区产量（千克）	折合亩产（千克）	产量位次	蔓枯病发病情况		
						发病株（株）	病株率（%）	等级
XG1	金比特	1.50	285	2850	9	12	13%	中
XG2	拿比特	1.60	304	3040	8	38	40%	差
XG3	南太湖1号	5.20	988	9880	4	2	3%	好
XG4	早佳	6.04	1147	11476	2	2	3%	好
XG5	红都2号	5.10	969	9690	5	1	1%	好
XG6	日丰	4.50	855	8550	7	1	1%	好
XG7	甬蜜3号	6.50	1235	12350	1	0	0	好
XG8	浙蜜5号	5.4	1026	10260	3	0	0	好
XG9	浙蜜6号	4.7	893	8930	6	0	0	好

2015年湖州市甜瓜新优品种展示试验总结

湖州市种子管理站　湖州太湖现代农业发展有限公司　杨献中

在省种子管理总站的指导下，湖州市种子管理站承担的2015年度省瓜菜优势新品种展示示范项目，由湖州太湖现代农业发展有限公司负责实施，试验地点安排在湖州太湖旅游度假区荣丰村的南太湖现代农业示范园区内。

一、参展品种

参展的甜瓜品种共39个，其中早中熟品种27个，迟熟品种12个，编号为TG1—TG39。（详见表1。）

二、展示设计

1. 展示设施：参展的39个品种统一安排在C区LD3、LD4连栋大棚种植，连栋棚每跨6米，长36米，共12跨，试验区总面积2592平方米。

2. 田间设计：每跨分三畦，每畦种植一个品种，畦宽1.2米，高0.3米，占地面积72平方米，随机排列，不设重复。

3. 观察记载：生长期间观察记载各品种的生育期、果实性状、田间发病情况、单果重、产量等。

三、栽培管理

1. 整地起畦和滴灌管准备：每跨均匀分3畦，开沟起畦，每畦铺设1条滴灌管，滴灌管距畦中间5厘米左右，滴灌管试通水后，覆盖银黑地膜保湿增温备用。

2. 育苗、定植：采用营养钵基质育苗，中晚熟品种于2015年2月12日播种，3月20日定植，早熟品种在2月16日播种，3月27日定植。单边种植单蔓上架，株距50厘米，定植后浇足定根水。

3. 田间管理如下：

（1）温度管理：苗期以地热线苗床加温，小拱棚薄膜加无纺布覆盖，以及中棚保温；定植初期架小拱棚并加盖薄膜及无纺布提高温度。移栽后保温保湿加快植株成活，控制在30～35℃，缓苗成活后稳定温度，一般维持在28～32℃。在开花期、膨果期和果实膨大期适宜温度在28～32℃，不超过35℃。

（2）肥水管理：甜瓜喜高温长日照，耐旱，不耐涝。全生育期尽量控水少水，越干旱甜瓜越甜，相应的病害也会减少。在基肥的基础上全生育期施肥水四次，以N、P、K不同比列的速溶性肥为主，分别施用在缓苗后、开花期、坐果期以及果实膨大期，其他时间基本不浇或者少浇水。

（3）整枝、授粉、留果：单蔓整枝，人工辅助授粉，并标记授粉日期，主蔓13～15节子蔓留果，坐果后每株保留1个瓜型端正发育良好的果实，25～28节位时打顶。

（4）病虫害防治：苗期在通风降湿的基础上采用一般常规保护性药剂主防猝倒病和立枯病，移栽成活后前期主防枯萎病，中后期主防蔓枯病和细菌性角斑病，防止植株早衰现象发生。

(5) 适时采收：根据不同品种的成熟特点及授粉标记，适时采收，保证果实的质量与商品性。

四、展示试验结果

1. 生育动态：39个参展品种中，三雄8号全生育期最短，为93天，夏蜜全生育期最长，为118天。西博洛托2号和伊丽莎白果实发育期最短，为34天，脆玉80最长，为49天。

在本次展示试验中，参试品种有厚皮甜瓜、薄皮甜瓜等不同类型品种，在温光及肥水栽培管理相同的设施栽培条件下，我们仅以全生育期作为早中迟熟品种的区分标准，将全生育期105天以内的作为早熟品种，106～110天的为中熟品种，111天以上的为迟熟品种。试验结果显示，早熟品种有三雄8号、蜜玉、古拉巴、美蜜、西博洛托2号、沃尔多、伊丽莎白和三雄5号等8个品种，全生育期分别为93天、99天、100天、102天、102天、103天、103天和105天，果实发育期分别为37天、39天、36天、38天、34天、36天、34天和37天；中熟品种有18个，其中东方蜜1号、红酥手一号、蜜天下、苏甜一号、红瑞一号、绿菇、早生翠绿、金脆仙、白流星等9个品种的全生育期均为106天，果实发育期分别为35天、39天、38天、36天、38天、39天、39天、39天、39天；哈翠、三雄6号、含香雪等3个品种全生育期为108天，果实发育期分别为38天、39天、42天；创新一号、翠绿、早生白流星和甬甜5号等4个品种全生育期为109天，果实发育期分别为40天、40天、39天、41天；湖甜一号、翡翠一号的全生育期为110天，果实发育期分别为42天和43天；迟熟品种有12个，其中秋辉、流星、甬甜7号、东之星和甜1009等5个品种全生育期均为112天，果实发育期分别为46天、45天、45天、41天、41天；翠雪5号全生育期114天，果实发育期为42天；红酥手5号、红酥手3号、红酥手2号、红酥手4号均为116天，果实发育期分别为46天、48天、48天和46天；脆玉80和夏蜜2个品种生育期最长，分别为117和118天，果实发育期分别为49天和48天；甬甜8号属小型薄皮甜瓜，早熟、瓜型特小，不作考查记载。(详见表2。)

2. 果实性状：中心糖度最高的为苏甜一号的17.8%，其次为翡翠1号的17.2%，第三为西博洛托2号的17.0%，夏蜜、湖甜一号、蜜天下、蜜玉、创新一号、翠绿、早生白流星、早生翠绿、含香雪和沃尔多都在16%以上，中心糖度最低的为红酥手5号，仅为11.3%；蜜天下、红酥手4号、早生翠绿、古拉巴和白流星果肉厚达到了3.9厘米。(详见表3。)

3. 产量及田间发病情况：参展的39个品种中，单果重和产量排在前三的为蜜玉、红酥手3号和红酥手4号，单果重分别为4.2千克、3.2千克和2.8千克。单果重和产量最低的为伊丽莎白，单果重只有1.1千克。由于我们在试验区大棚采取了水旱轮作、不同类型作物轮作、高温闷棚杀菌等措施，结合病害早预防，使各个品种田间表现基本没有蔓枯病的发生，仅脆玉80和红瑞一号两个品种后期有轻微蔓枯病发生。

五、讨论

在2015年的39个参展品种中苏甜一号(早熟)、西博洛托2号(早熟)、三雄6号(早熟)、古拉巴(早熟)、甬甜7号(中迟熟)和沃尔多(早熟)从田间表现来看坐果率好，糖度较高，抗病性较强，植株长势强健，建议进一步扩大试种示范。

表 1　展示品种登记

编号	品种	供种单位
TG1	甬甜 8 号	宁波市农科院
TG2	夏蜜	浙江勿忘农种业公司
TG3	翠雪 5 号	浙江省农科院
TG4	三雄 8 号	杭州三雄种苗公司
TG5	东方蜜 1 号	上海科园种子公司
TG6	湖甜一号	湖州市农作站
TG7	红酥手 5 号	宁波市薇萌种子公司
TG8	红酥手 3 号	宁波市薇萌种子公司
TG9	红酥手 2 号	宁波市薇萌种子公司
TG10	红酥手 1 号	宁波市薇萌种子公司
TG11	蜜天下	台湾农友种苗公司
TG12	脆玉 80	浙农种业公司
TG13	苏甜一号	江苏明天种业公司
TG14	红酥手 4 号	宁波市薇萌种子公司
TG15	哈翠	杭州三雄种苗公司
TG16	红瑞一号	上海百瑞杰种业有限公司
TG17	蜜玉	广东金作农业科技有限公司
TG18	伊丽莎白	杭州三雄种苗公司
TG19	翡翠 1 号	浙江省农科院
TG20	创新一号	桐乡市丰恺园艺公司
TG21	翠绿	嘉兴美之奥种业公司
TG22	早生白流星	杭州三雄种苗公司
TG23	绿菇	上海三友种苗公司
TG24	秋辉	杭州三雄种苗公司
TG25	三雄 5 号	杭州三雄种苗公司
TG26	西博洛托 2 号	嘉善县种子公司
TG27	三雄 6 号	杭州三雄种苗公司
TG28	早生翠绿	杭州三雄种苗公司
TG29	古拉巴	上海慧和种业公司
TG30	含香雪	上海菲托种子有限公司
TG31	金脆仙	杭州三雄种苗公司
TG32	沃尔多	杭州三雄种苗公司
TG33	流星	杭州三雄种苗公司
TG34	甬甜 5 号	宁波市农科院
TG35	甬甜 7 号	宁波市农科院

续　表

编号	品种	供种单位
TG36	东之星	宁波市薇萌种子公司
TG37	甜 1009	嘉兴美之奥种业公司
TG38	美蜜	寿光先正达种子有限公司
TG39	白流星	嘉善县种子公司

表 2　展示品种生育动态

品种名称	播种期（月/日）	定植期（月/日）	授粉期（月/日）	成熟期（月/日）	果实发育天数（天）	全生育期（天）
甬甜 8 号	2/12	3/20	4/27			
夏蜜	2/12	3/20	4/23	6/10	48	118
翠雪 5 号	2/12	3/20	4/25	6/6	42	114
三雄 8 号	2/27	3/27	4/27	6/3	37	93
东方蜜 1 号	2/12	3/20	4/24	5/29	35	106
湖甜一号	2/12	3/20	4/21	6/2	42	110
红酥手 5 号	2/12	3/20	4/23	6/8	46	116
红酥手 3 号	2/12	3/20	4/21	6/8	48	116
红酥手 2 号	2/12	3/20	4/21	6/8	48	116
红酥手 1 号	2/12	3/20	4/21	5/30	39	106
蜜天下	2/12	3/20	4/21	5/29	38	106
脆玉 80	2/12	3/20	4/21	6/9	49	117
苏甜一号	2/12	3/20	4/23	5/29	36	106
红酥手 4 号	2/12	3/20	4/23	6/8	46	116
哈翠	2/12	3/20	4/23	5/31	38	108
红瑞一号	2/12	3/20	4/21	5/29	38	106
蜜玉	2/27	3/27	4/28	6/5	39	99
伊丽莎白	2/16	3/27	4/26	5/30	34	103
翡翠 1 号	2/16	3/27	4/25	6/6	43	110
创新一号	2/16	3/27	4/26	6/5	40	109
翠绿	2/16	3/27	4/25	6/5	40	109
早生白流星	2/16	3/27	4/24	6/5	42	109
绿菇	2/16	3/27	4/24	6/2	39	106
秋辉	2/27	3/27	4/28	6/13	46	112
三雄 5 号	2/16	3/27	4/24	6/1	37	105
西博洛托 2 号	2/16	3/27	4/24	5/29	34	102
三雄 6 号	2/16	3/27	4/26	6/4	39	108
早生翠绿	2/16	3/27	4/24	6/2	39	106

续　表

品种名称	播种期（月/日）	定植期（月/日）	授粉期（月/日）	成熟期（月/日）	果实发育天数（天）	全生育期（天）
古拉巴	2/27	3/27	4/26	6/1	36	100
含香雪	2/27	3/27	4/26	6/8	42	108
金脆仙	2/16	3/27	4/24	6/2	39	106
沃尔多	2/16	3/27	4/24	5/30	36	103
流星	2/16	3/27	4/25	6/8	44	112
甬甜5号	2/16	3/27	4/26	6/5	41	109
甬甜7号	2/16	3/27	4/24	6/8	45	112
东之星	2/16	3/27	4/24	6/8	45	112
甜1009	2/16	3/27	4/28	6/8	41	112
美蜜	2/27	3/27	4/26	6/3	38	102
白流星	2/16	3/27	4/25	6/3	39	106

表3　展示品种果实性状

品种名称	果肉厚（厘米）	果皮颜色	种腔（厘米）	中心糖（%）	边糖（%）	果肉色	口感
甬甜8号				13.5	13.3		
夏蜜	3.2	绿	5.2	16.5	12.2	绿	软
翠雪5号	2.8	白	5.3	14.5	9.1	白	软
三雄8号				15.3	10.4		
东方蜜1号	2.6	红	6.5	14.6	10.6	红	软
湖甜一号	3.5	绿	6.1	16.4	11.2	绿	软
红酥手5号	3.0	白	5.8	11.8	8.1	白	软
红酥手3号	3.1	橙红	7.4	13.6	8.8	橙红	脆
红酥手2号	2.9	橙红	6.3	14.9	11.2	橙红	脆
红酥手1号	2.8	橘红	6.5	14.1	9.9	橘红	软
蜜天下	3.9	绿	6.5	16.9	12.3	绿	软
脆玉80	3.0	白	5.1	12.3	8.4	白	脆
苏甜一号	3.4	白	6.5	17.8	10.9	白	软
红酥手4号	3.9	绿	5.9	14.8	9.8	绿	软
哈翠	3.1	白	6.4	14.1	8.4	白	脆
红瑞一号	3.4	橘红	5.9	15.2	8.6	橘红	脆
蜜玉	3.7	白肉	5.0	16.4	10.6	白肉	软
伊丽莎白	2.8	白	6.0	15.7	10.4	白	软
翡翠1号	3.3	白色	5.6	17.2	9.7	白色	无
创新一号	3.0	白	7.0	16.2	10.8	白	软

续 表

品种名称	果肉厚（厘米）	果皮颜色	种腔（厘米）	中心糖（%）	边糖（%）	果肉色	口感
翠绿	3.4	白	5.2	16.1	9.6	白	软
早生白流星	3.2	白肉	4.2	16.3	10.9	白肉	软
绿菇	3.3	绿	6.1	14.4	10.2	绿	软
秋辉	3.5	淡绿	5.3	14.3	8.6	淡绿	软
三雄5号	3.4	白	6.3	15.9	10.2	白	软肉
西博洛托2号	3.8	白	5.9	17.0	10.7	白	软肉
三雄6号	2.9	白	5.8	14.9	9.8	白	软
早生翠绿	3.9	白	5.4	16.1	10.5	白	软
古拉巴	3.9	白皮	5.9	15.9	10.0	白皮	软
含香雪	3.7	白	6.6	16.8	8.5	白	软
金脆仙	3.1	红	6.1	15.8	12.8	红	脆肉
沃尔多	3.5	白	5.3	16.1	9.3	白	软肉
流星	3.1	白	6.3	11.4	9.2	白	软
甬甜5号	3.4	橙红	5.0	14.7	11.7	橙红	脆肉
甬甜7号	2.6	白	5.1	15.2	10.9	白	脆
东之星	3.4	橙红	5.6	15.4	10.9	橙红	脆
甜1009	3.5	绿	6.2	15.0	8.8	绿	脆
美蜜	3.9	绿	7.0	14.8	10.7	绿	软
白流星	3.9	白	5.7	15.6	11.3	白	软

表4 展示品种产量及田间发病情况

品种名称	单果重（千克）	小区产量（千克）	折合亩产（千克）	产量位次	蔓枯病发病情况		
					发病株	病株率(%)	等级
甬甜8号							
夏蜜	1.2	185	1848	16			
翠雪5号	1.6	246	2464	12			
三雄8号							
东方蜜1号	2.2	339	3388	7			
湖甜一号	2.1	323	3234	8			
红酥手5号	1.5	231	2310	14			
红酥手3号	3.2	493	4928	2			
红酥手2号	2.3	354	3542	6			
红酥手1号	1.6	246	2464	13			
蜜天下	1.9	293	2926	10			

续 表

品种名称	单果重（千克）	小区产量（千克）	折合亩产（千克）	产量位次	蔓枯病发病情况		
					发病株	病株率(%)	等级
脆玉80	1.5	231	2310	14	5	1.4%	轻
苏甜一号	1.8	277	2772	11			
红酥手4号	2.8	431	4312	3			
哈翠	2.4	370	3696	5			
红瑞一号	2.2	339	3388	7	2	1.3%	轻
蜜玉	4.2	647	6468	1			
伊丽莎白	1.1	169	1694	17			
翡翠1号	1.6	246	2464	13			
创新一号	1.9	293	2926	10			
翠绿	1.9	293	2926	10			
早生白流星	1.4	216	2156	15			
绿菇	1.8	277	2772	11			
秋辉	2.0	308	3080	9			
三雄5号	1.6	246	2464	13			
西博洛托2号	1.8	277	2772	11			
三雄6号	1.6	246	2464	13			
早生翠绿	1.4	216	2156	15			
古拉巴	1.9	293	2926	10			
含香雪	2.4	370	3696	5			
金脆仙	1.7	262	2618	12			
沃尔多	1.5	231	2310	14			
流星	1.7	262	2618	12			
甬甜5号	1.8	277	2772	11			
甬甜7号	1.4	216	2156	15			
东之星	1.9	293	2926	10			
甜1009	2.1	323	3234	8			
美蜜	2.5	385	3850	4			
白流星	2.1	3234	3234	8			

审定、认定、引种品种

省审定品种

序号	作物类别	作物组别	品种名称	品种来源	选育(引进)单位	审定编号	审定年份
12	黄麻	黄麻	179		浙江省农科院从福建省引入	浙品审字第 012 号	1983
14	大麦	大麦	浙皮 1 号	73-142/朝日 19	浙江省农科院	浙品审字第 014 号	1983
15	大麦	大麦	沪麦 4 号	浙杂 12/早熟 3 号	嘉善县种子公司从上海引入	浙品审字第 015 号	1983
17	甘薯	甘薯	浙薯 1 号	新种花/59-11467	浙江省农科院	浙品审字第 017 号	1984
18	甘薯	甘薯	舟薯 1 号	贵州白皮/超胜 5 号	舟山市农科所	浙品审字第 018 号	1984
25	蚕种	蚕种	菁松×皓月	781×757/782×758	浙江省蚕种公司从中国农科院引入	浙品审字第 025 号	1985
28	蚕种	蚕种	蓝天×白云（科 7×康 2）	37 中×757/764×皓月	浙江省农科院	浙品审字第 028 号	1986
31	桑树	桑树	璜桑 14 号	实生桑中选出	诸暨市璜山农技站	浙品审字第 031 号	1986
33	黄麻	黄麻	179	梅峰 2 号/闽麻 5 号	浙江省农业厅和浙江省农科院从福建引入	浙品审字第 033 号	1987
35	大豆	大豆	浙春 2 号	德清黑豆/兖黄一号	浙江省农科院	浙品审字第 035 号	1987
37	大麦	大麦	浙农大 3 号	76-6477/76-20	浙江农业大学	浙品审字第 037 号	1987
38	大麦	大麦	舟麦 2 号	68-2/改良二条//牛古特	舟山市农科所	浙品审字第 038 号	1987
40	水稻	晚粳稻	秀水 11	测 21//测 21/湘虎 25	嘉兴市农科所	浙品审字第 040 号	1988
42	水稻	晚糯稻	祥湖 84	C81-45/C82-04	嘉兴市农科院	浙品审字第 042 号	1988
45	甘薯	甘薯	浙薯 2 号	宁薯 1 号/远缘植物乌干达牵牛	浙江省农科院	浙品审字第 045 号	1988
46	甘薯	甘薯	徐薯 18	新大紫/52-45	富阳市种子公司和浙江省农科院从江苏省引入	浙品审字第 046 号	1988
52	大麦	大麦	秀麦 1 号	76-6869/76-庐-186	嘉兴市农科院	浙品审字第 052 号	1989
54	大白菜	大白菜	早熟 5 号	自交不亲和系 10383-1/二环系 26-5-11-5	浙江省农科院	浙品审字第 054 号	1989
55	大白菜	大白菜	小杂 56	自交不亲和系(269/221)	浙江省种子公司从北京引入	浙品审字第 055 号	1989
56	榨菜	榨菜	浙桐 1 号	半碎叶榨菜系统选育	浙江农业大学等	浙品审字第 056 号	1989
60	大麦	大麦	浙皮 2 号	78-843/78-932	浙江省农科院	浙品审字第 060 号	1990
63	蚕种	蚕种	秋丰×白玉	（755 × 37 中）F6//丰秋///HW/J2	浙江省蚕种公司从中国农科院引入	浙品审字第 063 号	1990
64	大麦	大麦	大麦 68	B111-浙农 6 号	舟山市农科所、临海市农科所	浙品审字第 064 号	1991
65	大麦	大麦	沪麦 10 号	77-130/如东早 3 选盐③	嘉善农业技术推广站从上海引入	浙品审字第 065 号	1991
73	萝卜	萝卜	短叶-13	马尔早/火车头	杭州市种子公司	浙品审字第 073 号	1991
75	桑树	桑树	农桑 8 号	一之濑/伦敦 109 号	浙江省农科院	浙品审字第 075 号	1991

续 表

序号	作物类别	作物组别	品种名称	品种来源	选育(引进)单位	审定编号	审定年份
81	黄麻	黄麻	浙红832	来阳红麻/EV7401	浙江省农科院	浙品审字第081号	1992
83	萝卜	萝卜	浙萝1号	浙3A/翘头青	浙江省农科院	浙品审字第083号	1992
86	大麦	大麦	甬麦2号	82-115/74-6711	宁波市农科院	浙品审字第086号	1992
87	大麦	大麦	舟麦16号	80-G43/西海皮18	舟山市农科所	浙品审字第087号	1992
88	蚕豆	蚕豆	利丰蚕豆	皂荚种系统选育	浙江省农科院	浙品审字第088号	1993
89	蚕豆	蚕豆	越豆2号	青珠豆/优系8号	绍兴市农科所	浙品审字第089号	1993
90	蚕豆	蚕豆	白花大粒	系统选育	浙江省种子公司、舟山市种子公司	浙品审字第090号	1993
92	甘薯	甘薯	瑞薯1号	蓬尾/梅尖红	浙江省农科院、瑞安市农业局	浙品审字第092号	1993
95	水稻	早籼稻	嘉育293	浙辐802/科庆47//二九丰///早丰6号/水源287////HA7	嘉兴市农科所	浙品审字第095号	1993
104	四季豆	四季豆	矮早18	(法兰豆/黄金海岸)系统选育	浙江省农科院	浙品审字第104号	1993
107	水稻	杂交晚籼稻	Ⅱ优92	Ⅱ-32A//国际209/测64-7	浙江省开发杂交稻组合联合体金华市农科所	浙品审字第107号	1994
111	大豆	大豆	浙春3号	浙春1号/宁镇1号	浙江省农科院	浙品审字第111号	1994
113	黄芽菜	黄芽菜	黄芽14-1	小青口/旅大小根//桐乡黄芽菜	浙江省农科院	浙品审字第113号	1994
114	茶树	茶树	苔香紫	湄潭苔茶天然杂交后代	中国农科所茶科所	浙品审字第114号	1994
115	蚕种	蚕种	薪杭×白云	新9×731/764×皓月	浙江省蚕种公司	浙品审字第115号	1994
117	大麦	大麦	浙皮3号	79-1050/浙皮1号	浙江省农科院	浙品审字第117号	1994
118	大麦	大麦	秀麦2号	67-11/77-130	嘉兴市农科院	浙品审字第118号	1994
122	水稻	杂交早稻	威优402	V20A/R402	武义县种子公司引入配组	浙品审字第122号	1995
125	水稻	杂交晚籼稻	Ⅱ优6216	Ⅱ-32A/丽恢62-16	浙江省杂交水稻开发联合体	浙品审字第125号	1995
131	茶树	茶树	霜峰	红云/平云10	杭州市茶科所	浙品审字第131号	1995
132	黄麻	黄麻	红裂29	7804/75-1系选//湘红1号系选	浙江农业大学	浙品审字第131号	1995
134	甘薯	甘薯	南薯88	晋专7号/美国红	衢州市农科所从四川省引入	浙品审字第134号	1995
142	大麦	大麦	浙皮4号	沪麦8号/浙皮1号	浙江省农科院	浙品审字第142号	1996
143	大麦	大麦	浙原18	(朝日/G11)F1r辐射处理	浙江省农科院	浙品审字第143号	1996
144	大麦	大麦	秀麦3号	秀82-164/秀麦1号	嘉兴市农科院	浙品审字第144号	1996
147	桑树	桑树	大中华	大种桑/R81-1	浙江省农科院	浙品审字第147号	1996
148	桑树	桑树	农桑10号	桐乡青/伦教109	浙江省农科院	浙品审字第148号	1996
157	水稻	晚粳稻	秀水63	善41抗/秀水61//秀水61	嘉兴市农科院	浙品审字第157号	1997
159	大麦	大麦	浙农大7号	81-85/82-14	浙江大学农学系	浙品审字第159号	1997
160	小麦	小麦	温麦10号	兴麦1号/偃大72-629//兴麦1号	温州市农科院	浙品审字第160号	1997
163	红麻	红麻	浙红3号	7380/青皮3号//非洲红麻	浙江省农科院	浙品审字第163号	1997
164	桑树	桑树	盛东1号	湖桑201/花桑	浙江大学蚕桑系	浙品审字第164号	1997

续 表

序号	作物类别	作物组别	品种名称	品种来源	选育(引进)单位	审定编号	审定年份
165	油菜	油菜	高油 605	605/农林 18	浙江大学农学系	浙品审字第 165 号	1998
181	小麦	小麦	扬麦 158	扬麦 4 号//S1472/506	浙江省种子公司(站)、浙江省农业厅农作局从江苏省引入	浙品审字第 181 号	1999
183	水稻	早籼稻	嘉早 935	Z91-105///优 905/嘉育 293//Z91-43	嘉兴市农科院	浙品审字第 183 号	1999
193	水稻	杂交晚籼稻	Ⅱ优 2070	Ⅱ-32A/T2070	中国水稻所	浙品审字第 193 号	1999
196	水稻	杂交晚籼稻	协优 92	协青早 A/恢 20964	龙游县种子公司、金华市农科所	浙品审字第 196 号	1999
201	红麻	红麻	福红 2 号		浙江省种子公司、海宁市农林局	浙品审字第 201 号	1999
204	水稻	早籼稻	杭 959	杭 8820/早粳 4 号	杭州市农科所	浙品审字第 204 号	2000
210	水稻	晚粳稻	甬粳 18	丙 89-84//甬粳 33/甬粳 23	宁波市农科院	浙品审字第 210 号	2000
214	水稻	杂交晚籼稻	Ⅱ优 3027	Ⅱ-32A/R3027	浙江大学核农所、金华市种子公司	浙品审字第 214 号	2000
218	桑树	桑树	农桑 12	北区 1 号/桐乡青	浙江省农科院	浙品审字第 218 号	2000
219	桑树	桑树	农桑 14	北区 1 号/实生桑 1 号	浙江省农科院	浙品审字第 219 号	2000
220	油菜	油菜	浙双 72	宁油七号/马努	浙江省农科院	浙品审字第 220 号	2001
221	大麦	大麦	花 30	82164/秀麦 1 号	上海市农科院、嘉兴市农科院	浙品审字第 221 号	2001
222	小麦	小麦	浙丰 2 号	皖鉴 7909/观 1	浙江省农科院	浙品审字第 222 号	2001
227	水稻	早籼稻	金早 47	中 87-425×陆青早 1 号	金华市农科所	浙品审字第 227 号	2001
229	水稻	杂交早稻	八两优 100	安农 810S/D100	武义县种子公司、武义县粮油技术推广站引入	浙品审字第 229 号	2001
232	水稻	晚粳稻	秀水 52	丙 9375/秀水 63	嘉兴市农科院	浙品审字第 232 号	2001
233	水稻	杂交晚籼稻	协优 7954	协青早 A/浙恢 7954	浙江省农科院	浙品审字第 233 号	2001
239	蚕种	蚕种	华秋×松白	华秋×松白	湖州市蚕桑所	浙品审字第 239 号	2001
240	西瓜	西瓜	拿比特	引入	杭州三雄种苗有限公司	浙品审字第 307 号	2001
241	西瓜	西瓜	卫星 2 号	高桥 8 号/高桥 7 号	平湖市西瓜豆类研究所	浙品审字第 308 号	2001
244	西瓜	西瓜	花仙子	引入	杭州市种子公司	浙品审字第 311 号	2001
245	西瓜	西瓜	利丰 2 号	自交系 88-1-6-4-3-1/WZB	杭州市良种引进公司	浙品审字第 312 号	2001
246	西瓜	西瓜	斯维特	W97/WXXL	杭州市良种引进公司	浙品审字第 313 号	2001
248	西瓜	西瓜	浙蜜 5 号	YX-04/YP-02//97-10	浙江大学农学院园艺系、浙江省种子公司	浙品审字第 315 号	2001
249	西瓜	西瓜	秀芳	SW-09/SW-12	浙江大学农学院园艺系、浙江省种子公司	浙品审字第 316 号	2001
250	西瓜	西瓜	丰抗一号	引入	浙江省种子公司	浙品审字第 317 号	2001
251	西瓜	西瓜	丰抗 8 号	引入	浙江省种子公司	浙品审字第 318 号	2001
252	西瓜	西瓜	抗病京欣	引入	浙江省种子公司	浙品审字第 319 号	2001
253	西瓜	西瓜	京欣一号	引入	浙江省种子公司	浙品审字第 320 号	2001
254	西瓜	西瓜	丰乐 5 号	引入	浙江省种子公司	浙品审字第 321 号	2001
258	西瓜	西瓜	早佳	引入	宁波市种子公司	浙品审字第 325 号	2001
260	西瓜	西瓜	翠玲	引入	宁波市种子公司	浙品审字第 327 号	2001
261	西瓜	西瓜	新金兰	引入	宁波市种子公司	浙品审字第 328 号	2001

续 表

序号	作物类别	作物组别	品种名称	品种来源	选育(引进)单位	审定编号	审定年份
262	西瓜	西瓜	仙都	ZMF-7/ZM-10	杭州浙蜜园艺研究所、宁波市种子公司	浙品审字第329号	2001
263	西瓜	西瓜	美都	ZMF-20/ZM-5	杭州浙蜜园艺研究所、宁波市种子公司	浙品审字第330号	2001
264	西瓜	西瓜	喜都	ZM-J-7/ZM-J-1	杭州浙蜜园艺研究所、宁波市种子公司	浙品审字第331号	2001
265	西瓜	西瓜	红都2号	ZMF2/ZMF6	杭州浙蜜园艺研究所、宁波市种子公司	浙品审字第332号	2001
266	西瓜	西瓜	新征	ZMF-3/ZM-12	杭州浙蜜园艺研究所、宁波市种子公司	浙品审字第333号	2001
267	西瓜	西瓜	丽晶	ZM4X-6/ZMFY-10	杭州浙蜜园艺研究所、宁波市种子公司	浙品审字第334号	2001
268	西瓜	西瓜	丽兰	ZM4X-5/ZMFY-8	杭州浙蜜园艺研究所、宁波市种子公司	浙品审字第335号	2001
269	西瓜	西瓜	天黄	引入	浙江省农业新品种引进开发中心	浙品审字第336号	2001
272	西瓜	西瓜	巨龙	引入	怡兴(宁波)种苗有限公司	浙品审字第339号	2001
273	西瓜	西瓜	早春红玉	引入	杭州泛亚种苗有限公司	浙品审字第340号	2001
274	大豆	大豆	引豆9701	引入	浙江省农业厅农作物管理局	浙品审字第341号	2001
275	大豆	大豆	早生75	台湾75/札幌绿	竺庆如宁波市种子公司	浙品审字第342号	2001
277	大豆	大豆	新选88	台湾292/日本晚凉(8902)	竺庆如宁波市种子公司	浙品审字第344号	2001
278	大豆	大豆	春丰早	引入	浙江省农业新品种引进开发中心	浙品审字第345号	2001
279	大豆	大豆	夏丰2008	引入	浙江省农业新品种引进开发中心	浙品审字第346号	2001
280	大豆	大豆	浙春5号	灰33/78C35	浙江省农科院作物所、衢州市农科所	浙品审字第347号	2001
281	玉米	糯玉米	浙凤糯2号	糯213/衡选99	浙江省农科院作物所、浙江省农业厅农作物管理局	浙品审字第348号	2001
282	玉米	糯玉米	美晶	W31×W37	宁波市种子公司	浙品审字第349号	2001
283	玉米	糯玉米	金银糯	引入	宁波市种子公司	浙品审字第350号	2001
284	玉米	糯玉米	科糯98-6	衡白杂-2/中选05//WX-1-1	浙江省农业新品种引进开发中心	浙品审字第351号	2001
285	玉米	糯玉米	科糯991	糯白99×衡白552	浙江省农业新品种引进开发中心	浙品审字第352号	2001
287	玉米	糯玉米	黑珍珠糯玉米	引入	杭州市良种引进公司	浙品审字第354号	2001
288	玉米	糯玉米	杭玉糯1号	白粘87-08/米引-10//M-18	杭州市良种引进公司	浙品审字第355号	2001
289	玉米	甜玉米	超甜204	东20/甜04	东阳市种子公司	浙品审字第356号	2001
291	玉米	甜玉米	科甜98-1	HZ-3-1/回E28/sh2	浙江省农业新品种引进开发中心	浙品审字第358号	2001
292	玉米	甜玉米	金利	SH155/SH221	宁波市种子公司	浙品审字第359号	2001
293	玉米	甜玉米	金银蜜脆	JSC-5/JSC-10	宁波市种子公司	浙品审字第360号	2001
295	油菜	油菜	沪油15	引入	浙江省种子管理站、湖州市种子公司、海宁市农业技术推广中心、浙江省农业厅农作物管理局	浙品审字第362号	2001
303	水稻	晚粳稻	秀水110	嘉59天杂/丙95-13	嘉兴市农科院	浙品审字第370号	2002
304	水稻	晚粳糯稻	绍糯9714	(绍紫90-12/绍糯45//绍间9)F1/绍糯119	绍兴市农科所	浙品审字第371号	2002

续　表

序号	作物类别	作物组别	品种名称	品种来源	选育(引进)单位	审定编号	审定年份
308	水稻	杂交晚籼稻	协优 982	协青早 A/恢 982	金华市农科所	浙品审字第 375 号	2002
311	水稻	杂交晚籼稻	Ⅱ优 7954	Ⅱ-32A/浙恢 7954	浙江省农科院作物所	浙品审字第 378 号	2002
314	蚕种	蚕种	秋菊×新 6	学 9/康 1//白玉/白云	浙江省农科院蚕桑所	浙品审字第 381 号	2002
315	水稻	早籼稻	嘉早 312	嘉早 953/Z95-05//Z96-10	嘉兴市农科院	浙审稻 2003001	2003
317	水稻	早籼稻	嘉育 143	嘉育 293-T8/Z94-207	嘉兴市农科院	浙审稻 2003003	2003
321	水稻	晚粳稻	秀水 994	嘉 59 天杂/丙 95-43	嘉兴市农科院	浙审稻 2003007	2003
322	水稻	晚粳稻	嘉 991	武运粳 7 号/SGY-9	嘉兴市农科院	浙审稻 2003008	2003
323	水稻	糯稻	浙糯 36	丙 92-124/绍糯 92-8 选	浙江省农科院作核所	浙审稻 2003009	2003
325	水稻	糯稻	台糯 1 号	86 - 426/丙 665///91 - 158//甲农糯/85-79	台州市农科所、宁波市种子公司	浙审稻 2003011	2003
326	水稻	杂交晚籼稻	协优 5968	协青早 A/t5968(t1860/M105//t2092)	台州市农科所、省杂交水稻种业有限公司	浙审稻 2003012	2003
330	水稻	杂交晚粳稻	甬优 4 号	甬粳 2 号 A/K2001	宁波市农科院、宁波市种子公司	浙审稻 2003016	2003
331	大豆	大豆	浙秋豆 2 号	杭州九月拔/毛蓬青	浙江省农科院作核所	浙审豆 2003001	2003
332	大豆	大豆	浙秋豆 3 号	湘秋豆 1 号/特大粒	浙江省农科院作核所	浙审豆 2003002	2003
333	大豆	大豆	衢秋 2 号	毛蓬青 1 号/秋 7-1	衢州市农科所	浙审豆 2003003	2003
334	油菜	油菜	浙双 6 号	芥 65/双 8	浙江省农科院作核所	浙审油 2003001	2003
335	油菜	油菜	浙双 758	S7/84004	浙江省农科院作核所	浙审油 2003002	2003
336	玉米	玉米	水晶糯 1 号	A81/衡白 522	重庆安丰农业科技有限公司、省种子管理站	浙审玉 2003001	2003
338	水稻	早籼稻	浙农 7 号	中丝 3 号/浙农 947	浙江大学农学院、绍兴县种子公司	浙审稻 2004002	2004
339	水稻	早籼稻	中早 22	Z935/中选 11 体细胞无性系变异技术处理	中国水稻研究所	浙审稻 2004003	2004
341	水稻	早籼稻	天禾 1 号	金恢 88/浙 3	金华市天禾生物技术研究所、金华三才种业公司	浙审稻 2004005	2004
342	水稻	早籼稻	甬籼 57	嘉育 143/G95-40-3	宁波市农科院	浙审稻 2004006	2004
345	水稻	杂交晚籼	中浙优 1 号	中浙 A×航恢 570	中国水稻研究所、浙江省杂交水稻种业有限公司	浙审稻 2004009	2004
346	水稻	杂交晚籼	菲优 600	菲改 A×R600	中国水稻研究所	浙审稻 2004010	2004
347	水稻	杂交晚籼	中优 6 号	中 8A×R8006	中国水稻研究所	浙审稻 2004011	2004
350	水稻	杂交晚籼	中优 205	中 9A×浙恢 205	浙江省农科院作核所、中国水稻研究所、杭州市种子技术推广站	浙审稻 2004014	2004
353	水稻	晚粳稻	浙粳 27	ZH9318//绍糯 928/越光	浙江省农科院作核所、杭州市种子技术推广站	浙审稻 2004017	2004
356	水稻	晚糯稻	浙糯 5 号	R9682/丙 9302 杂交当代辐射	浙江省农科院作核所	浙审稻 2004020	2004
360	水稻	早籼稻	浙 106	Z9512/浙 733	浙江省农科院作核所	浙审稻 2004024	2004
362	大豆	秋大豆	丽秋 2 号	粗黄经辐射诱变而成	丽水市农科所	浙审豆 2004001	2004
363	大豆	菜用大豆	衢鲜 1 号	毛蓬青 1 号/上海香豆	衢州市农科所	浙审豆 2004002	2004
365	大豆	菜用大豆	浙鲜豆 1 号	矮脚白毛×AGS292	浙江省农科院作核所	浙审豆 2004004	2004

续 表

序号	作物类别	作物组别	品种名称	品种来源	选育(引进)单位	审定编号	审定年份
366	西瓜	中型西瓜	蜜都	F-E18/M-新 031×MM-03	杭州浙蜜园艺研究所、宁波市种子公司	浙审瓜 2004001	2004
367	西瓜	中型西瓜	青山	MF-95-3×MM-新 042	杭州浙蜜园艺研究所、宁波市种子公司	浙审瓜 2004002	2004
370	西瓜	小型西瓜	日丰	台湾引进	宁波市种子公司(引进)	浙审瓜 2004005	2004
371	西瓜	中型西瓜	平湖蜜瓜	白花×浙二卫	平湖西瓜豆类研究所	浙审瓜 2004006	2004
372	西瓜	中型西瓜	欣秀	河北省蔬菜种苗中心引进(S93-7×W92)	杭州市种子技术推广站(引进)	浙审瓜 2004007	2004
373	西瓜	中型西瓜	美抗 6 号	河北省蔬菜种苗中心引进(S94-5×T-95)	杭州市种子技术推广站(引进)	浙审瓜 2004008	2004
379	玉米	糯玉米	东糯 3 号	(N12-1×N-3)×东 08-16	东阳市种子公司	浙审玉 2004002	2004
380	玉米	甜玉米	华珍	国外引进品种	浙江省种子公司	浙审玉 2004003	2004
382	玉米	甜玉米	超甜 135	S103×S120	浙江省东阳玉米研究所	浙审玉 2004005	2004
383	玉米	糯玉米	都市丽人(原名甜糯引 1 号)	海南绿川种苗有限公司引进(M×Fnct)	北京奥瑞金种业股份有限公司(引进)	浙审玉 2004006	2004
384	玉米	糯玉米	澳玉糯 3 号	AN10×AN203	杭州澳德种业有限公司	浙审玉 2004007	2004
385	玉米	甜玉米	浙凤甜 2 号	D106×E311	浙江省农科院作核所、浙江省农业厅农作局、浙江风起农产有限公司	浙审玉 2004008	2004
387	蚕	蚕	春华×秋实	(秋丰/芳华)//(新日/416)	浙江省农科院蚕桑所	浙审蚕 2004001	2004
388	蚕	蚕	秋华×平 30	(秋丰×华光)×(S-14×白云)	浙江省农科院蚕桑所	浙审蚕 2005001	2005
392	水稻	杂交晚籼稻	研优 1 号	中 1A/2070F	中国水稻研究所、浙江勿忘农种业集团有限公司	浙审稻 2005004	2005
394	水稻	杂交晚籼稻	金优 987	金 23A/恢 987	金华市婺城区三才农业技术研究所	浙审稻 2005006	2005
395	水稻	杂交晚籼稻	Ⅱ优 8006	Ⅱ-32A/中恢 8006	中国水稻研究所	浙审稻 2005007	2005
396	水稻	常规晚粳稻	秀水 417	春江 17/丙 97405	嘉兴市农科院	浙审稻 2005008	2005
401	水稻	常规晚粳稻	原粳 35	早粳/R9223 杂交当代干种子辐射	浙江省农科院作核所	浙审稻 2005013	2005
402	水稻	常规晚粳稻	杭 43	武运粳 7 号/秀水 63	杭州市农科院	浙审稻 2005014	2005
403	水稻	常规晚粳稻	秀水 09	秀水 110/嘉粳 2717//秀水 110	嘉兴市农科院	浙审稻 2005015	2005
404	水稻	常规晚粳稻	秀水 03	秀水 110/嘉粳 2717//秀水 110	嘉兴市农科院	浙审稻 2005016	2005
406	水稻	杂交晚粳稻	嘉优 1 号	嘉 60A/嘉恢 40	嘉兴市农科院	浙审稻 2005018	2005
408	水稻	籼粳杂交晚稻	甬优 6 号	甬粳 2 号 A/K4806	宁波市农科院、宁波市种子公司	浙审稻 2005020	2005
409	水稻	常规晚糯稻	甬糯 34	甬粳 24/台 93-26//嘉 63	宁波市农科院	浙审稻 2005021	2005
411	水稻	杂交晚糯稻	甬优 5 号	甬糯 2 号 A/K6926	宁波市农科院、宁波市种子公司	浙审稻 2005023	2005

续 表

序号	作物类别	作物组别	品种名称	品种来源	选育(引进)单位	审定编号	审定年份
412	水稻	早籼稻	嘉育 253	G96-28-1/G96-143	嘉兴市农科院、余姚市种子公司	浙审稻 2005024	2005
414	水稻	早籼稻	浙 101	浙 9248 航天辐射	浙江省农科院作核所	浙审稻 2005026	2005
417	西瓜	西瓜	橙兰	台湾引进	宁波市种子公司	浙审瓜 2005001	2005
419	玉米	甜玉米	东甜 206	D22×甜 26	东阳市种子公司	浙审玉 2005001	2005
420	玉米	甜玉米	金甜 678	MU11-13×H9120	北京金农科种子科技有限公司	浙审玉 2005002	2005
421	玉米	甜玉米	浙甜 6 号	中 jp233×大 28-2	东阳玉米研究所	浙审玉 2005003	2005
424	玉米	糯玉米	瑶溪 1 号	SW01×SW02	温州三角种业有限公司	浙审玉 2005006	2005
427	玉米	糯玉米	美玉 8 号	M×980nct	海南绿川种苗有限公司	浙审玉 2005009	2005
428	水稻	杂交晚籼稻	培两优 2859	培矮 64S/JG2859	嘉兴市农科院、嘉兴市秀洲区农科所、浙江大学核农所、杭州市种子公司	浙审稻 2006001	2006
429	水稻	杂交晚籼稻	中浙优 8 号	中浙 A/T-8	中国水稻研究所、勿忘农集团有限公司	浙审稻 2006002	2006
434	水稻	常规晚籼稻	中组 14	五丰占 2 号/五丰占 2 号/IRBB5	中国水稻研究所	浙审稻 2006007	2006
436	水稻	杂交晚粳稻	秀优 5 号	秀水 110A/XR69	嘉兴市农科院、勿忘农集团有限公司	浙审稻 2006009	2006
440	水稻	常规晚粳稻	浙粳 22	浙粳 272//DP51653/RathuHeenati	浙江省农科院作核所、杭州市种子公司	浙审稻 2006013	2006
445	水稻	常规晚糯稻	浙糯 4 号	武运 P17/丙 9302 杂交当代辐射	浙江省农科院作核所、杭州余杭区种子技术推广站	浙审稻 2006018	2006
446	水稻	常规晚糯稻	嘉 65	嘉 48//嘉 37/嘉 51	嘉兴市农科院、湖州市种子公司、长兴县种子公司、海盐县种子公司	浙审稻 2006019	2006
451	水稻	早籼稻	温 229	嘉早 935/浙农 943//温 451	温州市农业科学研究院	浙审稻 2006024	2006
452	水稻	早籼稻	温 305	金早 47/早籼 436	温州市农业科学研究院	浙审稻 2006025	2006
453	大豆	大豆	浙鲜豆 3 号	台湾 75×大粒豆	浙江省农业科学院作物与核技术利用研究所	浙审豆 2006001	2006
456	西瓜	西瓜	巧玲	MW-S101×MW-S102	杭州三雄种苗有限公司	浙审瓜 2006003	2006
457	西瓜	西瓜	利丰 3 号	EG8×米引 W98-3	杭州市良种引进公司	浙审瓜 2006004	2006
459	油菜	油菜	浙油 18	宁油 7 号/马努//沪油 15	浙江省农业科学院作物与核技术利用研究所	浙审油 2006001	2006
461	玉米	糯玉米	美玉 3 号	Mnt×Fnct	浙江农科种业有限公司	浙审玉 2006002	2006
462	玉米	甜玉米	超甜 4 号	A281×G9801	东阳玉米研究所	浙审玉 2006003	2006
463	玉米	玉米	超甜 15 号	C996×D116	广州绿霸种苗有限公司	浙审玉 2006004	2006
465	玉米	玉米	珍糯 2 号	白糯 2-3×糯 A3	衢州市衢江区种子公司	浙审玉 2006006	2006
466	玉米	玉米	钱江糯 1 号	N621×N315	杭州市农业科学研究院	浙审玉 2006007	2006
467	玉米	玉米	燕禾金 2005	N11-2×N02-5	北京燕禾金农业科技发展中心、北京绿苗农业技术研究所	浙审玉 2006008	2006
468	蚕	蚕	秋丰×平 28	秋丰×(平 30×白玉)	浙江省农业科学院蚕桑研究所	浙审蚕 2007001	2007
469	蚕	蚕	明丰×春玉	(华明×秋丰)×(春日×白玉)	浙江省农业科学院蚕桑研究所	浙审蚕 2007002	2007

续 表

序号	作物类别	作物组别	品种名称	品种来源	选育(引进)单位	审定编号	审定年份
470	蚕	蚕	同丰×新玉	{[(秋丰B×871)×秋丰B]×秋丰A}×白玉BC	桐乡市蚕业有限公司、桐乡市蚕业管理站、浙江花神丝绸集团有限公司	浙审蚕2007003	2007
471	水稻	晚粳稻	秀水33	甬单6号/丙98101//秀水994	嘉兴市农业科学研究院	浙审稻2007001	2007
473	水稻	晚粳稻	秀水128	丙98101/R9936//HK21	嘉兴市农业科学研究院	浙审稻2007003	2007
474	水稻	晚粳稻	嘉禾218	JS2/C211//J28///JH212	嘉兴市农业科学研究院、中国水稻研究所	浙审稻2007004	2007
477	水稻	晚糯稻	祥湖171	R2071糯//凡20/9408糯	嘉兴市农业科学研究院	浙审稻2007007	2007
479	水稻	籼粳杂交稻	春优58	春江12A/CH58	中国水稻研究所、浙江农科种业有限公司	浙审稻2007009	2007
480	水稻	杂交晚粳稻	嘉优2号	嘉60A/嘉恢30	嘉兴市农业科学研究院、绍兴市农业科学研究院、长兴县种子公司、海盐县种子公司、诸暨市种子公司	浙审稻2007010	2007
481	水稻	籼粳杂交稻	甬优9号	甬粳2号A/K306093	宁波市农业科学研究院作物所、宁波市种子公司	浙审稻2007011	2007
482	水稻	杂交晚糯稻	甬优10号	甬糯2号A/K6962	宁波市农业科学研究院作物所、宁波市种子公司	浙审稻2007012	2007
483	水稻	籼粳杂交稻	甬优11号	甬粳2号A/K216211	宁波市农业科学研究院作物所、宁波市种子公司	浙审稻2007013	2007
485	水稻	杂交籼稻	钱优1号	钱江1号A/浙恢7954	浙江省农业科学院作核所、浙江农科种业有限公司	浙审稻2007015	2007
486	水稻	杂交籼稻	协优315	协青早A/浙恢M15	浙江省农业科学院作核所、浙江农科种业有限公司	浙审稻2007016	2007
490	水稻	杂交籼稻	中浙优86	中浙A/T-86	中国水稻研究所、勿忘农集团有限公司	浙审稻2007020	2007
492	水稻	杂交籼稻	中优1176	中9A/R1176	中国水稻研究所、浙江国稻高科技种业有限公司	浙审稻2007022	2007
493	水稻	早籼稻	浙农34	金97-47/中9740	浙江大学农业与生物技术学院	浙审稻2007023	2007
496	水稻	早籼稻	甬籼69	嘉育143/G95-40-3	宁波市农业科学研究院	浙审稻2007026	2007
497	水稻	早籼稻	浙408	G9968/丰43	浙江省农业科学院作物与核技术利用研究所	浙审稻2007027	2007
498	大豆	大豆	衢鲜2号	诱处4号/上海香豆	衢州市农业科学研究所	浙审豆2007001	2007
499	西瓜	西瓜	金比特	6WY11×6WY12	嘉兴美之奥农业科技有限公司、杭州三雄种苗有限公司、金华市农业科学研究院	浙审瓜2007001	2007
500	西瓜	西瓜	小芳	HMR-1×HXY-1	浙江大学农业与生物技术学院、浙江勿忘农种业股份有限公司	浙审瓜2007002	2007
504	棉花	棉花	慈杂1号	慈96-6×CZH-1	慈溪市农业科学研究所	浙审棉2007001	2007
506	棉花	棉花	中棉所59	中9618×中092271	中国农科院棉花研究所	浙审棉2007003	2007
507	油菜	油菜	浙油19	浙双72/浙优油1号	浙江省农业科学院作物与核技术利用研究所	浙审油2007001	2007
508	玉米	玉米	金玉甜1号	152×113	温州市农业科学研究院作物所	浙审玉2007001	2007
513	玉米	玉米	浙凤糯3号	W10-315×W12-621	浙江大学作物科学研究所、浙江勿忘农种业股份有限公司	浙审玉2007006	2007

续　表

序号	作物类别	作物组别	品种名称	品种来源	选育(引进)单位	审定编号	审定年份
515	蚕	蚕	钱塘×新潮	(丰1×芳山)×(氟2×54A)	浙江省农业科学院蚕桑研究所	浙审蚕2008001	2008
516	水稻	单季晚粳稻	秀水123	HK21/R9941	浙江省嘉兴市农业科学研究院	浙审稻2008001	2008
517	水稻	单季晚粳稻	浙粳28	丙98110/R9682//丙98110	浙江省农业科学院作物与核技术利用研究所、杭州市良种引进公司	浙审稻2008002	2008
518	水稻	单季晚粳稻	宁88	宁2-2/宁98-56//秀水110	宁波市农业科学研究院	浙审稻2008003	2008
520	水稻	单季晚粳糯稻	祥湖13	丙97408L/R9941///繁20/丙9408L//繁20/丙9734	浙江省嘉兴市农业科学研究院	浙审稻2008005	2008
521	水稻	单季晚粳糯稻	祥湖301	LRC/嘉花1号	浙江省嘉兴市农业科学研究院	浙审稻2008006	2008
522	水稻	连作晚粳稻	宁81	甬单6号/秀水110	宁波市农业科学研究院	浙审稻2008007	2008
523	水稻	连作晚粳稻	航香18	丙98110/航香10号	浙江省农业科学院作物与核技术利用研究所、杭州市良种引进公司	浙审稻2008008	2008
526	水稻	单季杂交晚籼稻	内2优3015	内香2A×内恢3015	内江杂交水稻科技开发中心	浙审稻2008011	2008
527	水稻	单季杂交晚籼稻	钱优0501	钱江1号A×浙恢0501	浙江省农业科学院作物与核技术利用研究所、浙江农科种业有限公司、建德市种子管理站	浙审稻2008012	2008
528	水稻	单季杂交晚籼稻	丰优54	粤丰A×t54	台州市农业科学研究院、临海市农业局粮油作物管理站	浙审稻2008013	2008
529	水稻	连作杂交晚籼稻	内2优111	内香2A×中恢111	中国水稻研究所	浙审稻2008014	2008
532	水稻	连作杂交晚籼稻	钱优100	钱江1号A×嘉99	浙江省农业科学研究院作物与核技术利用研究所、浙江农科种业有限公司、浙江省嘉兴市农业科学研究院	浙审稻2008017	2008
533	水稻	单季杂交晚粳稻	浙优10号	8204A×浙恢9816	浙江省农业科学院作物与核技术利用研究所	浙审稻2008018	2008
534	水稻	单季杂交晚粳稻	浙优12号	浙04A×浙恢H414	浙江省农业科学院作物与核技术利用研究所	浙审稻2008019	2008
537	水稻	早籼稻	中嘉早17	中选181/嘉育253	中国水稻研究所、嘉兴市农业科学研究院	浙审稻2008022	2008
538	水稻	早籼稻	金早09	金早50/金早47	金华市农业科学研究院	浙审稻2008023	2008
539	水稻	早籼稻	甬籼15	嘉育293//鉴8/杭931///嘉育143	宁波市农业科学研究院、舟山市农业科学研究所	浙审稻2008024	2008
541	水稻	早籼稻	嘉早311	嘉育253/Z02-404	嘉兴市农业科学研究院	浙审稻2008026	2008
542	大豆	菜用大豆	浙鲜豆5号	北引2×台湾75	浙江省农业科学院作物与核技术利用研究所	浙审豆2008001	2008
543	大豆	菜用大豆	太湖春早	S30-1×9080	湖州市农业科学研究院、浙江省农业科学院作物与核技术利用研究所	浙审豆2008002	2008
544	西瓜	西瓜	丽芳	YX-1×IVSM-9	浙江大学农业与生物技术学院、浙江勿忘农种业股份有限公司	浙审瓜2008001	2008

续 表

序号	作物类别	作物组别	品种名称	品种来源	选育(引进)单位	审定编号	审定年份
545	西瓜	西瓜	西域星	BS360×BS300-03	新疆国家瓜类工程技术研究中心	浙审瓜 2008002	2008
546	西瓜	西瓜	欣抗	26-2A×92-11	辽宁圭谷农业科技有限公司	浙审瓜 2008003	2008
547	棉花	杂交棉花	兴地棉 1 号	Z808×R1098	浙江大学农业与生物技术学院、常德兴地种业有限公司	浙审棉 2008001	2008
548	棉花	棉花	金杂棉 3 号	YH-2×GK97-1	金华市婺城区三才农业技术研究所	浙审棉 2008001	2008
549	油菜	油菜	浙双 8 号	浙双 6 号×G166	浙江省农业科学院作物与核技术利用研究所	浙审油 2008001	2008
550	玉米	甜玉米	科甜 1 号	HB-4×E28/sh2	浙江农科种业有限公司、浙江省农业科学院作物与核技术利用研究所	浙审玉 2008001	2008
551	玉米	甜玉米	科甜 2 号	白 B2×黄 18	浙江农科种业有限公司、浙江省农业科学院作物与核技术利用研究所	浙审玉 2008002	2008
552	玉米	甜玉米	嵊科甜 208	N-08×J-2	嵊州市蔬菜科学研究所	浙审玉 2008003	2008
553	玉米	糯玉米	浙糯玉 4 号	SM-1-1×4BNC	浙江省东阳玉米研究所	浙审玉 2008004	2008
554	玉米	糯玉米	美玉 6 号	小白×920	海南绿川种苗有限公司	浙审玉 2008005	2008
556	玉米	糯玉米	浙凤糯 5 号	03SN-70×ZCN-203	浙江省农业科学院作物与核技术利用研究所、浙江勿忘农种业股份有限公司	浙审玉 2008007	2008
557	蚕	蚕	限 7×平 48	(夏 7×薪杭)×(S-14×夏 6)	浙江省农业科学院蚕桑研究所	浙审蚕 2009001	2009
558	水稻	晚粳稻	秀水 103	苏 9522/丙 9610//丙 0001///RHK13	浙江省嘉兴市农业科学研究院	浙审稻 2009001	2009
559	水稻	晚粳稻	秀水 08	甬单 6 号//秀水 110/秀水 994	浙江省嘉兴市农业科学研究院	浙审稻 2009002	2009
560	水稻	晚粳稻	浙粳 41	R9936/R9941	浙江省农业科学院作物与核技术利用研究所、中国农业科学院作物科学研究所、杭州市良种引进公司	浙审稻 2009003	2009
561	水稻	晚粳稻	浙粳 29	春江 012/R2045	浙江省农业科学院作物与核技术利用研究所、湖州科奥种业有限公司	浙审稻 2009004	2009
562	水稻	晚粳稻	秀水 114	秀水 09/丙 03-123	浙江省嘉兴市农业科学研究院、中国科学院遗传发育所、浙江嘉兴农作物高新技术育种中心	浙审稻 2009005	2009
563	水稻	晚籼稻	钱优 0506	钱江 1 号 A×浙恢 0506	浙江省农业科学院作物与核技术利用研究所	浙审稻 2009006	2009
564	水稻	晚籼稻	钱优 M15	钱江 1 号 A×浙恢 M15	浙江省农业科学院作物与核技术利用研究所	浙审稻 2009007	2009
565	水稻	晚籼稻	D 优 17	D35A×蜀恢 527	四川农业大学水稻研究所、中国科学院遗传与发育生物学研究所	浙审稻 2009008	2009
566	水稻	晚籼稻	钱优 0618	钱江 1 号 A×浙恢 0618	浙江省农业科学院作物与核技术利用研究所	浙审稻 2009009	2009
567	水稻	晚籼稻	协优 629	协青早 A×中种恢 629	中国种子集团公司	浙审稻 2009010	2009
568	水稻	晚籼稻	中优 904	中 9A×R904	中国水稻研究所	浙审稻 2009011	2009

续　表

序号	作物类别	作物组别	品种名称	品种来源	选育(引进)单位	审定编号	审定年份
569	水稻	晚籼稻	浙辐两优 12	ZF01S×ZF-2	浙江大学原子核农业科学研究所、中国科学院遗传与发育生物学研究所	浙审稻 2009012	2009
570	水稻	晚籼稻	钱优 0508	钱江 1 号 A×浙恢 0508	浙江省农业科学院作物与核技术利用研究所	浙审稻 2009013	2009
571	水稻	晚籼稻	华优 18	协青早 A×龙恢 11	贵州油研种业有限公司、四川华龙种业有限责任公司	浙审稻 2009014	2009
572	水稻	晚籼稻	C 两优 87	C815S×87	湖南农业大学、四川农业大学水稻研究所	浙审稻 2009015	2009
573	水稻	晚籼稻	D 优 781	D62A×蜀恢 781	四川农业大学水稻研究所	浙审稻 2009016	2009
574	水稻	晚籼稻	华优 2 号	华 IA×龙恢 11	四川华龙种业有限责任公司	浙审稻 2009017	2009
575	水稻	晚籼稻	G 优 803	G2480A×蜀恢 2032	四川农大高科农业有限责任公司	浙审稻 2009018	2009
580	水稻	晚籼稻	Ⅱ优 598	Ⅱ-32A×浙恢 205	浙江省农业科学院作物与核技术利用研究所、浙江农科种业有限公司、衢州市衢江区种子管理站	浙审稻 2009023	2009
581	水稻	晚籼稻	钱优 0612	钱江 1 号 A×浙恢 0612	浙江省农业科学院作物与核技术利用研究所	浙审稻 2009024	2009
582	水稻	晚籼稻	Ⅱ优 023	Ⅱ-32A×杭恢 023	杭州市农业科学研究院、杭州市良种引进公司	浙审稻 2009025	2009
583	水稻	晚籼稻	丰优 9339	粤丰 A×中恢 9339	中国水稻研究所	浙审稻 2009026	2009
585	水稻	晚籼稻	川优 299	川香 29A×科恢 299	四川科瑞种业有限公司、四川省农业科学院作物研究所	浙审稻 2009028	2009
586	水稻	晚籼稻	Ⅱ优 0514	Ⅱ-32A×浙恢 0514	浙江省农业科学院作物与核技术利用研究所	浙审稻 2009029	2009
587	水稻	籼粳杂交稻	甬优 5006	甬粳 3A×F5006	宁波市农业科学研究院作物研究所、宁波市种子有限公司	浙审稻 2009030	2009
588	水稻	杂交晚粳稻	嘉优 3 号	嘉 335A×嘉恢 32	浙江省嘉兴市农业科学研究院、诸暨市越丰种业有限责任公司、德清县清溪种业有限公司、绍兴市农业科学研究院	浙审稻 2009031	2009
589	水稻	杂交晚粳稻	春优 172	春江 12A×C172	中国水稻研究所、浙江农科种业有限公司	浙审稻 2009032	2009
590	水稻	籼粳杂交稻	春优 658	春江 16A×CH58	中国水稻研究所、浙江农科种业有限公司	浙审稻 2009033	2009
591	水稻	杂交晚粳稻	八优 315	8204A×浙恢 H315	浙江省农业科学院作物与核技术利用研究所、浙江可得丰种业有限公司	浙审稻 2009034	2009
592	水稻	杂交晚粳稻	浙粳优 2 号	浙粳 3A×浙粳恢 04-02	浙江省农业科学院作物与核技术利用研究所、杭州市良种引进公司	浙审稻 2009035	2009
593	水稻	杂交晚粳稻	嘉优 608	嘉 60A×嘉恢 82	浙江省嘉兴市农业科学研究院、德清县清溪种业有限公司、诸暨市越丰种业有限责任公司、绍兴市农业科学研究院	浙审稻 2009036	2009
594	玉米	糯玉米	浙凤糯 8 号	WX98-211×ZCN-2	浙江省农业科学院作物与核技术利用研究所、浙江勿忘农种业股份有限公司	浙审玉 2009001	2009

续 表

序号	作物类别	作物组别	品种名称	品种来源	选育(引进)单位	审定编号	审定年份
595	水稻	常规早籼稻	台早518	嘉育253/嘉943	台州市农业科学研究院	浙审稻2009037	2009
596	水稻	常规早籼稻	中早38	中选181/金2000-10	中国水稻研究所	浙审稻2009038	2009
597	水稻	常规早籼稻	中早39	嘉育253/中组3号	中国水稻研究所	浙审稻2009039	2009
598	水稻	常规早籼稻	中选056	中选181/Z95-03	中国水稻研究所	浙审稻2009040	2009
599	水稻	常规早籼稻	嘉育140	嘉育21/G02-186	嘉兴市农业科学研究院	浙审稻2009041	2009
600	西瓜	西瓜	甘露	京M×GL02-2	新乐市种子有限公司	浙审瓜2009001	2009
601	西瓜	西瓜	琬美598	5543×5819	浙江省农业科学院作物与核技术利用研究所、浙江农科种业有限公司	浙审瓜2009002	2009
602	玉米	甜玉米	金师王	GF83×H9308	广州市兴田种子有限公司	浙审玉2009002	2009
603	玉米	甜玉米	正甜613	096×013	广东省农业科学院作物研究所、广东省农科集团良种苗木中心	浙审玉2009003	2009
604	玉米	糯玉米	浙糯玉5号	中2jp233×苏171	浙江省东阳玉米研究所、浙江农科种业有限公司	浙审玉2009004	2009
605	玉米	糯玉米	金糯628	H9120-w×M28-T	北京金农科种子科技有限公司	浙审玉2009005	2009
606	玉米	糯玉米	苏玉糯202	N0201×N006	江苏南通志飞玉米研究所	浙审玉2009006	2009
607	大豆	菜用大豆	浙农6号	台湾75/2808	浙江省农业科学院蔬菜研究所	浙审豆2009001	2009
608	大豆	菜用大豆	浙农8号	辽鲜1号/台湾292	浙江省农业科学院蔬菜研究所	浙审豆2009002	2009
609	大豆	菜用大豆	浙鲜豆6号	(台湾75/矮脚毛豆)F6//台湾75	浙江省农科院作物与核技术利用研究所	浙审豆2009003	2009
610	油菜	油菜	浙油50	沪油15/浙双6号	浙江省农科院作物与核技术利用研究所	浙审油2009001	2009
611	油菜	油菜	浙大619	(双低品系319/高油605)F5//鉴6	浙江大学农业与生物技术学院	浙审油2009002	2009
612	油菜	杂交油菜	油研817	850A×H16-1400	贵州省油菜研究所	浙审油2009003	2009
613	油菜	杂交油菜	奥油502	E101A-2×ENR-1	北京奥瑞金种业有限公司	浙审油2009004	2009
614	水稻	连作常规晚粳稻	宁82	秀水110//丙96-241/甬粳18	宁波市农业科学研究院	浙审稻2010001	2010
615	水稻	连作常规晚粳稻	春江063	嘉花1号/甬粳18	中国水稻研究所	浙审稻2010002	2010
616	水稻	单季常规晚粳稻	秀水134	丙95-59//测212/RH///丙03-123	嘉兴市农业科学研究院、中国科学院遗传与发育生物学研究所、浙江嘉兴农作物高新技术育种中心、余姚市种子管理站	浙审稻2010003	2010
617	水稻	单季常规晚粳稻	秀水12	秀水09/丙03-123	嘉兴市农业科学研究院	浙审稻2010004	2010
618	水稻	单季常规晚粳稻	浙粳37	R2045/秀水110//秀水110	浙江省农业科学院作物与核技术利用研究所、杭州市良种引进公司	浙审稻2010005	2010
619	水稻	连作杂交晚籼稻	协优702	协青早A×H702	浙江省农业科学院作物与核技术利用研究所	浙审稻2010006	2010
620	水稻	连作杂交晚籼稻	协优2226	协青早A×T2226	台州市农业科学研究院、浙江勿忘农种业股份有限公司	浙审稻2010007	2010
622	水稻	连作杂交晚籼稻	钱优2号	钱江1号A×浙恢0702	浙江省农业科学院作物与核技术利用研究所、浙江可得丰种业有限公司	浙审稻2010009	2010

续 表

序号	作物类别	作物组别	品种名称	品种来源	选育(引进)单位	审定编号	审定年份
623	水稻	连作杂交晚籼稻	协优中1号	协青早A×中组14	中国水稻研究所、金华市农业科学研究院	浙审稻2010010	2010
625	水稻	单季杂交晚籼稻	川香优3203	川香29A×成恢3203	四川省农业科学院作物研究所	浙审稻2010012	2010
626	水稻	单季杂交晚籼稻	川农优527	D83A×蜀恢527	四川农业大学水稻研究所、四川农业大学正红种业有限公司	浙审稻2010013	2010
627	水稻	单季常规晚籼稻	黄华占	黄新占/丰华占	广东省农业科学院水稻研究所	浙审稻2010014	2010
628	水稻	单季籼粳杂交稻	甬优12	甬粳2号A×F5032	宁波市农业科学研究院、宁波市种子有限公司、上虞市舜达种子有限责任公司	浙审稻2010015	2010
629	水稻	单季籼粳杂交稻	甬优13	甬粳3号A×F5032	宁波市农业科学研究院、宁波市种子有限公司	浙审稻2010016	2010
630	水稻	单季杂交晚粳稻	嘉优5号	嘉335A×嘉恢125	嘉兴市农业科学研究院、诸暨市越丰种业有限公司、德清县清溪种业有限公司、绍兴市农业科学研究院	浙审稻2010017	2010
632	玉米	甜玉米	浙甜2088	P杂选311×大28-2	浙江勿忘农种业股份有限公司	浙审玉2010001	2010
633	玉米	糯玉米	苏玉糯716	T5×HT2	江苏沿江地区农业科学研究所	浙审玉2010002	2010
634	油菜	油菜	浙油28	SE046/浙双6号	浙江省农业科学院作物与核技术利用研究所	浙审油2010001	2010
635	油菜	油菜	中油杂15号	98A×M5064	中国农业科学院油料研究所	浙审油2010002	2010
636	蚕	蚕	华东×春晨	[华峰A×(菁松A×571)]×[(雪松×苏8)×(皓月A×96)]	湖州市农业科学研究院	浙审蚕2010001	2010
637	蚕	蚕	恒丰×富玉	[(755×浙蕾)×(丰一×秋丰)]×白玉	浙江省农业科学院蚕桑研究所	浙审蚕2010002	2010
638	水稻	常规早籼稻	辐501	(Z96-12/Z95-03)F1辐射	浙江省农业科学院作物与核技术利用研究所	浙审稻2011001	2011
639	水稻	常规早籼稻	嘉早309	03YK7///ZH308/加早312//Z02-318	嘉兴市农业科学研究院	浙审稻2011002	2011
640	水稻	常规早籼稻	中佳早66	加育293/金97-47	中国水稻研究所	浙审稻2011003	2011
641	水稻	常规早籼稻	嘉育66	嘉育143/嘉育253	嘉兴市农业科学研究院	浙审稻2011004	2011
642	水稻	杂交早籼稻	株两优609	株1S×06EZ09	浙江省农业科学院作物与核技术利用研究所、株洲市农业科学研究所	浙审稻2011005	2011
643	水稻	连作常规晚粳稻	秀水414	秀水09///甬单6号/丙98101//秀水994	嘉兴市农业科学研究院	浙审稻2011006	2011
644	水稻	连作常规晚粳稻	浙糯65	丙981102//丙8502/BBW	浙江省农业科学院作物与核技术利用研究所、上虞市舜达种子有限责任公司	浙审稻2011007	2011
645	水稻	连作常规晚粳稻	浙粳88	春江012/R2045	浙江省农业科学院作物与核技术利用研究所、安吉县金穗种子有限公司	浙审稻2011008	2011
646	水稻	单季常规晚粳稻	秀水05	秀水128/秀水123	嘉兴市农业科学研究院、中国科学院遗传与发育生物学研究所、浙江嘉兴农作物高新技术育种中心	浙审稻2011009	2011

续 表

序号	作物类别	作物组别	品种名称	品种来源	选育(引进)单位	审定编号	审定年份
647	水稻	单季常规晚粳稻	绍粳 18	R0308/ZH236	绍兴市农业科学研究院、新昌县种子有限公司	浙审稻 2011010	2011
648	水稻	连作杂交晚籼稻	中浦优华占	中 99A×华占	中国水稻研究所、金华合丰农业科技有限公司	浙审稻 2011011	2011
649	水稻	连作杂交晚籼稻	天优 2180	天丰 A×中恢 218	中国水稻研究所、广东省农业科学院水稻研究所	浙审稻 2011012	2011
650	水稻	连作杂交晚籼稻	九优 063	九龙 A×ZF20	中国水稻研究所	浙审稻 2011013	2011
651	水稻	连作杂交晚籼稻	钱优 0724	钱江 1 号 A×浙恢 0274	浙江省农业科学院作物与核技术利用研究所、杭州市良种引进公司、浙江可得丰种业有限公司	浙审稻 2011014	2011
652	水稻	单季杂交晚籼稻	Y 两优 689	Y58S×温恢 689	温州市农业科学研究院、湖南杂交水稻研究中心、浙江农科种业有限公司、温州市联大农业科技有限公司	浙审稻 2011015	2011
653	水稻	单季杂交晚籼稻	Y 两优 5867	Y58S×R674	江西科源种业有限公司、国家杂交水稻工程技术研究中心、清华深圳龙岗研究所	浙审稻 2011016	2011
654	水稻	单季杂交晚粳稻	秀优 378	秀水 173A×XR78	嘉兴市农业科学研究院	浙审稻 2011017	2011
655	棉花	转基因杂交棉	中棉所 61	中 96-2×中 9425	中国农业科学院棉花研究所	浙审棉 2011001	2011
656	玉米	甜玉米	绿色超人	8611bt×1141bt	北华玉米研究所	浙审玉 2011001	2011
657	玉米	糯玉米	浙大糯玉 3 号	N4188×N8222	浙江大学作物科学研究所、浙江勿忘农种业股份有限公司	浙审玉 2011002	2011
658	大豆	菜用大豆	浙鲜豆 7 号	AGS359/23037-1	浙江省农科院作物与核技术利用研究所	浙审豆 2011001	2011
659	大豆	菜用大豆	萧农秋艳	'六月半'系统选育	浙江勿忘农种业股份有限公司、杭州市萧山区农业技术推广中心	浙审豆 2011002	2011
660	大豆	菜用大豆	衢鲜 5 号	诱处 4 号/衢州白花豆//海宁豆	衢州市农业科学研究所	浙审豆 2011003	2011
661	油菜	杂交油菜	绵新油 68	037AB×77C	绵阳市新宇生物科学研究所	浙审油 2011001	2011
662	西瓜	露地西瓜	佳乐	R723×R764	安徽荃银高科种业股份有限公司	浙审瓜 2011001	2011
663	西瓜	露地西瓜	浙蜜 6 号	RYX-1×RZM-5	浙江大学农业与生物技术学院、浙江勿忘农种业股份有限公司	浙审瓜 2011002	2011
664	蚕	蚕	银丰×玉珠	(丰一×桂一)×[玉丰(镇丰×9601)×明珠]	浙江大学动物科学学院	浙审蚕 2011001	2011
665	小麦	小麦	扬麦 18	宁麦 9 号/扬麦 158//88-128/南农 P045	江苏里下河地区农科所	浙审麦 2011001	2011
666	小麦	小麦	扬麦 19	扬麦 9 号//Yuma/8 * Chancellor	江苏里下河地区农科所	浙审麦 2011002	2011
667	水稻	常规早籼稻	温 718	中选 181/H1564	温州市农业科学研究院	浙审稻 2012001	2012
668	水稻	常规早籼稻	中早 41	G02-187/中嘉早 32	中国水稻研究所	浙审稻 2012002	2012
669	水稻	常规早籼稻	中组 9 号	G02-187/中嘉早 17	中国水稻研究所	浙审稻 2012003	2012
670	水稻	常规早籼稻	台早 733	JS01 - 41//台早 12/嘉早 43	台州市农业科学研究院	浙审稻 2012004	2012

续 表

序号	作物类别	作物组别	品种名称	品种来源	选育(引进)单位	审定编号	审定年份
671	水稻	常规特早熟晚粳稻	秀水 519	苏秀 9 号/秀水 123	浙江省嘉兴市农业科学研究院(所)	浙审稻 2012005	2012
672	水稻	连作常规晚粳稻	湖粳 640	HZ02-03/台 271//加 99-12	湖州市农业科学研究院、湖州科奥种业有限公司	浙审稻 2012006	2012
673	水稻	连作常规晚糯稻	春江糯 6 号	丙 02-105/祥湖 301	中国水稻研究所	浙审稻 2012007	2012
674	水稻	连作常规晚粳稻	浙粳 112	嘉 01-5//2717/秀水 1102	浙江省农业科学院作物与核技术利用研究所、杭州市良种引进公司	浙审稻 2012008	2012
675	水稻	单季常规晚粳稻	秀水 321	秀水 994/嘉禾 991///K1///秀水 09	浙江省嘉兴市农业科学研究院(所)	浙审稻 2012009	2012
676	水稻	连作杂交晚籼稻	嘉晚优 1 号	嘉晚 36A×MH23	浙江省嘉兴市农业科学研究院(所)、中国科学院遗传发育所、嘉兴农作物高新技术育种中心、海南大学农学院	浙审稻 2012010	2012
677	水稻	连作杂交晚籼稻	钱优 817	钱江 1 号 A×金恢 817	浙江省金华市农业科学研究院、浙江省农业科学院作物与核技术利用研究所	浙审稻 2012011	2012
678	水稻	连作杂交晚籼稻	天优 8019	天丰 A×中恢 8019	中国水稻研究所、广东省农业科学院水稻研究所	浙审稻 2012012	2012
679	水稻	连作杂交晚籼稻	协优 H118	协青早 A×中恢 H118	中国水稻研究所、浙江龙游县五谷香种业有限公司	浙审稻 2012013	2012
680	水稻	单季杂交晚籼稻	中浙优 10 号	中浙 A×06 制 7-10	中国水稻研究所、浙江省勿忘农种业股份有限公司	浙审稻 2012014	2012
681	水稻	单季杂交晚粳稻	嘉优 6 号	嘉 335A×嘉恢 69	浙江省嘉兴市农业科学研究院(所)、中国科学院遗传与发育生物学研究所、台州市台农种业有限公司、福建金山种子有限公司、诸暨市越丰种业有限责任公司、德清县清溪种业有限公司	浙审稻 2012015	2012
682	水稻	单季杂交晚粳稻	嘉禾优 555	嘉禾 212A×嘉禾 555	浙江省嘉兴市农业科学研究院(所)、中国水稻研究所、德清县清溪种业有限公司	浙审稻 2012016	2012
683	水稻	单季籼粳杂交稻	甬优 15	京双 A×F5032	宁波市农业科学研究院作物研究所、宁波市种子有限公司	浙审稻 2012017	2012
684	水稻	单季籼粳杂交稻	甬优 17	甬粳 4 号 A×甬恢 12	宁波市农业科学研究院作物研究所、宁波市种子有限公司	浙审稻 2012018	2012
685	水稻	单季籼粳杂交稻	春优 618	春江 16A×C18	中国水稻研究所、浙江农科种业有限公司	浙审稻 2012019	2012
686	水稻	单季籼粳杂交稻	浙优 18	浙 04A×浙恢 818	浙江省农业科学院作物与核技术利用研究所、浙江农科种业有限公司、中国科学院上海生命科学研究院	浙审稻 2012020	2012
687	油菜	油菜	华浙油 0742	S-1300×浙油 21	华中农业大学、浙江省农业科学院作物与核技术利用研究所、浙江勿忘农种业股份有限公司	浙审油 2012001	2012
688	油菜	油菜	南油 10 号	南 A7×274R	四川省南充市农科院	浙审油 2012002	2012
689	玉米	甜玉米	金玉甜 2 号	温 152×温 795	温州市农业科学研究院	浙审玉 2012001	2012

续 表

序号	作物类别	作物组别	品种名称	品种来源	选育(引进)单位	审定编号	审定年份
690	玉米	甜玉米	景甜 9 号	GH8×H633	珠海港穗景农业有限公司	浙审玉 2012002	2012
691	玉米	甜玉米	浙凤甜 3 号	H18×E329	浙江省农业科学院作物与核技术利用研究所、浙江勿忘农种业股份有限公司	浙审玉 2012003	2012
692	玉米	糯玉米	苏花糯 2 号	FN06×FN08	南通志飞玉米研究所	浙审玉 2012004	2012
693	玉米	糯玉米	脆甜糯 5 号	bw-2×H3	南宁市桂福园农业有限公司	浙审玉 2012005	2012
694	玉米	普通玉米	登海 605	DH351×DH382	山东登海种业股份有限公司	浙审玉 2012006	2012
695	玉米	普通玉米	济单 7 号	济 533×昌 7-2	河南省济源市农业科学研究所	浙审玉 2012007	2012
696	玉米	普通玉米	郑单 958	郑 58×昌 7-2	河南省农业科学院	浙审玉 2012008	2012
697	大豆	菜用春大豆	浙鲜豆 8 号	4904074/台湾 75	浙江省农业科学院作物与核技术利用研究所	浙审豆 2012001	2012
698	棉花	转基因杂交棉	慈杂 6 号	慈 90-100×CZH-3	慈溪市农业科学研究所、浙江大学农业与生物技术学院	浙审棉 2012001	2012
699	西瓜	设施中型西瓜	南太湖 1 号	RYX-1×IVSM-9	湖州市农作物技术推广站、浙江大学农业与生物技术学院	浙审瓜 2012001	2012
700	西瓜	设施中型西瓜	佳蜜	R703×荃 R701	安徽荃银高科种业股份有限公司、金华市农业科学研究院	浙审瓜 2012002	2012
701	蚕	蚕	夏荷×秋桂	(夏 7×秋丰)×(日 A×日 964)	浙江省农业科学院蚕桑研究所	浙审蚕 2012001	2012
702	水稻	常规早籼稻	温 814	G9946/甬籼 57	温州市农业科学研究院	浙审稻 2013001	2013
703	水稻	常规早籼稻	嘉早 37	TA105/嘉早 935//Z6309	浙江省嘉兴市农业科学研究院(所)	浙审稻 2013002	2013
704	水稻	常规早籼稻	嘉育 89	G04-84/G04-244	浙江省嘉兴市农业科学研究院(所)	浙审稻 2013003	2013
705	水稻	杂交早籼稻	株两优 813	株 1S×08EZ13	浙江省农业科学院作物与核技术利用研究所、株洲市农业科学研究所、浙江农科种业有限公司	浙审稻 2013004	2013
706	水稻	杂交早籼稻	陆两优 173	陆 18S×R173	中国水稻研究所	浙审稻 2013005	2013
707	水稻	连作杂交晚粳稻	甬优 720	甬粳 7 号 A×甬恢 20	宁波市种子有限公司	浙审稻 2013006	2013
708	水稻	连作常规晚粳稻	浙粳 97	R4028/R4101	浙江省农业科学院作物与核技术利用研究所、中国科学院遗传与发育生物学研究所、杭州市良种引进公司	浙审稻 2013007	2013
709	水稻	连作常规晚粳稻	浙粳 59	丙 02-105/丙 03-33	浙江省农业科学院作物与核技术利用研究所、浙江勿忘农种业股份有限公司	浙审稻 2013008	2013
710	水稻	单季常规晚粳稻	浙粳 60	丙 05-129/丙 03-123 辐	浙江省农业科学院作物与核技术利用研究所、杭州市良种引进公司	浙审稻 2013009	2013
711	水稻	单季常规晚粳稻	浙粳 98	丙 02-09/丙 01-113	浙江省农业科学院作物与核技术利用研究所、浙江勿忘农种业股份有限公司	浙审稻 2013010	2013
712	水稻	单季常规晚粳稻	嘉 58	嘉 33/嘉 0664	浙江省嘉兴市农业科学研究院(所)、中国科学院遗传与发育生物学研究所、台州市台农种业有限公司、浙江省农业科学院植物保护与微生物研究所	浙审稻 2013011	2013

续 表

序号	作物类别	作物组别	品种名称	品种来源	选育(引进)单位	审定编号	审定年份
713	水稻	连作杂交晚籼稻	广两优 7203	广占 63S×中恢 7203	中国水稻研究所、中国科学院遗传与发育生物学研究所	浙审稻 2013012	2013
714	水稻	连作杂交晚籼稻	天优 8025	天丰 A×R8025	中国水稻研究所、广东省农业科学院水稻研究所	浙审稻 2013013	2013
715	水稻	连作杂交晚籼稻	钱优 97	钱江 3 号 A×浙恢 907	浙江省农业科学院作物与核技术利用研究所、浙江可得丰种业有限公司、福建六三种业有限责任公司	浙审稻 2013014	2013
716	水稻	连作杂交晚籼稻	安优 18	安早 9A×pah18	浙江可得丰种业有限公司	浙审稻 2013015	2013
717	水稻	连作杂交晚籼稻	天优 H145	天丰 A×中恢 H145	中国水稻研究所、广东省农业科学院水稻研究所	浙审稻 2013016	2013
718	水稻	连作杂交晚籼稻	钱优 906	钱江 3 号 A×浙恢 906	福建六三种业有限责任公司、浙江省农业科学院作物与核技术利用研究所	浙审稻 2013017	2013
719	水稻	单季杂交晚籼稻	钱优 930	钱江 3 号 A×浙恢 930	浙江省农业科学院作物与核技术利用研究所、福建六三种业有限责任公司	浙审稻 2013018	2013
720	水稻	单季杂交晚籼稻	钱优嘉 8 号	钱江 1 号 A×08HMZR13	浙江省嘉兴市农业科学研究院(所)、杭州市良种引进公司、浙江省农业科学院作物与核技术利用研究所	浙审稻 2013019	2013
721	水稻	单季籼粳杂交稻	春优 84	春江 16A×C84	中国水稻研究所、浙江农科种业有限公司	浙审稻 2013020	2013
722	水稻	单季杂交晚糯稻	浙糯优 1 号	浙糯 1A×浙糯恢 04-01	浙江勿忘农种业股份有限公司	浙审稻 2013021	2013
723	水稻	单季籼粳杂交稻	甬优 538	甬粳 3 号 A×F7538	宁波市种子有限公司	浙审稻 2013022	2013
724	水稻	籼粳交特早熟晚稻	甬优 1640	甬粳 16A×F7540	宁波市种子有限公司	浙审稻 2013023	2013
725	水稻	籼粳交特早熟晚稻	甬优 2640	甬粳 26A×F7540	宁波市种子有限公司	浙审稻 2013024	2013
726	玉米	普通玉米	承玉 19	承系 46×831	承德裕丰种业有限公司	浙审玉 2013001	2013
727	玉米	甜玉米	蜜玉 1 号	SA-2×SB-6	金华三才种业公司、金华市婺城区科达种子经营部	浙审玉 2013002	2013
728	玉米	甜玉米	嵊科金银 838	黄 A-08×白 H-03	嵊州市蔬菜研究所	浙审玉 2013003	2013
729	玉米	甜玉米	上品	M6504×L6301	福建省农丰农业开发有限公司	浙审玉 2013004	2013
730	玉米	甜玉米	福华甜	华甜 022×台甜 038	广州市绿霸种苗有限公司	浙审玉 2013005	2013
731	玉米	甜玉米	正甜 68	粤科 06-3×UST	广东省农科院作物研究所、广东金作农业科技有限公司	浙审玉 2013006	2013
732	玉米	糯玉米	浙糯玉 6 号	SH23×中 2jp233	浙江省东阳玉米研究所、浙江农科种业有限公司	浙审玉 2013007	2013
733	玉米	糯玉米	美玉 13 号	HE729-1×HE67	海南绿川种苗有限公司	浙审玉 2013008	2013
734	玉米	糯玉米	苏玉糯 203	FN02×FN26	南通志飞玉米研究所	浙审玉 2013009	2013
735	棉花	转基因杂交棉	中棉所 87	中 CJ377126×中棉所 41	中国农业科学院棉花研究所	浙审棉 2013001	2013

续 表

序号	作物类别	作物组别	品种名称	品种来源	选育(引进)单位	审定编号	审定年份
736	棉花	常规彩色棉(非转基因)	浙大6号	绿-2001-3/TM-1	浙江大学作物科学研究所	浙审棉2013002	2013
737	西瓜	露地西瓜	黑优美	FLW04181×FLW04263	合肥丰乐种业股份有限公司	浙审瓜2013001	2013
738	西瓜	露地西瓜	科农3号	K008×K3	安徽省科农种业有限责任公司	浙审瓜2013002	2013
739	西瓜	设施中型西瓜	红和平	S517×S983	浙江省农业科学院蔬菜研究所	浙审瓜2013003	2013
740	蚕	蚕	华菁×平72	(华光×菁松)×(平8×872)	浙江省农业科学院蚕桑研究所	浙审蚕2013001	2013
741	蚕	蚕	浙凤1号	(学65×夏5)×(卵26×416)	浙江省农业科学院蚕桑研究所	浙审蚕2013002	2013
742	水稻	单季籼粳杂交稻	甬优12	甬粳2号A×F5032	宁波市农业科学研究院、宁波市种子有限公司、上虞市舜达种子有限责任公司	浙审稻2010015	2013
743	水稻	常规早籼稻	甬籼975	嘉早311/嘉育293	宁波市农业科学研究院、舟山市农业科学研究院、宁波市种子有限公司	浙审稻2014001	2014
744	水稻	常规早籼稻	温926	嘉育46/中组1号	温州市农业科学研究院、浙江可得丰种业有限公司、浙江科苑种业有限公司	浙审稻2014002	2014
745	水稻	常规早籼稻	中冷23	嘉育253/耐冷广四	中国水稻研究所	浙审稻2014003	2014
746	水稻	杂交早籼稻	陵两优0516	湘陵628S×05YP16	浙江省农业科学院作物与核技术利用研究所、湖南亚华种业科学研究院	浙审稻2014004	2014
747	水稻	连作杂交晚籼稻	华凤优6086	巨风A×华恢6086	华中农业大学、宜昌市农业科学研究院	浙审稻2014005	2014
748	水稻	连作杂交晚籼稻	钱优146	钱江1号A×中恢H146	江苏省大华种业集团有限公司	浙审稻2014006	2014
749	水稻	连作杂交晚籼稻	内5优36	内香5A×中恢36	浙江勿忘农种业股份有限公司	浙审稻2014007	2014
750	水稻	连作杂交晚籼稻	钱优16	钱江3号A×浙恢916	浙江省农业科学院作物与核技术利用研究所、福建六三种业有限责任公司	浙审稻2014008	2014
751	水稻	连作杂交晚籼稻	广两优9388	广占63S×中恢9388	中国水稻研究所	浙审稻2014009	2014
752	水稻	单季杂交晚籼稻	甬优1512	甬粳15A(A15)×F7512	宁波市种子有限公司	浙审稻2014010	2014
753	水稻	单季杂交晚籼稻	深两优884	深08S×R5884	浙江勿忘农种业股份有限公司	浙审稻2014011	2014
754	水稻	单季杂交晚籼稻	甬优1510	甬粳15A(A15)×F7510	宁波市种子有限公司	浙审稻2014012	2014
755	水稻	单季杂交晚籼稻	钱优911	钱江1号A×浙恢9111	浙江省农业科学院作物与核技术利用研究所、浙江勿忘农种业股份有限公司	浙审稻2014013	2014
756	水稻	单季杂交晚粳稻	浙优13	浙04A×浙恢H813	浙江省农业科学院作物与核技术利用研究所	浙审稻2014014	2014
757	水稻	单季杂交晚粳稻	甬优362	甬粳5号A(A3)×F7562	宁波市种子有限公司	浙审稻2014015	2014

续　表

序号	作物类别	作物组别	品种名称	品种来源	选育(引进)单位	审定编号	审定年份
758	水稻	单季杂交晚粳稻	春优 149	春江 19A×CH149	中国水稻研究所、浙江农科种业有限公司	浙审稻 2014016	2014
759	水稻	单季籼粳杂交稻	甬优 1540	甬粳 15A(A15)×F7540	宁波市种子有限公司	浙审稻 2014017	2014
760	水稻	连作常规晚粳稻	绍粳 31	嘉 03-23/R03-109	绍兴市农业科学研究院	浙审稻 2014018	2014
761	玉米	甜玉米	宝甜	T213×M285	东阳市各邦种子商行	浙审玉 2014001	2014
762	玉米	甜玉米	一品甜	GSV24×GSV25	广州市绿霸种苗有限公司	浙审玉 2014002	2014
763	玉米	糯玉米	花糯 99	5-11×505	南通群力特种玉米研究所	浙审玉 2014003	2014
764	玉米	糯玉米	翔彩糯 4 号	S102×W152	金华市翔宇农作物研究所、北京中农斯达农业科技开发有限公司	浙审玉 2014004	2014
765	玉米	普通玉米	浙凤单 1 号	HB11-4×P620	浙江勿忘农种业股份有限公司	浙审玉 2014005	2014
766	玉米	普通玉米	浙单 11	ZSD04×ZM17	浙江省东阳玉米研究所	浙审玉 2014006	2014
767	大豆	菜用大豆	奎鲜 2 号	辽鲜 1 号/丹 96-5003	铁岭市维奎大豆科学研究所、浙江省农业科学院蔬菜研究所	浙审豆 2014001	2014
768	大豆	菜用大豆	浙农 3 号	台湾 75//2808/开 8157	浙江省农业科学院蔬菜研究所、浙江浙农种业有限公司	浙审豆 2014002	2014
769	油菜	油菜	浙油 51	9603/宁油 10 号	浙江省农业科学院作物与核技术利用研究所、浙江勿忘农种业股份有限公司	浙审油 2014001	2014
770	油菜	油菜	浙大 622	(322/361)F5//109	浙江大学农业与生物技术学院、杭州市良种引进公司	浙审油 2014002	2014
771	小麦	小麦	华麦 5 号	扬麦 158/PH82-2-2	江苏省大华种业集团有限公司	浙审麦 2014001	2014
772	棉花	转基因杂交棉	浙大 5 号	ZH335×ZMS12 棕	浙江大学作物科学研究所	浙审棉 2014001	2014
773	西瓜	设施小型西瓜	天成	S04-92×S04-96	浙江省农业科学院蔬菜研究所	浙审瓜 2014001	2014
774	西瓜	设施小型西瓜	金蜜 2 号	X712×豫杂选 1 号	金华市农业科学研究院、浙江可得丰种业有限公司	浙审瓜 2014002	2014
775	西瓜	设施中型西瓜	申抗 988	W6-9×V13-1	上海市农业科学院园艺研究所	浙审瓜 2014003	2014
776	西瓜	露地西瓜	荃银瑞虎	R501×荃 R701	安徽荃银高科种业股份有限公司	浙审瓜 2014004	2014
777	水稻	常规早籼稻	嘉育 938	浙农 43//嘉育 253/G01-139	浙江省嘉兴市农业科学研究院(所)、浙江龙游县五谷香种业有限公司	浙审稻 2015001	2015
778	水稻	连作晚粳(籼)稻	甬优 4350	甬粳 43A×F9250	宁波市种子有限公司	浙审稻 2015002	2015
779	水稻	连作晚粳(籼)稻	甬优 4550	甬粳 45A×F9250	宁波市种子有限公司	浙审稻 2015003	2015
780	水稻	单季晚粳稻	宁 84	嘉花 1 号//宁 175/丙98-110///丙 05-012	宁波市农业科学研究院	浙审稻 2015004	2015
781	水稻	连作杂交晚籼稻	钱优 2015	钱江 1 号 A×金恢 2015	金华市农业科学研究院、杭州市良种引进公司、金华市康飞农业科技有限公司、浙江省农业科学院作物与核技术利用研究所	浙审稻 2015005	2015

续 表

序号	作物类别	作物组别	品种名称	品种来源	选育(引进)单位	审定编号	审定年份
782	水稻	连作杂交晚籼稻	钱优9号	钱江1号A×HKK9	安徽绿雨种业股份有限公司	浙审稻2015006	2015
783	水稻	连作杂交晚籼稻	钱3优982	钱江3号A×R982	中国农业科学院作物科学研究所、浙江省农业科学院	浙审稻2015007	2015
784	水稻	单季杂交晚籼稻	赣香优9141	赣香A×浙恢9141	浙江省农业科学院作物与核技术利用研究所、福建六三种业有限责任公司、江西省农业科学院水稻研究所	浙审稻2015008	2015
785	水稻	单季杂交晚籼稻	钱优1890	钱江1号A×T1890	台州市农业科学研究院、浙江勿忘农种业股份有限公司	浙审稻2015009	2015
786	水稻	单季杂交晚粳(籼)稻	甬优1140	甬粳6号A×F7540	宁波市种子有限公司	浙审稻2015010	2015
787	水稻	单季杂交晚粳(籼)稻	甬优7850	甬粳78A×F9250	宁波市种子有限公司	浙审稻2015011	2015
788	玉米	甜玉米	美玉甜002号	(台湾八珍/华珍)×(库普拉/王朝)	海南绿川种苗有限公司	浙审玉2015001	2015
789	玉米	甜玉米	浙甜10号	(先甜5号/A281)×(中糯2号/金银栗)	浙江省东阳玉米研究所	浙审玉2015002	2015
790	玉米	甜玉米	浙甜11	(05cPE02/华珍)×白甜糯1号	浙江省东阳玉米研究所	浙审玉2015003	2015
791	玉米	糯玉米	美玉糯16号	(南农紫玉糯1号/都市丽人)×(早5-1/桂林农家白糯玉米)	海南绿川种苗有限公司	浙审玉2015004	2015
792	玉米	糯玉米	浙糯玉7号	W321×兰158-6	浙江省东阳玉米研究所	浙审玉2015005	2015
793	玉米	普通玉米	铁研818	铁T0278×铁T0752	辽宁省铁岭市农业科学院	浙审玉2015006	2015
794	大豆	鲜食春大豆	浙鲜9号	台湾75航天诱变	浙江省农业科学院作物与核技术利用研究所	浙审豆2015001	2015
795	大豆	鲜食秋大豆	衢鲜6号	早熟毛蓬青/七月拔	衢州市农业科学研究院、浙江龙游县五谷香种业有限公司	浙审豆2015002	2015
796	大豆	大豆	衢秋3号	(诱处4号/衢州白花豆)//安徽大粒青	衢州市农业科学研究院、浙江龙游县五谷香种业有限公司	浙审豆2015003	2015
797	大豆	大豆	衢秋5号	早熟毛蓬青/七月拔	衢州市农业科学研究院、浙江龙游县五谷香种业有限公司	浙审豆2015004	2015
798	大豆	大豆	丽秋3号	黄村青豆/九月黄	丽水市农业科学研究院	浙审豆2015005	2015
799	油菜	油菜	浙油杂108	ZH3A×浙油50	浙江省农业科学院作物与核技术利用研究所、浙江勿忘农种业股份有限公司	浙审油2015001	2015
800	油菜	油菜	浙油33	(9715/鉴6)F4//(鉴6/沪油12)F6系选	浙江省农业科学院作物与核技术利用研究所、浙江勿忘农种业股份有限公司	浙审油2015002	2015
801	油菜	油菜	浙油80	引进I87材料诱变系选	浙江省农业科学院作物与核技术利用研究所、浙江农科粮油股份有限公司	浙审油2015003	2015
802	棉花	转基因杂交棉	慈杂11号	荆55173×CZH-05	慈溪市农业科学研究所、浙江大学、浙江勿忘农种业股份有限公司	浙审棉2015001	2015

续 表

序号	作物类别	作物组别	品种名称	品种来源	选育(引进)单位	审定编号	审定年份
803	小麦	小麦	扬麦 24	扬麦 17//扬 11/豫麦 18	江苏省扬州市农科院	浙审麦 2015001	2015
804	西瓜	露地西瓜	丽华	(皖杂 3 号/郑杂 7 号)×(京欣 1 号/早抗丽佳)	合肥丰乐种业股份有限公司	浙审瓜 2015001	2015
805	西瓜	露地西瓜	丰华 21	(Vista hollon seed/Dixielee)×(庭州蜜/Rhode island red)	浙江省农业科学院蔬菜研究所	浙审瓜 2015002	2015
805	糯玉米	彩糯 10	彩甜糯 K10-1	(京科糯 2000/美国矮杆早熟甜玉米)选育自交系×(自选黑糯/绿色超人)选育自交系	海南椿强种业有限公司	浙审玉 2016004	2016
806	桑蚕	桑蚕	秋·华×白云	(秋丰×华光)×白云	浙江省农业科学院蚕桑研究所	浙审蚕 2015001	2015
806	糯玉米	京科糯 569	/	自交系 N39×自交系白糯 6	北京市农林科学院玉米研究中心、北京华奥农科玉育种开发有限责任公司	浙审玉 2016005	2016
807	杂交早籼稻	株两优 831	/	株 1S×金 08-31	金华市农业科学研究院、株洲市农业科学研究所、金华市康飞农业科技有限公司	浙审稻 2016001	2016
807	秋大豆	衢秋 6 号	衢 2002-8	浙秋豆 3 号/中熟毛蓬青	衢州市农业科学研究院	浙审豆 2016001	2016
808	单季常规晚粳稻	嘉 67	/	嘉 66/秀水 123	浙江省嘉兴市农业科学研究院(所)、浙江勿忘农种业股份有限公司	浙审稻 2016002	2016
808	油菜	浙大 630	S630	(287/高油 605)F5//207	浙江大学农业与生物技术学院农学系、杭州市良种引进公司	浙审油 2016001	2016
809	单季常规晚粳稻	浙粳 86	浙粳 11-86	浙粳 88//秀水 09/嘉 05-116	浙江省农科院作物与核技术利用研究所、浙江勿忘农种业股份有限公司	浙审稻 2016003	2016
809	油菜	浙油 267	M267	(9715/鉴 6)F6//奥油 502	浙江省农业科学院作物与核技术利用研究所、浙江勿忘农种业股份有限公司	浙审油 2016002	2016
810	单季常规晚粳稻	浙粳 70	浙粳 111(R111)	秀水 134/ZH0997	浙江省农科院作物与核技术利用研究所、浙江省农科院病毒学与生物技术研究所、宁波市农科院生物技术研究所	浙审稻 2016004	2016
810	油菜	中油杂 200	中 86200	86A×P028	中国农业科学院油料作物研究所、武汉中油种业科技有限公司	浙审油 2016003	2016
811	单季常规晚粳稻	浙粳 99	浙粳 11-29	浙粳 88/甬粳 06-02	浙江省农科院作物与核技术利用研究所、浙江勿忘农种业股份有限公司	浙审稻 2016005	2016
811	设施西瓜	京阑	/	Jm-1×F-8	北京市农林科学院蔬菜研究中心、宁波市农业科学研究院	浙审瓜 2016001	2016
812	连作杂交晚籼稻	德两优 3421	/	德 1S×德恢 3421	北京德农种业有限公司	浙审稻 2016006	2016
812	露地西瓜	华冠	/	M33×H618	福建省农丰农业开发有限公司	浙审瓜 2016002	2016
813	连作杂交晚籼稻	C 两优 817	/	C815S×金恢 817	金华市农业科学研究院、杭州市良种引进公司、湖南农业大学	浙审稻 2016007	2016
813	设施西瓜	全美 2K	/	M102×M301	北京井田农业科技有限公司(引进单位)	浙审瓜 2016003	2016

续　表

序号	作物类别	作物组别	品种名称	品种来源	选育(引进)单位	审定编号	审定年份
814	连作杂交晚籼稻	雨两优 1033	两优 1033	雨 03S×R1033	中国水稻研究所、杭州市良种引进公司	浙审稻 2016008	2016
814	桑蚕	浙凤 2 号	雌 35×平 28	雌 35：母本为 PC-43，父本为夏 5、学 65；平 28：母本为平 30，父本为白玉	浙江省农业科学院蚕桑研究所	浙审蚕 2016001	2016
815	单季杂交晚籼稻	甬优 8050	/	甬粳 80A×F9250	宁波市种子有限公司	浙审稻 2016009	2016
816	单季杂交晚籼稻	中亿优 8 号	1870 优 3108	中亿 A×ZR3108	中国水稻研究所、浙江可得丰种业有限公司	浙审稻 2016010	2016
817	单季杂交晚籼稻	Y 两优 8199	/	Y58S×R8199	浙江科诚种业股份有限公司、湖南杂交水稻研究中心、温州市农业科学研究院	浙审稻 2016011	2016
818	单季籼粳杂交稻	甬优 540	/	甬粳 3 号 A×F7540	宁波市种子有限公司	浙审稻 2016012	2016
819	单季籼粳杂交稻	甬优 150	/	甬粳 2 号 A×F9250	宁波市种子有限公司	浙审稻 2016013	2016
820	单季籼粳杂交稻	嘉优中科 3 号	/	嘉 66A×中科嘉恢 1293	浙江省嘉兴市农业科学研究院(所)、中国科学院遗传与发育生物研究所、台州市台农种业有限公司	浙审稻 2016014	2016
821	单季籼粳杂交稻	浙优 21	浙优 1121	浙 04A×浙恢 F1121	浙江省农科院作物与核技术利用研究所	浙审稻 2016015	2016
822	单季籼粳杂交稻	浙优 19	浙优 1015	浙 04A×浙恢 F1015	浙江省农科院作物与核技术利用研究所	浙审稻 2016016	2016
823	甜玉米	浙甜 12	浙甜 1202	(先甜 5 号/自交系 A281)选育自交系×(自交系中 2jp233/jp131)选育自交系	浙江省东阳玉米研究所	浙审玉 2016001	2016
824	甜玉米	浙凤甜 5 号	白甜 5137	(金穗 3 号与旅九宽//sh2 选出的 W20-3 回交选育自交系)×美国商品种 sweet corn 二环系 ASW54-3	浙江省农科院作核所、浙江勿忘农种业股份有限公司	浙审玉 2016002	2016
825	糯玉米	科糯 2 号	科甜糯 2 号	(苏玉糯 1 号/京科糯 120)选育自交系×(渝糯 1 号/华珍)选育双隐性自交系	浙江农科种业有限公司、浙江省农科院作核所	浙审玉 2016003	2016

引进品种

序号	作物	名称	引进单位	引种号	引进年份	
1	油菜	华杂4号	浙江省种子公司	浙种引(2001)第001号	2001	
2	西瓜	抗病苏蜜	杭州市种子公司	浙种引(2002)第002号	2002	
3	水稻	粤优938	仙居县种子公司	浙种引(2002)第003号	2002	
4	西瓜	春光	浙江省种子公司	浙种引(2002)第004号	2002	
5	水稻	粤优938	浙江凤起农产有限公司	浙种引(2002)第005号	2002	
6	水稻	丰优香占	东阳市种子公司	浙种引(2002)第006号	2002	
7	水稻	Ⅱ优084	东阳市种子公司	浙种引(2002)第007号	2002	
8	春大豆	交选2号	嘉兴市经济作物工作站	浙种引(2002)第008号	2002	
9	水稻	D优527	文成县种子公司	浙种引(2003)第009号	2003	
10	水稻	两优2186	浙江农科种业有限公司	浙种引(2003)第010号	2003	
11	水稻	常优1号	浙江省诸暨市种子公司	浙种引(2003)第011号	2003	
12	西瓜	怡珍(W-26800)	杭州龙大农业技术服务有限公司	浙种引(2004)第012号	2004	
13	西瓜	抗病984	浙江凤起农产有限公司	浙种引(2004)第013号	2004	
14	大豆	青酥2号	浙江凤起农产有限公司	浙种引(2004)第014号	2004	
15	西瓜	红玲	杭州市种子技术推广站	浙种引(2004)第015号	2004	
16	水稻	申优1号	浙江农科种业有限公司	浙种引(2004)第016号	2004	
17	水稻	赣亚一号	浙江农科种业有限公司	浙种引(2004)第017号	2004	
18	玉米	沪玉糯2号	不详	浙种引(2004)第018号	2004	沪农品审玉米2002第006号 国审玉2005037
19	玉米	沪玉糯3号	不详	浙种引(2004)第019号	2004	
20	玉米	丽晶	绍兴新禾种业有限公司	浙种引(2004)第020号	2004	
21	玉米	金银818	绍兴新禾种业有限公司	浙种引(2005)第003号	2005	
22	玉米	苏玉糯2号	杭州市种子技术推广站	浙种引(2005)第004号	2005	
23	水稻	Ⅱ优航1号	金华市农业科学研究院	浙种引(2005)第001号	2005	
24	水稻	闵优香粳	平湖市种子公司	浙种引(2005)第002号	2005	
25	糯玉米	燕禾金2000	杭州三江种业有限公司	浙种引(2006)第001号	2006	
26	糯玉米	京甜紫花糯	杭州三江种业有限公司	浙种引(2006)第002号	2006	
27	水稻	新两优6号	新昌县种子有限公司	浙种引(2007)第001号	2007	
28	水稻	Ⅱ优118	新昌县种子有限公司	浙种引(2007)第002号	2007	
29	西瓜	春红玉	杭州市种子总站	浙种引(2007)第003号	2007	
30	西瓜	苏星058	杭州市种子总站	浙种引(2007)第004号	2007	
31	水稻	Ⅱ优1273	庆元县种子公司	浙种引(2007)第005号	2007	

续 表

序号	作物	名称	引进单位	引种号	引进年份	
32	水稻	甬优8号	宁波市种子公司	浙种引(2008)第001号	2008	
33	水稻	e福丰优11	常山县种子公司	浙种引(2008)第002号	2008	
34	水稻	Ⅱ优航148	金华三才种业公司	浙种引(2008)第003号	2008	
35	水稻	培两优慈四	金华三才种业公司	浙种引(2008)第004号	2008	
36	大豆	青酥4号	浙江勿忘农种业股份有限公司	浙种引(2008)第005号	2008	
37	水稻	Ⅱ优906	浙江省开化县种子公司	浙种引(2008)第006号	2008	
38	大豆	辽鲜一号	台州绿色农资有限公司	浙种引(2008)第007号	2008	
39	糯玉米	美玉加甜糯7号	浙江勿忘农种业股份有限公司	浙种引(2008)第008号	2008	
40	糯玉米	江南花糯	浙江勿忘农种业股份有限公司	浙种引(2008)第009号	2008	
41	玉米	先甜5号	杭州六和种子有限公司	浙种引(2008)第010号	2008	
42	玉米	苏玉糯11号	杭州市良种引进公司	浙种引(2009)第001号	2009	2006年2月通过江苏省审定
43	西瓜	超甜地雷王	杭州银韩种子公司	浙种引(2009)第002号	2009	2004年3月通过江西省审定
44	小麦	扬麦11号	浙江勿忘农种业股份有限公司	浙种引(2009)第003号	2009	2001年10月通过江苏省审定
45	小麦	扬麦14号	浙江农科种业有限公司	浙种引(2009)第004号	2009	2004年8月通过江苏省审定
46	水稻	Ⅱ优650	杭州市良种引进公司	浙种引(2009)第005号	2009	2006年1月通过江苏省审定
47	水稻	嘉33	湖州科奥种业有限公司	浙种引(2010)第001号	2010	2007年通过江苏省省级审定(苏审稻200711)
48	小麦	扬辐麦3号	杭州市良种引进公司	浙种引(2010)第002号	2010	2006年9月通过江苏省审定
49	小麦	扬麦13号	浙江农科种业有限公司	浙种引(2010)第003号	2010	2002年11月通过安徽省审定
50	玉米	蠡玉35	杭州市良种引进公司	浙种引(2010)第004号	2010	2007年2月通过安徽省审定
51	玉米	苏玉21	杭州市良种引进公司	浙种引(2010)第005号	2010	2005年2月通过江苏省审定
52	大豆	通豆6号	杭州市良种引进公司	浙种引(2010)第006号	2010	2007年1月通过江苏省审定
53	玉米	苏玉糯6号	浙江勿忘农种业股份有限公司	浙种引(2010)第007号	2010	2004年2月通过江苏省审定
54	玉米	海鲜玉1号	浙江勿忘农种业股份有限公司	浙种引(2010)第008号	2010	2007年1月通过江苏省审定
55	玉米	浚单18	临安农科种业有限公司	浙种引(2010)第009号	2010	2003年2月通过国家审定
56	菜用大豆	青酥5号	浙江勿忘农种业股份有限公司	浙种引(2011)第001号	2011年	2008年4月通过上海市审定
57	玉米	天糯1号	杭州市良种引进公司	浙种引(2011)第002号	2011年	2007年6月通过上海市审定
58	玉米	蠡玉16	杭州市良种引进公司	浙种引(2011)第003号	2011年08月02日	2005年4月通过安徽省审定
59	玉米	京糯208	杭州三江种业有限公司	浙种引(2011)第004号	2011年09月13日	2009年2月通过江西省审定
60	玉米	沪紫黑糯1号	杭州市良种引进公司	浙种引(2011)第005号	2011年11月17日	2008年4月通过上海市审定
61	玉米	脆甜糯6号	杭州市良种引进公司	浙种引(2011)第006号	2011年11月17日	2010年5月通过上海市审定
62	玉米	彩糯8号	杭州今科园艺种苗技术服务部	浙种引(2011)第007号	2011年11月25日	2009年6月通过上海市审定
63	水稻	丰两优6号	东阳东穗种业有限公司	浙种引(2012)第001号	2012年02月07日	2008年7月通过上海市审定
64	玉米	丰乐21	临安农科种业有限公司	浙种引(2012)第002号	2012年11月02日	2010年8月通过安徽省审定

续　表

序号	作物	名称	引进单位	引种号	引进年份	
65	西瓜	中江红丽	杭州市良种引进公司	浙种引(2013)第001号	2013年06月？日	2009年2月
66	玉米	金冠218	杭州三江种业有限公司	浙种引(2013)第002号	2013年08月13日	2012年4月
67	玉米	苏科糯3号	杭州三江种业有限公司	浙种引(2013)第003号	2013年08月13日	2010年3月
68	大豆	毛豆3号	宁波海通时代农业有限公司	浙种引(2014)第001号	2014年01月13日	2009/2/1福建审定
69	玉米	彩甜糯617	杭州市良种引进公司	浙种引(2014)第002号	2014年10月13日	2012年7月
70	水稻	嘉优99	龙泉市天丰农业生产资料有限公司	浙种引(2015)第001号	2015年03月23日	2012年1月通过福建省审定
71	大豆	沪宁95-1	浙江勿忘农种业股份有限公司	浙种引(2015)第002号	2015年04月14日	2007年6月通过上海市审定

审(认)定品种

年份	认定编号	作物类别	作物名称	品种名称	原名	品种来源	申报单位	选育人
1978	浙品认字第 074 号	茶树	碧云				中国农科院茶科所	
1983	浙品认字第 013 号	大麦	早熟 3 号				浙江省农科院从国外引进	
1983	浙品认字第 014 号	大麦	77-130				从上海市引入	
1983	浙品认字第 015 号	小麦	浙麦 1 号				浙江省农科院	
1983	浙品认字第 016 号	小麦	浙麦 2 号				浙江省农科院	
1983	浙品认字第 022 号	甘薯	红红 1 号				浙江省农科院	
1983	浙品认字第 023 号	甘薯	华北 48				从华北农科所引入	
1983	浙品认字第 024 号	甘薯	荆选 4 号				浙江省农科院、乐清市农业局	
1983	浙品认字第 025 号	甘薯	蓬尾				从广东省农科院引入	
1983	浙品认字第 035 号	红麻	青皮 3 号				从越南引入	
1983	浙品认字第 036 号	红麻	粤圆 5 号				从广东省引入	
1984	浙品认字第 037 号	茶树	鸠坑种				淳安县地方品种	
1985	浙品认字第 044 号	桑蚕	浙农 1 号×苏 12				浙江农业大学	
1985	浙品认字第 045 号	桑蚕	杭 7×杭 8				省蚕种公司从中国农科院引入	
1985	浙品认字第 046 号	桑蚕	华合×东肥				省蚕种公司从中国农科院引入	
1985	浙品认字第 047 号	桑树	团头荷叶白				海宁市地方品种	
1985	浙品认字第 048 号	桑树	湖桑 197				浙江省农科院	
1985	浙品认字第 049 号	桑树	荷叶白				海宁市地方品种	
1985	浙品认字第 050 号	桑树	桐乡青				桐乡市地方品种	
1985	浙品认字第 051 号	青菜	常青油冬儿				杭州市江干区四季青乡常青村	

续　表

年份	认定编号	作物类别	作物名称	品种名称	原名	品种来源	申报单位	选育人
1985	浙品认字第052号	大白菜	城青2号				浙江省农科院	
1985	浙品认字第053号	大白菜	旅城4号				浙江省农科院	
1985	浙品认字第054号	大白菜	早白				浙江省农科院	
1985	浙品认字第055号	番茄	浙红20号				浙江省农科院	
1985	浙品认字第056号	番茄	浙园6-73				浙江农业大学	
1985	浙品认字第057号	番茄	红丰				浙江农业大学	
1985	浙品认字第058号	番茄	浙园1-75				浙江农业大学、奉化罐头厂	
1985	浙品认字第059号	番茄	浙杂4号				浙江省农科院	
1985	浙品认字第060号	辣椒	弄口早椒				杭州市江干区笕桥镇弄口村	
1985	浙品认字第061号	西瓜	新澄				浙江省农业厅从广东省引入	
1985	浙品认字第062号	西瓜	浙蜜1号				浙江农业大学	
1985	浙品认字第063号	黄瓜	杭青2号				杭州市江干区四季青乡常青村	
1985	浙品认字第064号	豇豆	之豇28-2				浙江省农科院	
1985	浙品认字第065号	蘑菇	浙农1号				浙江农业大学	
1987	浙品认字第069号	大麦	浙农大2号				浙江农业大学	
1987	浙品认字第088号	柑桔	玉环柚(楚门文旦)				玉环县地方品种	
1987	浙品认字第089号	柑桔	宫川早生系温州蜜柑				无	
1987	浙品认字第090号	柑桔	山田系温州蜜柑				无	
1987	浙品认字第091号	柑桔	尾张系温州蜜柑				无	
1987	浙品认字第092号	柑桔	黄岩本地早				黄岩市地方品种	
1987	浙品认字第093号	柑桔	椪柑				从福建省引入	
1987	浙品认字第094号	柑桔	镇海金弹(宁波金柑)				无	
1987	浙品认字第095号	杨梅	余姚脖脐种				余姚市地方品种	
1987	浙品认字第096号	桃	岗三早生				从上海市引入	
1987	浙品认字第097号	桃	砂子早生				从上海市引入	
1987	浙品认字第098号	桃	半黄(黄桃)				浙江农业大学从辽宁省引入	
1987	浙品认字第099号	梨	菊水梨				杭州钱江果园从国外引入	
1987	浙品认字第100号	梨	黄花梨				浙江农业大学	
1987	浙品认字第101号	李	诸暨红心李				诸暨市地方品种	

续 表

年份	认定编号	作物类别	作物名称	品种名称	原名	品种来源	申报单位	选育人
1987	浙品认字第 102 号	青梅	萧山大青梅				萧山市地方品种	
1987	浙品认字第 103 号	枣	义乌大枣				义乌市地方品种	
1987	浙品认字第 104 号	枣	兰溪京枣(南京枣)				兰溪市地方品种	
1987	浙品认字第 105 号	萝卜	一点红				诸暨市种子公司	
1987	浙品认字第 106 号	青菜	四月慢				杭州市种子公司从上海市引入	
1987	浙品认字第 107 号	甘蓝	京丰 1 号				浙江省农科院等	
1987	浙品认字第 108 号	甘蓝	黑叶大平头				杭州市种子公司等	
1987	浙品认字第 109 号	甘蓝	鸡心包				杭州市种子公司提纯	
1987	浙品认字第 110 号	甘蓝	牛心包				杭州市种子公司提纯	
1987	浙品认字第 111 号	花菜	140 天花菜				杭州市种子公司从上海市引入	
1987	浙品认字第 112 号	芹菜	杭州青芹				杭州市种子公司	
1987	浙品认字第 113 号	菠菜	绍兴尖叶菠				绍兴县种子公司提纯	
1987	浙品认字第 114 号	小葱	嵊县四季葱				嵊县种子公司	
1987	浙品认字第 115 号	茄子	杭州红茄				杭州市种子公司提纯	
1987	浙品认字第 116 号	甜椒	茄门甜椒				杭州市种子公司提纯	
1987	浙品认字第 117 号	西瓜	中育 1 号				平湖市从中国农科院引入	
1987	浙品认字第 118 号	黄瓜	绍兴乳黄瓜				绍兴县种子公司提纯	
1987	浙品认字第 119 号	瓠瓜	安吉长瓜				安吉县种子公司	
1987	浙品认字第 120 号	冬瓜	广东青皮冬瓜				杭州市种子公司从上海市引入	
1987	浙品认字第 121 号	四季豆	蔓性四季豆				杭州市种子公司提纯	
1987	浙品认字第 122 号	茭白	八月茭				浙江省农科院	
1987	浙品认字第 123 号	茭白	中介茭				浙江省茭白协作组从江苏省引入	
1987	浙品认字第 070 号	茶树	迎霜				杭州市茶科所	
1987	浙品认字第 071 号	茶树	翠峰				杭州市茶科所	
1987	浙品认字第 072 号	茶树	劲峰				杭州市茶科所	
1987	浙品认字第 073 号	茶树	浙农 12				浙江农业大学	
1987	浙品认字第 075 号	茶树	龙井 43				中国农科院茶科所	
1987	浙品认字第 076 号	茶树	菊花春				中国农科院茶科所	
1987	浙品认字第 077 号	茶树	水古茶				临海市地方品种	

续　表

年份	认定编号	作物类别	作物名称	品种名称	原名	品种来源	申报单位	选育人
1987	浙品认字第 078 号	茶树	藤茶				临海市地方品种	
1987	浙品认字第 079 号	茶树	乌牛茶				永嘉县地方品种	
1987	浙品认字第 080 号	茶树	木禾种				东阳市地方品种	
1987	浙品认字第 081 号	茶树	龙井长叶				中国农科院茶科所	
1987	浙品认字第 082 号	茶树	寒绿				中国农科院茶科所	
1987	浙品认字第 083 号	茶树	碧峰				中国农科院茶科所	
1987	浙品认字第 084 号	茶树	苹云				中国农科院茶科所	
1987	浙品认字第 085 号	茶树	浙农 113				浙江农业大学	
1987	浙品认字第 086 号	茶树	浙农 121				浙江农业大学	
1987	浙品认字第 087 号	茶树	福云 6-37(青峰)				杭州市茶科所	
1988	浙品认字第 124 号	西瓜	新红宝				宁波市种子公司从中国种子公司引入	
1989	浙品认字第 126 号	萝卜	浙大长萝卜				浙江农业大学	
1989	浙品认字第 127 号	萝卜	夏生萝卜				宁波江北区农林局	
1989	浙品认字第 128 号	大白菜	青杂 3 号				宁波江北区农林局从山东省引入	
1989	浙品认字第 129 号	芥菜	细叶黄种雪里蕻				宁波市江北区农林局	
1989	浙品认字第 130 号	榨菜	半碎叶榨菜				桐乡市农业局	
1989	浙品认字第 131 号	芹菜	半白芹				宁波市江北区农业局引入	
1989	浙品认字第 132 号	茄子	黑茄				宁波市江北区农林局	
1989	浙品认字第 133 号	花菜	清江 120 天花菜				乐清市从国外引入	
1989	浙品认字第 134 号	花菜	清江 80 天花菜				乐清市从中国农科院引入	
1989	浙品认字第 135 号	花菜	清江 60 天花菜				乐清市从福建省引入	
1990	浙品认字第 138 号	甘薯	丽群 6 号				浙江省农科院	
1990	浙品认字第 139 号	马铃薯	克新 2 号				舟山市种子公司从黑龙江省引入	
1990	浙品认字第 141 号	韭菜	阔叶韭				杭州市种子公司从贵州省引入	
1990	浙品认字第 142 号	番茄	浙杂 5 号				浙江省农科院	
1990	浙品认字第 143 号	番茄	浙杂 7 号				浙江省农科院	

续 表

年份	认定编号	作物类别	作物名称	品种名称	原名	品种来源	申报单位	选育人
1990	浙品认字第144号	西瓜	金钟冠龙				宁波和嘉兴市种子公司引入	
1990	浙品认字第145号	豇豆	秋豇 512				浙江省农科院	
1990	浙品认字第146号	四季豆	供给者				舟山和宁波市种子公司从中国农科院引入	
1991	浙品认字第149号	大白菜	鲁白8号				杭州市种子公司从山东省引入	
1991	浙品认字第150号	大蒜	紫皮软叶				杭州市种子公司从四川省引入	
1991	浙品认字第167号	大葱	浙引大葱				浙江省种子公司从国外引入	
1992	浙品认字第151号	茶树	龙井种				杭州市西湖区农业局	
1992	浙品认字第152号	茶树	黄叶早				瓯海县林特局	
1992	浙品认字第153号	茶树	清明早				瑞安市林特局	
1992	浙品认字第154号	茶树	白毛茶				瑞安市林特局	
1992	浙品认字第155号	茶树	浙农 21				浙江农业大学	
1992	浙品认字第156号	茶树	浙农 25				浙江农业大学	
1992	浙品认字第157号	柑桔	槾桔				黄岩市特产局	
1992	浙品认字第158号	柑桔	早桔				黄岩市特产局	
1992	浙品认字第159号	柑桔	瓯柑				瓯海县林特局	
1992	浙品认字第160号	柑桔	常山胡柚				常山县农业局	
1992	浙品认字第161号	柑桔	苍南四季抛				苍南县农业局	
1992	浙品认字第162号	枇杷	大红袍				余杭市农业局	
1992	浙品认字第163号	枇杷	洛阳青				黄岩市特产局	
1992	浙品认字第164号	杨梅	黄岩东魁				黄岩市特产局	
1992	浙品认字第165号	杨梅	瓯海丁岙杨梅				瓯海县林特局	
1992	浙品认字第166号	樱桃	诸暨短柄樱桃				诸暨市农业局	
1993	浙品认字第186号	紫云英	宁波紫云英(鄞县姜山种、奉化大桥种)				浙江省种子公司和宁波市种子公司(宁波市地方品种)	
1993	浙品认字第187号	大蒜	云顶早				金华市农科所从四川省引入	
1993	浙品认字第188号	番茄	浙杂 805				浙江省农科院	
1993	浙品认字第189号	蘑菇	12月1日				浙江省农科院	

续　表

年份	认定编号	作物类别	作物名称	品种名称	原名	品种来源	申报单位	选育人
1993	浙品认字第 190 号	蘑菇	浙农 2 号				浙江农业大学	
1993	浙品认字第 191 号	金针菇	F-7				浙江省农科院	
1994	浙品认字第 193 号	大麦	浙农大 6 号				浙江农业大学、诸暨市农科所	
1994	浙品认字第 194 号	柑桔	华塔早温州蜜柑				江山市干鲜果办公室	
1994	浙品认字第 195 号	杨梅	早脐蜜梅				浙江省农科院、慈溪市杨梅所	
1994	浙品认字第 196 号	杨梅	晚脐蜜梅				浙江省农科院、余姚市特产局	
1994	浙品认字第 197 号	杨梅	早色				浙江省农业厅、省农科院、萧山市农业局	
1994	浙品认字第 198 号	桃	早霞露				浙江省农科院	
1994	浙品认字第 199 号	桃	玫瑰露				浙江省农科院	
1994	浙品认字第 200 号	桃	雪雨露				浙江省农科院	
1994	浙品认字第 201 号	李	浦江桃形李				浦江县农业局(浦江县地方品种)	
1994	浙品认字第 202 号	李	嵊县桃形李				嵊县林业局(嵊县地方品种)	
1994	浙品认字第 203 号	李	天目蜜李				临安市农业局(临安市地方品种)	
1994	浙品认字第 204 号	青梅	软条红梅				浙江省农科院	
1994	浙品认字第 205 号	葡萄	巨峰葡萄				浙江农业大学	
1994	浙品认字第 206 号	番茄	浙杂 804				浙江省农科院	
1994	浙品认字第 207 号	番茄	红玫 12 号				浙江农业大学	
1994	浙品认字第 208 号	西瓜	丰甜新红宝				浙江省农科院	
1994	浙品认字第 209 号	豌豆	中豌 6 号				浙江省种子公司从中国农科院引入	
1995	浙品认字第 210 号	甘蓝	春宝				浙江省农科院	
1995	浙品认字第 211 号	茄子	杭茄 1 号				杭州市蔬菜所	
1995	浙品认字第 212 号	大豆	东农 40				浙江省种子公司从东北农学院引入	
1995	浙品认字第 213 号	香菇	241-4				庆元县食用菌所	
1996	浙品认字第 214 号	大豆	矮脚毛豆				浙江省种子公司、萧山市种子公司从国外引入	
1996	浙品认字第 215 号	金针菇	江山白菇				江山市农科所从日本引入	
1996	浙品认字第 216 号	甘蔗	川糖 83/139				浙江省农业厅农作局、义乌市农业局从四川省引入	

续 表

年份	认定编号	作物类别	作物名称	品种名称	原名	品种来源	申报单位	选育人
1996	浙品认字第 217 号	西瓜	浙蜜 3 号				杭州市果树研究所、浙江大学园艺系	
1996	浙品认字第 218 号	马铃薯	东农 303				浙江省农业厅农作局、义乌市农业局从黑龙江省引入	
1996	浙品认字第 219 号	马铃薯	克新 4 号				浙江省农业厅农作局、舟山市种子公司从黑龙江省引入	
1997	浙品认字第 220 号	南瓜	东升南瓜				浙江省农科院从台湾省引入	
1997	浙品认字第 221 号	西瓜	平 87-14			高桥 1 号/85-8	平湖市西瓜豆类研究所	
1997	浙品认字第 222 号	西瓜	寿山西瓜				宁波市和浙江省种子公司从台湾省引入	
1997	浙品认字第 223 号	西瓜	浙蜜 2 号			蜜宝/克仑生	浙江大学园艺系	
1997	浙品认字第 224 号	梨	杭青梨				浙江大学园艺系、杭州市大观山果园从实生苗系统选育	
1997	浙品认字第 225 号	梨	新世纪				杭州市果树研究所从上海市农科院引入	
1997	浙品认字第 226 号	青梅	青丰青梅			萧山青梅株选	萧山市农技中心、萧山市进化青梅所	
1997	浙品认字第 227 号	杨梅	晚稻杨梅			舟山地方品种株选	舟山市林科所	
1997	浙品认字第 228 号	柑桔	温岭高橙			温岭市地方品种株选	温岭市林特局	
1997	浙品认字第 229 号	柑桔	永嘉早香柚			永嘉县地方柚株选	永嘉县农业局	
1997	浙品认字第 230 号	草莓	宝交早生				杭州市大观山果园从日本引入	
1998	浙品认字第 231 号	桃	红艳露				浙江省农科院	
1998	浙品认字第 232 号	李	诸暨黑李				诸暨市农业局从台湾省引入	
1998	浙品认字第 233 号	香菇	武香 1 号				武义县真菌所、武义县食用菌所等从国外引入	
1998	浙品认字第 234 号	香菇	庆元 9015				庆元县食用菌所从庆元菇场子实体分离	
1998	浙品认字第 235 号	茶树	安吉白茶			安吉县地方品种株选	安吉县农业局、安吉县林科所	
1998	浙品认字第 236 号	茶树	平阳特早茶				平阳县农业局平阳县地方品种株选	
1998	浙品认字第 237 号	大白菜	早熟 6 号			石特//70P-3/10-8-2-5	浙江省农科院	
1998	浙品认字第 238 号	甜椒	中椒 4 号				天台县农业局蔬菜经作站从中国农科院引入	
1998	浙品认字第 239 号	花菜	龙峰特大 80 天				温州市龙牌种苗有限公司	
1998	浙品认字第 240 号	青花菜	山水西兰花				临海市农村经济委员会从国外引入	

续 表

年份	认定编号	作物类别	作物名称	品种名称	原名	品种来源	申报单位	选育人
1998	浙品认字第 241 号	芦笋	UC157 芦笋				富阳市农技推广中心从美国引入	
1998	浙品认字第 242 号	生姜	新丰生姜			嘉兴市地方品种	嘉兴市郊区新丰镇政府	
1998	浙品认字第 243 号	荸荠	大红袍荸荠			嘉兴市地方品种	嘉兴市郊区余新镇政府	
1998	浙品认字第 244 号	菱	元宝菱			湖州市地方品种	湖州市锦山镇政府	
1998	浙品认字第 245 号	莲藕	胥仓雪藕			长兴县地方品种	长兴县吕山乡政府	
1998	浙品认字第 246 号	莲子	里叶白莲			建德市地方品种	建德市檀树镇政府	
1998	浙品认字第 247 号	百合	太湖百合			湖州市地方品种	湖州市太湖镇政府	
1998	浙品认字第 248 号	芋艿	奉化芋艿头			奉化市地方品种	奉化市萧王庙镇政府	
1998	浙品认字第 249 号	芋艿	沙埠早乌芋			黄岩区地方品种	黄岩区沙埠镇政府	
1998	浙品认字第 250 号	茭白	黄岩双季茭白				黄岩区蔬菜办公室从宁波“四九茭”株选	
1998	浙品认字第 251 号	茭白	河姆渡双季茭白				余姚市农技站、余姚市河姆渡农技站七月茭白株选	
1998	浙品认字第 252 号	茭白	高山美人茭			缙云县地方品种	缙云县农业局	
1998	浙品认字第 253 号	茭白	栖茎茭白			嘉兴市地方品种	嘉兴市郊区新篁镇政府	
1999	浙品认字第 254 号	梨	翠冠梨				浙江省农科院、杭州市果树研究所	
1999	浙品认字第 255 号	草莓	丰香				浙江省农科院从日本引入	
1999	浙品认字第 256 号	豇豆	之青 3 号			红咀燕/杭州青皮豇	浙江省农科院	
1999	浙品认字第 257 号	豇豆	之虹特早 30			红咀燕/杭州青皮豇	浙江省农科院	
1999	浙品认字第 258 号	莲藕	浙藕 3 号				浙江大学园艺系、湖州市副食品办公室、金华县科委	
1999	浙品认字第 259 号	西瓜	浙蜜 4 号			浙蜜 2 号/Z903	杭州市果树研究所、浙江大学园艺系、杭州市良种引进公司	
1999	浙品认字第 260 号	蘑菇	蘑菇 2796				浙江省农业厅农作局、苍南县农业局、嘉善县经作站、平湖市食用菌协会、苍南县马站农业对外开发区引入	
2000	浙品认字第 261 号	玉米	超甜 3 号				东阳玉米所	
2000	浙品认字第 262 号	玉米	苏玉糯 1 号				浙江省种子公司、浙江省农业厅农作局从江苏省引入	
2000	浙品认字第 263 号	玉米	浙糯玉 1 号				东阳玉米所、东阳市种子公司、金华市种子公司	

续 表

年份	认定编号	作物类别	作物名称	品种名称	原名	品种来源	申报单位	选育人
2000	浙品认字第264号	甘蔗	温联果蔗				温岭市农技推广中心、温岭市联树镇科委集团选育	
2000	浙品认字第265号	蔺草	鄞蔺1号				鄞县高桥镇农技站、浙江万里学院	
2000	浙品认字第266号	蘑菇	夏菇93				浙江省农科院国外材料经系统选育	
2000	浙品认字第267号	杨梅	桐子杨梅			三门县地方品种	三门县科协、三门县林特局、三门县科委	
2000	浙品认字第268号	桃	奉化玉露			奉化市地方品种	奉化市林业局	
2000	浙品认字第269号	桃	湖景蜜露				奉化市林业局从江苏省引入	
2000	浙品认字第270号	大豆	萧垦8901				萧山市棉麻场从国外引入	
2000	浙品认字第271号	大豆	台湾75				慈溪市蔬菜开发公司从台湾省引入	
2000	浙品认字第272号	丝瓜	永康白皮丝瓜			青皮丝瓜突变体	永康市种子公司	
2000	浙品认字第273号	甜瓜	玉姑				宁波市种子公司、慈溪市园艺园从台湾引入	
2000	浙品认字第274号	大白菜	强热大白菜				杭州市种子公司从韩国引入	
2000	浙品认字第275号	大白菜	早熟7号				浙江省农科院	
2000	浙品认字第276号	芥菜	七星鸡冠菜			嘉兴市秀洲区农林局	嘉兴市农科院	
2000	浙品认字第277号	花菜	特早50天			8870/8740A	乐清市远东花椰菜种苗场	
2000	浙品认字第278号	花菜	早生50天				乐江市清江花椰菜良种场	
2000	浙品认字第279号	花菜	东海明珠50天			7号/M50天	温州市蔬菜种籽公司	
2000	浙品认字第280号	花菜	东海明珠100天			10号/M70天	温州市蔬菜种籽公司	
2000	浙品认字第281号	花菜	成功1号				瑞安市庆一蔬菜良种繁育场、浙江省种子公司、瑞安市种子公司	
2000	浙品认字第282号	花菜	金光120天				温州市龙牌蔬菜种苗有限公司	
2000	浙品认字第283号	茄子	长虹2号			长虹85-14/9301	浙江省农科院园艺所	
2000	浙品认字第284号	茄子	引茄1号				浙江省农业新品种引进开发中心从国外引入	
2000	浙品认字第285号	番茄	浙杂806				浙江省农科院	
2000	浙品认字第286号	豇豆	紫秋虹6号			红咀燕/紫血豇	浙江省农科院	
2000	浙品认字第287号	豇豆	之虹特长80			红咀燕/杭州青皮豇	浙江省农科院	

续 表

年份	认定编号	作物类别	作物名称	品种名称	原名	品种来源	申报单位	选育人
2000	浙品认字第 288 号	豇豆	之虹 19			红咀燕/杭州青皮豇	浙江省农科院	
2000	浙品认字第 289 号	豇豆	高产 8 号			杭州青皮豇豆变异株	杭州市良种引进公司	
2000	浙品认字第 290 号	四季豆	无筋 2 号				浙江省农业新品种引进开发中心从国外引入	
2000	浙品认字第 291 号	辣椒	红椒 1 号				浙江省农业新品种引进开发中心从国外引入	
2000	浙品认字第 292 号	萝卜	春萝卜 9646				浙江省农业新品种引进开发中心	
2000	浙品认字第 293 号	南瓜	桔红				浙江省农业新品种引进开发中心从国外引入	
2000	浙品认字第 294 号	西瓜	利丰 1 号			EG8/JB	杭州市良种引进公司	
2000	浙品认字第 295 号	西瓜	寿山王			WSD260/WSD250	杭州市良种引进公司	
2000	浙品认字第 296 号	西瓜	小兰				宁波市种子公司从台湾省引入	
2000	浙品认字第 297 号	西瓜	黑美人				宁波市种子公司从台湾省引入	
2001	浙品认字第 298 号	玉米	特甜 1 号				浙江省种子公司	
2001	浙品认字第 299 号	高粱	湘两优糯粱 1 号				诸暨市农科所	
2001	浙品认字第 300 号	大豆	华春 18			黑 12-1/Q11-1		
2001	浙品认字第 301 号	茶树	银猴				遂昌县农业局、松阳县农业局	
2001	浙品认字第 302 号	青梅	长农 17				长兴县农业局	
2001	浙品认字第 303 号	弥猴桃	布鲁诺				浙江省农科院从国外引入	
2001	浙品认字第 304 号	柑桔	象山红				象山县林业特产技术推广总站	
2001	浙品认字第 305 号	白菜	东阳花菘菜				东阳市种子公司	
2001	浙品认字第 306 号	木耳	开化黑木耳				开化县农科所	
2005	浙认果 2005001	葡萄	矢富罗莎	粉红亚都蜜、兴华1号、法国早红	1999	国外引进	浙江省农科院园艺所、金华金藤藤稔葡萄有限公司	
2005	浙认果 2005002	梨	清香	/	1996	新世纪×三花梨	浙江省农科院园艺所	
2005	浙认菌 2005001	香菇	庆科 20	/	2000	庆元 9015 品种的自然变异株系	庆元县食用菌科研中心	
2005	浙认蔬 2005001	南瓜	四季绿	/	2001	S1 自交后代×锦栗	绍兴市农科院	
2005	浙认蔬 2005002	花椰菜	白马王子 140 天	/	1996	M140×M120	温州三角种业有限公司	

续 表

年份	认定编号	作物类别	作物名称	品种名称	原名	品种来源	申报单位	选育人
2005	浙认蔬 2005003	花椰菜	东海明珠 80 天	/	1996	10 号自交不亲和系×M50 株系	温州三角种业有限公司	
2005	浙认蔬 2005004	花椰菜	东海明珠 120 天	/	1996	10 号自交不亲和系×M100	温州三角种业有限公司	
2005	浙认蔬 2005005	芜菁	楠溪盘菜	/	1998	乐清大缨盘菜×瑞安小缨盘菜	温州三角种业有限公司	
2005	浙认薯 2005001	甘薯	金玉	浙 1257	1996	浙 73 半 2×苏薯 2 号	浙江省农科院作核所	
2005	浙认薯 2005002	甘薯	浙薯 13		1998	浙 3481×浙 255	浙江省农科院作核所	
2006	浙认茶 2006001	茶树	浙农 117	/	2001	福鼎大白茶系统选育	浙江大学农学院	
2006	浙认茶 2006002	茶树	浙农 139	/	2001	福鼎大白茶系统选育	浙江大学农学院	
2006	浙认麦 2006001	大麦	浙秀 12	秀 99-12	1998	岗 2×8951-21	浙江省农科院作核所、嘉兴市农科院、嘉善县种子公司	
2006	浙认麦 2006002	大麦	浙皮 8 号	浙 01-13	2001	浙皮 2 号×93-125	浙江省农科院作核所	
2006	浙认桑 2006001	桑树	丰田 2 号	/	1991	桐乡青×伦教 109 号	浙江省农科院蚕桑研究所	
2006	浙认蔬 2006001	番茄	阿乃兹	FA-189	2001	以色列引进	浙江省农业厅农作局、浙江凤起农产公司	
2006	浙认蔬 2006002	番茄	爱莱克拉	FA-516	2001	以色列引进	浙江省农业厅农作局、浙江凤起农产公司、宁波市种子公司	
2006	浙认蔬 2006003	丝瓜	春丝 1 号	/	2002	99-1-10×2000-1-1	绍兴市农科院、勿忘农集团有限公司	
2006	浙认蔬 2006004	蚕豆	双绿 5 号	/	2003	国外引进的蚕豆品种系统选育	勿忘农集团有限公司、杭州富惠现代农业有限公司	
2006	浙认蔬 2006005	豌豆	浙豌 1 号	/	2001	国外引进的 GW10 系统选育	浙江省农科院蔬菜研究所	
2006	浙认蔬 2006006	豇豆	瓯豇一点红	/	1999	国外引进的豇豆品种系统选育	温州市农科院蔬菜研究所	
2006	浙认蔬 2006007	瓠瓜	嘉蒲 2 号	/	2001	D00-26×D00-52 杂交选育	嘉兴市农科院	
2006	浙认蔬 2006008	黄秋葵	纤指	/	2002	国外引进的新东京 5 号系统选育	浙江省农科院蔬菜研究所	
2006	浙认蔬 2006009	草莓	章姬		1996	国外引进	浙江省农科院园艺所	
2006	浙认蔬 2006010	草莓	红颊		1998	国外引进	杭州市农科院	
2006	浙认药 2006001	铁皮石斛	天斛 1 号	/	2001	临安天目山野生种驯化	杭州天目山永安集团有限公司	
2006	浙认药 2006002	菊花	小洋菊	小白菊、湖菊、荷菊、迟小洋菊	2000	地方种	桐乡市农经局	
2006	浙认药 2006003	菊花	早小洋菊	/	2000	"小洋菊"芽变株选	桐乡市农经局、浙江省农科院园艺所	
2006	浙认蔗 2006001	甘蔗	义红 1 号	/	1996	"拔地拉"(Badila)芽变株选	义乌市果蔗研究所	

续 表

年份	认定编号	作物类别	作物名称	品种名称	原名	品种来源	申报单位	选育人
2007	浙认草 2007001	草类	灯心草	东席 1 号	东选 1 号	东阳市席草地方品种系统选育	东阳市农业局	
2007	浙认豆 2007001	旱粮	蚕豆	慈蚕 1 号	慈溪大粒 1 号、白花大粒 20-1	白花大粒蚕豆品种的变异单株系统选育	慈溪市种子公司	
2007	浙认果 2007001	果树	杨梅	黑晶	大黑炭	地方品种‘温岭大梅’园中发现的实生变异株系统选育	浙江省农业科学院园艺研究所、温岭市农业林业局	
2007	浙认果 2007002	果树	葡萄	早甜	/	‘先锋’葡萄变异株系统选育	浙江省农业科学院园艺研究所、金东区昌盛葡萄园艺场	
2007	浙认果 2007003	果树	柑橘	东江本地早	/	‘本地早’蜜橘园中发现的珠心系实生变异株系统选育	浙江省柑橘研究所、台州市黄岩区林业特产局	
2007	浙认果 2007004	果树	梨树	脆绿	3-14-23	杭青×新世纪系统选育	浙江省农科院园艺所	
2007	浙认蔬 2007001	蔬菜	甘蓝	晓春	超级晓春	97-22×97-2	温州市神鹿种业有限公司	
2007	浙认蔬 2007002	蔬菜	豇豆	瓯豇二尺玉	瓯豇白 52	国外引进的豇豆品种系统选育	温州市农业科学研究院蔬菜科学研究所、温州市神鹿种业有限公司	
2007	浙认蔬 2007003	蔬菜	青花菜	绿雄 90	/	日本引进	杭州三雄种苗有限公司	
2007	浙认蔬 2007004	蔬菜	辣椒	采风 1 号	/	9317-1-22-6×9322-A-15-4-1	杭州市农业科学研究院	
2007	浙认蔬 2007005	蔬菜	芹菜	金于夏芹	金东香芹、下于香芹	本地芹×正大脆芹系统选育	金华市金东区经济特产站、金东区东孝街道下于村金培斌	
2007	浙认蔬 2007006	蔬菜	芜菁	温抗 1 号	/	温盘 2 号×耐病 98-1	温州市农业科学研究院	
2007	浙认蔬 2007007	蔬菜	茭白	金茭 1 号	磐茭 98	磐安地方茭白品种变异株系统选育	磐安县农业局、金华市农业科学研究院	
2007	浙认蔬 2007008	蔬菜	番茄	浙杂 205	/	T9247-1-2-2-1×T01-198-1-2	浙江省农科院蔬菜所	
2007	浙认蔬 2007009	蔬菜	瓠瓜	甬瓠 2 号	/	NC94-4-09-15×94-04-3-1	宁波市农业科学研究院	
2007	浙认蔬 2007010	蔬菜	丝瓜	衢丝 1 号	/	日引 1 号×常山短丝瓜系统选育	衢州市农业科学研究所、常山县农作物技术推广站	
2007	浙认蔬 2007011	蔬菜	笋瓜	甘栗	甘栗 2 号	7KF01×F5-1-5-8-5	金华市农业科学研究院、杭州三雄种苗有限公司	
2007	浙认蔬 2007012	蔬菜	甜瓜	蓝甜 5 号	/	蓝 5G×甜 5K	勿忘农集团有限公司、杭州富惠现代农业有限公司	
2007	浙认薯 2007001	旱粮	甘薯	心香	/	金玉×浙薯 2 号选育	浙江省农业科学院作物与核技术科学研究所、勿忘农集团有限公司	

续 表

年份	认定编号	作物类别	作物名称	品种名称	原名	品种来源	申报单位	选育人
2007	浙认薯2007002	旱粮	甘薯	浙薯132	/	浙薯13×浙薯3481选育	浙江省农业科学院作物与核技术科学研究所	
2007	浙认薯2007003	旱粮	甘薯	浙薯6025	浙薯602、浙薯602-5	浙薯27-5×浙薯2号选育	浙江省农业科学院作物与核技术科学研究所	
2007	浙认药2007001	中药材	浙贝母	浙贝1号	/	浙贝母地方品种'樟村贝母'系统选育	鄞州区农林局、磐安县中药材生产办公室	
2007	浙认药2007002	中药材	元胡	浙胡1号	大叶元胡	磐安市和东阳市元胡地方品种系统选育	磐安县中药材生产办公室、东阳市农业局、磐安县中药材研究所	
2007	浙认药2007003	中药材	芍药	浙芍1号	东阳大红袍	东阳市杭白芍地方品种(大红袍)系统选育	东阳市农业局、磐安县中药材生产办公室	
2008	浙认茶2008001	茶叶	茶树	香山早1号	/	三门县珠岙镇香山群体种茶园变异株	三门县珠岙镇人民政府、三门县玉龙茶叶专业合作社	
2008	浙认瓜2008001	甜瓜	甜瓜	浙甬2号	/	01s-17-1-6-5-11-3-0×99A-03-1-5-2-3-12-5-8	浙江大学农业与生物技术学院、宁波市农业科学研究院	
2008	浙认瓜2008002	甜瓜	甜瓜	浙甬3号	/	99A-10-8-3-6-10-8-7-1-0×MR04-4-5-3-6-1-0	浙江大学农业与生物技术学院、宁波市农业科学研究院	
2008	浙认果2008001	果树	梨	圆黄	/	韩国引进	浙江省农业科学院园艺研究所、杭州市萧山区农业局、桐庐县农业技术推广中心	
2008	浙认果2008002	果树	柑桔	大分	おおいた	日本引进	象山县林业特产技术推广中心、象山县绿苑果树研究所、宁波市林特科技推广中心	
2008	浙认果2008003	果树	梨	玉冠	/	筑水×黄花	浙江省农业科学院园艺研究所	
2008	浙认果2008004	果树	梨	初夏绿	/	西子绿×翠冠	浙江省农业科学院园艺研究所	
2008	浙认花2008001	花卉	一串红	神州红	/	帝王自交系航空选育	杭州市农业科学研究院	
2008	浙认菌2008001	食用菌	秀珍姑	农秀1号	/	g-twsh-98-5×Pg-fj-99-10	浙江省农业科学院园艺研究所	
2008	浙认麦2008001	大麦	大麦	浙啤33	40240	岗2/秀麦3号//秀麦3号///岗2	浙江省农业科学院作物与核技术利用研究所、嘉兴市农业科学研究院	
2008	浙认麦2008002	大麦	大麦	浙秀22	秀96-22	92070/92130	浙江省农业科学院作物与核技术利用研究所、嘉兴市农业科学研究院、平湖市种子公司	

续 表

年份	认定编号	作物类别	作物名称	品种名称	原名	品种来源	申报单位	选育人
2008	浙认麦 2008003	大麦	大麦	秀麦 11	花 98-11	82164/秀麦 3 号花培	嘉兴市农业科学研究院、浙江省农业科学院作物与核技术利用研究所、海宁市种子公司	
2008	浙认蔬 2008001	蔬菜	籽莲	十里荷 1 号	200101	太空 36 号系统选育	建德市里叶十里荷莲子开发中心、建德市农技推广中心粮油站、建德市里叶白莲开发公司、省农科院植物保护与微生物研究所、武义县科技局	
2008	浙认蔬 2008002	蔬菜	辣椒	采风 3 号		9614-2-4-6-1×9321-1-5-4-4	杭州市农业科学研究院	
2008	浙认蔬 2008003	蔬菜	辣椒	千丽 1 号	/	9624-25-1-3-3-6-1-2×9711-34-2-3-10-4-2	杭州市农业科学研究院	
2008	浙认蔬 2008004	蔬菜	茭白	丽茭 1 号	/	缙云地方品种美人茭系统选育	丽水市农业科学研究所、缙云县农业局	
2008	浙认蔬 2008005	蔬菜	茭白	金茭 2 号	/	水珍 1 号变异株系统选育	金华市农业科学研究院、浙江大学蔬菜研究所、金华陆丰农业开发有限公司	
2008	浙认蔬 2008006	蔬菜	豇豆	之豇 108	/	长 C×△CAB	浙江省农业科学院蔬菜研究所、丽水市绿溢农业发展有限公司、丽水市莲都区农业局	
2008	浙认蔬 2008007	蔬菜	豇豆	绿豇 1 号	/	宁波绿带系统选育	宁波市农业科学研究院、余姚市种子站	
2008	浙认蔬 2008008	蔬菜	豌豆	象豌 1 号	/	国外材料系统选育	象山县农业技术推广中心	
2008	浙认蔬 2008009	蔬菜	大白菜	浙白 6 号	/	S99-533-28-8-1-26-10-5×S02-PB658-23-1-5-20-15	浙江省农业科学院蔬菜研究所	
2008	浙认蔬 2008010	蔬菜	大白菜	浙白 8 号	/	S02-PB657-6-1-1-2-18×S98-430-9-2-18-6-6	浙江省农业科学院蔬菜研究所	
2008	浙认蔬 2008011	蔬菜	大白菜	早熟 8 号	/	10383×116-3	浙江省农业科学院蔬菜研究所	
2008	浙认蔬 2008012	蔬菜	榨菜	甬榨 1 号	甬丰 1 号	川王榨菜×YS00	宁波市农业科学研究院、余姚市种子站	
2008	浙认蔬 2008013	蔬菜	瓠瓜	浙蒲 2 号	/	G7-4-3-1-2-1×G17-11-2-3-2-2	浙江省农科院蔬菜研究所	
2008	浙认蔬 2008014	蔬菜	瓠瓜	甬瓠 3 号	/	杭州长瓜自交系×宁波夜开花自交系	宁波市农业科学研究院	
2008	浙认蔬 2008015	蔬菜	南瓜	翠栗 1 号	/	栗子自交系×日本锦栗自交系	绍兴市农业科学研究院、浙江勿忘农种业股份公司	

续 表

年份	认定编号	作物类别	作物名称	品种名称	原名	品种来源	申报单位	选育人
2008	浙认蔬 2008016	蔬菜	茄子	慈茄1号	/	韩家路黑藤茄系统选育	慈溪市德清种子种苗有限公司、慈溪市德清蔬菜技术研究所	
2008	浙认蔬 2008017	蔬菜	雪菜	嘉雪四月蕻	四月雪里蕻	嘉善地方农家种系统选育	嘉兴市农业科学研究院	
2008	浙认蔬 2008018	蔬菜	榨菜	余缩1号	/	地方品种'缩头种'系统选育	余姚市农业技术推广服务总站	
2008	浙认蔬 2008019	蔬菜	白菜	浙白11号	/	s99-533-28-8-1-26-10-5×S03-651B-2-13-5-6-4	浙江省农业科学院蔬菜研究所	
2008	浙认蔬 2008020	蔬菜	白菜	青丰1号	/	709-311A×801-112	浙江省农业科学院蔬菜研究所	
2008	浙认蔬 2008021	蔬菜	芥菜	台芥1号		黄岩小叶芥系统选育	台州市农业科学研究院	
2008	浙认蔬 2008022	蔬菜	甜椒	慈椒1号	/	黄壳大椒 9808-8×矮单 92-3-2	慈溪市德清蔬菜技术研究所、慈溪市德清种子种苗有限公司	
2008	浙认蔬 2008023	蔬菜	辣椒	浙椒1号	/	HP9801×HP9915	浙江省农业科学院蔬菜研究所	
2008	浙认蔬 2008024	蔬菜	茭白	龙茭2号	/	地方品种'梭子茭'变异株系统选育	桐乡市农业技术推广服务中心、浙江省农业科学院植物保护与微生物研究所、桐乡市龙翔街道农业经济服务中心、桐乡市董家茭白合作社	
2008	浙认蔬 2008025	蔬菜	番茄	浙粉 208	/	T01-039-1-1×T93170-3-1	浙江省农业科学院蔬菜研究所	
2008	浙认蔬 2008026	蔬菜	番茄	浙杂 210	/	T01-199-1-1×T01-230	浙江省农业科学院蔬菜研究所	
2008	浙认蔬 2008027	蔬菜	番茄	杭杂1号	/	9905-1-2-1-1-1×8947-1-2-2-3-1	杭州市农业科学研究院	
2008	浙认蔬 2008028	蔬菜	黄瓜	浙秀1号	/	XH65×XD23	浙江省农业科学院蔬菜研究所	
2008	浙认蔬 2008029	蔬菜	黄瓜	航翠1号	航育1号	HC-5-1-2-2×J-2-4-0	杭州市农业科学研究院	
2008	浙认蔬 2008030	蔬菜	黄瓜	航研1号	/	航天诱变材料 HC-7 选育	杭州市农业科学研究院	
2008	浙认蔬 2008031	蔬菜	茄子	紫秋	/	J803-1×T9312-1	浙江省农业科学院蔬菜研究所	
2008	浙认蔬 2008032	蔬菜	瓠瓜	越蒲1号	/	2002-1-1×2000-1-10-1	绍兴市农业科学研究院	
2008	浙认蔬 2008033	蔬菜	葫芦	甬砧1号	/	js01-1-3-2-1-5-7-4×JP01-3-3-2-1-4-2-6	宁波市农业科学研究院	
2008	浙认薯 2008001	旱粮	甘薯	浙薯 75	/	浙薯 3481×浙薯 27-5	浙江省农业科学院作物与核技术利用研究所	
2008	浙认药 2008001	中药材	郁金	温郁金1号	/	瑞安地方品种	浙江省亚热带作物研究所、乐清市源生中药材种植有限公司、浙江省中药研究所	

续　表

年份	认定编号	作物类别	作物名称	品种名称	原名	品种来源	申报单位	选育人
2008	浙认药 2008002	中药材	玄参	浙玄 1 号	/	磐安地方品种	磐安县农业局	
2008	浙认药 2008003	中药材	铁皮石斛	仙斛 1 号	Sxg-2	武义县野生铁皮石斛人工驯化	金华寿仙谷药业有限公司、浙江省农业科学院园艺研究所	
2008	浙认药 2008004	中药材	石蒜	浙石蒜 1 号	/	兰溪石蒜地方种系统选育	浙江省中药研究所、浙江一新制药股份有限公司	
2008	浙认药 2008005	中药材	雷公滕	浙滕 1 号	/	新昌雷公藤野生种源驯化	浙江省中药研究所、浙江得恩德制药有限公司	
2008	浙认药 2008006	中药材	薏苡	浙薏 1 号	/	泰顺薏苡地方品种系统选育	浙江省中药研究所	
2008	浙认药 2008007	中药材	石斛	森山 1 号	/	云南采集铁皮石斛驯化	浙江森宇实业有限公司	
2008	浙认药 2008008	中药材	菊花	金菊 1 号	/	早小洋菊芽变株系选	桐乡市农业技术推广服务中心、南京农业大学园艺学院	
2008	浙认蔗 2008001	糖料	甘蔗	温联 2 号果蔗	/	温联果蔗芽变株系统选育	温岭市农业技术推广站	
2009	浙(非)审草 2009001	蔺草	蔺草	鄞蔺 2 号	/	农林 2 号系统选育	浙江万里学院、宁波鄞州高桥镇农技站	
2009	浙(非)审瓜 2009001	蔬菜	甜瓜	夏蜜	黑皮 178	05106×05164	浙江省农业科学院园艺研究所、湖州南太湖绿洲农业科技发展有限公司	
2009	浙(非)审瓜 2009002	蔬菜	甜瓜	夏日香	/	01202×04231	浙江省农业科学院园艺研究所、湖州南太湖绿洲农业科技发展有限公司	
2009	浙(非)审菌 2009001	食用菌	金针菇	雪秀 1 号	/	Fv1998-6-02 系统选育	浙江省农业科学院园艺研究所、龙泉市双益菇业有限公司	
2009	浙(非)审菌 2009002	食用菌	杏鲍菇	兴科 11 号	/	Pe-sh-03-1-21 系统选育	浙江省农业科学院园艺研究所、武义海兴菇业有限公司	
2009	浙(非)审菌 2009003	药用菌	灵芝	仙芝 1 号	/	武义野生灵芝人工驯化	浙江寿仙谷生物科技有限公司、金华寿仙谷药业有限公司	
2009	浙(非)审麦 2009001	大麦	大麦	浙大 8 号	03-34	92-11/岗 2	浙江大学农业与生物技术学院农学系、桐乡市农业技术推广服务中心	
2009	浙(非)审桑 2009001	桑树	桑树	强桑 1 号	/	大种桑×桐乡青	浙江省农业科学院蚕桑研究所	
2009	浙(非)审桑 2009002	桑树	桑树	金 10	/	中国农科院蚕桑研究所从金龙中系统选育	浙江省农业科学院蚕桑研究所	
2009	浙(非)审蔬 2009001	蔬菜	大白菜	双耐	/	s99-534-4-3-7-6-42×S02-PB658-23-1-5-20-15	浙江省农业科学院蔬菜研究所	

续 表

年份	认定编号	作物类别	作物名称	品种名称	原名	品种来源	申报单位	选育人
2009	浙(非)审蔬 20090010	蔬菜	菜豆	丽芸 1 号	/	红花黑籽/黑珍珠	丽水市农业科学研究院	
2009	浙(非)审蔬 20090011	蔬菜	豇豆	浙翠 3 号	/	之豇 28-2/之青 3 号	浙江之豇种业有限责任公司	
2009	浙(非)审蔬 20090012	蔬菜	豇豆	浙翠 5 号	/	之豇 28-2/之青 3 号	浙江之豇种业有限责任公司	
2009	浙(非)审蔬 20090013	蔬菜	榨菜	甬榨 2 号	/	98-01/98-09	宁波市农业科学研究院、浙江大学农业与生物技术学院农学	
2009	浙(非)审蔬 20090014	蔬菜	甘蓝	浙甘 85	/	S04-G01-1-1-7-2-3-70×S05-SXGL-1-1-12-8-5	浙江省农业科学院蔬菜研究所	
2009	浙(非)审蔬 20090015	蔬菜	花椰菜	浙 801	/	3045-1×955	浙江省农业科学院蔬菜研究所	
2009	浙(非)审蔬 20090016	蔬菜	花椰菜	瓯雪 60 天		9901A×9908	温州市农业科学研究院	
2009	浙(非)审蔬 20090017	蔬菜	芜菁	白玉	/	玉环盘菜系统选育	温州市农业科学研究院	
2009	浙(非)审蔬 20090018	蔬菜	籽莲	金芙蓉 1 号	宣芙蓉 1 号\金莲 1 号	湘芙蓉×太空莲 3 号	金华市农业科学研究院、武义县柳城畲族镇农业综合服务站、金华水生蔬菜产业科技创新服务中心，金华陆丰农业开发有限公司	
2009	浙(非)审蔬 20090019	蔬菜	草莓	凤冠	奉冠 1 号	(丰香×枥木少女)×红颊	宁波市农业技术推广总站、奉化市绿珍草莓研究所	
2009	浙(非)审蔬 2009002	蔬菜	白菜	衢州青	/	常山乌菜系统选育	衢州市农业科学研究所	
2009	浙(非)审蔬 20090020	蔬菜	笋瓜	翠栗 2 号	S2-1×S4-1	S2-1×S4-1	绍兴市农业科学研究院、浙江勿忘农种业股份有限公司	
2009	浙(非)审蔬 20090021	蔬菜	笋瓜	华栗	雅丽 2 号	3N093S02	金华市农业科学研究院、杭州三雄种苗有限公司	
2009	浙(非)审蔬 2009003	蔬菜	萝卜	白雪春 2 号	/	D22-45122×J72-132	浙江省农业科学院蔬菜研究所	
2009	浙(非)审蔬 2009004	蔬菜	萝卜	浙萝 5 号	/	117A×334-2-1-3-1-2	浙江省农业科学院蔬菜研究所	
2009	浙(非)审蔬 2009005	蔬菜	辣椒	千丽 2 号	/	ASC0503×9321-9-2	杭州市农业科学研究院	
2009	浙(非)审蔬 2009006	蔬菜	茄子	紫妃 1 号	/	E-307×06-E417	杭州市农业科学研究院	
2009	浙(非)审蔬 2009007	蔬菜	茄子	甬茄 1 号	/	P14-1-3-5-2-1-1-4×P38-4-1-2-1-2-5-2	宁波市农业科学研究院	
2009	浙(非)审蔬 2009008	蔬菜	番茄	航杂 3 号	/	HT1-1-3-2-5-3×00-03-19	杭州市农业科学研究院	
2009	浙(非)审蔬 2009009	蔬菜	瓠瓜	浙蒲 6 号	/	G7-4-3-2-1×G11-3-5-7-1-1	浙江省农业科学院蔬菜研究所	
2009	浙(非)审药 2009001	中药材	野葛	浙葛 1 号	/	淳安地方种系统选育	浙江省中药研究所	

续 表

年份	认定编号	作物类别	作物名称	品种名称	原名	品种来源	申报单位	选育人
2009	浙(非)审药 2009002	中药材	玉竹	浙玉竹 1 号	/	磐安地方品种	磐安县农业局、磐安县中药材研究所、磐安县诸源中药材科技开发有限公司	
2009	浙(非)审药 2009003	中药材	菊花	金菊 2 号	/	早小洋菊芽变株系选	桐乡市农业技术推广服务中心、浙江中信药用植物种业有限公司	
2010	浙(非)审茶 2010001	茶树	茶树	春雨 1 号	武阳早	‘福鼎大白茶’系统选育	武义县农业局	
2010	浙(非)审瓜 2010001	甜瓜	甜瓜	青皮脆	/	G207×X211	浙江省农业科学院园艺研究所、杭州市良种引进公司、湖州南太湖绿洲农业科技发展有限公司	
2010	浙(非)审瓜 2010002	甜瓜	甜瓜	慈瓜 1 号	/	慈溪地方品种‘花皮菜瓜’系统选育	慈溪市坎墩惠农瓜果研究所、慈溪市农业科学研究所、宁波市农科院蔬菜所	
2010	浙(非)审果 2010001	果树	葡萄	鄞红	甬优 1 号	‘藤稔’园变异株系统选育	宁波东钱湖旅游度假区野马湾葡萄场、浙江万里学院、宁波市鄞州区林业技术管理服务站	
2010	浙(非)审果 2010002	果树	橘柚	夏红	夏红柑	橘柚类的自然杂种	衢州市柑橘科学研究所、龙游县金秋果树研究中心、龙游县夏红柑种植场	
2010	浙(非)审麦 2010001	大麦	大麦	浙大 9 号	40642	89-0917/97-33	浙江大学农业与生物技术学院农学系、桐乡市农技推广中心	
2010	浙(非)审蔬 2010001	蔬菜	大白菜	绿光	/	676-1-1-3×534DH-2	浙江省农业科学院蔬菜研究所	
2010	浙(非)审蔬 2010002	蔬菜	榨菜	冬榨 1 号	合作 1 号	‘瑞安香螺种’系统选育	温州市农业科学研究院、浙江大学农学院、瑞安市农业局、瑞安市阁巷榨菜合作社	
2010	浙(非)审蔬 2010003	蔬菜	榨菜	余榨 2 号	/	‘余姚缩头种’系统选育	余姚市种子管理站	
2010	浙(非)审蔬 2010004	蔬菜	榨菜	慈选 1 号	/	‘萧山缩头种’系统选育	慈溪市种子公司	
2010	浙(非)审蔬 2010005	蔬菜	花椰菜	新花 80 天	/	93-10-2-4-9×HD60-1-8-3-5	温州市神鹿种业有限公司	
2010	浙(非)审蔬 2010006	蔬菜	菜豆	浙芸 3 号	/	武义农家品种‘红花褐籽四季豆’系统选育	浙江省农业科学院蔬菜研究所	
2010	浙(非)审蔬 2010007	蔬菜	丝瓜	雪玉 1 号	/	地方品种‘白皮丝瓜’系统选育	义乌市张小刚蔬菜种植场、义乌市种子管理站	
2010	浙(非)审蔬 2010008	蔬菜	笋瓜	胜栗	/	9925-1-8-11-29×9912-2-15-3-5-4-2	杭州市农业科学研究院	
2010	浙(非)审蔬 2010009	蔬菜	西葫芦	圆葫 1 号	/	M16-2/Y22-9	衢州市农业科学研究所	

续 表

年份	认定编号	作物类别	作物名称	品种名称	原名	品种来源	申报单位	选育人
2010	浙(非)审蔬 2010010	蔬菜	苦瓜	浙绿 1 号	/	K7-30-2-1-4-2×G23-1-4-2-11-1	浙江省农业科学院蔬菜研究所	
2010	浙(非)审蔬 2010011	蔬菜	吊瓜	花山 1 号	/	长兴地方品种‘白砚吊瓜’系统选育	诸暨市华夫吊瓜研究所、绍兴市农业科学研究院	
2010	浙(非)审蔬 2010012	蔬菜	葫芦	甬砧 3 号	/	JTT-1-1-2-10-5-2-6×T2002-1-1-1-1-5-4-5	宁波市农业科学研究院	
2010	浙(非)审蔬 2010013	蔬菜	莲藕	东河早藕	/	‘金华白莲’系统选育	义乌市东河田藕专业合作社、金华市农业科学研究院、义乌市种植业管理总站、义乌市种子管理站	
2011	浙(非)审草 2011001	蔺草	蔺草	鄞蔺 3 号	—	日本蔺草品种变异株系统选育	浙江万里学院、宁波鄞州区高桥镇农技站	
2011	浙(非)审瓜 2011001	甜瓜	甜瓜	三雄 5 号		E3×8MY12	杭州三雄种苗有限公司、嘉兴美之奥农业科技有限公司、嘉兴市种植技术推广总站	
2011	浙(非)审瓜 2011002	甜瓜	甜瓜	哈翠		8MY11×8MY26	杭州三雄种苗有限公司、嘉兴美之奥农业科技有限公司、嘉兴市种植技术推广总站	
2011	浙(非)审瓜 2011003	甜瓜	甜瓜	红玛丽		M3495×M3505	浙江省农业科学院蔬菜研究所	
2011	浙(非)审瓜 2011004	甜瓜	甜瓜	红状元		M4258×M4119	浙江省农业科学院蔬菜研究所	
2011	浙(非)审瓜 2011005	甜瓜	甜瓜	湖甜 1 号	湖甜一号、K4	L6-6-3-3-1×L26-6-7-2-1-3-6	湖州市农作物技术推广站、浙江大学农业与生物技术学院、湖州市农业科学研究院	
2011	浙(非)审瓜 2011006	甜瓜	甜瓜	甬甜 5 号		YW10-3×MNH04-6	宁波市农业科学研究院	
2011	浙(非)审果 2011001	葡萄	葡萄	白罗莎里奥	比昂扣	Rosaki×Alexandria	金华市农业科学研究院、浙江省农科院园艺所、金华市经济特产技术推广站(引进)	
2011	浙(非)审果 2011002	葡萄	葡萄	夏黑	サマーブラック	巨峰×无核白	浙江省农业科学院园艺研究所、金华市经济特产技术推广站、嘉善县洪家滩葡萄产业园、海盐县于城镇农技水利服务中心(引进)	
2011	浙(非)审果 2011003	葡萄	葡萄	宇选 1 号	宇选一号、巨峰优株	巨峰变异株	乐清市联宇葡萄研究所、浙江省农科院园艺研究所、乐清市农业局特产站	
2011	浙(非)审果 2011004	猕猴桃	猕猴桃	华特	35521	毛花猕猴桃野生群体中选出	浙江省农业科学院园艺研究所、泰顺乌岩岭猕猴桃专业合作社	

续 表

年份	认定编号	作物类别	作物名称	品种名称	原名	品种来源	申报单位	选育人
2011	浙(非)审果 2011005	梨	梨	翠玉	41047	西子绿×翠冠	浙江省农业科学院园艺研究所	
2011	浙(非)审果 2011006	蓝莓	蓝莓	夏普蓝	Sharpblue	引自美国佛罗里达农试站	浙江省农科院园艺所、新昌县西山果业有限公司(引进)	
2011	浙(非)审菌 2011001	药用菌	蝉拟青霉	蝉花草 1 号	APC20	野生蝉花系选	浙江省亚热带作物研究所	
2011	浙(非)审桑 2011001	桑树	桑树	强桑 2 号	丰田 5 号	塔桑×农桑 14 号	浙江省农业科学院蚕桑研究所	
2011	浙(非)审蔬 2011001	蔬菜	芥菜	甬高 2 号		‘三池赤缩缅’变异株系选	宁波市农业科学研究院	
2011	浙(非)审蔬 2011002	蔬菜	花椰菜	成功 120 天	新成功 2 号	8120A×8100	瑞安市登峰蔬菜种苗有限公司	
2011	浙(非)审蔬 2011003	蔬菜	花椰菜	浙 017		3201-1×3203-4	浙江省农业科学院蔬菜研究所	
2011	浙(非)审蔬 2011004	蔬菜	青花菜	台绿 1 号	08P133	B19-10-1-2-1×Br60-2-2-1-2	台州市农业科学研究院、浙江勿忘农种业股份有限公司	
2011	浙(非)审蔬 2011005	蔬菜	番茄	浙杂 301		5678161-1-1-2-2×07-018	浙江省农业科学院蔬菜研究所	
2011	浙(非)审蔬 2011006	蔬菜	番茄	浙粉 702		7969F2-19-1-1-3×4078F2-3-3-3	浙江省农业科学院蔬菜研究所	
2011	浙(非)审蔬 2011007	蔬菜	茄子	浙茄 28		杭州红茄×T905-2	浙江省农业科学院蔬菜研究所	
2011	浙(非)审蔬 2011008	蔬菜	茄子	浙茄 3 号		E673-10-2-1-5-1-1-2-1×屏东长茄	浙江省农业科学院蔬菜研究所	
2011	浙(非)审蔬 2011009	蔬菜	辣椒	衢椒 1 号		05B03×Y802	衢州市农业科学研究所	
2011	浙(非)审蔬 2011010	蔬菜	丝瓜	浙丝 35		2006qs3×2006qs1	浙江省农业科学院蔬菜研究所	
2011	浙(非)审蔬 2011011	蔬菜	丝瓜	台丝 1 号		金华白丝瓜×温岭白丝瓜	台州市农业科学研究院	
2011	浙(非)审蔬 2011012	蔬菜	笋瓜	湖栗 1 号	N-3	S0806×S0817	湖州市农作物技术推广站、浙江大学农业与生物技术学院、湖州市农业科学研究院	
2011	浙(非)审蔬 2011013	蔬菜	西葫芦	圆葫 2 号	MY19	M16-2/Y22-9	衢州市农业科学研究所、龙游县乐土良种推广中心	
2011	浙(非)审蔬 2011014	蔬菜	冬瓜	宏大 1 号		‘粉白’变异株系选	象山县农业技术推广中心、象山县丹东街道农技站、宁波市农业科学研究院蔬菜研究所	
2011	浙(非)审蔬 2011015	蔬菜	芋	金华红芽芋		‘金华红芋’变异株系选	金华市农业科学研究院、浙江大学生物技术研究所	
2011	浙(非)审薯 2011001	旱粮	甘薯	浙紫薯 1 号		宁紫薯 1 号×浙薯 13	浙江省农业科学院作物与核技术利用研究所	

续 表

年份	认定编号	作物类别	作物名称	品种名称	原名	品种来源	申报单位	选育人
2011	浙(非)审药 2011001	中药材	铁皮石斛	仙斛 2 号	仙字 1 号	野生铁皮石斛人工驯化	金华寿仙谷药业有限公司、浙江寿仙谷生物科技有限公司、浙江寿仙谷珍稀植物药研究院、浙江省农业科学院园艺研究所	
2011	浙(非)审油 2011001	油料	花生	小京生		地方品种	新昌县农业局	
2012	浙(非)审瓜 2012001	甜瓜	甜瓜	金脆丰	红宝石	M3493×M4075	浙江省农业科学院蔬菜研究所	
2012	浙(非)审瓜 2012002	甜瓜	甜瓜	金玫瑰	金雪蜜	M4260×M4103	浙江省农业科学院蔬菜研究所	
2012	浙(非)审瓜 2012003	甜瓜	甜瓜	甬甜 7 号	甬甜 68	RB20-8×丰蜜 1 号	宁波市农业科学研究院	
2012	浙(非)审瓜 2012004	甜瓜	甜瓜	绿乐	JN09-2	M712×YG0341	嘉兴市农业科学研究院、嘉兴市种植技术推广总站	
2012	浙(非)审果 2012001	果树	葡萄	玉手指	兰花指	金手指变异株	浙江省农业科学院园艺研究所	
2012	浙(非)审果 2012002	果树	蓝莓	密斯黛	Misty	FL67-1×Avonblue	台州市君临蓝莓有限公司引进	
2012	浙(非)审花 2012001	花卉	光萼荷凤梨	凤粉 1 号	/	合萼光萼荷 A050/曲叶光萼荷 A064	浙江省农业科学院花卉研究开发中心	
2012	浙(非)审花 2012002	花卉	蟹爪兰	早妆	Z-05	丽达×丹麦	宁波市农业科学研究院	
2012	浙(非)审菌 2012001	食用菌	秀珍菇	杭秀 1 号	/	秀珍 18 菌株变异株系选	杭州市农业科学研究院	
2012	浙(非)审麦 2012001	大麦	大麦	浙皮 9 号	浙 08-104	浙 03-9×沪 98087	浙江省农业科学院作物与核技术利用研究所	
2012	浙(非)审蔬 2012001	蔬菜	茄子	杭茄 2008	/	E-HT1024×E06-417	杭州市农业科学研究院	
2012	浙(非)审蔬 2012002	蔬菜	番茄	浙杂 502	/	T05-123F2-1-1-1-1×T07-040F2-3-82-1-2	浙江省农业科学院蔬菜研究所	
2012	浙(非)审蔬 2012003	蔬菜	番茄	瓯秀 806	/	711-2-35-19-3-5-1×720-9-1-6-5-4-3	温州市农业科学研究院蔬菜研究所	
2012	浙(非)审蔬 2012004	蔬菜	番茄	钱塘旭日	勿忘农番茄 11 号	B1-13-4-13-16-5-8×T6-1-9-12-8-13-6	浙江勿忘农种业股份有限公司、浙江勿忘农种业科学研究院有限公司	
2012	浙(非)审蔬 2012005	蔬菜	豇豆	之豇 60	/	压草豆/红豇豆	浙江浙农种业有限公司、浙江省农业科学院蔬菜研究所、杭州市良种引进公司	
2012	浙(非)审蔬 2012006	蔬菜	花椰菜	浙 091	/	‘3201-1’DH 系×‘3203-16’DH 系	浙江浙农种业有限公司、浙江省农业科学院蔬菜研究所、杭州市良种引进公司	

续　表

年份	认定编号	作物类别	作物名称	品种名称	原名	品种来源	申报单位	选育人
2012	浙(非)审蔬 2012007	蔬菜	青花菜	海绿	/	‘2016-2’DH 系×‘2028-4’DH 系	宁波海通食品科技有限公司、浙江省农业科学院蔬菜研究所、慈溪市农业技术推广中心、浙江大学农业生物与生物技术学院	
2012	浙(非)审蔬 2012008	蔬菜	芥菜	甬雪 3 号	/	07-50A×07-2-10-1-13-4-1	宁波市农业科学研究院蔬菜研究所	
2012	浙(非)审蔬 2012009	蔬菜	茭白	浙茭 6 号	/	浙茭 2 号变异株系选	嵊州市农业科学研究所、金华水生蔬菜产业科技创新服务中心	
2012	浙(非)审蔬 2012010	蔬菜	茭白	余茭 4 号	/	浙茭 2 号变异株系选	余姚市农业科学研究所、浙江省农业科院植物保护与微生物研究所、余姚市河姆渡茭白研究中心	
2012	浙(非)审蔬 2012011	蔬菜	茭白	崇茭 1 号	杭州冬茭	梭子茭变异株系选	杭州市余杭区崇贤街道农业公共服务中心、浙江大学农业与生物技术学院、杭州市余杭区种子管理站	
2012	浙(非)审蔬 2012012	蔬菜	瓠瓜	金蒲 1 号	/	(杭州长瓜/新疆长瓜)//杭州长瓜	金华三才种业公司	
2012	浙(非)审蔬 2012013	蔬菜	丝瓜	台丝 2 号	/	Ps2-10-3-6-12-8×Ps1-3-5-2-9-6	台州市农业科学研究院	
2012	浙(非)审蔬 2012014	蔬菜	黄瓜	浙秀 302	浙优 1 号	H8-5-1-2-1-3-1×H75-2-1-1-2-2-1	浙江省农业科学院蔬菜研究所	
2012	浙(非)审薯 2012001	旱粮	甘薯	甬紫薯 1 号	宁紫 1 号	澳大利亚引进商品紫甘薯化学诱变系选	宁波市农业科学研究院生物技术研究所、宁海县农业技术推广总站、浙江省农业科学院病毒学与生物技术研究所	
2012	浙(非)审油 2012001	油料	花生	满庭香	/	‘十里香’系统选育	杭州市萧山区农业科学技术研究所	
2013	浙(非)审瓜 2013001	甜瓜	厚皮	翠雪 5 号		145M-16-11-1-6-11-8×86W-7-2-14-12-7-2-6-4	浙江省农业科学院蔬菜研究所、湖州南太湖绿州农业科技发展有限公司	
2013	浙(非)审瓜 2013002	甜瓜	厚皮	哈脆 0919	HM0919	07S-25-16-20-5-9-2-2-0×07A-54-3-17-2-12-7-0	浙江大学农业与生物技术学院、宁波市农业科学研究院、湖州吴兴金农生态农业发展有限公司、浙江坤田农业科技有限公司	
2013	浙(非)审瓜 2013003	甜瓜	厚皮	沃尔多		9MY27×9MY8	杭州三雄种苗有限公司、浙江美之奥种业有限公司、金华市农业科学研究院	
2013	浙(非)审瓜 2013004	甜瓜	薄皮	甬甜 8 号		BZ-15-9-7-5-3-1×BH-6-12-9-4-3-1	宁波市农业科学研究院	

续 表

年份	认定编号	作物类别	作物名称	品种名称	原名	品种来源	申报单位	选育人
2013	浙(非)审果 2013001	葡萄	葡萄	寒香蜜	Reliance	美国阿肯色大学引入	浙江省农业科学院园艺所、嘉兴碧云花园有限公司	
2013	浙(非)审果 2013002	桃	桃	东溪小仙		自然实生变异	浙江省农科院园艺所、象山县林业特产技术推广中心	
2013	浙(非)审菌 2013001	食用菌	香菇	浙香 6 号		L808×武香 1 号	浙江省农业科学院园艺研究所、武义创新食用菌有限公司	
2013	浙(非)审菌 2013002	食用菌	金针菇	江白 2 号	F21-2、新江山白菇	江山白菇 F21 变异菌株系选	江山市农业科学研究所	
2013	浙(非)审菌 2013003	食用菌	黑木耳	丽黑 1 号		野生黑木耳驯化	丽水市农业科学研究院	
2013	浙(非)审菌 2013004	食用菌	灰树花	庆灰 151		野生灰树花驯化	浙江省庆元县食用菌科学技术研究中心	
2013	浙(非)审菌 2013005	药用菌	灵芝	龙芝 2 号	203-1	野生赤芝驯化	龙泉市兴龙生物科技有限公司、浙江省农业科学院园艺研究所、龙泉市张良明菌种场	
2013	浙(非)审蔬 2013001	蔬菜	榨菜	甬榨 5 号		09-05A×余姚缩头种	宁波市农业科学研究院蔬菜研究所、浙江大学农业与生物技术学院	
2013	浙(非)审蔬 2013002	蔬菜	大白菜	浙白 3 号	浙杂 3 号	S99-533-28-8-1-26-10-5×S09-SD-1-12-3-1-6-3	浙江省农业科学院蔬菜研究所、杭州市良种引进公司	
2013	浙(非)审蔬 2013003	蔬菜	辣椒	玉龙椒		05B11×Y801	衢州市农业科学研究院、龙游县乐土良种推广中心	
2013	浙(非)审蔬 2013004	蔬菜	黄瓜	碧翠 18		0714-2-4-6-3'×0701-2-2-22-1	浙江勿忘农种业股份有限公司、浙江勿忘农种业科学研究院有限公司	
2013	浙(非)审蔬 2013005	蔬菜	黄瓜	越秀 3 号		M79×L48	嘉兴市农业科学研究院	
2013	浙(非)审蔬 2013006	蔬菜	番茄	杭杂 5 号		0598-3-2-1-2-1-1-1-1×0615-1-3-1-2-1-1-1-1	杭州市农业科学研究院	
2013	浙(非)审蔬 2013007	蔬菜	番茄	海纳 178		K-1-4-5-1-3×H-5-1-4-2-2	浙江之豇种业有限责任公司	
2013	浙(非)审蔬 2013008	蔬菜	番茄	钱塘红宝	勿忘农 6 号	S57-48-1-15-6-7-6-22×B1-13-4-13-16-5-8	浙江勿忘农种业股份有限公司、浙江勿忘农种业科学研究院有限公司	
2013	浙(非)审蔬 2013009	蔬菜	花椰菜	慈优 100 天		05-1A×早熟 23	慈溪市绍根蔬菜专业合作社	
2013	浙(非)审蔬 2013010	蔬菜	笋瓜	科栗 1 号		S31-1×S4-1	绍兴市农业科学研究院、浙江农科种业有限公司	
2013	浙(非)审蔬 2013011	蔬菜	茭白	浙茭 3 号		浙茭 2 号变异株系选	金华市农业科学研究院、金华水生蔬菜产业科技创新服务中心	
2013	浙(非)审蔬 2013012	蔬菜	草莓	宁馨	香莓、天香	(法兰蒂×章姬)F1-6×(丰香×红颊)F1-3	宁波市种植业管理总站、奉化市绿珍草莓研究所	

续 表

年份	认定编号	作物类别	作物名称	品种名称	原名	品种来源	申报单位	选育人
2013	浙(非)审蔬 2013013	蔬菜	葫芦	甬砧 5 号		Z0612-1-1-1-3-2-1×T2002-1-1-1-1-5-4-5	宁波市农业科学研究院	
2013	浙(非)审薯 2013001	旱杂粮	甘薯	金薯 926		苏薯 8 号×徐薯 18	金华市农科院、浙江农林大学、衢州市三易易生态农业科技有限公司	
2013	浙(非)审薯 2013002	旱杂粮	甘薯	薯绿 1 号		台 71×广菜 2 号	江苏徐淮地区徐州农业科学研究所、浙江省农科院作核所	
2013	浙(非)审药 2013001	中药材	贝母	浙贝 2 号	宽叶种	鄞州地方品种	宁波市鄞州区农林局	
2013	浙(非)审药 2013002	中药材	菊花	金菊 3 号		小洋菊芽变单株系选	桐乡市农技推广服务中心、浙江省中药研究所有限公司	
2014	浙(非)审麦 2014001	旱粮	大麦	浙皮 10 号	浙 09-67	浙农大 3 号/浙秀 12	浙江省农业科学院作物与核技术利用研究所	
2014	浙(非)审豆 2014001	旱粮	蚕豆	一青蚕豆	特选 1 号	陵西一吋/UC 长荚多粒	慈溪市隆帆园艺园、金华婺珍粮油有限公司	
2014	浙(非)审蔬 2014001	蔬菜	小白菜	黄火青	/	(661/早熟 5 号)×‘火南风 1 号’自交系	浙江省农业科学院蔬菜研究所	
2014	浙(非)审蔬 2014002	蔬菜	芥菜	甬雪 4 号	/	07-50A×上海金丝芥	宁波市农业科学研究院蔬菜研究所	
2014	浙(非)审蔬 2014003	蔬菜	青花菜	浙青 95	/	‘绿雄 90’转育不育系‘青 99 号’自交系	浙江省农业科学院蔬菜研究所、浙江康篮农业科技有限公司	
2014	浙(非)审蔬 2014004	蔬菜	青花菜	台绿 2 号	2010-56	引进材料转育不育系×引进品种选育自交系	台州市农业科学研究院、浙江勿忘农种业股份有限公司	
2014	浙(非)审蔬 2014005	蔬菜	菜豆	丽芸 2 号	丽 R2010	丽芸 1 号/浙芸 3 号	丽水市农业科学研究院、浙江勿忘农种业股份有限公司	
2014	浙(非)审蔬 2014006	蔬菜	辣椒	浙椒 3 号	浙椒 139	引进材料‘09-139’选育自交系×引进品种选育自交系	浙江省农业科学院蔬菜研究所、浙江浙农种业有限公司	
2014	浙(非)审蔬 2014007	蔬菜	番茄	杭杂 301	/	(亚蔬 7 号/T 黄-05)×(FA-5476/耐莫尼塔)自交系	杭州市农业科学研究院	
2014	浙(非)审蔬 2014008	蔬菜	樱桃番茄	浙樱粉 1 号	CP2824	‘蟠桃’自交系×(414/CH08-100)自交系	浙江省农业科学院蔬菜研究所、浙江浙农种业有限公司	
2014	浙(非)审蔬 2014009	蔬菜	樱桃番茄	双龙红珠	/	(C5/卡罗)F1//鲁比	金华三才种业公司	
2014	浙(非)审蔬 2014010	蔬菜	茄子	浙茄 8 号	/	(杭州红茄/宁波藤茄)自交系×(桐丰红茄/屏东长茄)自交系	浙江省农业科学院蔬菜研究所	

续 表

年份	认定编号	作物类别	作物名称	品种名称	原名	品种来源	申报单位	选育人
2014	浙(非)审蔬 2014011	蔬菜	丝瓜	台丝 3 号	/	白籽丝瓜×铁皮丝瓜	台州市农业科学研究院、台州市台农种业有限公司	
2014	浙(非)审蔬 2014012	蔬菜	丝瓜	春丝 2 号	/	早丝瓜×中长丝瓜	绍兴市农业科学研究院、浙江勿忘农种业股份有限公司	
2014	浙(非)审蔬 2014013	蔬菜	瓠瓜	浙蒲 8 号	/	‘清流瓠瓜’自交系×‘武都瓠子’自交系	浙江省农业科学院蔬菜研究所、杭州市种子总站	
2014	浙(非)审蔬 2014014	蔬菜	瓠瓜	早杂 7 号	/	‘三江口胡子’系选自交系×‘杭州长蒲’诱变自交系	浙江之豇种业有限责任公司	
2014	浙(非)审蔬 2014015	蔬菜	笋瓜	金栗	/	‘日升’自交系×‘西关红皮’选育自交系	金华市农业科学研究院、浙江美之奥种业有限公司、杭州三雄种苗公司	
2014	浙(非)审蔬 2014016	蔬菜	菜瓜	慈脆 1 号	/	白皮菜瓜的变异单株系选	慈溪市德清蔬菜技术研究所、慈溪市德清种子种苗有限公司	
2014	浙(非)审蔬 2014017	蔬菜	菜瓜	甬越 1 号	甬甜 9 号	慈溪菜瓜当地种/丰蜜 1 号	宁波市农业科学研究院	
2014	浙(非)审蔬 2014018	蔬菜	南瓜(黄瓜砧木)	甬砧 8 号	/	引进材料自交系×‘甬砧 2 号’自交系	宁波市农业科学研究院	
2014	浙(非)审蔬 2014019	蔬菜	草莓	越丽	/	红颊×幸香(无性系)	浙江省农业科学院园艺研究所	
2014	浙(非)审蔬 2014020	蔬菜	草莓	越心	/	(Caramasa×章姬)×幸香(无性系)	浙江省农业科学院园艺研究所	
2014	浙(非)审蔬 2014021	蔬菜	栝楼	越蒌 2 号	兴瓜 2 号	长兴白砚吊瓜变异株系选	绍兴市农业科学研究院	
2014	浙(非)审瓜 2014001	蔬菜	薄皮甜瓜	浙香甜 1 号	浙香 1 号	龙游小青瓜/日本甜宝	浙江省农业科学院蔬菜研究所、杭州市良种引进公司	
2014	浙(非)审菌 2014001	食用菌	灰树花	庆灰 152	/	野生灰树花驯化	浙江省庆元县食用菌科学技术研究中心	
2014	浙(非)审菌 2014002	食用菌	黑木耳	浙耳 508	/	野生驯化	浙江省农业科学院园艺研究所、武义创新食用菌有限公司	
2014	浙(非)审菌 2014003	药用菌	灵芝	仙芝 2 号	寿芝 1 号	‘仙芝 1 号’航天诱变	浙江寿仙谷医药股份有限公司、金华寿仙谷药业有限公司、浙江寿仙谷珍稀植物药研究院	
2014	浙(非)审药 2014001	中药材	元胡	浙胡 2 号	东阳小叶种	本地种变异株系选	东阳市农技推广中心、浙江省中药研究所、东阳市农业科学研究所	

续　表

年份	认定编号	作物类别	作物名称	品种名称	原名	品种来源	申报单位	选育人
2014	浙(非)审药 2014002	中药材	西红花	番红 1 号	西红花选系 2、浙红 1 号	地方品种变异株系选	浙江中信药用植物种业有限公司、建德市三都西红花专业合作社、浙江大学生物技术研究所、金华寿仙谷药业有限公司、浙江省农技推广中心	
2014	浙(非)审药 2014003	中药材	白术	浙术 1 号	11780	地方品种系统选育	磐安县中药材研究所、浙江省中药研究所有限公司	
2014	浙(非)审药 2014004	中药材	薏苡	浙薏 2 号	/	‘浙薏 1 号’辐射诱变	浙江省中药研究所有限公司、缙云县康莱特米仁发展有限公司	
2014	浙(非)审药 2014005	中药材	参薯	温山药 1 号	/	参薯变异株系统选育	浙江省亚热带作物研究所	
2014	浙(非)审果 2014001	水果	蓝莓	莱格西	Legacy	引自美国	浙江万家丰农业科技股份有限公司、新昌荣越蓝莓专业合作社	
2014	浙(非)审果 2014002	水果	桃	丹霞玉露	X2-5	湖景蜜露/上山大玉露	奉化市水蜜桃研究所、浙江大学	
2014	浙(非)审果 2014003	水果	桃	白丽	白麗	引自日本	浙江大学、奉化市水蜜桃研究所	
2014	浙(非)审茶 2014001	茶树	茶树	景白 1 号	慧明寺白茶	惠明茶树品种变异	景宁畲族自治县经济作物总站	
2014	浙(非)审茶 2014002	茶树	茶树	景白 2 号	/	惠明茶树品种变异	景宁畲族自治县经济作物总站	
2014	浙(非)审花 2014001	花卉	丽穗凤梨	凤剑 1 号	0003、红剑 1 号	红宝剑×精宝剑	浙江省农业科学院花卉研究开发中心	
2014	浙(非)审花 2014002	花卉	孔雀草	妍秀	/	英雄系统选育	杭州市农业科学研究院	
2015	浙(非)审瓜 2015001	甜瓜	甜瓜	东之星	/	‘脆红玉 2 号’选育自交系×‘东方蜜 1 号’选育自交系	宁波微萌种业有限公司、浙江美之奥种业有限公司	薄永明、肖建成、曾立红、李　旭、汪家伟
2015	浙(非)审蔬 2015013	蔬菜	白菜	初绿翡翠	PK13003/初绿1401	‘京冠 1 号’选育自交系×引进材料‘爱得万斯’选育自交系	宁波微萌种业有限公司、浙江美之奥种业有限公司	薄永明、肖建成、罗本钒、王婉婷
2015	浙(非)审蔬 2015004	蔬菜	番茄	微萌 6026	T-6026	引进材料‘嘉耐’选育自交系×‘百利’选育自交系	宁波微萌种业有限公司、浙江美之奥种业有限公司	薄永明、肖建成、孙　建、廖慧敏、方　辉
2015	浙(非)审薯 2015001	旱杂粮	甘薯	金徐薯 69	金华 1269	(徐 781×徐薯 18)F1 无性系	金华市农业科学研究院、江苏徐州甘薯研究中心、金华市康飞农业科技有限公司	程林润、李　强、钱秋平、王　欣、蒋梅巧
2015	浙(非)审豆 2015001	旱杂粮	蚕豆	丽蚕 1 号	丽鲜 1 号	陵西一寸/Fall-8	丽水市农业科学研究院	丁潮洪、李汉美、刘庭付、马瑞芳、张典勇
2015	浙(非)审蔬 2015019	蔬菜	瓠瓜	越蒲 2 号	组合二	福建早瓠自交系×绍兴海涂长蒲自交系	绍兴市农业科学研究院	丁　兰、吴田铲、连才炎、朱丹泱
2015	浙(非)审花 2015001	花卉	一串红	红运	SZ09-1	‘神州红’物理诱变选育	杭州市农业科学研究院、浙江虹越花卉股份有限公司	傅巧娟、陈　一、李春楠、沈国正、郭　兰

续 表

年份	认定编号	作物类别	作物名称	品种名称	原名	品种来源	申报单位	选育人
2015	浙(非)审蔬 2015009	蔬菜	豇豆	浙翠 9 号	/	浙翠 2 号/夏宝 2 号	浙江之豇种业有限责任公司	高迪明、张渭章、顾海华、黄　亮、代国丽
2015	浙(非)审蔬 2015014	蔬菜	花椰菜	浙农松花 50 天	/	不育系'3203-4A'×'农美 50 天'小孢子培养 DH 系	浙江省农业科学院蔬菜研究所、宁波海通食品科技有限公司	顾宏辉、赵振卿、盛小光、王建升、虞慧芳
2015	浙(非)审蔬 2015018	蔬菜	青花菜	台绿 3 号	2010-23	胞质雄性不育系 CMS B8-9-1-5-4-8-1×'绿雄 90'(F1)选育自交系	台州市农业科学研究院、浙江勿忘农种业股份有限公司	何道根、朱长志、张志仙、檀国印、任永源
2015	浙(非)审蔬 2015012	蔬菜	萝卜	浙萝 6 号	/	雄性不育系'CL09A'×引进材料'S03'选育自交系	浙江省农业科学院蔬菜研究所	胡天华、毛伟海、包崇来、朱琴妹、胡海娇
2015	浙(非)审蔬 2015010	蔬菜	豇豆	之豇 616	/	春宝/扬豇 40	浙江省农业科学院蔬菜研究所、杭州市萧山区农业科学研究所	李国景、汪宝根、吴晓花、楼旭平、鲁忠富
2015	浙(非)审药 2015001	中药材	铁皮石斛	仙斛 3 号	H-F1M514	(514×仙斛 1 号)F1 代经航天诱变	金华寿仙谷药业有限公司、浙江寿仙谷医药股份有限公司、浙江寿仙谷珍稀植物药研究院、浙江省农业技术推广中心	李明焱、朱惠照、王　瑛、李振皓、陆中华
2015	浙(非)审蔬 2015015	蔬菜	花椰菜	瓯松 90 天	/	雄性不育系'12y-TDXG100-1'×'松美 80 天'选育的自交系	温州科技职业学院(温州市农科院)、浙江科诚种业股份有限公司	刘　庆、张小玲、朱世杨、唐　征、裘波音
2015	浙(非)审蔬 2015016	蔬菜	花椰菜	绿松 90 天	鹿松 90 天/珊瑚 90 天	'松花 100 天'选育自交系×'松花 60 天'选育自交系	浙江神鹿种业有限公司	娄建英、黄文斌、王正林、舒　骏、冯　光
2015	浙(非)审药 2015002	中药材	温郁金	温郁金 2 号	株行 1	温郁金 1 号变异株	浙江省中药研究所有限公司、浙江省亚热带作物研究所、温州市天禾生物科技有限公司、瑞安市陶山镇农业公共服务中心	任江剑、王志安、陶正明、徐　杰、郑福勃
2015	浙(非)审蔬 2015006	蔬菜	茄子	西子红茄	西湖雨虹	杭茄 1 号自交系×金山长茄自交系	浙江勿忘农种业股份有限公司、浙江勿忘农种业科学研究院	任永源、邵伟强、薛晨晨、沈　立、章红运
2015	浙(非)审蔬 2015005	蔬菜	樱桃番茄	浙樱粉 2 号	/	'粉贝贝'(F1)×(自育材料'CH09-806'×日本引进抗TY 杂交品种'迷你')选育自交系	浙江省农科院蔬菜研究所、浙江浙农种业有限公司	阮美颖、周国治、叶青静、王荣青、姚祝平
2015	浙(非)审蔬 2015008	蔬菜	黄瓜	碧翠 19	碧翠 64	'珍妮'选育自交系×(斯托克 F3×USA12000)选育自交系	浙江勿忘农种业科学研究院、浙江勿忘农种业股份有限公司	邵伟强、王建科、朱碧云、胡立军、王忠明
2015	浙(非)审花 2015002	花卉	红掌	丹韵	/	(快乐(Happy)×紫旗(Purple flag))F1 无性系	浙江省农业科学院花卉研究开发中心	田丹青、潘晓韵、葛亚英、潘刚敏、郁永明

续　表

年份	认定编号	作物类别	作物名称	品种名称	原名	品种来源	申报单位	选育人
2015	浙(非)审蔬 2015003	蔬菜	番茄	浙杂 503	P13A-088	‘倍盈’(F1)选育自交系×‘齐达利’(F1)选育自交系	浙江省农业科学院蔬菜研究所、浙江浙农种业有限公司	王荣青、阮美颖、周国治、叶青静、姚祝平
2015	浙(非)审蔬 2015002	蔬菜	番茄	浙粉 706	373	(‘倍盈’(F1)×自育材料)选育自交系×荷兰引进‘T09-827’选育自交系	浙江省农业科学院蔬菜研究所、浙江浙农种业有限公司	王荣青、周国治、叶青静、阮美颖、万红建
2015	浙(非)审菌 2015001	食用菌	香菇	庆科 212	/	野生香菇菌株驯化选育	浙江省庆元县食用菌科学技术研究中心	吴银华、姚庭永、吴应森、叶长文、陶祥生
2015	浙(非)审蔬 2015001	蔬菜	番茄	瓯秀 201	/	‘倍盈’选育自交系×‘阿乃兹’选育自交系	温州科技职业学院、浙江科苑种业有限公司、浙江康篮农业科技有限公司	熊自立、辛文珊、张海利、马彦如、叶曙光
2015	浙(非)审药 2015003	中药材	益母草	浙益 1 号	/	河南灵宝野生种质资源经驯化后系统选育	浙江省中药研究所有限公司、浙江大德药业集团有限公司、丽水市林业科学研究院	徐建中、王志安、俞旭平、孙乙铭、王建国
2015	浙(非)审茶 2015001	茶	茶树	中黄 2 号	缙云黄	缙云县地方茶树群体种变异单株选育	中国农业科学院茶叶研究所、缙云县农业局经济特产站、缙云县上湖茶叶合作社	杨亚军、胡惜丽、王新超、徐可新、虞富莲
2015	浙(非)审蔬 2015011	蔬菜	茭白	浙茭 7 号	/	‘梭子茭’优良变异株系统选育	中国计量学院、金华市农业科学研究院	叶子弘、俞晓平、崔海峰、郑寨生、张尚法
2015	浙(非)审瓜 2015002	甜瓜	甜瓜	银蜜 58	/	新优早蜜×白雪 EL2 号	宁波市农业科学研究院蔬菜研究所、浙江康篮农业科技有限公司	臧全宇、王毓洪、马二磊、丁伟红、黄芸萍
2015	浙(非)审蔬 2015017	蔬菜	甘蓝	浙甘 70	/	‘青岛 G01’(F1)选育自交系×引进材料‘PB-2’(F1)选育自交系	浙江省农业科学院蔬菜研究所	钟新民、李必元、岳智臣、王五宏、陶　鹏
2015	浙(非)审蔬 2015007	蔬菜	黄瓜	浙秀 3 号	/	(萨伯拉×285)选育自交系×‘碧玉二号’(F1)选育自交系	浙江省农业科学院蔬菜研究所	周胜军、朱育强、张　鹏、陈丽萍、陈新娟